SOLIDWORKS 工程实践系列丛书

SOLIDWORKS Simulation 工程实例详解

——静力、疲劳、优化

张　晔　编著

机械工业出版社
CHINA MACHINE PRESS

本书主要从工程应用角度介绍有限元分析的应用问题，以仿真思路的讲解为核心，结合软件功能、操作流程以及模型修正等内容进行展开，力求还原学习者和工程师在实际项目过程中可能遇到的问题。本书主要内容包括力学建模、零件静力学分析基础、网格划分、一般装配体的连接及接触问题、边界条件和圣维南原理的应用、单元和自由度、金属疲劳强度分析、优化设计。

本书提供了丰富的案例模型，并且配备了电子版彩色云图以及有声教学视频，以帮助读者更好地理解本书内容。本书适合从事工程应用的工程技术人员以及高等院校、职业技术院校的师生使用。

图书在版编目（CIP）数据

SOLIDWORKS Simulation 工程实例详解：静力、疲劳、优化 / 张晔编著．—北京：机械工业出版社，2022.12（2024.8 重印）
（SOLIDWORKS 工程实践系列丛书）
ISBN 978-7-111-71924-3

Ⅰ．① S…　Ⅱ．①张…　Ⅲ．①机械设计 – 计算机辅助设计 – 应用软件　Ⅳ．① TH122

中国版本图书馆 CIP 数据核字（2022）第 201313 号

机械工业出版社（北京市百万庄大街 22 号　邮政编码 100037）
策划编辑：张雁茹　　　　　责任编辑：张雁茹　关晓飞
责任校对：贾海霞　王明欣　封面设计：张　静
责任印制：任维东
北京中兴印刷有限公司印刷
2024 年 8 月第 1 版第 3 次印刷
184mm × 260mm · 17.5 印张 · 443 千字
标准书号：ISBN 978-7-111-71924-3
定价：69.80 元

电话服务　　　　　　　　　网络服务
客服电话：010-88361066　机　工　官　网：www.cmpbook.com
　　　　　010-88379833　机　工　官　博：weibo.com/cmp1952
　　　　　010-68326294　金　　书　　网：www.golden-book.com
封底无防伪标均为盗版　　机工教育服务网：www.cmpedu.com

序

在当今竞争激烈的工业环境下，设计出成功的创新性产品一定需要用到仿真技术，这既是常识也已是必需。创新、可靠、高效，这些不仅是成功产品的特性，也是设计和工程组织的特性。要开发具有这些特性的产品，企业需要尽最大可能获取更多的信息，以洞察具体的设计在实际工况下表现如何，并且能够快速深入了解产品，从而实现制造企业无须进行物理测试就可以了解设计性能的目标，进而帮助企业将富有创新性且可靠的产品快速投放市场。

在大多数情况下，在制作样机之前分析设计的多方面物理性能可以显著提高生产效率。因此，企业需要强大的仿真工具来有效地满足研发在时间、经费和质量等各方面的需要。同时，企业需要仿真复杂的物理行为，这需要强大的线性与非线性、高级动力学、机构运动和多物理场分析功能，而 SOLIDWORKS Simulation 就可以提供这些功能。通过仿真影响设计的复杂物理参数，工程师可以收集到关键信息，从而帮助他们做出重要的设计决策。使用 SOLIDWORKS Simulation 软件可以更加轻松地实施复杂分析，可以比以前更快地获取信息，并且由于 SOLIDWORKS Simulation 的易操作性，设计工程师能够轻松掌握。

许多成功的制造商都在使用 SOLIDWORKS Simulation，原因是它能让工程师可以用轻松且直接的方式仿真复杂的物理参数。借助其在用户界面设计方面的开拓性工作、强大的解算器技术及高级结果观察工具，SOLIDWORKS 已经创建了高级仿真平台，可以解决富有挑战性的分析问题。利用多核、多处理器的计算机，SOLIDWORKS Simulation 可以通过有效且低成本的方式解决企业的工程问题。最重要的是，通过仿真复杂的物理参数，能够为工程师揭示有关设计的重要的、深层次的信息 (这些信息是以其他任何方式都无法实际获得的)，从而帮助企业推动创新。借助 SOLIDWORKS Simulation，企业可以在整个工程团队内鼓励协作，帮助团队成员进行专业开发，并且推动设计创新；同时，还将帮助企业培养出一个创新、可靠和高效的设计和工程团队，创造出一个能够吸引、保留和激励熟练工程专业人员的工作环境。

本书作者张晔是行业内一名优秀的仿真咨询顾问，长期为企业提供仿真咨询服务，善于结合企业的实际情况，为企业提供合理有效的有限元分析解决思路，整体规划企业实验研发体系的各种方案 , 在设计仿真和专业仿真领域均具有很好的口碑。

尤其难能可贵的是，作者多年来深入研究有限元分析职业教育问题，形成了一套完整的适合当前中国社会整体知识构架的有限元分析教学体系，并在互联网上免费录制和提供了大量 SOLIDWORKS Simulation、ANSYS 及有限元分析理论的相关视频课程，为广大 SOLIDWORKS 产品工程师和有限元分析学习人员服务，视频内容广获同行好评。

本书内容结合作者多年来在客户一线解决实际问题积累和总结的经验，非常具有可读性。我非常愿意为 SOLIDWORKS 用户、制造业产品设计工程师、广大仿真爱好者推荐这本书。同时，读者还可以结合相关教材的学习，申请并参与达索系统的 SOLIDWORKS Simulation 专业仿真认证，获得全球认可的仿真专家证书。

胡其登

前达索系统 SOLIDWORKS 大中国区技术总监

现华天软件技术总监

前 言

本书以仿真思路的讲解为核心，结合软件功能、操作流程以及模型修正等内容进行展开，力求还原学习者和工程师在实际项目过程中可能遇到的问题。例如，本书将读者比较熟知的有限元分析软件操作流程 [数学模型修正、分析类型选择、材料加载、边界条件（固定、载荷和接触）、网格划分、求解、后处理] 中的几个部分改为数学模型修正思路、边界条件加载思路、网格划分思路以及后处理思路。

本书在一些内容上进行了重新的构建和剖析。例如：对数学模型的第一步处理习惯上称为数学模型简化，但是实际上简化只是模型处理的一部分，有些时候也可能因为分析需求修改模型尺寸、调整装配位置等，这部分工作并不能归纳为模型简化，因此本书将分析流程的第一步改为数学模型修正；第 3 章在网格划分部分重点介绍网格划分中的错误排查方法；第 5 章从工程应用的角度对圣维南原理进行剖析和解释，纠正目前一些概念理解上的偏差和简化上的误用；第 7 章从企业应用的角度讲解有限元分析疲劳模块等。

读者在使用本书的过程中要特别注意 SOLIDWORKS Simulation 软件和有限元分析技术的区别，尤其是在介绍某种方法时，如果定义为有限元分析，则说明该方法是针对所有有限元分析软件，而非仅仅针对 SOLIDWORKS Simulation 软件。

本书充分考虑到读者学习的需求，除配有原始三维模型、操作视频外，还配有电子版彩色云图和设置完整的仿真算例，方便读者学习。

本书案例计算时间所对应的计算机配置如无特别说明见下表。

CPU	内存	显卡	主板
i7-10700	32GB	P2200	华硕 B460M-N

本书的模型经过精心筛选，复杂程度处于中上水平，部分模型的计算需要花费一些时间，对读者掌握实际复杂模型的分析方法具有一定帮助。

本书的适用群体不是某一类学历的读者，也不是某一款软件的使用者，而是针对现在或者未来需要从事结构设计的人员，尤其是希望将有限元分析作为一项技能以帮助自身提升设计研发能力的工程师群体。

感谢前达索系统 SOLIDWORKS 大中国区技术总监，现华天软件技术总监胡其登先生为本书出版提供的帮助，并亲自为本书写序！感谢 SOLIDWORKS 仿真产品技术经理彭军先生对本书的指导和协助！感谢王聪先生为本书插图提供的帮助！感谢广大同行在本书写作期间给予的支持！

基于当前有限元分析的整体环境，以及作者本人的行业局限性，书中某些观点可能会引起争论，但是很多技术方法的进步总是在不断的争论和探讨中迸发而出的，所以非常希望读者能够保持热情，以及辩证客观的学习态度，若发现书中的不足之处，欢迎大家指正！

编者

目 录

第1章 力学建模

【学习目标】

1）了解力学建模的基本思路

2）有限元分析技术的发展史

本章作为全书的第 1 章，主要为本书建立一个基调：**围绕有限元分析工程应用过程中遇到的问题以及相应的解决方法展开讲解**。

本书聚焦有限元分析应用问题解决思路，弱化理论和算法，除几个为证明仿真结果的基础力学计算公式和产品设计公式外，读者不会看到苦涩乏味的数学公式推导，也很少会遇到用专业的数学用语描述相关有限元分析问题的现象。

1.1 力学建模的基本概念

世间万事万物都遵循着力学和数学的法则，无论是宏观天体抑或是微观粒子均无一例外。早期的科学工作者和工程人员为研究相关的力学问题，力求将力学模型进行还原或者依据相似性原理进行缩放，建立一系列实验模型，这种通过真实物件所组成的实验模型称为**物理模型**。但是很多场景通过物理模型的方式还原成本较高甚至难以还原，比如：

1）桥梁、高楼等重大工程的物理模型。

2）核弹、爆破等危险性高的物理模型。

3）外空间、深海等极端环境下的物理模型。

随着科技的进步，针对这类物理模型的建立问题，以有限单元法为代表的数值算法配合当前计算机硬件的发展，通过仿真技术所建立的**数学模型**已经成为辅助**物理模型**研究力学问题的强有力工具之一。**数学模型**可以在一定条件下突破物理模型的局限性，为科学工作者和工程人员开辟一条全新的问题解决途径。图 1-1 所示为波音 F-15C 飞机设计、研发及监控维修等的各类数学模型。

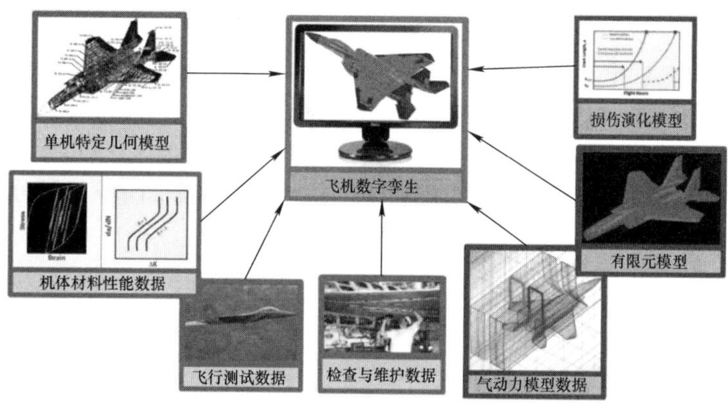

图 1-1　波音 F-15C 飞机设计、研发及监控维修等的各类数学模型

“真”即是现实，“仿真”即是利用数学模型复现现实系统中发生的现象，并通过对数学模型的实现来研究已经存在的或设计中的系统，包括电气、机械、化工、水力、热力等系统。但是现实环境错综复杂，过多的变量导致科学工作者和工程人员并没有办法完全还原现实环境，因此在大多数情况下，**“真”是人工创造的一种相对稳定的环境，比如最常见的实验室环境**。

本书所涉及的有限元分析是利用有限单元法进行数值仿真计算的一种方法，其基础是变分原理和加权余量法。有限单元法的基本求解思想是将计算域划分为有限个互不重叠的单元，在每个单元内，选择一些合适的节点作为求解函数的插值点，将微分方程中的变量改写成由各变量或其导数的节点值与所选用的插值函数组成的线性表达式，借助变分原理或加权余量法，将微分方程离散求解。

有限单元法的优势在于在大多数连续介质问题和场问题的求解中都能得到比较好的应用，不仅能够解决结构力学、弹性力学中的各种问题，而且随着其理论基础与方法的逐步改进与成熟，还广泛用于求解热传导、流体力学及电磁场等其他领域的诸多问题，因此基于有限单元法的有限元仿真技术已经成为应用最为广泛的仿真技术之一。

1.2 有限元分析流程

有限元分析流程可以归纳为图 1-2 所示的步骤。

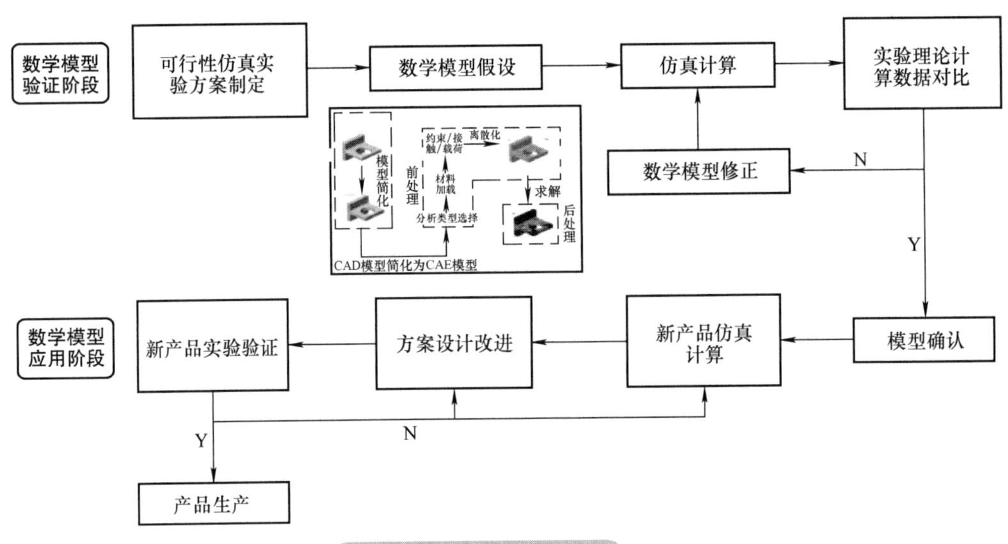

图 1-2 有限元分析流程

图 1-2 不仅是有限元分析流程，所有的仿真流程都可以按照类似的流程进行归纳，但是为防止读者混淆，在本书中仅将此图作为有限元分析流程。通过图 1-2 可知，有限元分析流程包含数学模型**验证阶段**和数学模型**应用阶段**两大阶段，其中验证阶段又可分为以下 5 个主要步骤：

1）可行性方案制定。

2）数学模型假设。

3）实验理论计算验证。

4）数学模型的修正及迭代。

5）模型验证并确认。

验证阶段包含有限元分析技术的绝大多数重点内容，因此本书将主要围绕验证阶段的内容展开说明。应用阶段则根据企业实际情况的不同在流程上略有差别，但是读者需注意一点，即使进入数学模型的应用阶段，也可能会出现因为完善计算模型而修正迭代模型的情况。

1.2.1 可行性方案制定

任何项目都会在项目前期进行可行性方案制定，有限元分析项目也不例外。可行性方案制定的核心在于可行性，仿真工程师的职责之一是在充分考虑项目当前企业实际情况（包括实施周期、硬件条件、实验环境、资金投入以及人员配置等）的前提下，统筹规划一个合理的解决方案，以求在符合以上前提的条件下达到项目预期的效果。接下来通过一个典型案例说明方案制定的可行性问题。

应用于某种乘用车型的盘式制动器产品在进行极限强度破坏性试验，试验条件依据GB/T 31970—2015《汽车用气压制动卡钳总成性能要求及台架试验方法》及QC/T 564—2018《乘用车行车制动器性能要求及台架试验方法》，制动器样件在指定车型满载工况及极限速度测试条件下发生断裂，于是企业希望依靠有限元仿真对产品进行设计改进，以达到标准规定的工况要求。

这类问题在企业中经常发生，方案之一是考虑通过建立断裂仿真的数学模型确定当前产品断裂的扭矩值，之后再通过调整设计方案修正数学模型加强结构，寻求某种设计改进方案满足该型号产品的扭矩测试要求。

这个方案从思路上看完全符合项目需求，但是在实施上却存在以下困难：

1）断裂仿真材料参数获取难度大，实验成本投入高。

2）数学模型建立周期长。

3）断裂理论仍旧处于发展和研究阶段，不利于当前产品的设计验证。

4）断裂仿真计算精度偏低。

所以，采用当前的断裂仿真方案，企业大概率会走进死胡同。但是如果从企业仿真的目的出发，将方案进行调整，即可较好地应用有限元分析解决当前产品的问题。

企业当前的实际需求仅仅是想通过设计改进来提升产品强度，并能通过国家标准的产品极限强度破坏性试验，而不是研究产品的断裂现象，仿真能够给出的重要信息就是在一定的扭矩载荷下各种设计方案是否会超出材料的极限强度。因此，只需要通过仿真找出哪种设计方案下产品的实际强度低于材料的断裂强度，而不用关心那些已经超出断裂强度的设计方案如何失效，这样通过非线性静态分析就能解决相关问题。甚至在一些条件允许的情况下，可以再降低难度变成线性静态分析问题，而使用非线性静态或者线性静态分析方案的综合成本可能是断裂仿真方案成本的十分之一甚至更低，同时精度又能得到保证。

同样类似的情况在企业中普遍存在。例如，没有流固耦合方面的计算机硬件配置却考虑流固耦合仿真方案，产品交货周期短却规划一套仅仿真就长达半年的解决方案，没有仿真及设计相关经验的工程人员却要做工程优化仿真方案，仿真成本远超企业预算的解决方案等。这些方案或多或少都存在着一些不合理因素。

因此，作为仿真工程师，为了能够为企业及设计部门提供切实有效的仿真方案，必须形成良好的问题解决习惯，全局了解有限元分析各模块的应用场景和难度，这样才有助于快速找到解决方案。

在方案制定阶段，仿真工程师需要确认以下问题：

（1）仿真目的　仿真分析的第一步是对仿真方案进行简化，这往往被多数学习者所忽略，但其重要性甚至高于之后的模型修正处理。现实情况中，因为仿真目的的理解偏差导致仿真项目失败的情况非常多，很多时候仿真工程师被现实的表面现象所误导，偏离本来的仿真目的，将仿真难度提升，不仅导致项目成本投入大幅度增加，同时仿真结果最终无法达到企业的预期目标。之前关于制动器的案例就是由于仿真目的不明确导致方案过于复杂的典型案例。

（2）仿真项目成本考核　仿真项目的成本包括仿真工程师的工资成本、仿真计算的硬件成本、仿真计算的时间成本以及对应的实验验证成本等。仿真工程师一定要在方案制定阶段对这些成本具有清晰的认识，尤其要关注在实验验证环节企业是否有足够的实验设备以及是否需要额外采购实验设备，这对项目总成本的影响会非常大。

（3）仿真的影响因素　现实物理环境错综复杂，建模过程中不可能把所有的信息及变量都包含在数学模型中，因此需要仿真工程师针对实际情况进行主要因素、次要因素以及不确定因素的区分。在实际仿真过程中要关注主要因素，排除次要因素。排除次要因素并不会降低求解精度，反而通过释放硬件资源更好地保证主要因素对结构的影响精度；同时，部分次要因素实际的实验验证成本非常高昂，比如低温产品的热辐射问题、热变形导致的温度场二次分布问题等，这些在多数工程问题中都是可以忽略的因素。仿真影响因素的分类看起来容易，但是该阶段最大的问题是：**在项目开始前期仿真工程师无法确定某一因素到底是主要因素还是次要因素，可能会有大量的因素被归类为不确定因素**，这将对仿真的前期规划造成极大的困扰。目前有一部分仿真工程师在这一问题上会出现“捡芝麻而丢西瓜”甚至“因噎废食”的情况，这部分内容本书将在第5章通过案例具体介绍如何通过仿真的方法确定主要因素和次要因素。**当前，读者请记住，从工程问题角度来说，原则上不确定因素在没有经过验证的情况下不允许忽略，必须将不确定因素包含在数学模型中。**

（4）仿真的验证方法　在仿真项目开始前期，仿真工程师必须充分考虑到后期的实验验证问题，确保目前企业的实验条件或者产品设计理论经验公式能够支撑本次分析结果的验证工作。验证问题远比读者想象的复杂，很多实验结果、理论计算结果并不能直接运用于仿真计算的结果对比中，尤其是在理论计算方面（本书在第5章的赫兹接触以及弹簧设计等模型中会对这部分内容有所涉及）。目前，企业在仿真数据和实验数据对比上有一个非常大的矛盾点：企业依据行业标准购买产品相关的实验检测设备，而仿真工程师觉得企业实验检测设备所提供的数据远远不够，无法满足仿真工程师的需求，这当中的问题出在哪？

注意观察图1-3所示的试验统计，整份报告并没有试验检测数据，只有合格/不合格的表述方式，这就是当前多数企业及仿真工程师面临的现实问题。关于这个问题首先需要了解**型式试验和研发实验**的区别。

型式试验是指为了验证产品能否满足技术规范的全部要求所进行的试验，一般产品都具备完整的型式试验标准体系，图1-3即是产品型式试验统计表。而**研发实验**并没有统一的技术规范和标准体系，实验流程需要企业在产品研发过程中自行摸索和建立，目前国内对这方面实验的工作开展非常有限。型式试验多数情况下无法为仿真分析提供有效的实验验证数据，研发实验才能为有限元分析提供数据依据，这就造成了当前矛盾的关键点。

比如按照图1-3及相关标准，本次产品型号检测的极限力矩必须大于18000N·m，于是在

型式试验中，只需加载 18000N · m 的制动力矩，如果样件未产生裂纹则说明产品合格，产生裂纹则说明产品不合格，其结果就以产品是否通过某一个指定值作为合格 / 不合格的标准。但是仿真分析需要的实验数据是图 1-4 所示的制动力矩 - 扭转角变化曲线，以及在多大的力矩值下样件产生裂纹甚至断裂，这类数据多数型式试验设备无法提供。

××公司制动卡钳总成性能测试

试验顺序	试验项目名称	样件编号及要进行的试验项目		
		1	2	3
1	启动压力	合格	合格	—
2	钳体刚性	合格	合格	—
3	钳体滑动阻力	合格	合格	—
4	制动间隙自调功能	合格	合格	—
5	拖滞扭矩	合格	合格	—
6	防水性	合格	合格	—
7	扭转疲劳	—	合格	—
8	温度耐久性	合格	—	—
9	盐雾腐蚀性	—	—	合格

注：“—”表示不进行的试验项目。

图 1-3 制动器性能试验统计表

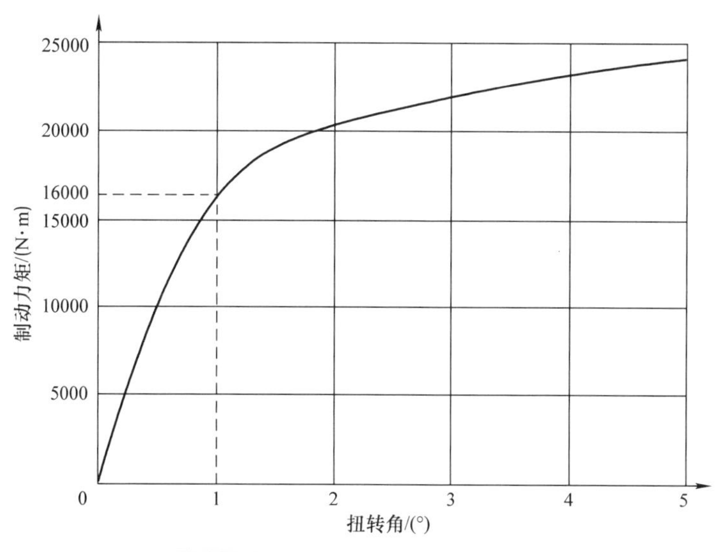

图 1-4 制动力矩 - 扭转角变化曲线

因此，通过之前的说明可以知道，型式试验最多只能解决仿真定性分析的问题，绝大多数情况下无法提供仿真分析所需的量化数据。对于目前大多数企业的实际情况，关于有限元分析的发展，可以按照以下框架逐步完成：

1）在发展初期，企业以发展型式试验为主，仿真工程师尽量依靠现有的型式试验设备解决定性分析问题。

2）在发展中期，企业根据仿真模型从易到难的顺序逐步投入研发实验设备，完善仿真模型和研发体系建设。

3）在发展后期，建立完善的仿真体系和研发体系，在发展仿真的过程中将企业研发流程建设一并完成。

（5）更有效的解决方案　仿真人员经过了前四个阶段的思考，按照当前的方案进一步优化方案，即使当前的方案已经在各方面达到可行性要求，也需要再仔细推演，寻求是否还有更快捷、效率更高的解决方案。

1.2.2　数学模型假设

在众多的有限元分析软件教程中经常会提到图 1-5 所示的仿真流程。

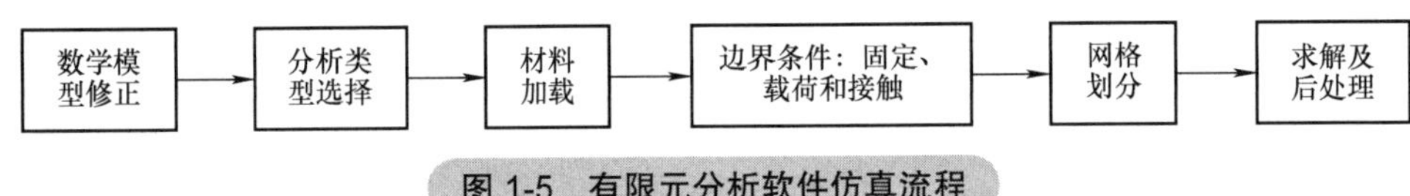

图 1-5　有限元分析软件仿真流程

该流程对于有限元分析的应用非常重要，是有限元分析学习的基础，但是读者要注意对比图 1-2 所示的有限元分析流程，图 1-5 所示的流程只是图 1-2 中数学模型假设部分的工作。如果读者依据图 1-5 学习有限元分析，不仅压缩了仿真工程师的职责范围，而且从描述上更多地强调软件操作问题，也会掩盖仿真分析应用流程当中的难点——**模型修正思路、网格划分思路和后处理思路等**（关于这些问题，之后的章节都会详细说明）。读者必须清楚地认识到图 1-5 只是图 1-2 流程中的一部分工作，要让仿真技术实现价值必须实现图 1-2 中的全部流程。

1.2.3　数学模型的修正及迭代

大多数时候数学模型的建立不会一步到位，经常会因为几何模型、材料参数、边界条件和网格划分等的精度偏差而对模型、参数进行调整，经过多轮迭代之后，数学模型的计算结果和理论 / 实验结果才会达到趋势上的吻合甚至数值上基本一致。

1.3　定性分析和定量分析

1.3.1　错误和误差

目前大家经常将数学模型的计算结果和实验以及理论计算结果的差别在不加区分的情况下统称为误差，这是一个不好的习惯。仿真结果之间的差别到底是由误差造成的，还是由人为设置上的错误或者其他因素造成的，需要通过对模型进行分析得出，并不能盲目地将其定义为误差。

在很多现实情况下，不合理的设置方式，比如载荷设置错误、接触设置错误等，均会导致分析趋势无法和现实情况匹配，这种情况绝对不是误差，而是错误。所以，相对于误差，有一个更尖锐的问题需要提出：**当前非常普遍的情况是工程师把自身的数学建模错误归因于有限元分析计算误差，也就是当前所说的仿真精度问题本质是模型简化及设置错误造成的，和误差并**

没有任何关系。这部分问题会在之后的章节中详细说明，所以读者需要在之后的学习中仔细分辨误差和错误。

1.3.2　数值解和解析解

通过数值算法建立完成的数学模型求解得到的结果称为**数值解**，与此相对应的就是通过解析算法求得的结果，称为**解析解**。解析解是通过公式严格推导得到的精确解，数值解是通过某种数值算法得到的解。两者一般都会存在计算误差，但是数值算法所产生的误差达到一定的精度之后基本可以忽略，比如有限元分析中的网格密度控制达到一定量之后的计算误差可以忽略。

1.3.3　定性分析和定量分析的区分

对数据规律的认知常用的方法有**定性分析**和**定量分析**两种，读者需要对定性分析和定量分析有清晰的界定。部分读者认为定性分析对仿真的边界条件和计算精度要求不高，只要差不多能出一张云图就叫作定性分析，这个认知是完全错误的。**实际上，定性分析和定量分析的区别仅仅在于最终的结果是否有实验验证，以达到误差量化的目的，在仿真计算方面的要求基本都一致。所以多数时候仿真的定性分析和定量分析的区别仅仅是有没有做实验，而两者的数学模型可能完全一致。**

现在假设以下 4 组仿真和实验结果均是排除所有错误设定后的合理计算结果，请读者判断哪些是定性分析，哪些是定量分析：

1）仿真计算的结果值和实验测试的结果值相差较大 / 小。

2）仿真计算的结果值大于 / 小于实验测试的结果值。

3）仿真计算的结果值与实验测试的结果值的误差为 5%。

4）仿真计算的结果值与实验测试的结果值的误差为 50%。

1）既不是定性分析也不是定量分析，而是个体的主观判定，工程人员一定要杜绝这种表述习惯；2）是定性分析，定性分析常用于方案对比、查找结构最薄弱位置等，平时常说的趋势研究也属于定性分析；3）和 4）是定量分析，定量分析的作用在于通过误差量化来准确预测真实模型的各向性能指标。一部分读者认为，误差大的分析不属于定量分析，这种认知是存在问题的。以当前为例，50% 的误差从量级来说可能难以接受，但是一定要注意，即使误差达到 50% 甚至更高，**只要在排除数学模型的边界条件设置错误的情况下，误差被量化的都属于定量分析。同时，只要误差能够被量化，10% 和 50% 的误差对仿真预测没有太大的影响。**关于这句话的理解，继续使用盘式制动器极限强度破坏性试验进行说明，数据对比见表 1-1。

表 1-1　盘式制动器实验仿真数据对比

实验类型	型式试验		研发实验		
实验产品编号	A	B	C	D	E
设计要求的扭矩 /N · m	18000	18000	18000	18000	18000
实验断裂力矩 / N · m	合格	不合格	13500	20600	?
仿真断裂力矩 / N · m	20000	17000	10600	16500	13200
误差	—	—	27.4%	24.8%	24.8%~27.4%

表 1-1 中，5 种不同型号的产品分别编号为 A、B、C、D、E。虽然产品 A 和 B 进行了型式试验，通过试验确定 A 能通过 18000N · m 的力矩测试而 B 不能，但是无法知道 A 和 B 具体的断

裂力矩，因此也无法得到实验数据和仿真结果的误差，只能通过当前的分析趋势了解产品的薄弱位置与实验结果是否吻合。

而进行研发实验的 C、D 两种产品准确测量出了实验断裂力矩，通过和仿真结果的对比得到误差在 24.8%~27.4% 之间，因此可以得出结论，**通过当前数学模型进行仿真得到的结果和实验结果的误差维持在 20%~30% 之间。**此时读者可以设想，接下来将研发一款新产品 E，且产品处于设计阶段，仿真工程师用当前验证 C、D 两种产品的数学模型进行新产品 E 的仿真计算，得到的仿真结果为 13200N・m，同时考虑设计安全裕量取误差下限计算得到的值，可通过下式进行产品 E 的实验断裂力矩预测：

产品 E 的实验断裂力矩 = 仿真断裂力矩 ×（100%+24.8%）=16473.6N・m < 18000N・m

所以通过上式可以知道，当前的设计方案存在不合格的风险，需对结构进行适当的加强。

通过对表 1-1 的相关说明，读者需要理解产品 C、D 均是定量分析，定量分析的误差无论大小，只要能够得到系统的误差规律，仿真工程师就能在仿真值和实验值之间已知其一求得另一个值，所以**仿真工程师的核心工作之一是找出数学模型和实验之间的误差规律，而不是单纯地追求误差的绝对值大小，请读者时刻谨记这一点。**

1.3.4 误差来源

有限元分析的误差主要来源于以下 5 个方面：

1）三维模型。即理想化建立的三维模型和真实产品之间的误差。

2）材料本构方程。即理想化材料本构模型和真实材料特性之间的误差。

3）边界条件。即理想化载荷、约束和接触与实际边界条件之间的误差。

4）数值离散。其实这就是常说的网格划分，这部分误差的消除主要取决于仿真工程师是否能够划分出符合精度要求的网格。

5）实验和理论计算。仿真结果误差的判定最终依据实验和理论计算的结果对比，因此作为对比的实验和理论计算所产生的误差最终也会反映到数学模型计算的误差中。

以上 5 种误差，前 4 种和本书内容密切相关，会在之后的章节中进行详细说明。部分读者此时可能会想问，怎么没有大家经常提起的软件计算误差呢？针对这一问题，尤其是 SOLIDWORKS Simulation 这款软件的特殊性，本书需要进行一些说明。

作为一种数值计算算法，不同软件在计算处理上存在些许差异是客观存在的事实，但是这些差异一般情况下即使是从业多年的仿真工程师也难以察觉。以 SOLIDWORKS Simulation 这款软件为例，从其前身 COSMOS/M 至今，在行业内已经存在超过 30 年，目前所拥有的这些模块都经历了大量模型的计算验证，精度符合工程应用及科研的需求。

当然，不仅是 SOLIDWORKS Simulation，其他已经商业化的有限元分析软件也同样不存在明显的计算误差问题。本章之后还会详细介绍 SOLIDWORKS Simulation 与其他软件的案例对比，进一步消除大家在软件学习和使用上的疑虑。

1.4 有限元分析的价值

一门新技术的价值认知在市场因素的影响下会经历从高峰期逐步到冷静期的一个过程，有限元分析技术的发展就非常好地体现了这一过程。有限元分析在国内发展初期，因其可以解决减重降本、研发新产品、主导设计、取代传统设计工程师和实验等企业面临的技术难点而被企

业所认知。企业对此技术寄予厚望，认为是国内企业研发弯道超车，摆脱当前产品仿制的有效手段，将有限元分析技术定位为企业研发甚至于企业整体发展不可或缺的手段之一。**即使以上价值能够实现，也不仅是有限元分析技术或者软件的功劳，而是有限元分析工程师的价值，而且事实上随着市场的推广和普及，大家逐渐发现并不能单独依靠有限元分析这个技术或者工具实现以上这些价值。**

之后企业对有限元分析技术的认知逐渐进入了冷静期，大家逐渐认识到有限元分析技术和传统的设计方法以及实验方法三者相辅相成，有限元分析工程师和产品设计工程师之间也是相互促进而不是取代的关系。有限元分析技术有它的先进性和独特性，比如前期产品预测、计算复杂模型的精确度等，但是其也有局限性，即必须依赖一个良好的研发体系和实验环境才能更好地发挥作用。

1.5 仿真工程师的职责

机械设计的目标是确定部件的结构和尺寸，并通过一定的材料与制造工艺，使制造完成的机器可以实现预定的功能而不发生失效。仿真则是通过虚拟计算的方式指导产品设计阶段的相关工作。

仿真工程师的职责是协助设计工程师提供更优的设计方案，不仅要提出当前结构的问题所在，更要提供切实可行的设计改进方案。在实际的企业分析中，除部分非标程度比较高的企业，多数企业的产品类型比较固定，因此分析类型、材料加载、边界条件和后处理流程都可以建立较好的标准化设置流程，从而降低了这部分的技能要求。但是模型修正和网格划分部分难以做到统一的设置流程，需要仿真工程师根据实际模型的情况不断地修正调整，因此在企业实际应用中，这部分的技能要求会高一些。同时，为了能够提供更优的解决方案，仿真工程师需要具备一些基本设计素养，包括企业产品的基本加工知识、工艺处理、装配流程以及企业库存信息等，以确保理解设计需求并提出切实可行的解决方案。

仿真计算完成之后，一份逻辑清晰的有限元分析报告毫无疑问会对仿真的价值实现起到非常重要的作用，有时甚至是决定性作用，所以仿真工程师不能忽视报告的价值。在当前的实际情况下，多数的客户、同事及领导难以独立看懂仿真报告，因此仿真工程师需要花费一些精力整理出一份详细且通俗易懂的有限元分析报告，运用浅显易懂的语言文字对报告内容的相关问题进行解释，确保相关人员能够完全理解本次分析的结果信息。

1.6 有限元分析技术的发展史以及 SOLIDWORKS Simulation 介绍

本节将从有限元理论的发展史和有限元分析软件的发展史两个方向介绍有限元分析技术的发展史，同时会详细介绍 SOLIDWORKS Simulation 的整个软件体系。

1.6.1 有限元理论的发展史

在我国古代，就有使用近似有限单元法思想解决问题的著名案例。例如，晋代数学家刘徽使用割圆术计算圆周率，通过圆内接正多边形分割圆周，从而使正多边形的周长无限接近圆周长，进而求得较为精确的圆周率。

现代有限元分析理论的发展要追溯到 18 世纪至 20 世纪之间，有一部分科研工作者利用离散的弹性杆件近似代替弹性体进行科学研究。20 世纪 40 年代，Courant 教授发表了一篇利用分段插值的方法来研究扭转问题的论文，论文中所涉及的方法和现代的有限单元法基本一致。虽然目前公认 Courant 教授是真正意义上有限单元法的奠基人，但是因为当时计算机并未出现，该论文并未受到重视。20 世纪 50 年代，波音工程师利用三角形壳单元建立机翼模型计算机翼应力并取得成功，这是首次使用有限单元法解决实际工程问题，这其中就包括两位后来对有限元技术领域影响深远的专家——Turner 教授和 Clough 教授，同时这一举动也让世人看到有限单元法的价值。20 世纪 60 年代初，Clough 教授第一次使用“Finite Element Method”（有限单元法）这一名词发表论文，至此有限单元法正式登上历史舞台。值得一提的是，在同一时期，我国著名数学家冯康院士独立发表名为《基于变分原理的差分格式》的论文，这篇论文被国际学术界视为我国独立发展有限单元法的重要里程碑。

至 20 世纪 90 年代，随着有限元分析理论体系的逐渐成熟，几部经典的有限元分析理论教程陆续完成，包括行业内奉为“圣经”的 Zienkiewicz 教授的 *The Finite Element Method for Solid and Structural Mechanics*，Bathe 教授的 *Finite Element Procedures* 以及 Logan 教授的 *A First Course in the Finite Element Method* 等，这几本教程目前国内都有中文版。目前国内比较系统的有限元分析理论教程包括王勖成教授的《有限单元法》、庄茁教授的《基于 ABAQUS 的有限元分析和应用》、曾攀教授的《有限元分析及应用》等。由于篇幅有限，就不一一介绍了，读者可自行查阅相关资料。

在实际学习中，与有限元分析技术相关的理论知识错综复杂，多数学习者经常被应该如何学习理论知识所困扰。表 1-2 罗列了和有限元分析相关的理论知识，大致可以分为 4 大类，即基础理论、力学理论、数学理论和设计理论，接下来详细说明。

表 1-2　有限元分析相关理论知识

理论知识分类	具体科目
基础理论	材料力学、高等数学、线性代数、概率统计等
力学理论	弹性力学、结构力学、流体力学、固体力学等
数学理论	有限单元法、数值方法、变分法、张量分析等
设计理论	机械设计、机械原理、产品设计理论、行业标准等

基础理论部分是从事机械方面工作的工程师都需要了解的内容，无论是否从事有限元分析工作，尤其要掌握材料力学和高等数学。至于其余三类理论知识，因本书多数读者未来以从事工程设计和优化方面工作为主，因此需重点学习的内容是设计理论部分，力学理论部分在有时间和精力的情况下可以尝试学习，或者碎片式的学习也未尝不可。而对于数学理论部分，除专业从事有限元仿真和软件开发工作的读者外，大多数工程设计人员不需要接触。

有限元分析除了理论学习之外，还需要掌握应用的思路，本书的目标就是帮助工程师掌握软件应用和有限元分析的思路。

1.6.2　有限元分析软件的发展史

20 世纪 70 年代，随着有限元理论的成熟和电子计算机的蓬勃发展，有限元分析软件呈现出百花齐放的状态，目前所熟知的软件，比如 ANSYS、ABAQUS、LS-DYNA、ADINA 等，都在这一时期开始形成原始代码并逐渐走向商业化市场。

有限元分析软件的发展主要有两个典型时期，分别为 20 世纪 70 年代至 2000 年前后的各软件成型期及 2000 年之后的工业软件公司并购期。

要介绍成型期的有限元分析软件发展历程，就必须从 MSC 公司和美国国家航空航天局（NASA）说起。因为冷战期间军备竞赛的关系，NASA 于 1966 年开始开发世界上第一套通用型有限元分析软件 Nastran，MSC 公司则作为全球第一家有限元软件公司参与到整个 Nastran 程序的开发过程当中，之后 MSC 公司继续改良 Nastran 程序并在 1971 年推出首款有限元商业软件 MSC.Nastran。之后的几十年里，MSC 公司通过开发、并购，把数个 CAE（计算机辅助工程）程序集成到其分析体系中，其中包括在 1999 收购 Marc 公司（开发全球第一款商业非线性有限元软件 Marc），2002 年收购美国机械动力公司（当前 MSC 公司的明星产品多体动力学分析软件 Adams 就是出自这家公司），2017 年 2 月工业软件巨头海克斯康并购 MSC。表 1-3 罗列了有限元分析软件早期发展中的重要事件。

表 1-3　有限元分析软件早期发展中的重要事件

时间	重要事件
1966 年	世界上第一套有限元分析软件 Nastran 开始开发
1969 年	NASA 推出其第一个 Nastran 版本
1970 年	商用软件 ANSYS 首次发布
20 世纪 70 年代初	第一个商业非线性有限元程序 Marc 诞生
1975 年	非线性求解器 ADINA 诞生
1978 年	商业软件 ABAQUS 进入市场
1988 年	LS-DYNA 商业化

有限元分析软件经历早期的发展后，逐渐在全球范围内得到认可和推广，到 2000 年前后，包括有限元分析软件在内的国际工业软件公司巨头开始进行并购和重组。

有限元分析软件 ANSYS 将在各自领域内非常有名的软件，比如流体分析软件 FLUENT、电磁场分析软件 ANSOFT 以及显式动力学软件 LS-DYNA 等，都逐一归入 ANSYS 的体系之下。ANSYS 公司在 2004 年发布的全新多物理场耦合平台 ANSYS Workbench 在有限元分析软件发展史上具有重要意义。

ABAQUS 是能够引导研究人员增加用户单元和材料模型的早期有限元程序之一，所以它的出现给当时的有限元分析软件行业带来了实质性的冲击。之后 ABAQUS 凭借在用户单元和材料模型上的开源模式、优秀的非线性求解能力、显 / 隐式混合求解技术等，一直在仿真市场和 ANSYS 平起平坐。2005 年，ABAQUS 被工业软件巨头达索公司收购，之后达索公司陆续收购 XFlow、Tosca、CST 等仿真软件，并集成于分析仿真平台 SIMULIA 之下。

工业软件巨头西门子、在前后处理上有诸多亮点的澳汰尔公司、以多物理场耦合仿真开辟出一片新天地的 COMSOL 软件等，都经历了一系列并购重组工作并各自形成体系。

而目前我国在有限元分析方面的工作主要集中于工程应用和数值算法的改进上，在工业软件的商业化问题上一直是短板，虽然大连理工大学、中国科学院等机构在持续开发有限元分析软件，但商业化程度始终不太理想。在 20 世纪 90 年代，由于大量国外商业有限元分析软件的涌入，我国的有限元分析软件目前没有太多的生存空间，笔者对此也表示非常遗憾。

当前国家已经认识到工业软件对制造业发展的重要性，开始逐步重视工业软件（包括有限元分析软件）的发展。近几年，一大批和有限元分析软件开发相关的企业茁壮成长，但是这一过程需要每个行业人员的共同努力，包括开发人员、测试人员以及软件使用者的大力配合和支持。

1.6.3 SOLIDWORKS Simulation 及设计仿真一体化

SOLIDWORKS Simulation 是 DS SOLIDWORKS 公司旗下的一款仿真工具，专门用于结构仿真计算。SOLIDWORKS Simulation 的前身是美国 SRAC 公司（Structure Research and Analysis Corporation）的分析软件 COSMOS/M，后被 DS SOLIDWORKS 公司收购，并于 2009 年正式更名为 SOLIDWORKS Simulation。

COSMOS/M 会被 DS SOLIDWORKS 公司收购的一个重要原因是 COSMOS/M 是基于 PC+Windows 环境开发的软件，了解 SOLIDWORKS 的读者应该比较熟悉，SOLIDWORKS 也是基于 Windows 开发的软件，所以它们之间有天然的共性。COSMOS/M 最大的亮点之一是将快速有限元算法（FFE+）集成到软件当中，使 COSMOS/M 成为求解速度最快的有限元分析软件之一。

目前，SOLIDWORKS Simulation 的定位为一款面向制造企业和设计工程师为主的有限元分析软件，其最大的特点是企业应用层面的模块涵盖齐全，在不需要借助第三方软件平台的情况下，快速实现设计仿真切换的相关工作，帮助工程人员快速寻求设计方案。SOLIDWORKS Simulation 的主要模块及其具体功能见表 1-4。

表 1-4 SOLIDWORKS Simulation 的主要模块及其具体功能

主要模块	具体功能
静力学	计算结构在静力载荷作用下的响应，本模块只能加载线性材料
线性动力学	计算基于模态叠加法的谐波、谱分析及随机振动问题
频率	计算结构的固有频率和模态振型
疲劳	计算结构在指定静态及动态载荷下的总寿命及损伤
跌落	计算结构的冲击问题
非线性静态	计算几何非线性、材料非线性等结构静态问题
非线性动力	计算几何非线性、材料非线性、蠕变等结构动态问题
热分析	计算结构的传导、对流及辐射的温度分布
屈曲	计算结构模态和临界屈曲载荷
优化	尺寸优化和拓扑优化
子模型	针对大型计算问题采用局部网格进行计算

部分读者可能会产生疑问，尤其对于“面向制造企业和设计工程师为主”，加上 SOLIDWORKS 的品牌定位，给广大软件使用者造成一个错觉——SOLIDWORKS Simulation 是一款“非专业”的有限元分析软件。其实，“面向制造企业和设计工程师为主”主要在于其界面设置的友好性上，这点继承了 SOLIDWORKS 产品线的一贯作风，而并非部分使用者所说的“非专业”的有限元分析软件。

任何一款有限元分析软件的建立都是一个庞大的体系化工程，在当前的社会环境下能够开发有限元分析软件并形成体系的团队或者公司凤毛麟角。虽然软件所面对的使用群体不同，但

是编写软件的团队却是整个行业顶级的专家团队。其实不仅仅是 SOLIDWORKS Simulation，其他仿真软件，包括国内尚未完全商业化的有限元分析软件，都是行业顶级的科学家及工程人员所编写的，并不存在“非专业”的有限元分析软件一说。如果一定要对 SOLIDWORKS Simulation 进行定义，则定义如下：**SOLIDWORKS Simulation 是一款面向“非专业人士使用”的专业有限元分析软件。**

笔者多年来也进行了大量的行业案例对比，并没有发现 SOLIDWORKS Simulation 与其他有限元分析软件之间的计算结果有明显差异。图 1-6、图 1-7 和表 1-5 为部分行业产品的 SOLIDWORKS Simulation 和其他主流行业软件的计算结果对比。

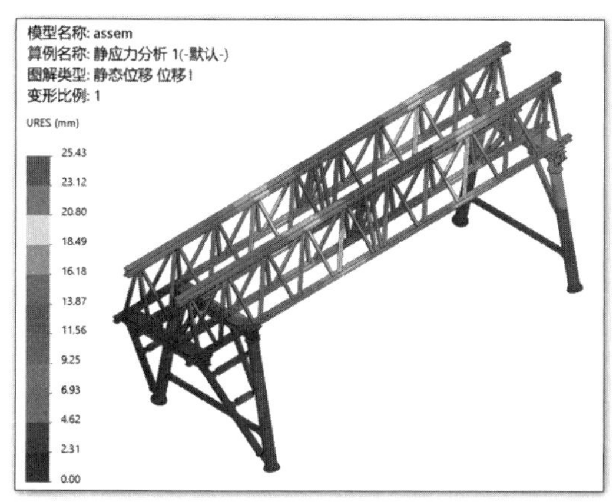

a）SOLIDWORKS Simulation 的结果

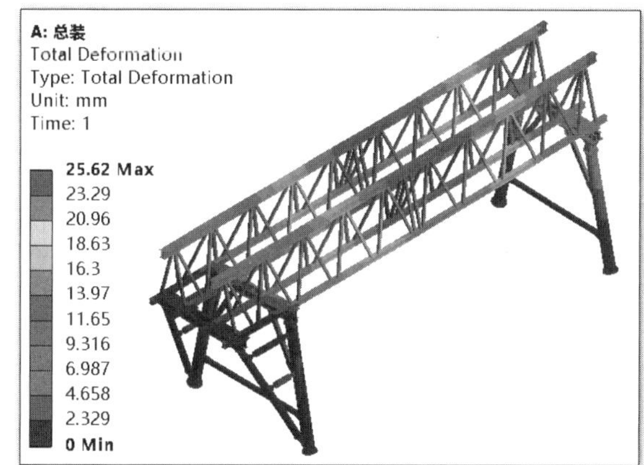

b）某主流有限元分析软件的结果

图 1-6　钢结构静态载荷结果对比

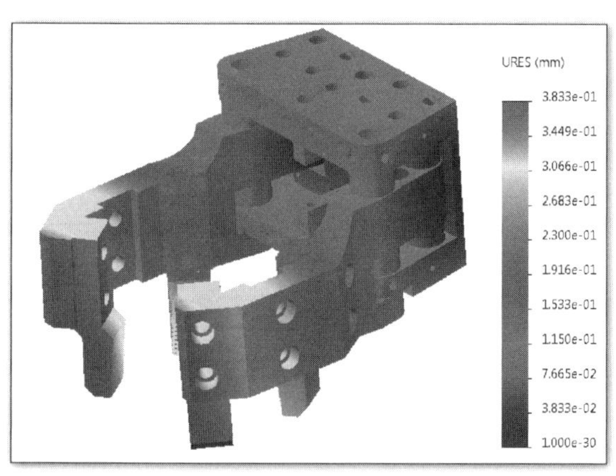

a）SOLIDWORKS Simulation 的结果

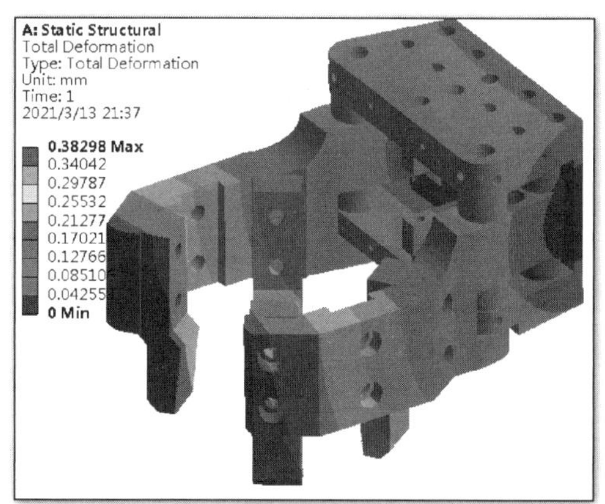

b）某主流有限元分析软件的结果

图 1-7　机械手变形结果对比

表 1-5　钢结构固有频率分析结果对比

软件	阶次	频率 /Hz	模态振型
SOLIDWORKS Simulation	1	3.55	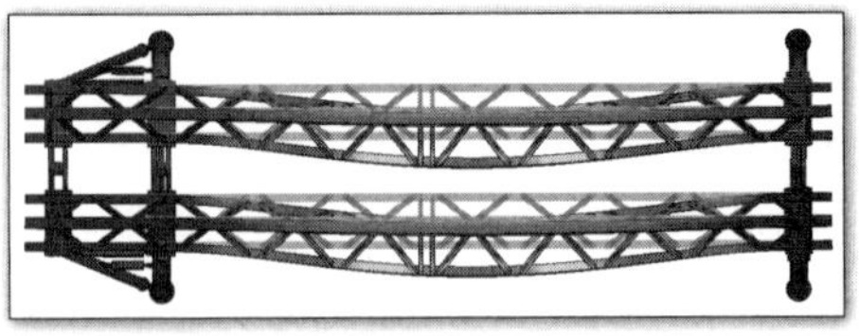
	2	3.66	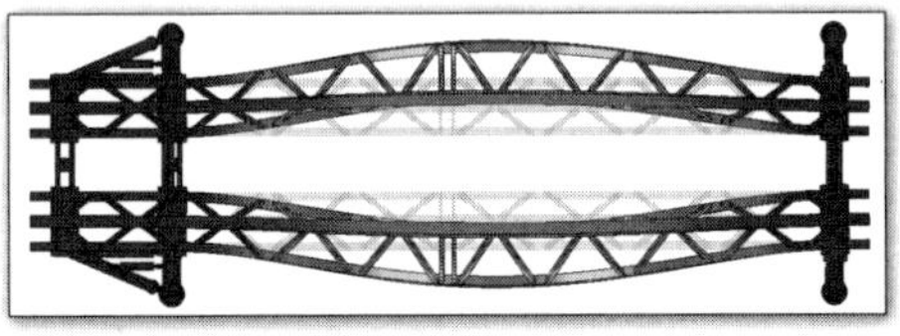
	3	4.56	
	4	7.72	
	5	8.06	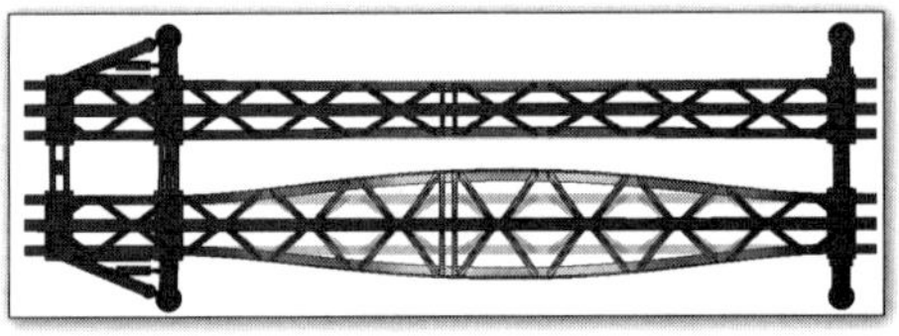
某主流有限元分析软件	1	3.54	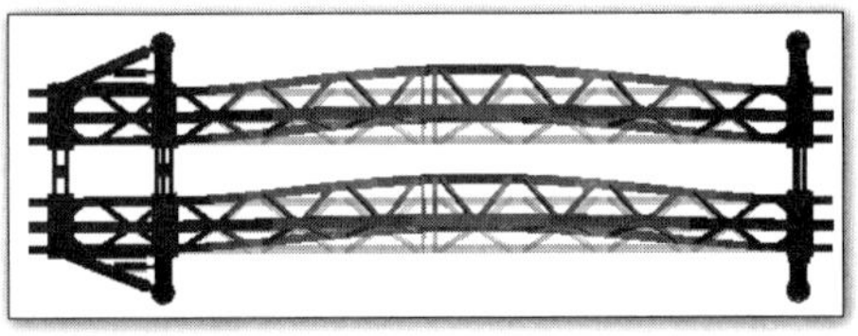
	2	3.65	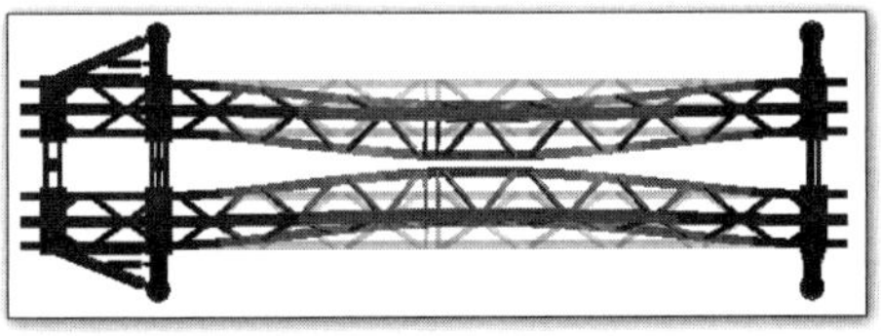

（续）

软件	阶次	频率 /Hz	模态振型
某主流有限元分析软件	3	4.56	
	4	7.72	
	5	7.96	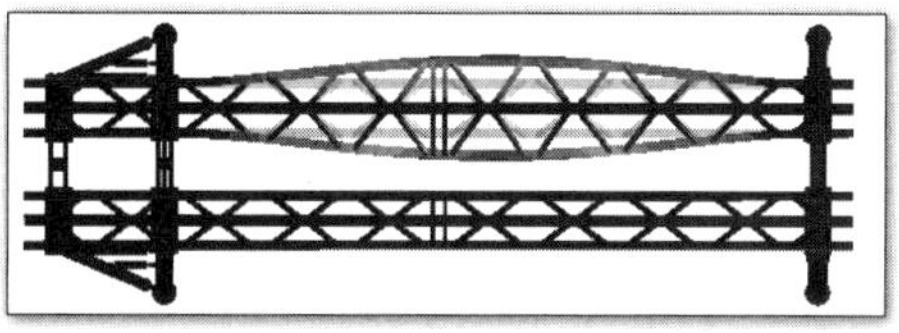

图 1-6 所示为钢结构静态载荷结果对比，图 1-7 所示为机械手变形结果对比，表 1-5 为钢结构固有频率分析结果对比，通过三组结果对比可以看出不同软件的计算结果几乎一致。

关于软件结果的对比，读者必须对参与对比的软件均有非常深入的了解，因此强烈建议大多数读者在不了解软件的情况下不要轻易尝试对比软件结果，也不要轻易相信不同软件计算结果存在明显差异这一结论，要充分信任软件本身的计算能力，质疑工程师自身的建模问题对学习有限元分析有百利而无一害。

第 2 章 零件静力学分析基础

2

【学习目标】

1）零件静力学分析流程

2）结果后处理

3）安全系数

4）应力强度判定准则

5）主要材料参数及载荷变化对计算结果的影响

扫码看视频

静力学模块是多数学习者学习有限元分析最先接触的模块，也是有限元分析的基础模块，因此部分学习者认为静力学是有限元分析相对简单的模块。实际上，静力学并不会比动力学简单，甚至因为静力学对模型要求更为苛刻，在模型简化问题上静力学的难度要高于动力学。

2.1 学习前的准备工作

若是首次使用 SOLIDWORKS Simulation，读者首先需要完成以下准备工作。

2.1.1 模型下载

本书所用到的所有模型请按照如下步骤进行下载：

1）微信扫描图 2-1 所示二维码，关注公众号“大国技能”，回复关键词“静力学教材”获取配套文件。

2）将配套文件下载至本地文件夹下。

图 2-1 “大国技能”公众号

本书配套文件如图 2-2 所示，包括 4 个文件夹：

1）配套模型 _Clean。不包含分析算例的原始三维模型。模型基于 SOLIDWORKS 2016 版本，高于该版本的 SOLIDWORKS 均可打开模型。

2）配套模型 _Finish。包含全部分析算例的三维模型，方便读者对照检查数据结果。模型基于 SOLIDWORKS 2016 版本，高于该版本的 SOLIDWORKS 均可打开模型。

3）配套操作视频有声版。

4）配套彩色云图电子版。

配套彩色云图电子版
配套操作视频有声版
配套模型_Clean
配套模型_Finish

图 2-2 本书配套文件

读者请注意，本书配套模型为 2016 版，但是本书所使用的软件为 2020 版。

注意：本书使用 SOLIDWORKS 2020 版本，若读者使用不同版本进行学习，部分界面会与本书略有不同。

2.1.2　插件激活

软件安装完成后，首次启动 SOLIDWORKS Simulation 需要按照以下步骤进行操作：

步骤 1 双击桌面图标启动 SOLIDWORKS。

步骤 2 单击界面顶部菜单栏中⚙右侧的下拉菜单图标▾，选择【插件】(见图 2-3)，弹出【插件】窗口。

步骤 3 激活 SOLIDWORKS Simulation。在插件中找到【SOLIDWORKS Simulation】，并勾选其前后的复选框，激活插件，如图 2-4 所示。单击界面底部的【确定】即可启动 SOLIDWORKS Simulation。

图 2-3　选择【插件】

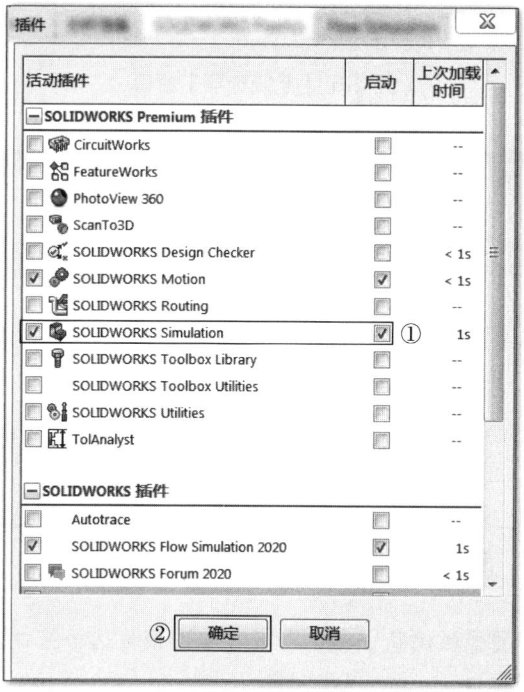

插件

活动插件	启动	上次加载时间
SOLIDWORKS Premium 插件		
☐ CircuitWorks	☐	--
☐ FeatureWorks	☐	--
☐ PhotoView 360	☐	--
☐ ScanTo3D	☐	--
☐ SOLIDWORKS Design Checker	☐	< 1s
☑ SOLIDWORKS Motion	☑	< 1s
☐ SOLIDWORKS Routing	☐	--
☑ SOLIDWORKS Simulation	☑ ①	1s
☐ SOLIDWORKS Toolbox Library	☐	--
☐ SOLIDWORKS Toolbox Utilities	☐	--
☐ SOLIDWORKS Utilities	☐	--
☐ TolAnalyst	☐	--
SOLIDWORKS 插件		
☐ Autotrace	☐	--
☑ SOLIDWORKS Flow Simulation 2020	☑	1s
☐ SOLIDWORKS Forum 2020	☐	< 1s

② 确定　取消

图 2-4　激活插件

2.1.3 SOLIDWORKS Simulation 的设置

为保证分析设置的便捷、单位系统的使用习惯以及后处理结果的可读性，在首次使用 SOLIDWORKS Simulation 时需要对一些基本参数进行统一设置。

步骤 4 新建零件文件。单击菜单栏中的图标，弹出 SOLIDWORKS 文件新建窗口，单击【确定】进入零件新建状态。

若出现空模板提示窗口，单击【确定】。该问题会在步骤 5 和步骤 6 中设置完成。

步骤 5 分析模板的设置。单击菜单栏中的图标，打开【系统选项】窗口，如图 2-5 所示。在【系统选项】选项卡左侧选择【默认模板】，窗口右侧显示默认模板属性设置区域。单击【装配体模板浏览】，打开图 2-6 所示的模板选择窗口，选择任意文件模板，单击【确定】退出模板选择窗口。

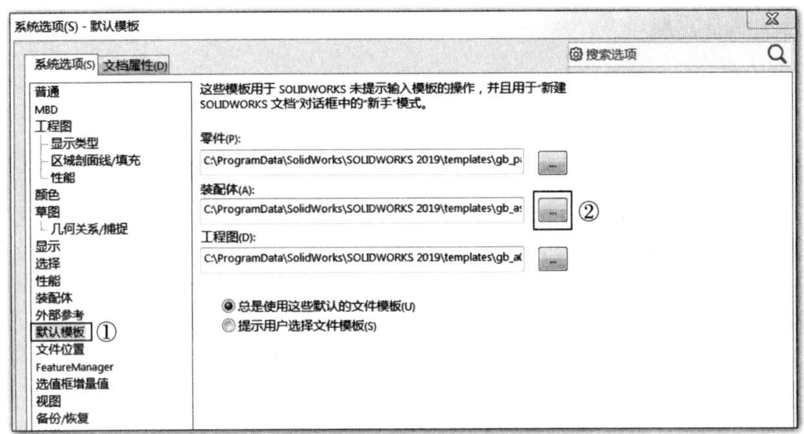

图 2-5 【系统选项】窗口

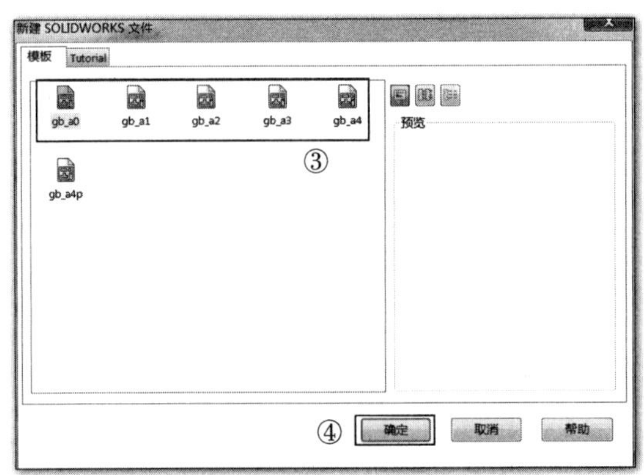

图 2-6 模板选择窗口

步骤 6 单击【工程图模板浏览】，打开工程图模板选择窗口，选择任意文件模板，单击【确定】退出模板选择窗口。

在步骤 5 和步骤 6 的模板选择中，如果企业有统一的企业模板，选择企业模板即可。

步骤 7 SOLIDWORKS Simulation 选项设置。如图 2-7 所示，单击【Simulation】/【选项】，进入 SOLIDWORKS Simulation 选项设置界面。

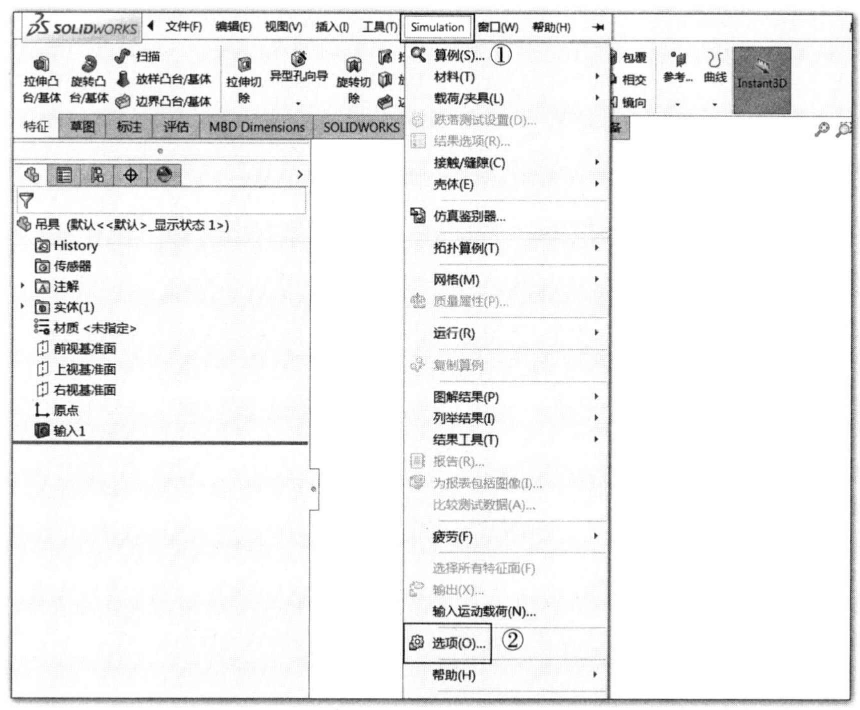

图 2-7　SOLIDWORKS Simulation 选项设置

步骤 8 单位系统设置。单击界面顶部的【默认选项】选项卡，如图 2-8 所示，当前显示的为单位系统设置窗口。SOLIDWORKS 的默认单位系统为【英制】，不符合国内企业的使用习惯，因此需要进行调整。一般按照图 2-8 所示，将【单位系统】设置为【公制】，【长度/位移】单位设置为【毫米】，【温度】单位设置为【摄氏】，【角速度】单位设置为【赫兹】，【压力/应力】单位设置为【N/mm^2（MPa）】。

读者也可以根据企业实际情况选择合适的单位。

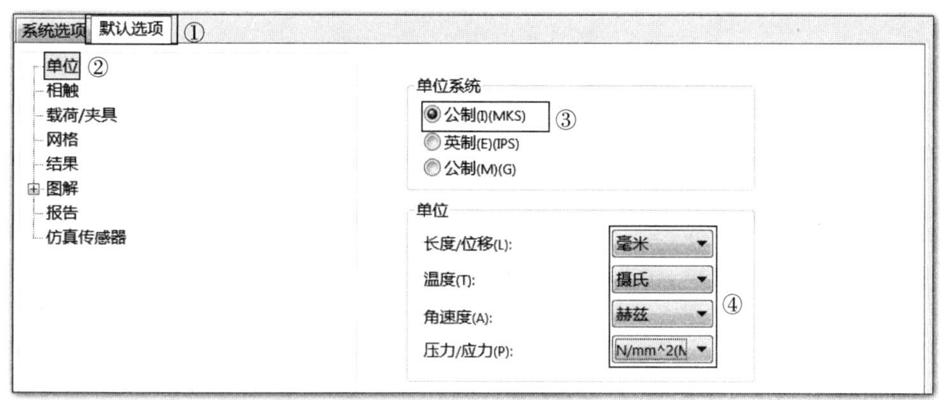

图 2-8　单位系统设置窗口

知识卡片

关于应力单位的说明

一般机械材料应力的数量级为 MPa，以国内材料牌号 HT200、QT450 等为例，牌号中的数字代表的是材料失效强度或者屈服强度，这些数字的单位均是 MPa，即使是工程塑料，屈服强度也普遍在 30MPa 以上，因此习惯上将【压力 / 应力】的单位设置为【N/mm^2（MPa）】以匹配材料的强度等级。同时，$1MPa=1N/mm^2$，为保证单位统一，习惯上将【长度 / 位移】的单位设置为【毫米】。

步骤 9 接触设置。单击【默认选项】选项卡左侧的【相触】，激活接触设置，勾选【为全局接合零部件接触创建兼容网格】复选框，其他设置保持不变，如图 2-9 所示。

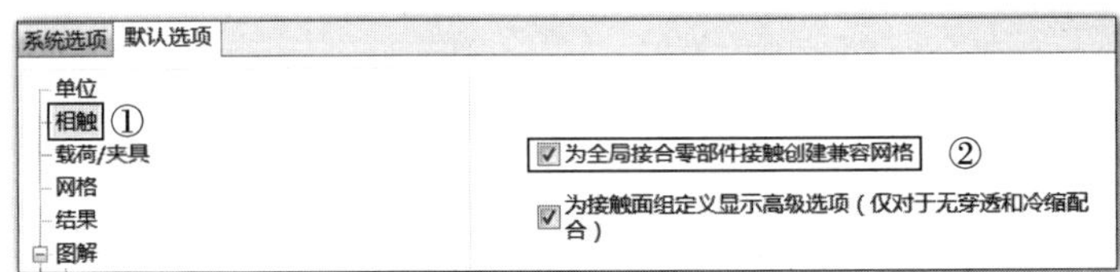

图 2-9 接触设置

步骤 10 网格设置。单击【默认选项】选项卡左侧的【网格】，激活网格设置，将【网格品质】设置为【高】，【网格设定】设置为【标准】，其他设置保持不变，如图 2-10 所示。

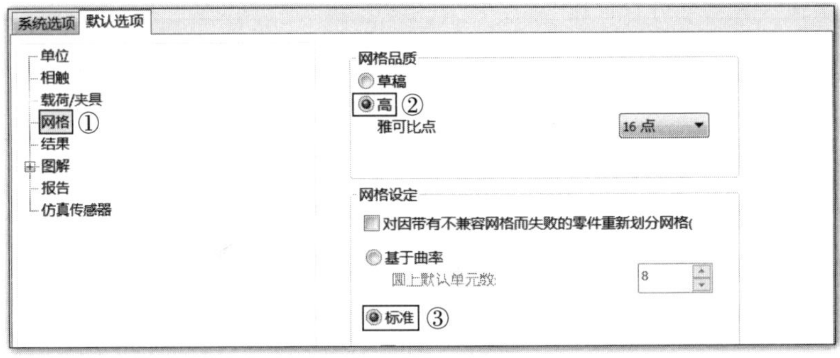

图 2-10 网格设置

步骤 11 解算器设置。单击【默认选项】选项卡左侧的【结果】，激活解算器设置，将【默认解算器】设置为【Direct sparse】，其他设置保持不变，如图 2-11 所示。

图 2-11 解算器设置

步骤 12 报告基本信息设置。SOLIDWORKS Simulation 具有自动出具分析报告的功能，该功能可以快速将分析信息进行整理。为保证报告信息的完整性，同样需要在前期对报告模板中的一些信息进行设置。在【默认选项】选项卡左侧单击【报告】，激活报告模板设置，如图 2-12 所示。在【报表分段】区域可选择需要写入报告的分析设置信息。在【标题信息】区域可填写个人或者企业的基本信息，读者可根据需要自行完善该区域。

报告格式(F): 静态算例格式
报表分段:
材质属性
负载和夹具
接头定义
联系信息
网格信息
传感器细节
合力
横梁
算例结果
结论
结果摘要
附录
静态算例格式
频率算例格式
屈曲算例格式
热算例格式
设计算例格式
非线性算例格式
跌落测试算例格式
疲劳算例格式
动态算例格式
压力容器算例格式
标题信息
设计员:
公司(Y):
URL:
徽标(L):
地址:
电话:
传真:

图 2-12　报告基本信息设置

其余选项（如【载荷 / 夹具】、【图解】等）保持默认设置即可。

步骤 13 单击界面底部的【确定】保存当前设置，并退出设置界面。

之后打开 SOLIDWORKS Simulation 都将保持当前的设置，无须再进行调整。

以上是适合初学者的 SOLIDWORKS Simulation 设置方式，为方便读者学习本书，建议读者按照以上步骤进行设置。当然，读者也可根据自己的习惯和需要进行设置。

设置完成后，打开任意仿真模型，整体界面布局如图 2-13 所示，其中①为菜单栏，②为工具栏，③为三维设计树区域，④为仿真算例树设置区域，⑤为标签栏区域，⑥为图形及云图显示区域。

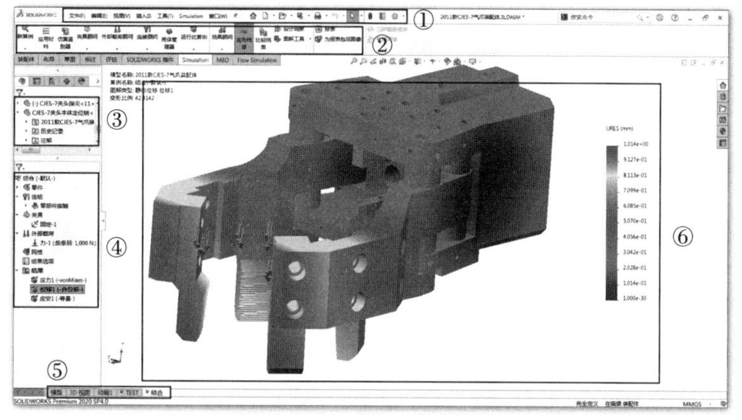

图 2-13　SOLIDWORKS Simulation 主界面

2.2 零件静应力分析的基本操作

2.2.1 分析案例：吊具

如图 2-14 所示，吊具顶部的两个安装孔用于螺栓的安装固定，下部销轴承受沿竖直向下方向的50000N载荷，吊具材料为普通碳钢，利用SOLIDWORKS Simulation求解结构的变形和应力。

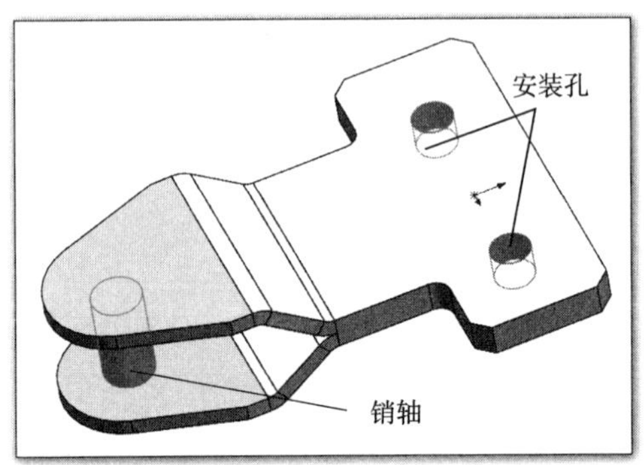

图 2-14 吊具基本信息说明

2.2.2 分析操作流程说明

零件静力学分析的基本操作流程包含以下步骤：

1）新建算例：设置算例类型、算例名称等。

2）添加材料：设置材料本构模型、编辑材料参数等。

3）施加约束：施加固定、强制位移、对称约束等。

4）施加载荷：施加力、扭矩、温度等不同类型载荷。

5）划分网格：设置网格大小、检查网格质量等。

6）求解：设置求解属性并求解。

7）后处理：查看相关结果，提供改进方案及报告。

接下来的内容将按照以上步骤对操作流程进行详细说明。

2.2.3 案例操作

步骤 1 打开三维模型。单击菜单栏中的【文件】/【打开】，并在模型文件保存路径下依次找到文件夹“第 2 章 \ 吊具”，选择模型文件【吊具】，单击【打开】打开模型，弹出图 2-15 所示提示，勾选【请不要再问】复选框，并单击【否】关闭窗口。

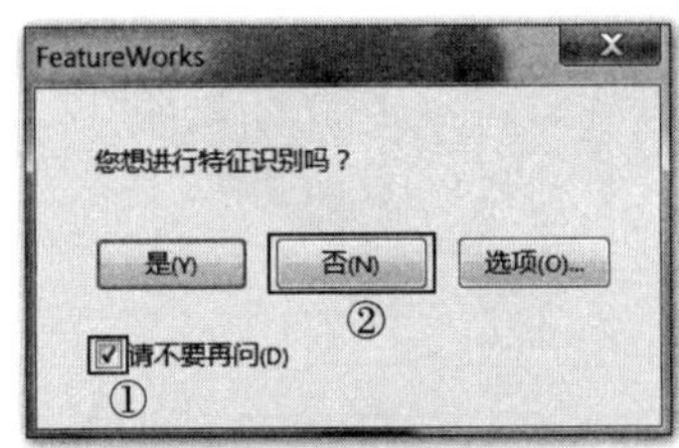

图 2-15 特征识别提醒

步骤 2 保存模型。单击菜单栏中的【保存】图标，读者自行指定位置保存模型。

步骤 3 新建算例。单击工具栏中的【Simulation】激活 Simulation 工具栏，单击【新算例】下拉菜单按钮，选择【新算例】，如图 2-16 所示。

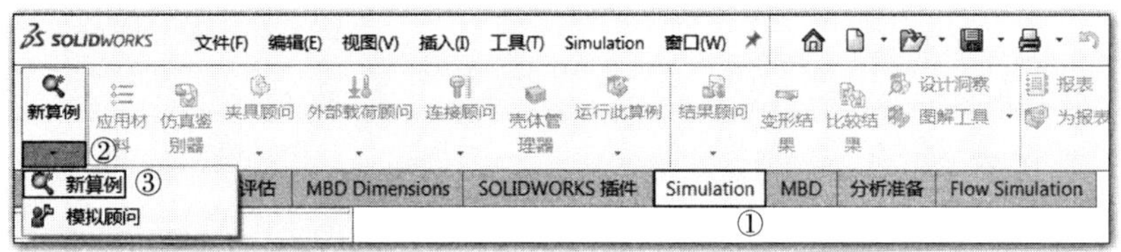

图 2-16　Simulation 工具栏

知识卡片

模拟顾问

如图 2-16 所示，在【新算例】下拉菜单中除了可以选择【新算例】外，还可以选择【模拟顾问】，单击【模拟顾问】打开图 2-17 所示界面。SOLIDWORKS Simulation 为学习者提供学习顾问的功能，通过顾问功能的提示，学习者可快速入门 SOLIDWORKS Simulation。对该部分功能有兴趣学习的读者可自行尝试，本书不做说明。

步骤 4 设置算例基本信息。当前的算例设置界面包含【名称】和【常规模拟】选项，在本案例中【常规模拟】设置为【静应力分析】，算例【名称】设置为【吊具 50000N】，如图 2-18 所示，单击【√】确定。

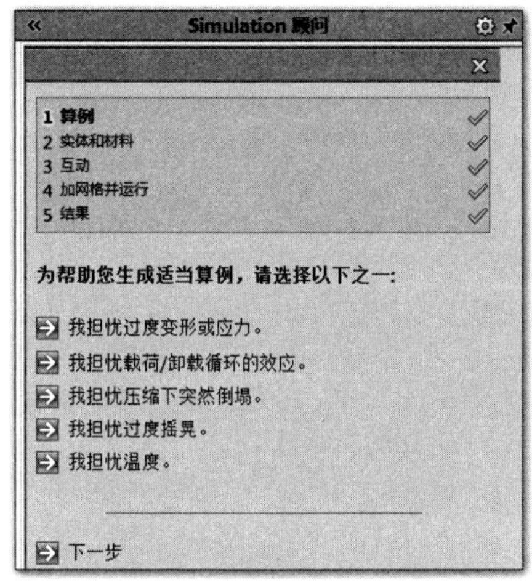

图 2-17　Simulation 顾问

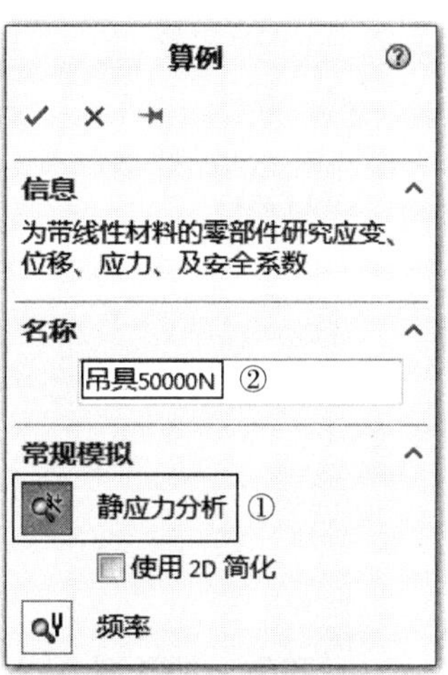

图 2-18　新建算例

成功建立算例后，界面左侧区域将出现 SOLIDWORKS Simulation 仿真算例树（下文皆简称算例树），如图 2-19 所示。接下来仿真所需的绝大多数设置均在此区域中完成。

步骤 5 进入材料库设置界面。右键单击算例树中的【吊具】，如图 2-20 所示，在菜单中选择【应用 / 编辑材料】，打开图 2-21 所示的材料库设置界面。

图 2-19　仿真算例树

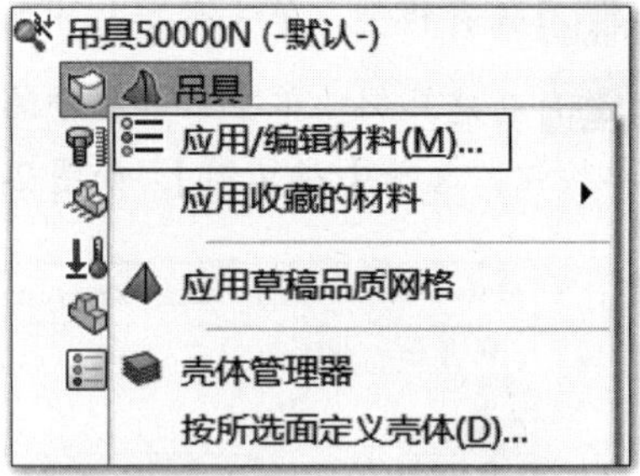

图 2-20　模型基本设置菜单

步骤 6 设置材料。当前材料库设置界面分为两个区域，左侧为材料文件库，右侧为材料属性设置区域，如图 2-21 所示。在左侧区域依照路径选择材料，即【solidworks materials】/【钢】/【普通碳钢】，将右侧材料属性设置区域中的单位改为【SI-N/mm^2（MPa）】，依次单击【应用】和【关闭】，关闭材料库设置界面。

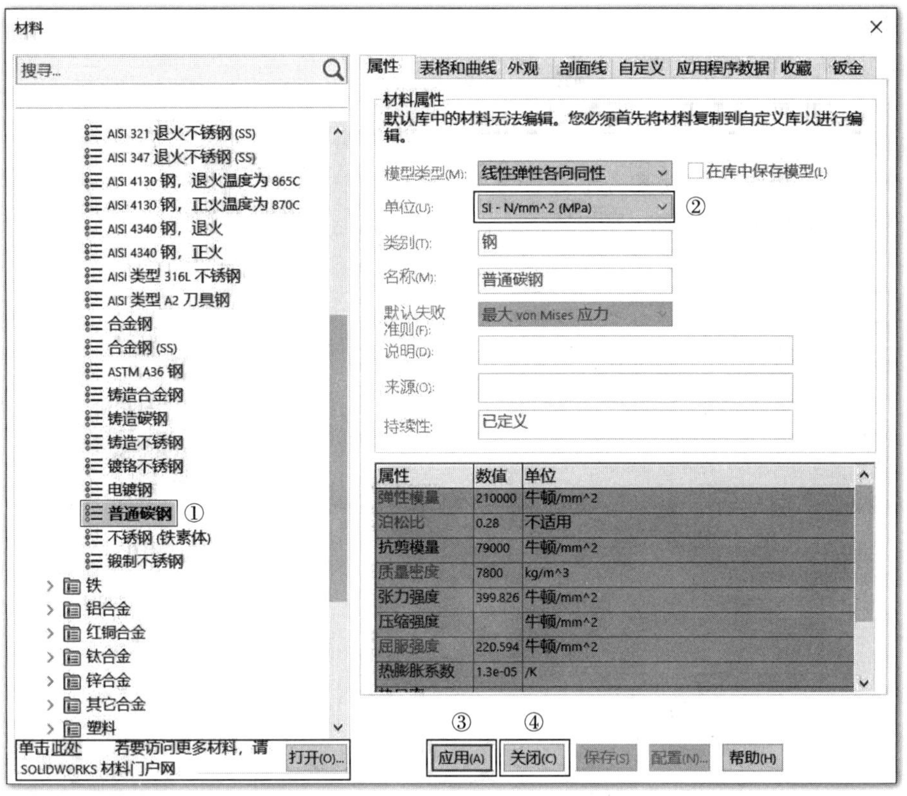

图 2-21　材料库设置界面

知识卡片

材料库设置界面说明

如图 2-21 所示，材料库设置界面分为材料文件库和材料属性设置区域两部分，在材料文件库中选择需要的材料，在材料属性设置区域设置相应的材料参数。在 SOLIDWORKS Simulation 的静力学分析模块中，【弹性模量】【泊

松比】【密度】以及【屈服强度】显示为红色，而【张力强度】【压缩强度】和【热膨胀系数】显示为蓝色，其余材料参数显示为黑色。三种颜色的区别按照 SOLIDWORKS Simulation 帮助文件的解释为：红色材料参数是在当前分析模块中必须要用到的材料参数，蓝色材料参数是可能要用到的材料参数，黑色材料参数是一定不会被用到的材料参数。如果仅从有限元静力学分析的角度考虑，SOLIDWORKS Simulation 帮助文件关于颜色分配的描述存在一些问题，该部分的问题将在本章第二个案例【传动链支撑法兰】中进一步说明。

同时要注意，在图 2-21 左下角区域有“单击此处，若要访问更多材料，请使用 SOLIDWORKS 材料门户网”这样一段文字，单击【打开】后打开图 2-22 所示界面。

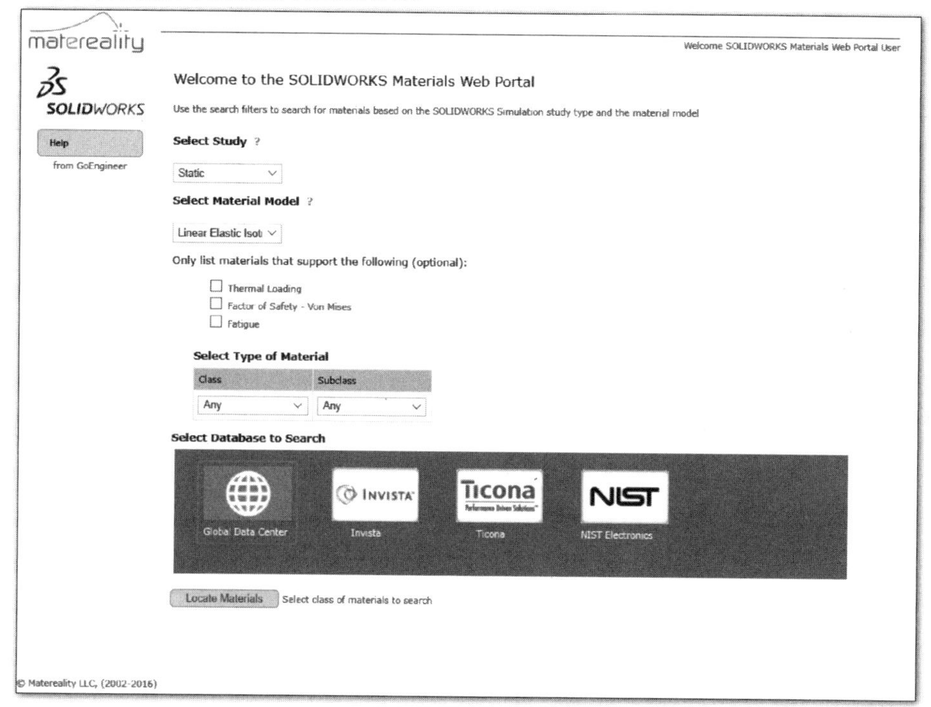

图 2-22　SOLIDWORKS 材料门户网

SOLIDWORKS 材料门户网是受 Matereality LLC 支持的外部材料数据库，材料属性通过 Materiality LLC 进行测试、验证及更新。SOLIDWORKS Simulation 正版用户可通过网络信息获取更为全面的材料库信息，并可实时获得最新的材料库数据，其中包括部分难以获取的橡胶、塑料等材料的参数及部分材料的疲劳曲线等。请注意，该材料数据库为线上材料数据库，数据不定期更新，数据均来源于各种企业，该功能仅支持正版用户使用。

对于软件自带材料库以及从第三方获取的材料参数，包括通过手册以及网络资源查询的常用材料参数表，本书建议读者客观对待，自带材料库参数可以作为参考，尤其是塑料、橡胶等非金属材料的参数以及实验手段难以获取的材料参数，最好以供应商的数据或者企业实验数据为准。

步骤 7 进入夹具设置界面。右键单击算例树中的【夹具】，如图 2-23 所示，选择【固定几何体】，打开图 2-24 所示的夹具设置界面。夹具设置界面包括【范例】【标准】【高级】及【符号设定】四个属性设置区域，当前案例仅对【标准】区域进行设置。

步骤 8 设置需要应用约束的模型实体。单击图标右侧的蓝色区域，激活【夹具的面、边线、顶点】选择区域，并在右侧图形显示区域依次单击选择图 2-24 中标注的两个安装孔内表面，单击【√】确定。

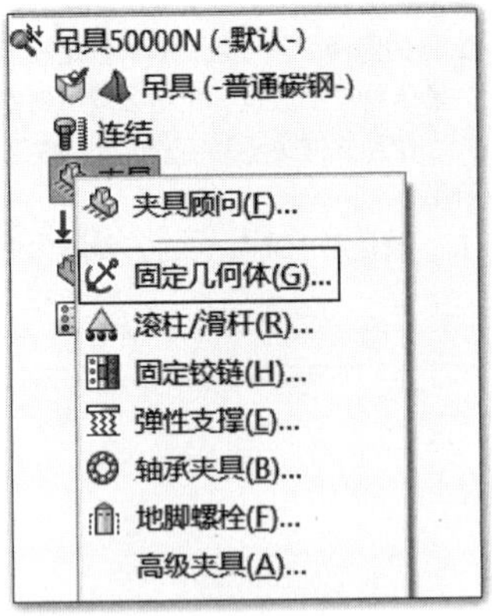

图 2-23　夹具菜单

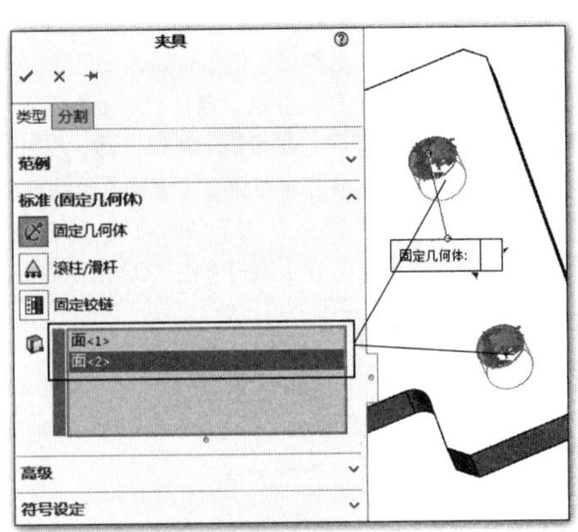

图 2-24　夹具设置界面

夹具即常说的约束，SOLIDWORKS Simulation 中夹具分为标准和高级两类，相关介绍见表 2-1，具体的夹具使用及相关约束问题将在之后的章节进行详细说明。

表 2-1　夹具的类型

夹具分类	夹具名称	夹具说明
标准夹具	固定几何体	全自由度约束，比如焊接
	滚柱 / 滑杆	释放一个方向的平移自由度，比如直线导轨
	固定铰链	释放一个方向的转动自由度，比如销轴
	不可移动（无平移）	释放三个方向的转动自由度，比如铰接
高级夹具	对称	对符合对称分析要求的模型进行的约束方式
	周期性对称	对符合圆周对称分析要求的模型进行的约束方式
	使用参考几何体	通过线、面对自由度任意方向进行的约束方式
	在平面	通过平面对三个移动方向进行的约束方式
	在圆柱面 / 球面	圆柱坐标系 / 球坐标系下对自由度进行的约束方式

步骤 9 施加载荷。右键单击算例树中的【外部载荷】，如图 2-25 所示，选择【力】，进入载荷设置界面，如图 2-26 所示。单击图标右侧的蓝色区域，激活【夹具的面、边线、顶点】选择区域，并在右侧图形显示区域单击选择图 2-26 所示的载荷加载面，此时通过图形预览显示可知，当前加载的载荷方向与实际需要加载的方向不一致，因此需要进一步设置。

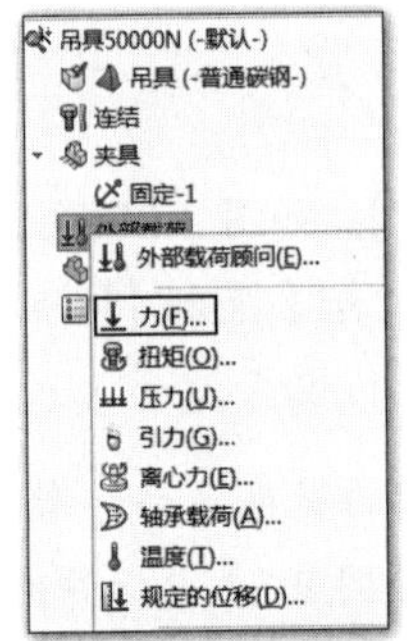

图 2-25　外部载荷菜单

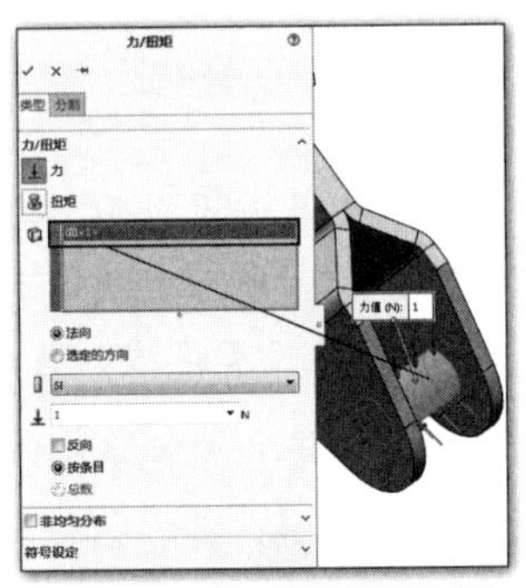

图 2-26　载荷设置界面

步骤 10 设定载荷方向。将载荷方向设定为【选定的方向】，载荷设置界面变为图 2-27 所示界面，单击图标右侧的红色区域，激活【方向的面、边线、基准面】选择区域，在图形显示区域单击选择图 2-27 所示边线，并在力设置区域输入载荷大小【50000】N，单击【√】确定。

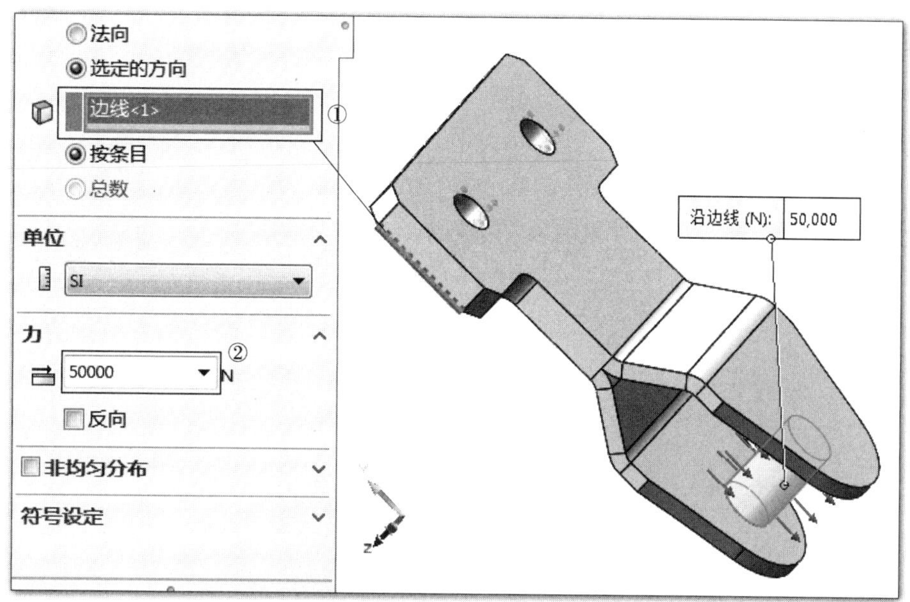

图 2-27　加载指定方向载荷

SOLIDWORKS Simulation 静力学模块可使用的载荷类型及相关说明见表 2-2，具体的载荷使用及相关受力问题将在之后的章节进行详细说明。

表 2-2　载荷类型及相关说明

载荷类型	相关说明
力 / 扭矩	对任何方向的面、边线、参考点、顶点和横梁施加均匀分布的力、力矩或扭矩，适用于所有结构算例
压力	对零件或装配体表面施加均匀或非均匀（可变）压力，适用于结构静态算例、频率算例、扭曲算例、非线性算例和动态算例
惯性力	对零件或装配体施加离心力或者重力，适用于静态算例、频率算例、扭曲算例和线性算例
远程载荷	将部分模型简化成质量点
轴承载荷	对圆柱面间或壳体边线施加正弦变化或者抛物线变化的载荷

步骤 11 生成网格。右键单击算例树中的【网格】，如图 2-28 所示，选择【生成网格】，进入网格设置界面，如图 2-29 所示，勾选【网格参数】复选框，在单元【整体大小】区域设置单元尺寸为【4.00mm】，单击【√】确定。生成的吊具有限元模型如图 2-30 所示。

> **注意：** 当前网格设置请严格按照书中设定的方式进行，不要自行修改单元尺寸参数进行模型对比，包括本章之后的传动链支撑法兰模型也是如此。网格设置的相关说明将在第 3 章中详细进行介绍。

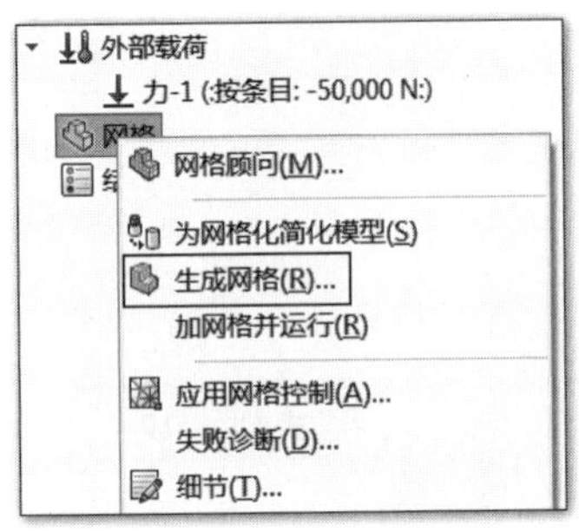

图 2-28　网格菜单

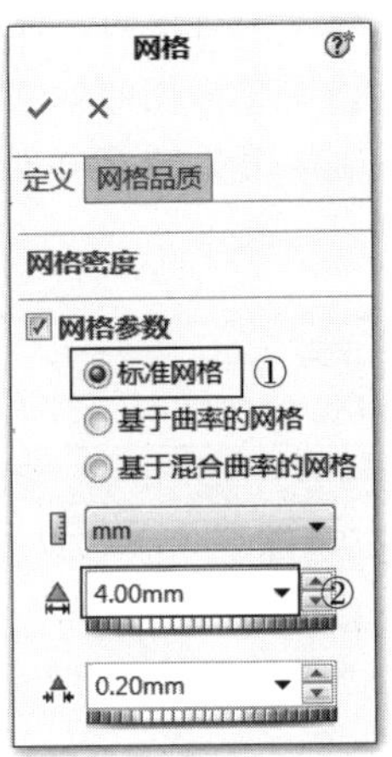

图 2-29　网格设置界面

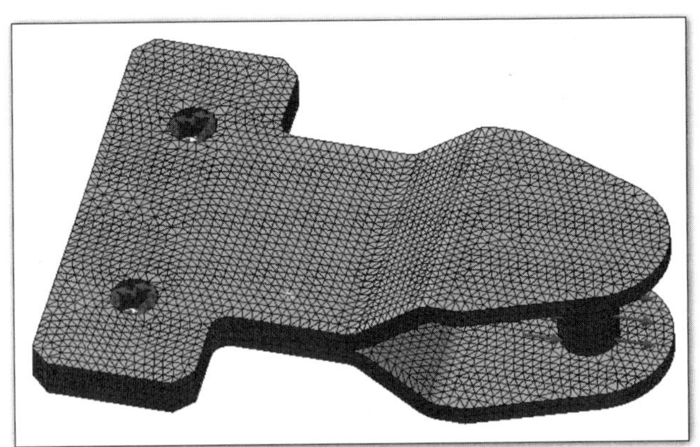

图 2-30　吊具有限元模型

步骤 12 保存设置并求解。单击菜单栏中的【保存】，保存之前的设置，右键单击算例树第一行的【吊具 50000N】，如图 2-31 所示，单击【运行】，弹出图 2-32 所示的窗口，进入算例求解状态。

当前算例根据不同的计算机性能，计算时间为 1~3min 不等。

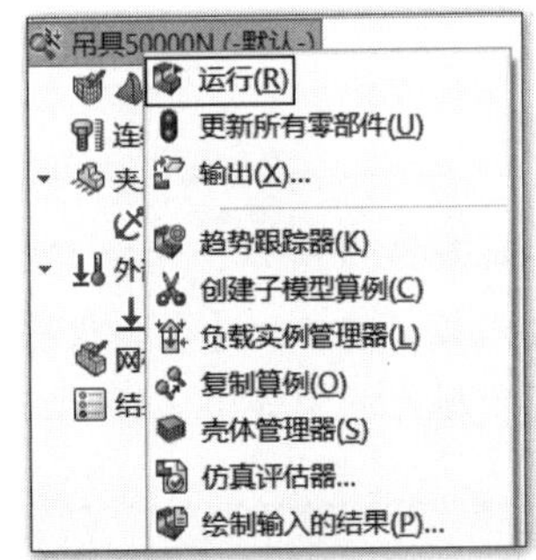

图 2-31　算例设置及计算菜单

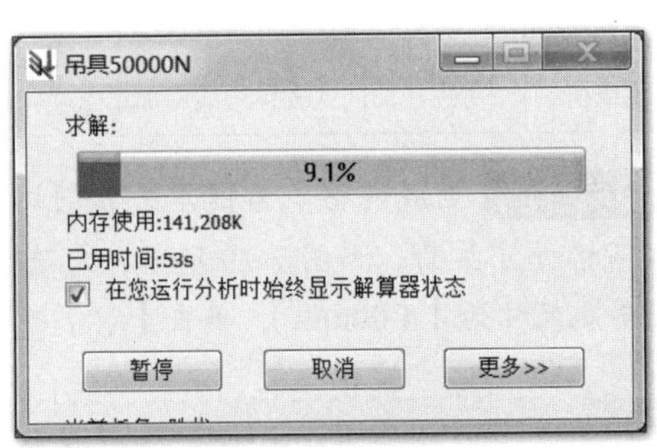

图 2-32　求解窗口

2.2.4　后处理

后处理是有限元分析非常重要的环节，分析结果是否合格，是否有更好的改进优化方案，这些都属于后处理的工作范畴。毫不夸张地说，**后处理是分析结果能否实现价值的最终体现，因此读者一定要意识到，看懂云图结果比算出有色彩的云图更重要。**因此，当前首先要确保能够理解相关计算结果的物理含义，这也是本章内容的重点。

求解完成之后，算例树新增加一行【结果】并出现三个默认结果云图（见图 2-33），分别为应力 1（vonMises）、位移 1（合位移）和应变 1（等量），其中字体加粗的结果即当前图形显示区域显示的云图结果。

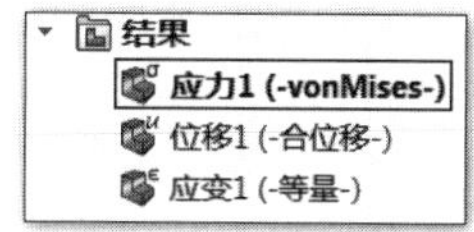

图 2-33　默认结果

当前图形显示区域显示的云图结果为应力 1（vonMises），如图 2-34 所示。仔细观察当前界面，云图显示区域包括算例基本信息、云图结果及右侧的云图条，云图条顶部显示当前结果的名称，云图条右侧数据显示采用科学计数法，**数值中的 e 代表科学计数法的 10**，因此本次云图显示的最大 von Mises 应力值为 298.9MPa。

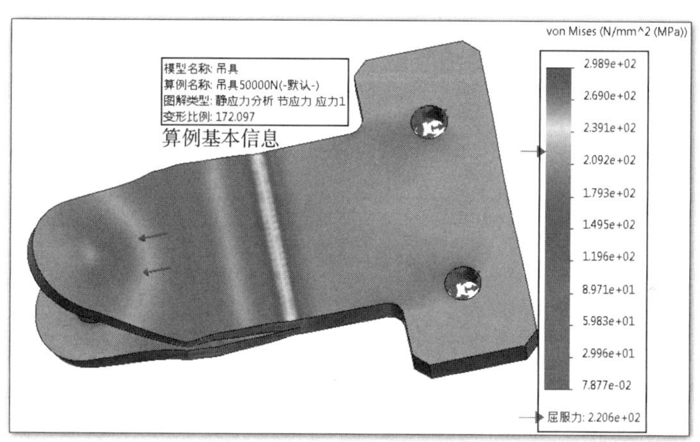

图 2-34　von Mises 应力云图

步骤 13 切换显示位移结果。双击结果中的【位移 1（合位移）】，即可显示合位移结果，如图 2-35 所示，合位移最大值为 0.15mm，即最大变形量为 0.15mm。

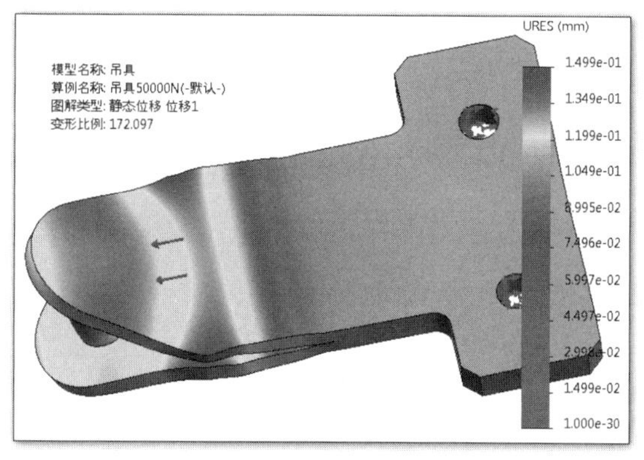

图 2-35　合位移云图

> **注意：** 在图2-34中若e后面的数值为+02，则代表10的二次方（即100），而在图2-35中e后面的数值为-01，因此代表10的负一次方（即0.1）。

实际模型的尺寸如图2-36所示，而图2-35中合位移最大值仅为0.15mm，从实际的变形和结构总体长度对比可以看出，实际的最大变形量不足总体尺寸的1‰，正常来说如此微小的变形尺寸肉眼几乎无法分辨，但是实际显示的云图中结构的变形趋势明显，从图形上看远远超过实际计算结果的0.15mm，这是为什么？

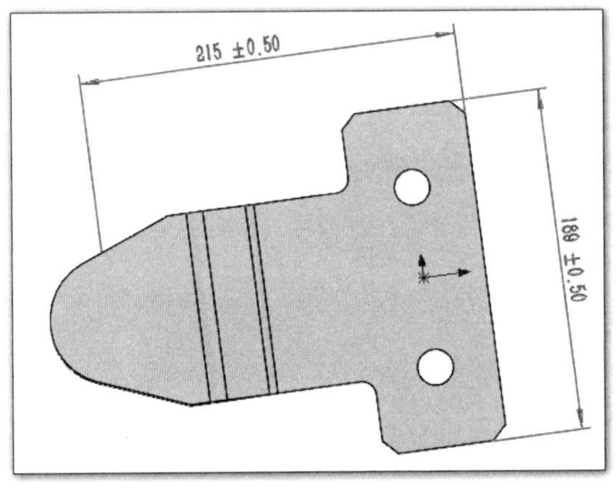

图2-36　吊具的几何尺寸

这和软件的一个默认设置功能——变形比例有关。通过变形比例设置功能，可以将结构的变形效果放大/缩小。在图2-34和图2-35中的云图基本信息第四行处可以看到有“变形比例：172.097”，这一数字代表将当前结构各个位置的变形效果放大了172.097倍，这样工程师可以轻松查看整个结构的变形趋势。但是千万注意，云图只是放大变形效果的样子，变形量和应力值的读数并没有一起跟着放大。变形比例的设置操作如下：

步骤14 调整变形比例。右键单击【结果】中的【位移1（合位移）】，选择【编辑定义】，如图2-37所示，打开云图设置窗口，勾选【变形形状】复选框，如图2-38所示，选择【自动】，单击【√】确定。

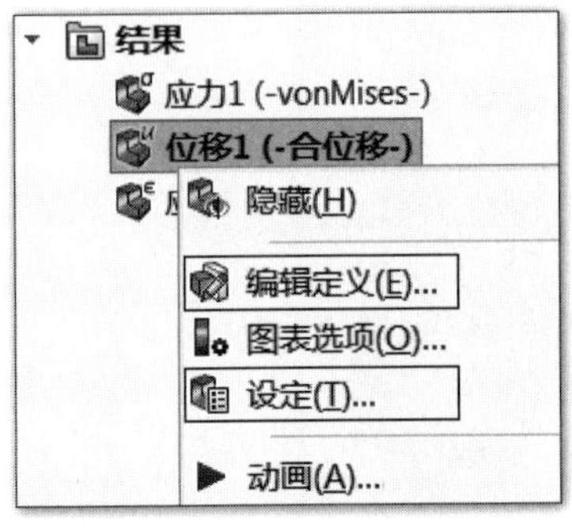

图2-37　云图及动画设置菜单

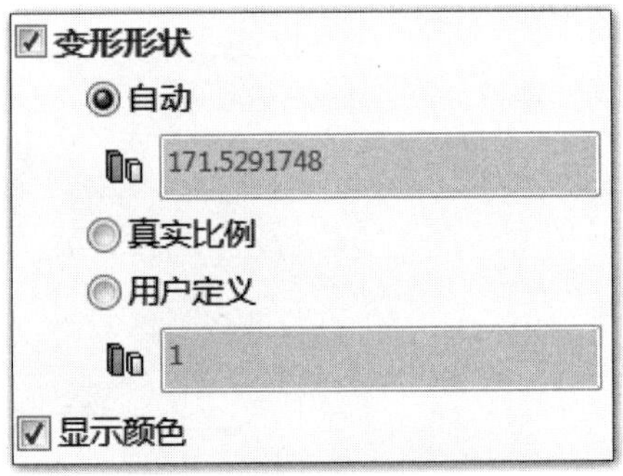

图2-38　变形比例设置

同时为了可以进一步看出变形后结构状态和原始形状的区别，可以通过以下操作显示原始模型叠加功能：

步骤 15 模型叠加设置。右键单击【结果】中的【位移 1（合位移）】，单击【设定】，如图 2-37 所示，打开图 2-39 所示的设置窗口，展开【变形图解选项】，勾选【将模型叠加于变形形状上】复选框，选择【半透明（单一颜色）】，并将【透明度】调整为【0.6】，单击【√】确定，最终显示的云图效果如图 2-40 所示。

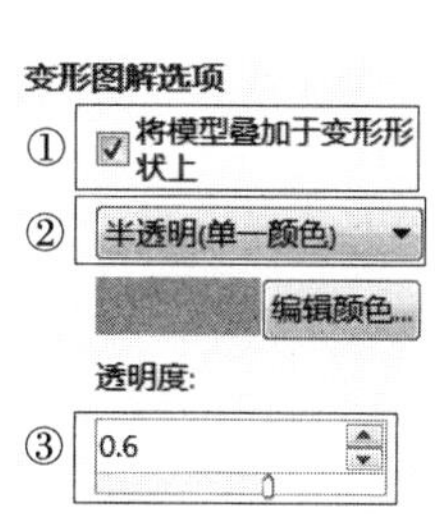

图 2-39　变形图解选项

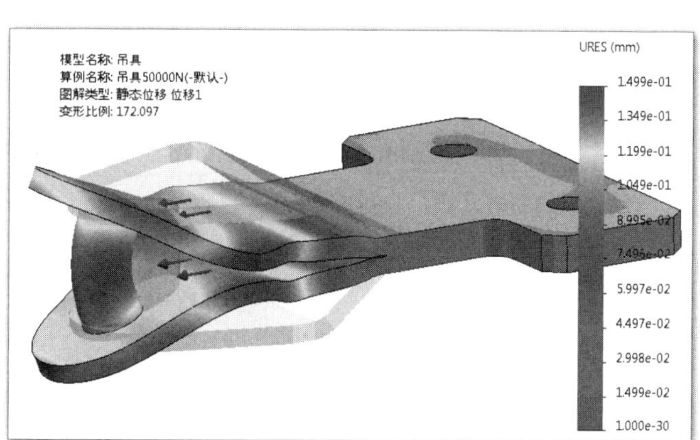

图 2-40　变形叠加效果图

知识卡片

关于变形比例的补充说明

变形比例是一柄双刃剑，它的优点和缺点都非常明显。一般情况下，金属结构的实际变形量都比较小，正常的比例设置完全无法看出变形趋势，因此通过适当调整变形比例即可轻松查看结构的变形趋势，这是它的优点。但是多数时候，部分项目相关人员，尤其是较少接触有限元分析的人员，在心理上难以接受这个放大效果之后的变形趋势，比如像本例中实际变形量仅为 0.15mm，但是通过放大效果之后的结构显示形状如图 2-40 所示，让多数人心理上完全无法接受。所以以目前的实际情况，在多数场合中，尤其是在提交的分析报告中，强烈建议仿真工程师将变形比例调整为真实比例更为保险。

步骤 16 调整变形比例。右键单击【结果】中的【位移 1（合位移）】，选择【编辑定义】，打开图 2-38 设置窗口，将【变形形状】区域设置为【真实比例】，单击【√】确定，结果如图 2-41 所示。

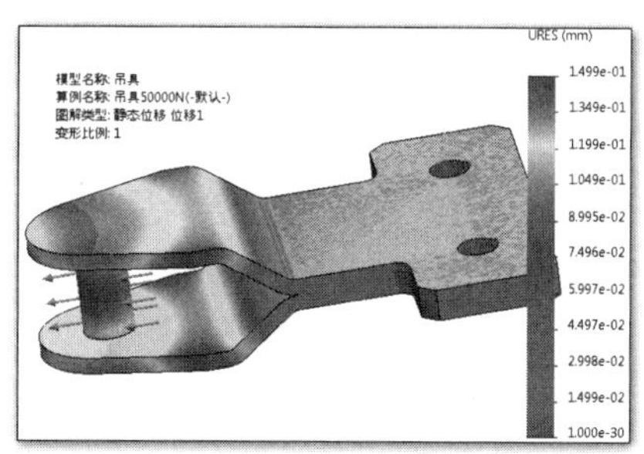

图 2-41　真实比例变形结果

步骤 17 单击结果区域中的【保存】保存模型。

本案例作为本书第一个案例，读者只要能够按照操作流程完成软件操作即可，其中部分操作的目的以及结果显示的物理意义并不需要非常清楚，这在后面的内容中会逐一展开。

2.3 材料力学的相关概念及结果解读

2.3.1 分析案例：传动链支撑法兰

传动链支撑法兰如图 2-42 所示，法兰外圈 6 个螺栓孔固定，中心圆孔承受传动轴传递到法兰上的 7000N · m 顺时针方向扭矩载荷，法兰材料为合金钢，利用 SOLIDWORKS Simulation 求解结构的变形和应力云图，查看结构安全系数，并通过材料调整确保安全系数大于 1。

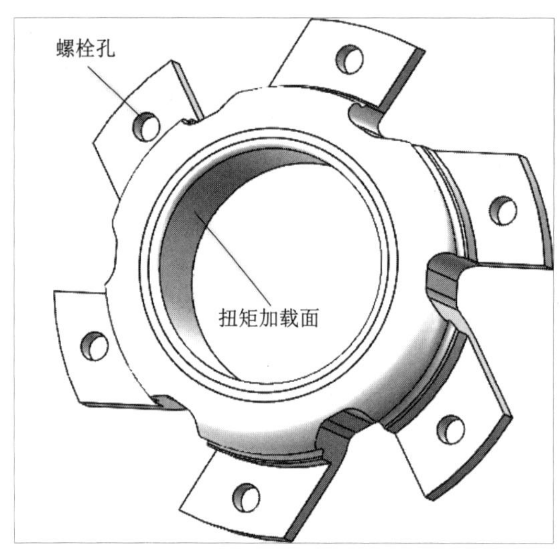

图 2-42 传动链支撑法兰

2.3.2 案例操作

步骤 1 打开三维模型。单击菜单栏中的【文件】/【打开】，并在模型文件保存路径下找到文件夹“第 2 章\传动链支撑法兰”，选择模型文件【传动链支撑法兰】，单击【打开】打开模型。

步骤 2 新建算例。单击工具栏中的【Simulation】激活 Simulation 工具栏，单击【新算例】，如图 2-43 所示，进入新算例设置界面。

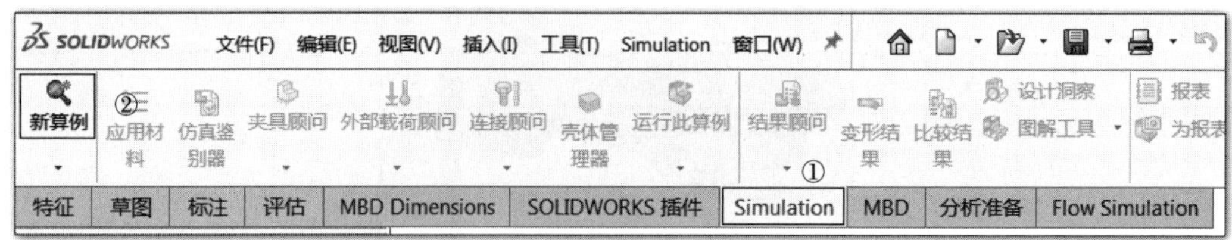

图 2-43 新算例

步骤 3 设置算例名称为【7000NM】，选择分析类型【静应力分析】，如图 2-44 所示，单击【√】确定。

步骤 4 材料设置。右键单击算例树中的【传动链支撑法兰】，选择【应用 / 编辑材料】，打开图 2-45 所示界面，在左侧区域选择【solidworks materials】/【钢】/【合金钢】，并在右侧区域界面将【单位】设置为【SI-N/mm^2（MPa）】，依次单击【应用】和【关闭】，关闭材料库设置界面。

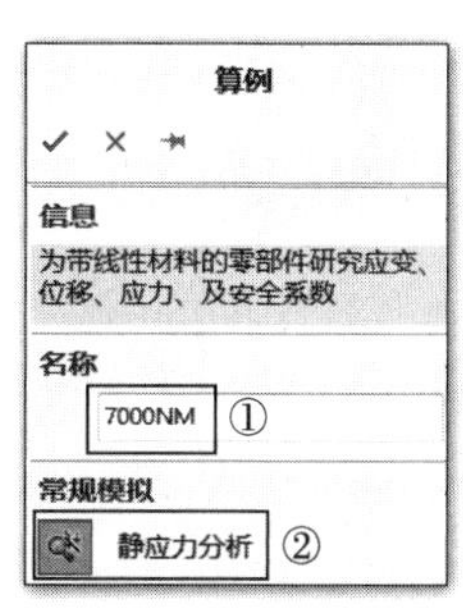

图 2-44　新算例设置

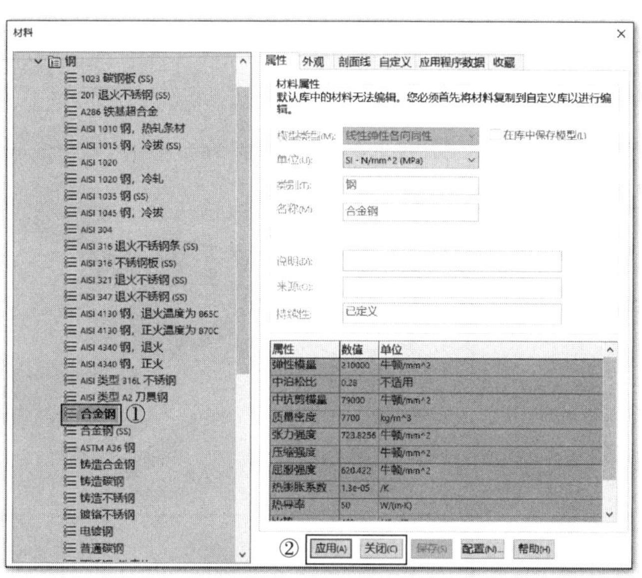

图 2-45　材料库设置界面

步骤 5 设置固定约束。右键单击算例树中的【夹具】，选择【固定几何体】，进入夹具设置界面，单击图标右侧的蓝色区域，激活【夹具的面、边线、顶点】选择区域，并在右侧图形显示区域依次单击选择图 2-46 所示的 6 个螺栓孔内表面，单击【√】确定。

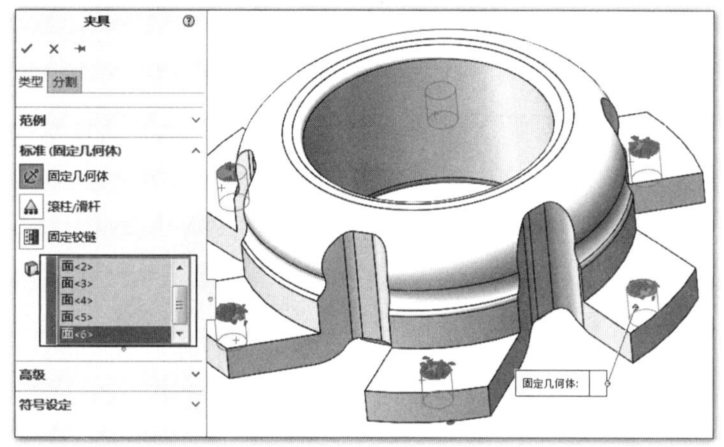

图 2-46　约束设置

步骤 6 施加扭矩载荷。右键单击算例树中的【外部载荷】，选择【扭矩】，进入扭矩设置界面，如图 2-47 所示。单击图标右侧的蓝色区域，激活【力矩的面】选择区域，并在右侧图形显示区域单击选择图 2-47 所示的模型中心孔内表面，并在扭矩设置区域输入【7000】。

虽然扭矩图形预览已经出现，但是必须确定基准轴或者有基准轴的几何元素作为力矩扭转轴，比如圆柱面。

步骤 7 设置扭矩方向。单击图标右侧的蓝色区域，激活【方向的轴、圆柱面】选择区域，并在右侧图形显示区域再次单击选择中心孔内表面，最终选择完成后如图 2-47 所示，单击【√】确定。

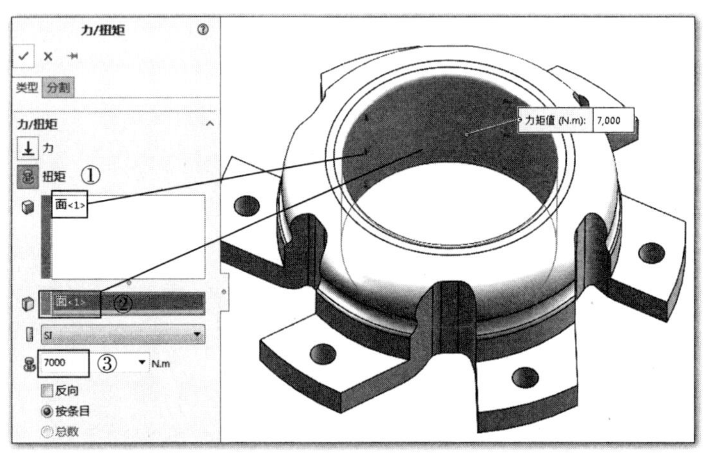

图 2-47　施加扭矩载荷

步骤 8 生成网格。右键单击算例树中的【网格】，选择【生成网格】，进入网格设置界面，勾选【网格参数】复选框，在单元【整体大小】区域设置单元尺寸为【2.00mm】，单击【√】确定，最终形成的有限元模型如图 2-48 所示。

注意： 当前网格设置请严格按照书中设定的方式进行，不要自行修改单元尺寸参数进行模型对比。

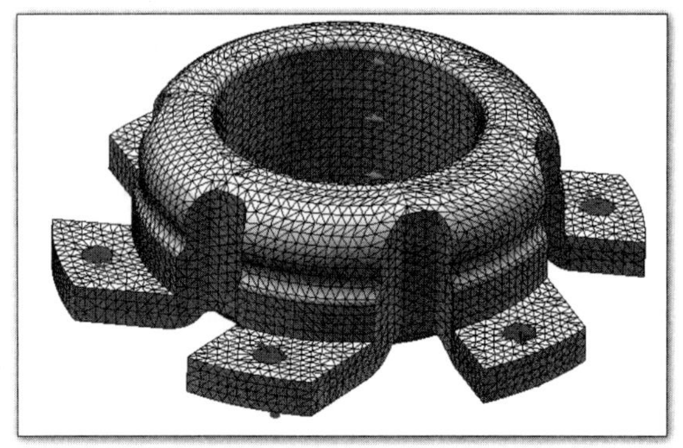

图 2-48　传动链支撑法兰有限元模型

步骤 9 保存设置并求解。单击【保存】保存算例设置，右键单击算例树中的【7000NM】，单击【运行】，进入算例求解状态，当前算例计算时间为 1~3min。

步骤 10 将应力结果设置为原始比例。右键单击【结果】中的【应力 1（vonMises）】，选择【编辑定义】，勾选【变形形状】复选框，并选择【真实比例】，单击【√】确定，结果如图 2-49 所示。

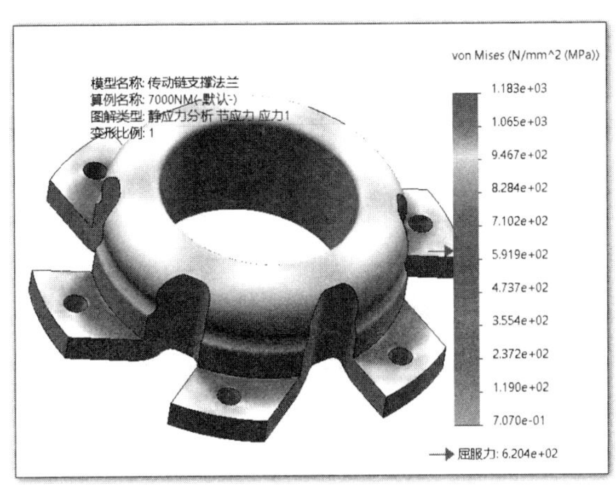

图 2-49　von Mises 应力云图

步骤 11 将变形结果设置为原始比例。双击激活【位移 1（合位移）】，右键单击【结果】中的【位移 1（合位移）】，选择【编辑定义】，选择【真实比例】，单击【√】确定，结果如图 2-50 所示。

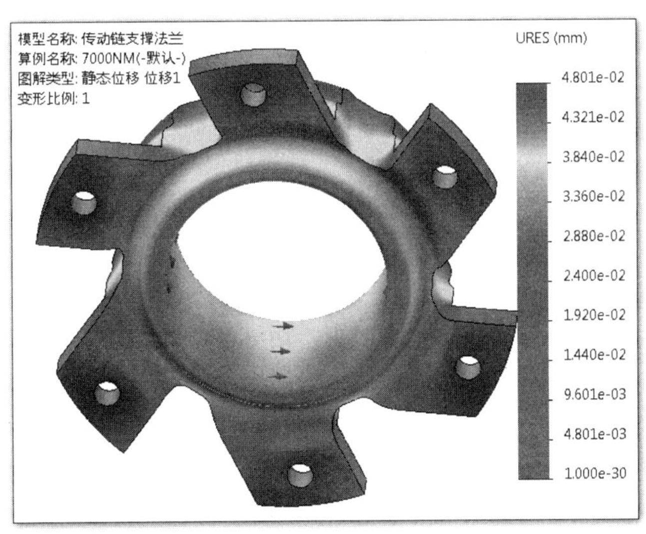

图 2-50　合位移云图

图 2-49 和图 2-50 所示的结果显示，最大应力值为 1183MPa，最大位移值为 0.048mm。从当前的操作来看，好像结果的解读比较简单，无非就是读取应力和位移。但实际上对结果的解读是比较复杂的问题，比如当前为什么要读取 von Mises 应力，von Mises 应力是什么样的应力，

它代表的物理意义又是什么，当前的计算结果是否符合设计要求等。

为确保能够准确理解应力结果的概念以及结构分析的相关内容，接下来说明一些工程材料相关的基本概念，通过该部分的学习了解相关材料的物理概念，可帮助读者在无须过多关注数学公式的基础上理解应力的相关概念。

2.3.3 材料力学的相关概念

材料的力学性能是指材料在不同环境（如温度、湿度等）下承受各种外部载荷（拉伸、压缩、弯曲、冲击等）时所表现出的材料力学特征。为得到这些力学性能指标进行的测定即力学性能试验，包括静态拉伸扭转、冲击、疲劳、蠕变、断裂等试验。本书主要以结构静态分析为主，因此相关的性能指标和概念均围绕材料的静态相关属性展开。

强度和刚度是对材料或者结构进行判定的最常见标准。强度表示材料或结构抵抗屈服甚至断裂的能力，对应的有限元分析结果为应力；而刚度表示材料或结构在受力时抵抗变形的能力，对应的有限元分析结果为位移。

机械工程材料主要以金属为主，金属材料通常分为塑性材料和脆性材料。塑性材料具有较大的拉伸应变，图 2-51a 所示为一般塑性材料的拉伸实验曲线，其变化过程可分为弹性阶段（*OA*）、屈服阶段（*AB*）、强化阶段（*BC*）和断裂阶段（*CD*）。但是部分金属材料并没有如此明显的四个阶段，尤其是屈服阶段，如图 2-51b 所示。因此这类没有明显屈服强度的塑性材料，以塑性应变 0.2% 时对应的应力强度作为屈服强度（见图 2-51b 中的 *B* 点，也称为条件屈服）。

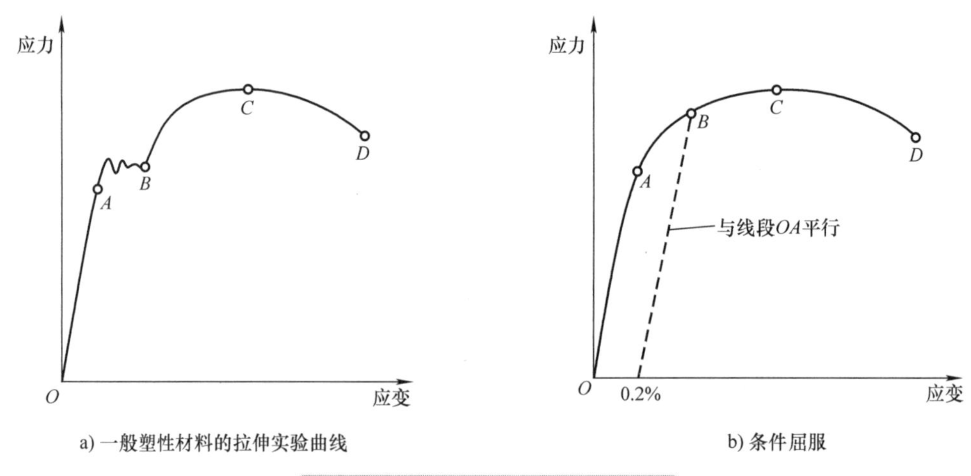

图 2-51 塑性材料的拉伸实验曲线

脆性材料的拉伸试验曲线如图 2-52 所示，延展率较小，材料经过一段近似的弹性阶段之后就发生断裂，并未出现明显的屈服、强化和断裂阶段。这类材料没有明显的屈服强度概念，直接使用材料的抗拉强度作为屈服判定标准。

本书以静应力分析问题为主，所用到的材料参数将围绕材料的线性阶段展开，因此仅针对材料线性阶段（即材料屈服之前）所需要用到的几个典型材料属性概念进行说明。

1）**弹性模量**：工程材料中重要的性能参数之一。材料在弹性阶段，其应力和应变成正比关系。弹性模量是描述物质弹性性能的一系列物理量的统称，用以衡量材料抵抗弹性变形的能力，其值越大，材料变形难度越大。杨氏模量、剪切模量等均属于弹性模量概念范畴。

2）**杨氏模量**：最常用的弹性模量概念之一，用 E 表示。材料在弹性阶段，多数金属材料的应力和应变成正比关系（即符合胡克定律），其纵向比例系数称为杨氏模量，一般通过拉伸实验测试获得，实验曲线如图 2-51a 所示，杨氏模量为 OA 段的斜率。

拉伸试验测试是目前最为广泛的材料测试手段，因此在很多场合下提到的弹性模量即杨氏模量。在 SOLIDWORKS Simulation 的材料属性界面中，弹性模量一栏就是杨氏模量，但是本书并不赞同将这些概念混淆，还是建议读者严格区分。

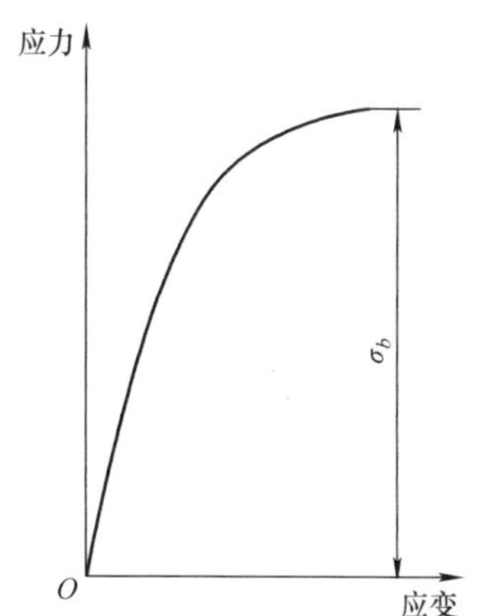

图 2-52　脆性材料的拉伸实验曲线

3）**泊松比**：材料在单向受拉或受压时，横向正应变与轴向正应变的绝对值的比值，也叫横向变形系数，用 v 表示。它是反映材料横向变形的弹性常数，当纵向的弹性模量（即杨氏模量）已知时，则横向的弹性模量（即剪切模量）即可通过泊松比和杨氏模量求解得出。

4）**剪切模量**：最常用的弹性模量概念之一，用 G 表示，是剪切应力与应变的比值，表征材料抵抗切向变形的能力。

杨氏模量、泊松比和剪切模量三者之间的关系如下：

$$G = E/2(1+v)$$

5）**各向同性 / 各向异性材料**：材料的物理性质可以在不同的方向进行测量，如果各个方向的物理性质结果相同，说明其物理性质与方向无关，就称为各向同性；如果物理性质和方向密切相关，不同方向的测量结果迥异，就称为各向异性。在多数情况下，材料在不同方向上的杨氏模量和泊松比都有可能不同，有些材料甚至相差较大，比如木材、长纤维塑料等。但是在金属结构的力学问题中，为降低计算难度，都将材料假设为各向同性，以方便获取材料参数，而多数金属材料本身属性也基本近似符合材料各向同性假设的相关特性。

为了便于说明各向异性问题，本书通过一个小例子说明该问题，读者不用操作，只需通过设置和计算过程了解结果即可。该模型在模型文件中有设置好的 2016 版本算例。

建立一个立方体，材料设置如图 2-53 所示。建立三个算例，分别在 X、Y、Z 三个方向上施加 5000N 的拉伸载荷，三个算例最终计算得出的拉伸变形量如图 2-54 所示，计算结果统计见表 2-3。可见，因为在三个方向上材料的杨氏模型不同，导致其抵抗变形的能力不同。

模型类型(M): 线性弹性正交各向异性　在库中保存模型(L)
单位(U): SI - N/mm^2 (MPa)
类别(T): 塑料　参考几何体: 前视基准面
名称(M): 自定义塑料
默认失败准则(F): 最大 von Mises 应力
说明(D): -
来源(O):
持续性: 未定义　选择...

属性	数值	单位
X 弹性模量	2000	牛顿/mm^2
Y 弹性模量	3000	牛顿/mm^2
Z 弹性模量	800	牛顿/mm^2
XY 泊松比	0.394	不适用
YZ 泊松比	0.3	不适用
XZ 泊松比	0.33	不适用
XY 抗剪模量	318.9	牛顿/mm^2

图 2-53　SOLIDWORKS Simulation 中的各向异性设置

关于各向异性的问题，读者如有兴

趣之后可以自行翻阅相关教材，会有更详细的说明介绍，本书涉及的案例材质均假设为各向同性。

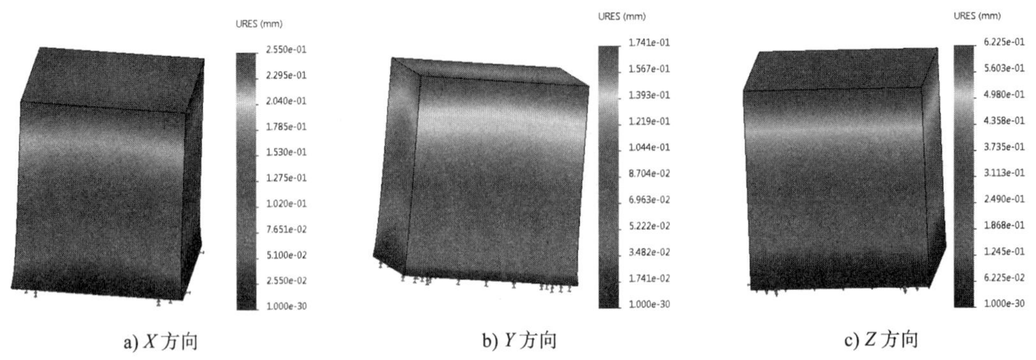

a) X 方向　　b) Y 方向　　c) Z 方向

图 2-54　各向异性材料变形结果

表 2-3　各向位移值统计

方向	X	Y	Z
变形量	0.255mm	0.174mm	0.623mm

6）**位移**：平时经常说的变形，就是在有限元分析结果中的位移，位移分别有 X、Y、Z 三种单向位移以及合位移，关于位移和变形之间的区别将在第 5 章进行说明。

7）**应力**：物体由于外部因素（受力、湿度、温度场变化等）而产生变形，在物体内各部分之间产生相互作用的内力，单位面积上的内力称为应力。在产品设计中时常提到的结构强度指的就是应力，也可称为应力强度，应力强度是所有应力强度概念的统称。图 2-55 所示为空间中微元的一般应力状态，分别由三个拉应力和六个剪应力组成，这九个应力虽然是经常被提起的应力，但是在有限元分析中很少有对它们的直接应用，使用的往往是这九个应力中若干应力的合应力。

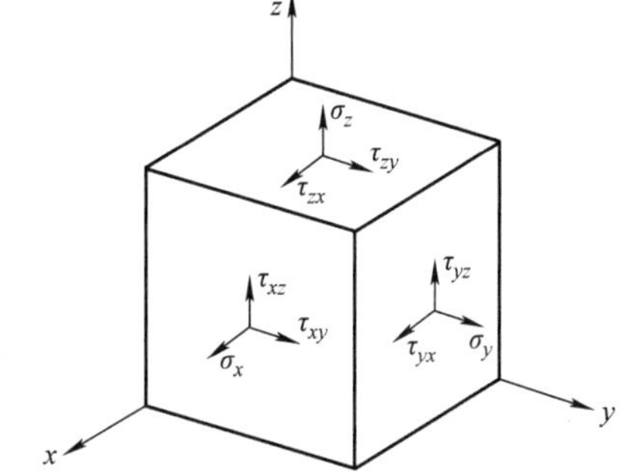

图 2-55　空间中微元的一般应力状态

8）**屈服强度**：金属材料发生屈服现象时的屈服极限，也就是抵抗微量塑性变形的应力，在一般材料力学定义中为图 2-51a 中 AB 段的最大值和最小值，最大值为上屈服点，最小值为下屈服点。但是在实际产品设计应用中，难以界定这两个屈服点。而且材料进入屈服阶段，性能就开始下降，所以安全起见，很多时候会将 A 点所在的位置作为屈服点的数值进行输入。材料超过屈服强度意味着材料承载能力开始下降，也就意味着材料失效的风险将大大增加，这是在工程中非常重要的一个概念。对于多数机械产品，工程人员为确保产品的安全性，多数情况下会把屈服强度作为安全系数的判定准则。但是千万注意，屈服强度是一类强度的统称，拉伸、剪切都有对应的屈服强度。

9）**许用应力**：机械设计或工程结构设计中零件或构件材质允许的最大应力值，在某些场合和失效强度等同。但是在一些场合中，许用应力是考虑安全系数、工作环境、形状尺寸等综合影响因素并经适当修正后的材料最大允许应力值，比如表 2-4 为材质 Q245R 在不同厚度时的

钢板许用应力，参考标准为 GB/T 150.2—2011《压力容器　第 2 部分：材料》。

表 2-4　材质 Q245R 在不同厚度时的钢板许用应力

厚度 /mm	许用应力 /MPa	厚度 /mm	许用应力 /MPa
3~16	148	60~100	137
16~36	148	100~150	123
36~60	148		

10）**抗拉强度：** 金属由均匀塑性形变向局部集中塑性变形过渡的临界值，也是金属在静拉伸条件下的最大承载能力，如图 2-51a 中的 *C* 点位置。抗拉强度基本上意味着材料之后的力学性能将逐步下降并最终断裂。

11）**抗剪强度：** 又称剪切强度，是材料剪断时产生的极限强度，反映材料抵抗剪切滑动的最大承载能力。

12）**失效强度：** 工程结构与设备以及它们的构件和零部件到达一定强度后丧失其正常工作的能力，该强度称为失效强度。失效强度同样是一系列强度的统称，在不同的判定准则下失效强度均有不同，比如在承受抗剪为主的结构件中，失效强度可能就是抗剪强度，脆性材料的失效强度可能是拉伸强度，而塑性材料的失效强度可能是屈服强度。在一些工程设计领域中，失效强度也可能是许用应力，所以失效强度和之后将要说到的四大强度理论有非常密切的关系。

13）**主要应力：** 一微元上的法向应力。根据受力物体内任意一点的应力状态，存在三个主要应力，这三个主要应力在 SOLIDWORKS Simulation 中分别用 P1、P2、P3 表示，在所有的材料力学教材中都有对主要应力概念的描述，本书不做详细说明，有兴趣的读者可自行查阅资料。本书只要求读者记住一个比较重要的内容，平时工程中常说的最大拉应力指的是第一主要应力 P1，最大压应力为第三主要应力 P3，这对结果判定非常重要。

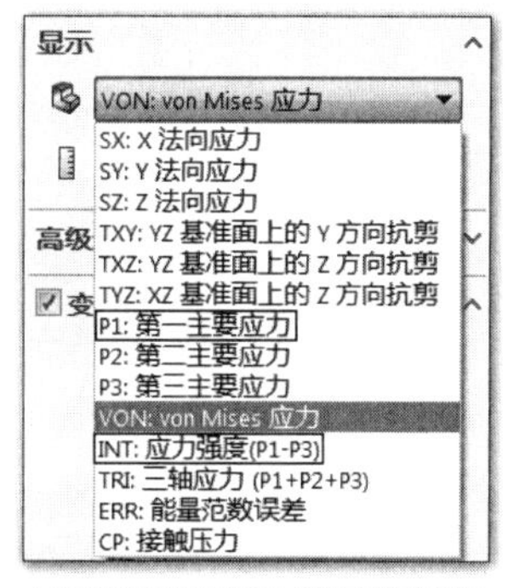

图 2-56　应力结果的种类

在 SOLIDWORKS Simulation 中查看结果应力时，软件默认显示的结果为 von Mises 应力。实际上软件能够选择的应力结果如图 2-56 所示，其中很多应力名称读者比较陌生，因此如何建立有限元分析结果和结构应力之间的对应关系是读者需要面对的一大难题。除之前所说的第一和第三主要应力外，读者还需要记住，平时工程中常说的最大剪应力为应力强度（P1−P3）的 1/2，表达式如下：

$$\tau_{max} = (P1-P3)/2$$

以上概念对掌握结构分析非常重要，为更好地学习本书之后的内容，建议读者仔细理解本节以上内容。

接下来通过新建结果读取第一主应力和应力强度结果。

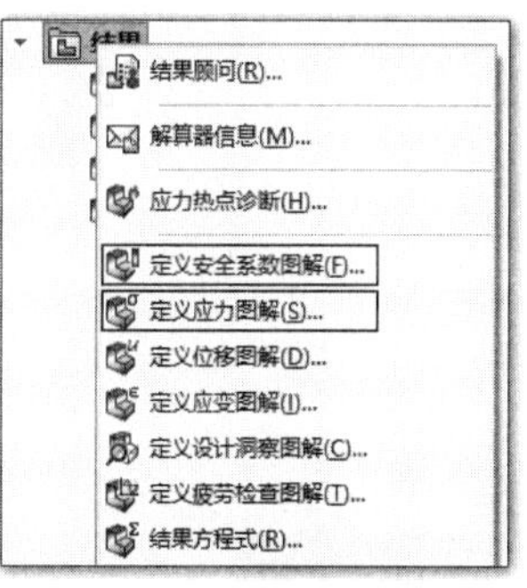

图 2-57　结果图解类型

步骤 12 添加第一主要应力图解。单击标签栏区域算例【7000NM】，右键单击算例树中的【结果】，选择【定义应力图解】，如图 2-57 所示。打开图 2-56 所示的应力图解设置界面，将应力结果切换为【P1：第一主要应力】，将【变形形状】调整为【真实比例】，单击【√】确定，结果如图 2-58 所示，P1 最大值为

1254MPa。

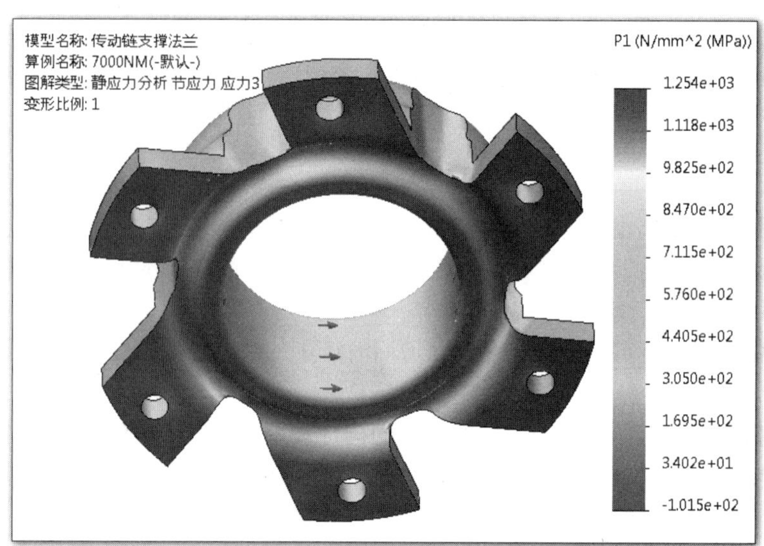

图 2-58 第一主要应力云图

步骤 13 添加应力强度（P1−P3）图解。右键单击算例树中的【结果】，单击【定义应力图解】，打开应力图解设置界面，将【显示】类型设置为【应力强度（P1−P3）】，如图 2-56 所示，将【变形形状】调整为【真实比例】，单击【√】确定，结果如图 2-59 所示，应力强度最大值为 1223MPa。

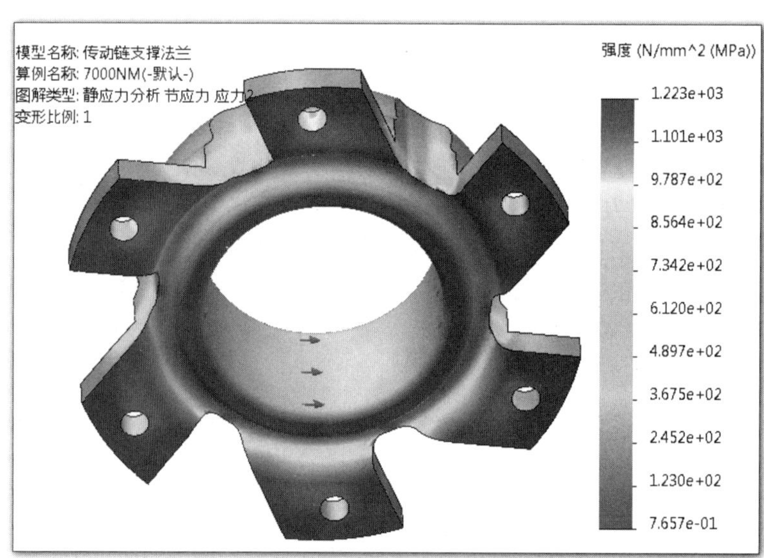

图 2-59 应力强度（P1−P3）云图

步骤 14 添加【安全系数】图解。右键单击算例树中的【结果】，如图 2-57 所示，选择【定义安全系数图解】，打开图 2-60 所示的安全系数设置界面，保持当前默认设置，单击【√】确定，安全系数云图如图 2-61 所示。

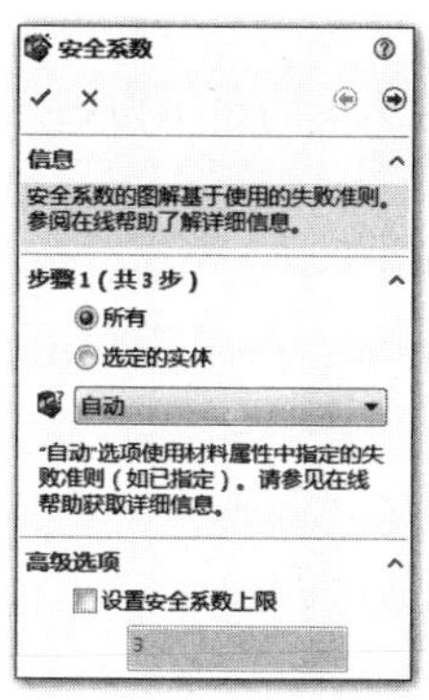

图 2-60　安全系数设置界面

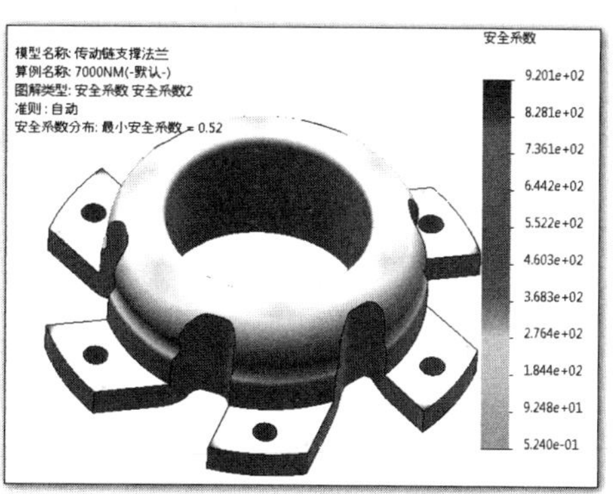

图 2-61　安全系数云图

2.3.4　安全系数和屈服准则

安全系数是结构设计中非常重要的概念，图 2-61 即当前法兰的安全系数云图。通过图 2-61，读者需要注意一个细节，安全系数云图条的颜色顺序和之前的应力结果 / 位移结果云图条的颜色顺序相反。应力图解和位移图解主要关注结果的最大值，数值越大情况越恶劣，因此这两类结果的最大值对应红色；但是安全系数却相反，安全系数值越小结果越恶劣，因此安全系数查看的是整体最小值，安全系数的最小值对应红色。当前结构的安全系数如图 2-61 所示，最薄弱的位置为 0.52，根据当前产品设计要求，安全系数必须保证在 1 以上，因此当前结构不合格。

图 2-61 所示云图虽然得到一些结果，但是在软件云图显示上，当前的安全系数最大值已达到 920.1，对于安全系数的查看并没有太多意义，为了更清楚地看出安全系数小于 1 的区域，接下来将安全系数最大值调整为 1。

步骤 15 设置云图颜色。右键单击结果中的【安全系数 1(安全系数)】，选择【图表选项】，进入图表设置窗口，如图 2-62 所示，取消勾选【自动定义最大值】复选框，在最大值输入区域输入【1】，并勾选【为大于最大值的值指定颜色】复选框，单击图标，打开图 2-63 所示颜色窗口，选择图中箭头所指的【灰色】，单击【确定】关闭颜色窗口，并单击【√】确定，最终的安全系数云图如图 2-64 所示。

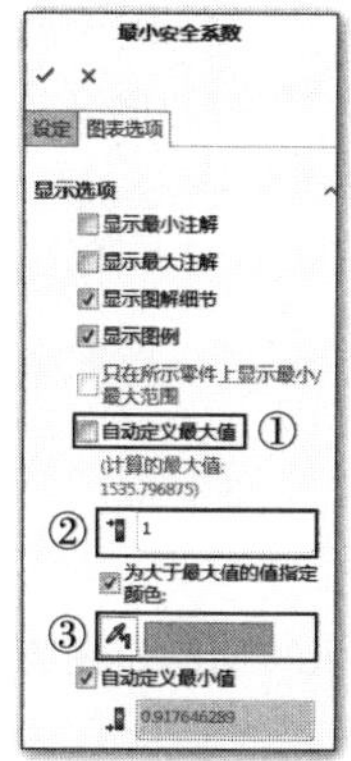

图 2-62　安全系数图表选项

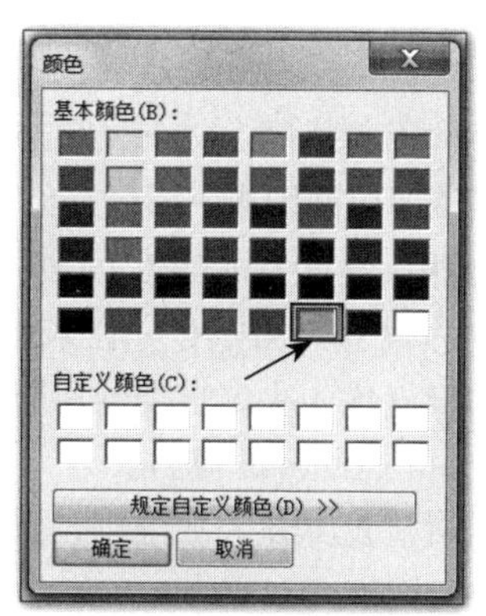

图 2-63　颜色窗口

云图显示的美观性对报告非常重要，读者可以参考步骤 15，根据自身的审美习惯自行调整颜色。当前云图中，模型上安全系数超过 1 的显示为灰色，低于 1 的显示为彩色，比之前主体颜色均为红色的图 2-61 在显示上更美观直接。

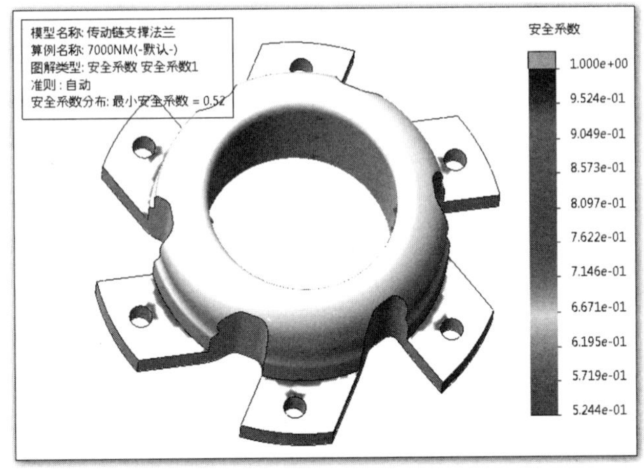

图 2-64　安全系数云图

虽然通过结果读取可以得到结构的最小安全系数，但是对读者来说更重要的是需要理解安全系数的物理意义以及安全系数和应力之间的关系。

安全系数是工程结构设计方法中用以反映结构安全程度的系数，安全系数和应力强度之间的关系如下：

最小安全系数 = 材料失效强度 / 结构最大应力≥产品设计要求的安全系数

读者必须非常清楚当前安全系数计算公式中分子和分母的意义。根据之前对材料失效强度的定义，该强度根据所关注的结构应力强度判定准则或者设计规范的不同而发生改变。材料的失效强度根据设计规范不同可能是材料的屈服应力，也可能是材料的许用应力。公式中结构的最大应力根据设计规范不同，可能是图 2-56 中的任意一种应力。因此，安全系数公式中的两种应力会根据选择的强度理论不同而发生改变。一般情况下，材料失效强度为材料的屈服强度。

通过图 2-65 可以看出，在 SOLIDWORKS Simulation 静力学分析中，用以计算安全系数的屈服准则有四种，分别为最大 von Mises 应力、最大抗剪应力（Tresca）、Mohr-Coulomb 应力和最大法向应力。这四种应力是目前判定安全系数最常用的手段。Mohr-Coulomb 应力一般用于岩土等建筑材料，所以对该屈服准则本书不做介绍。

图 2-65　屈服准则

当前的默认设置为【自动】，软件则会根据以下条件选择屈服准则：在材料库设置界面中有一栏未激活的设置为【默认失败准则】，这一位置的设置优先决定自动的屈服准则；如果未在材料库设置界面中指定默认失败准则，软件会指定 Mohr-Coulomb 应力。

当前设置满足默认失败准则设置条件，因此图 2-64 为最大 von Mises 应力屈服准则条件下的安全系数云图。

最大法向应力屈服准则认为引起材料失效的因素是最大法向应力，即常说的最大拉应力。

构件在受力状态下，只要局部位置的最大法向应力达到单向应力状态下的屈服应力时，结构就会发生屈服。之前也提到过，最大拉应力其实就是第一主要应力 P1，所以利用该准则判定结构安全的条件为

结构最大应力 P1 ≤材料屈服强度 / 最小安全系数

以当前的传动链支撑法兰为例，重新读取 P1 状态下的安全系数值。

步骤 16 读取最大法向应力的安全系数值。右键单击算例树中的【结果】，选择【定义安全系数图解】，打开图 2-66 所示的安全系数设置窗口，将图标右侧的下拉菜单展开并将准则设置为【最大法向应力】，单击【√】确定，并按照步骤 15 将安全系数云图进行调整，最终最大法向应力屈服准则下的安全系数云图如图 2-67 所示，最小安全系数为 0.58。

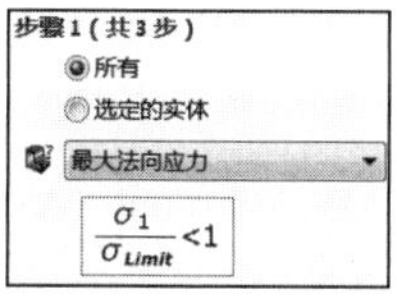

步骤 1（共 3 步）
所有
选定的实体
最大法向应力
$\frac{\sigma_1}{\sigma_{Limit}}<1$

图 2-66　最大法向应力屈服准则

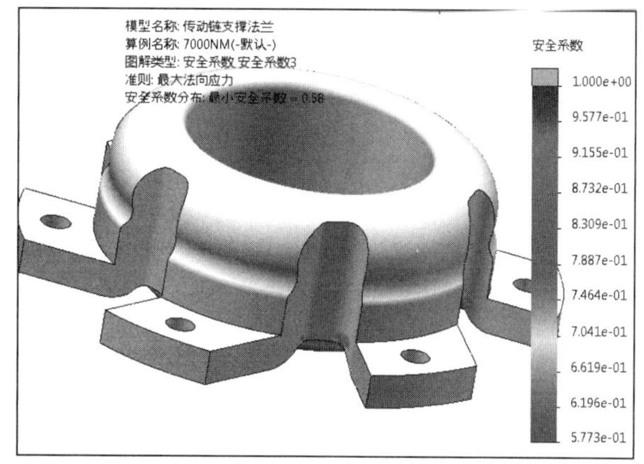

图 2-67　最大法向应力屈服准则下的安全系数云图

最大抗剪应力（Tresca）屈服准则认为引起材料失效的因素是最大剪应力，当结构最大剪应力值达到材料屈服应力，结构就处于危险状态。根据材料力学计算公式可知，最大剪应力为应力强度的 1/2，如图 2-68 所示，其中的 σ_{Limit} 为应力强度。最终显示的安全系数云图如图 2-69 所示，最小安全系数为 0.51。

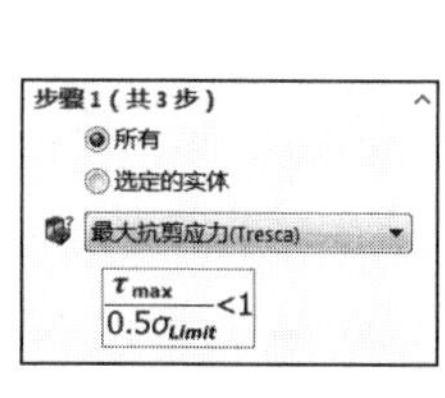

图 2-68　Tresca 屈服准则

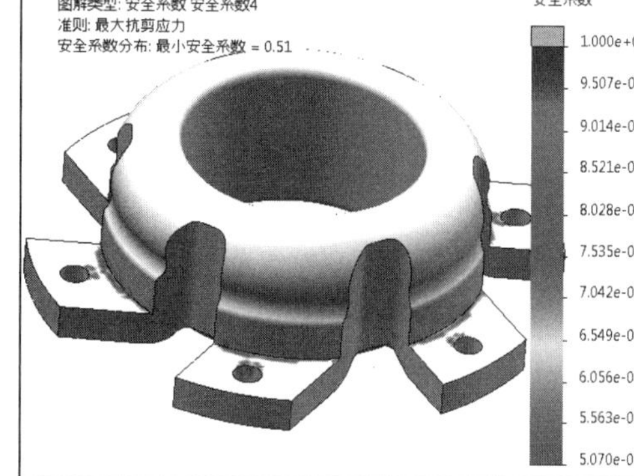

图 2-69　Tresca 屈服准则下的安全系数云图

最大 von Mises 应力屈服准则是冯·米塞斯（von Mises）于 1913 年提出的屈服准则，这一准则认为形状改变比能是引起材料屈服的主要因素，无论什么应力状态，只要构件内一点处的形状改变比能达到材料的屈服极限，材料就要发生屈服。其相关定义如下：

$$\text{von Mises 应力} = \sqrt{[(\sigma_1-\sigma_2)^2+(\sigma_2-\sigma_3)^2+(\sigma_3-\sigma_1)^2]/2}$$

图 2-64 所示为 Mises 屈服准则下的安全系数云图，最小安全系数为 0.52。

Mises 屈服准则和 Tresca 屈服准则是目前应用较为广泛的金属材料屈服准则。目前 Mises 屈服准则应用最为广泛，包括 SOLIDWORKS Simulation 在内的绝大多数软件，默认的应力值都会读取 von Mises 应力。而 Tresca 屈服准则比 Mises 屈服准则计算结果更为保守。因此，为了方便读者更好地选择屈服准则，建议除部分情况下必须使用 Tresca 屈服准则进行判定外，在没有特殊要求的情况下产品优先使用 Mises 屈服准则进行安全系数判定。

2.3.5 材料参数对计算结果的影响

通过之前的计算得知，当前结构的安全系数并未达到设计要求，因此需要调整一些可变参数提升结构的安全性。利用新建材料的功能将除泊松比之外的三种红色材料参数（即弹性模量、材料密度和屈服强度）的数值分别按照表 2-5 中的材料参数做一些基本调整，并对比材料调整前后的应力云图、位移云图和安全系数，总结材料参数对各计算结果的影响。

表 2-5 材料参数

材料编号	弹性模量 /MPa	泊松比	材料密度 /（kg/m^3）	屈服强度 /MPa
原始材料	210000	0.28	7700	620.4
新材料 1	210000	0.28	**1**	620.4
新材料 2	**21000**	0.28	7700	620.4
新材料 3	210000	0.28	7700	**800.4**

注：表格中加粗的数字代表发生变动的材料参数。

步骤 17 复制算例。右键单击标签栏区域的算例【7000NM】，如图 2-70 所示，选择【复制算例】，弹出算例设置窗口，将算例名称设置为【新材料 1】，单击【√】确定。

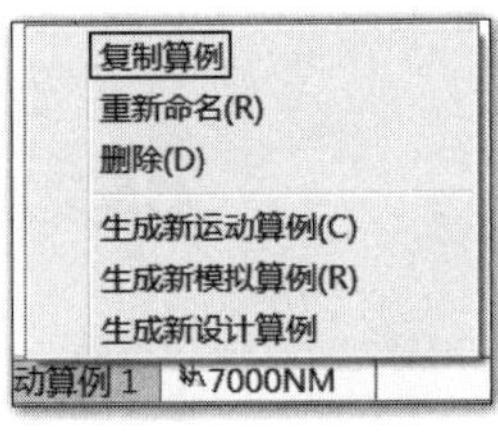

图 2-70 算例复制

步骤 18 新建材料文件夹。右键单击算例树中的【传动链支撑法兰】，选择【应用 / 编辑材料】，右键单击材料库中的【自定义材料】，如图 2-71 所示，选择【新类别】，生成【新类别】文件夹，并设置文件夹名称为【第二章练习材料文件夹】，如图 2-72 所示。

步骤 19 新建材料。右键单击【第二章练习材料文件夹】，选择【新材料】，如图 2-72 所示，生成新材料【默认】，右键单击【默认】并命名为【新材料 1】。

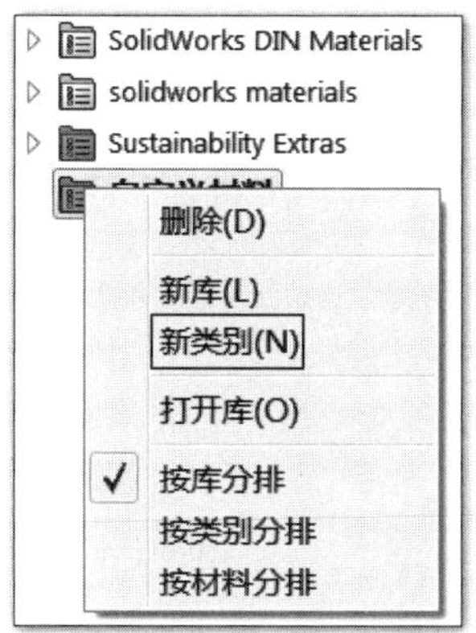

图 2-71 新库添加

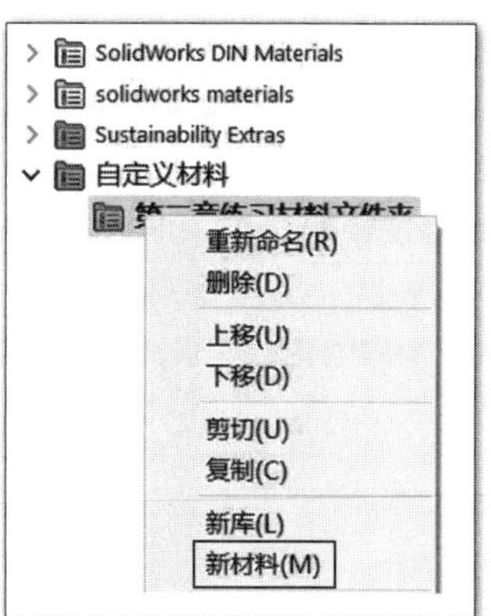

图 2-72 新材料添加

步骤 20 设置材料参数。在材料属性设置窗口按照表 2-5 中新材料 1 的相关参数，弹性模量处输入【210000】，中泊松比处输入【0.28】，质量密度处输入【1】，屈服强度处输入 620.4，并删除其他默认的材料参数，最终设置如图 2-73 所示，依次单击【保存】【应用】和【关闭】，关闭材料属性设置窗口。

属性	数值	单位
弹性模量	210000	牛顿/mm^2
中泊松比	0.28	不适用
中抗剪模量		牛顿/mm^2
质量密度	1	kg/m^3
张力强度		牛顿/mm^2
压缩强度		牛顿/mm^2
屈服强度	620.4	牛顿/mm^2
热膨胀系数		/K

图 2-73 新材料 1 的属性

步骤 21 重复步骤 19 和步骤 20，新建新材料 2 和新材料 3，并按照表 2-5 调整材料参数。

知识卡片

SOLIDWORKS Simulation 材料库的进一步说明

SOLIDWORKS Simulation 材料库左侧共有 4 个库文件，分别是 DIN 材料库（德标材料库）、SOLIDWORKS material（美标材料库）、Sustainability Extras（Sustainability 扩展材料库）和自定义材料库，前 3 个库文件均是默认库文件，这 3 个库里的材料参数软件系统已经锁定不能修改，因此读者必须利用自定义材料库功能进行材料的新建和材料参数的修改。

步骤 22 算例求解。右键单击算例树中的【新材料 1】，单击【运行】，进入算例求解状态。

步骤23 重复步骤17，分别建立算例【新材料2】和【新材料3】，并将算例中的模型材料改为对应的【新材料2】和【新材料3】，分别计算。

知识卡片

警告符号情况说明

当重新调整并确认材料之后，算例树求解前多了警告符号⚠，如图2-74所示，这是因为之前有设置重新调整，可能当前的计算结果需要重新计算，因此建议在遇到警告符号后重新进行运算。

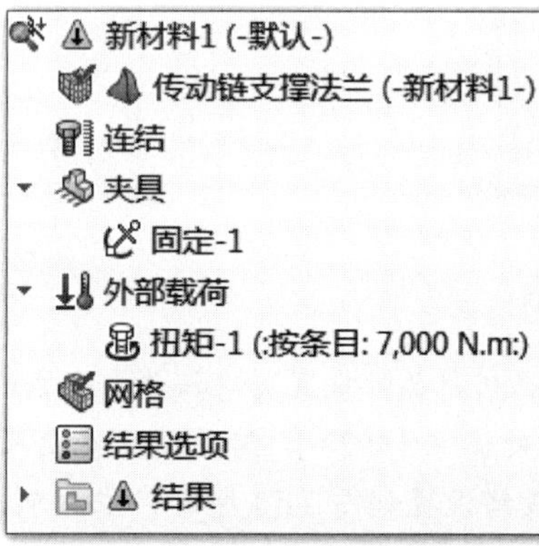

图2-74 求解前的感叹号警告

将4组算例的最大von Mises应力、最大合位移及最小安全系数结果统计至表2-6中的分析结果部分。

表2-6 算例分析结果统计

算例名称	材料参数				分析结果		
	弹性模量/MPa	泊松比	材料密度/(kg/m³)	屈服强度/MPa	最大von Mises应力/MPa	最大合位移/mm	最小安全系数
7000NM	210000	0.28	7700	620.4	1183	0.048	0.52
新材料1	210000	0.28	**1**	620.4	1183	0.048	0.52
新材料2	**21000**	0.28	7700	620.4	1183	**0.48**	0.52
新材料3	210000	0.28	7700	**800.4**	1183	0.048	**0.68**

注：表格中加粗的数字代表发生变动的数据。

通过表2-6的结果对比，可得出以下重要结论：

1）当前三种材料参数的改变，均对最大von Mises应力结果没有影响。

2）算例【新材料1】中密度的调整对算例所有分析结果均不发生影响。

3）弹性模量的调整改变位移结果，不改变应力结果和安全系数结果，并且弹性模量和位移结果的改变量保持反比关系。关于该点读者要注意，只有在载荷和应力等边界条件下才符合该规律，在强制位移边界条件下不符合该规律。

4）屈服强度的调整改变安全系数结果，不改变位移结果和应力结果。

所以当前情况下，要提升结构的安全系数，只能提升材料的屈服强度，而且无论如何修改材料参数，结构最大应力值1183 MPa并不会发生变化。因此可以知道，只要材料的屈服强度

超过 1183 MPa，即可保证结构的安全系数大于 1。

其实通过更细化的对比可以进一步发现更多关系，但是当前章节不做更深入探讨，只针对之前提到的 SOLIDWORKS Simulation 材料属性名称颜色的问题进行几点说明：

1）在本次分析中，密度对计算结果的影响并没有体现。实际上密度在静力学分析的作用应该为蓝色，因为密度只有在惯性力（如重力、离心力等）的载荷作用下才起作用，但是在很多分析中并不考虑惯性力对结构的影响，比如一般小结构件的强度分析、塑料插拔件、橡胶密封问题等。所以在静力学分析模块中（千万注意仅仅是静力学分析模块），密度并不是必需的材料参数，而是可能需要的材料参数。但是 SOLIDWORKS Simulation 是一款集成在三维软件之下的有限元分析软件，在三维建模阶段的部分功能需要密度参数，比如重心计算、质量评估等，因此软件开发人员考虑到以上因素在 SOLIDWORKS Simulation 材料属性设置上将密度标为红色。

2）屈服强度仅改变安全系数结果，对其他结果均不产生任何影响。在线性静态分析中，屈服强度仅和安全系数相关，而安全系数结果并不是分析显示必需的结果。因此，在部分有限元分析相关教材中会看到，屈服强度并不是静力学分析所必需的材料参数。但是随着有限元分析软件的发展，为能够显示出安全系数云图图解，屈服强度成为必须要输入的量，所以 SOLIDWORKS Simulation 中要求使用者必须填写屈服强度。

2.3.6　载荷对计算结果的影响

在之前的内容中对比了部分材料参数的改变对计算结果的影响，接下来分别加载 700N · m 和 70000N · m 载荷，考察对应情况下的应力值和位移量，并将结果填入表 2-7。

表 2-7　计算结果统计

载荷值	700N · m	7000N · m	70000N · m
最大位移量 /mm	0.0048	0.048	0.48
最大应力 /MPa	118.4	1183	11830

步骤 24 复制算例。右键单击界面左下角标签栏区域中的算例【7000NM】，选择【复制算例】，将算例名称设置为【700NM】，单击【√】确定。

步骤 25 重新编辑载荷。右键单击算例树中【外部载荷】下的载荷【扭矩 -1】，选择【编辑定义】，如图 2-75 所示，打开载荷设置窗口，将载荷大小修改为【700】N · m，单击【√】确定。

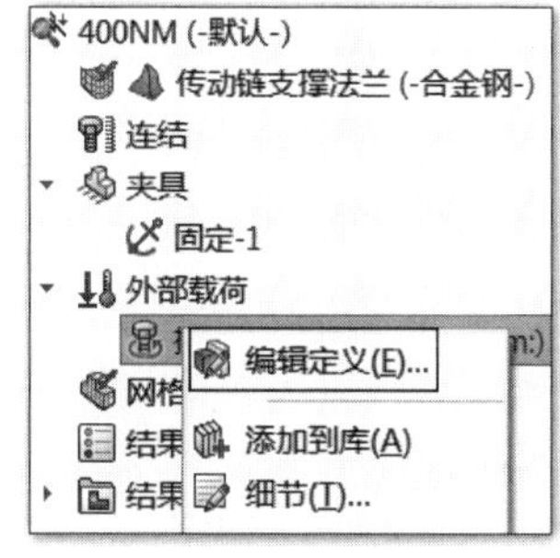

图 2-75　载荷编辑

步骤 26 求解算例。右键单击算例树中的【700NM】，单击【运行】，算例进入求解状态。

步骤 27 读取当前结果下的最大位移量和最大应力，统计至表 2-7 中。

步骤 28 新建算例【70000NM】，重复步骤 24~ 步骤 27，将载荷大小修改为【70000】N · m，计算并将结果统计至表 2-7 中。

通过表 2-7 中的数据统计可发现，载荷大小和应力、位移计算结果均保持线性比例关系，这就是有限元分析中的线性问题。其实在之前的表 2-6 中，弹性模量的改变和变形量也保持线性比例关系。现在对比三种载荷工况的默认位移云图以及应力云图，并显示最大应力值的位置，发现三种工况得到的云图色彩分布完全一致，如图 2-76 和图 2-49 所示。

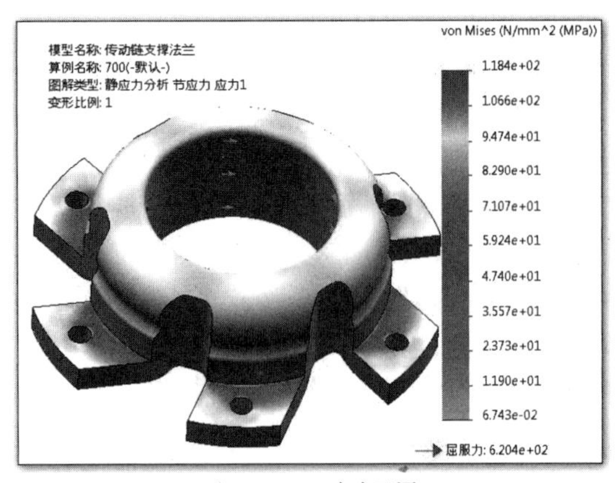

a）700N · m 应力云图

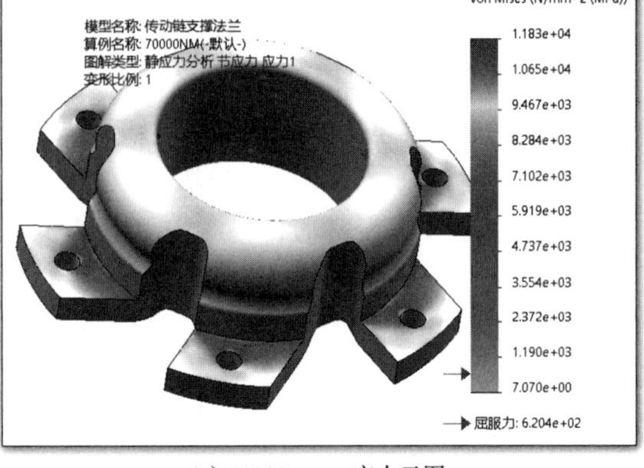

b）70000N · m 应力云图

图 2-76　不同载荷云图的颜色分布对比

观察三组算例 von Mises 应力的云图条读数（见图 2-77），图中红色箭头代表材料的屈服强度。图 2-77a 中最大应力值为 118.4MPa，所有颜色的应力值都没有超过屈服强度，所以都安全。图 2-77b 中最大应力值为 1183MPa，颜色区域有的部分超过材料屈服强度，因此结构从绿色开始就出现不安全区域。图 2-77c 中最大应力值为 11830MPa，蓝色区域就有超过材料屈服强度的部分，因此结构从蓝色开始就出现不安全区域。所以千万要注意，**在任何有限元分析软件中，色彩仅仅是区分不同位置在当前应力范围下的应力大小，并不代表某种颜色（尤其是红色）是否存在不安全因素，对是否安全的判定始终要将颜色和当前计算所对应的应力数值进行结合。**

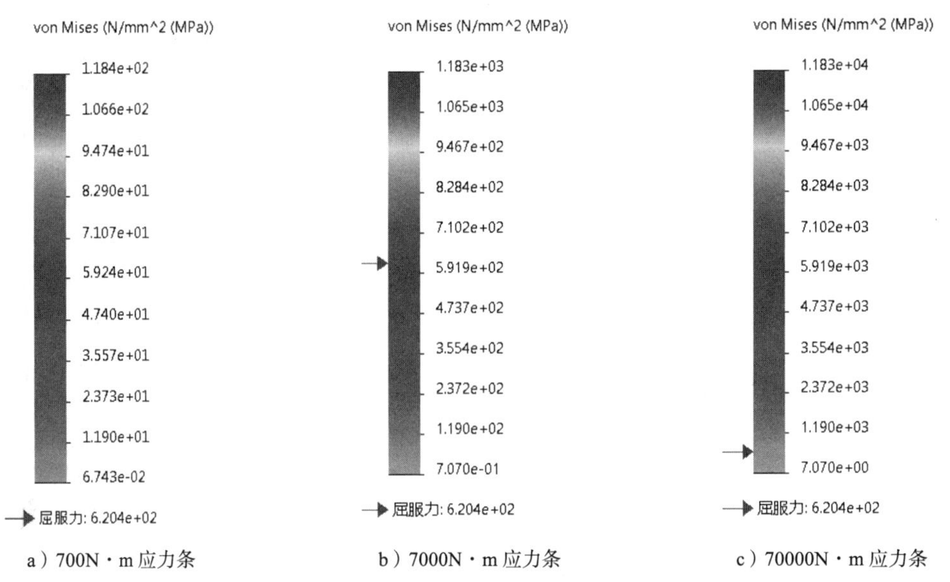

a）700N · m 应力条　　b）7000N · m 应力条　　c）70000N · m 应力条

图 2-77　云图条对比

2.4　小结与讨论

本章主要以了解 SOLIDWORKS Simulation 软件的操作以及基本的材料力学概念为主，对多数工程人员来说，其实大多数有限元分析问题都是基础力学问题，并不需要进一步掌握更多的力学知识，更重要的是理解有限元分析解决问题的思路以及处理模型的方法，这在后面的章节中会逐步涉及。

第3章 网格划分

3

【学习目标】

1）网格划分的基本方法
2）网格精度的判定
3）应力奇异和应力集中
4）网格划分错误的排查
5）自适应网格技术

扫码看视频

网格划分是有限元分析学习者需要面对的第一道难关，有限元分析的任何模块都需要对模型进行网格划分，网格划分的精度和数量直接影响计算结果的精度和计算速度，因此掌握网格划分方法是有限元分析学习的第一步。

3.1 有限单元法的离散化思想

3.1.1 离散化数学思想

有限单元法是有限元分析的理论基础，其基本求解思想是将复杂的连续体划分为一定数量的单元体。如图 3-1 所示，单元体内部以位移为基本未知量，通过一定的插值法将微分方程中的变量改写成由各变量或其导数的节点值与所选用的插值函数组成的线性表达式，并借助变分原理或加权余量法，将微分方程离散进行求解。

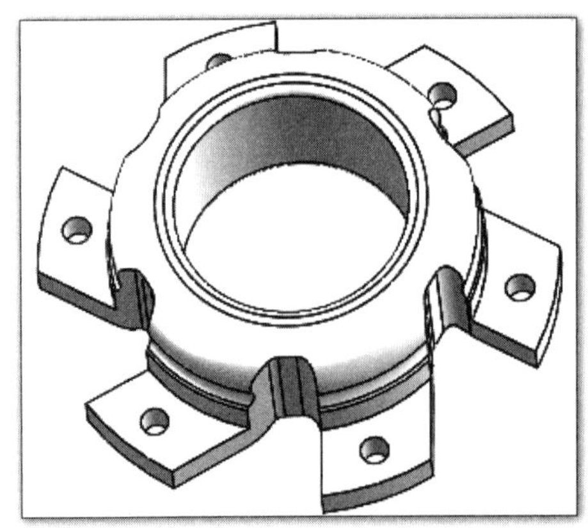

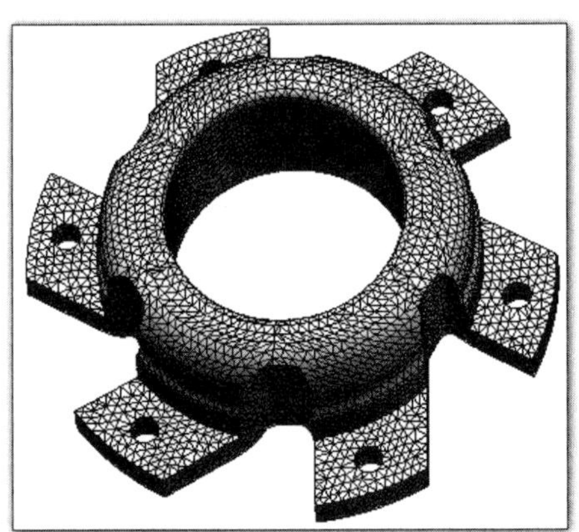

图 3-1 几何模型和有限元模型

以上就是有限单元法的离散化数学思想，其中包含了较多的专业名词和术语。然而这些专业术语对工程师的学习来说是不需要掌握的内容，所以请不用纠结于概念里的名词，只需要知

道，概念中提到的“离散”就是将几何模型划分成有限元分析中的网格化模型，确保网格划分后的计算满足工程精度要求即可。请注意，几何模型和有限元模型在有限元分析中有严格的定义和区分：在网格划分前的三维模型称为几何模型，而当完成网格划分后，几何模型已经转化为由若干个单元所组成的有限元模型。

其实，有限元分析的数学思想早在魏晋时期，就在我国数学家刘徽提出的割圆术方法中运用过，接下来利用割圆术问题来说明划分网格的基本思路和过程。

3.1.2 割圆术

割圆术是利用圆内接正多边形的面积去无限逼近圆面积并以此求取圆周率的方法。其实割圆术和有限元分析的思想完全一致。图3-2中分别用六边形、十二边形和二十四边形拟合直径为20mm的圆，通过圆计算公式知道圆的周长为62.83mm，面积为314.2mm^2，而三种多边形的周长及面积见表3-1。

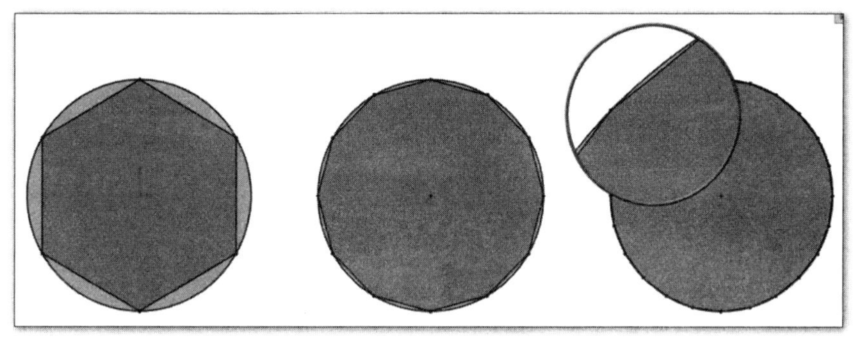

图3-2 割圆术

表3-1 割圆术的结果误差对比

形状	圆	六边形	十二边形	二十四边形	四十边形
面积/mm^2	314.2	259.8	300	310.58	312.87
面积误差（%）	0	17.3	4.5	1.2	0.4
周长/mm	62.83	60	62.16	62.65	62.77
周长误差（%）	0	4.6	1.1	0.3	0.1

通过表3-1可知，随着内接多边形的边数越来越多，面积和周长的值会越来越接近圆的真实值，计算精度也会越来越高。但是精度的增加带来的就是计算量和工作量的增加，因此如何选择多边形才能符合工程计算精度的要求是工程人员需要考虑的问题。

圆是规则曲线，因此在划分的时候只需考虑正多边形边的数量即可，但是图3-3所示的曲线却是另外一种情况，为了得到曲线段的长度，同样需要对曲线进行分段测量，此时每个位置分段的长度就非常讲究了。

图3-3a所示为实际曲线，按照图3-3b所示，线段12、34和45的拟合精度都比较低，因此进一步细化至图3-3c，如果需要再进一步提高精度可以细化至图3-3d。相信对本书的读者来说，要通过线段拟合测量出图3-3a所示曲线的符合工程精度要求的长度是比较容易的事情，原因在于读者知道如何通过拟合精度自行判断图3-3b和图3-3c中哪些位置线段拟合的误差比较大，通过局部加密可提高测量精度。

所以读者是否意识到，有限元分析网格的精度判定和图 3-3 中曲线拟合的思路基本一致，其中的重点和难点在于读者如何判定网格精度是否合适。因此，掌握判定网格密度是否符合工程实际精度要求的方法，并权衡计算精度和模型计算时间，才是网格划分学习需要掌握的核心内容，也是本章重点讲解的内容之一。

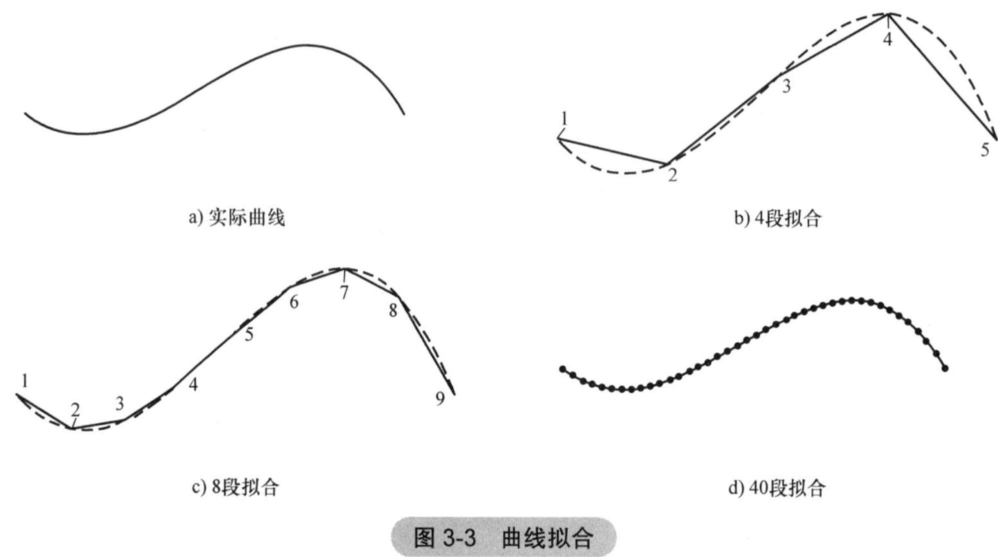

图 3-3　曲线拟合

3.1.3　有限元分析中的单元类型

有限元分析中单元的分类主要通过形状函数和单元阶数两要素进行区分。图 3-4 所示为各种依据形状函数分类的常用结构类单元，部分单元在 SOLIDWORKS Simulation 中并不存在，比如实体单元中的六面体单元、壳单元中的四边形壳单元。

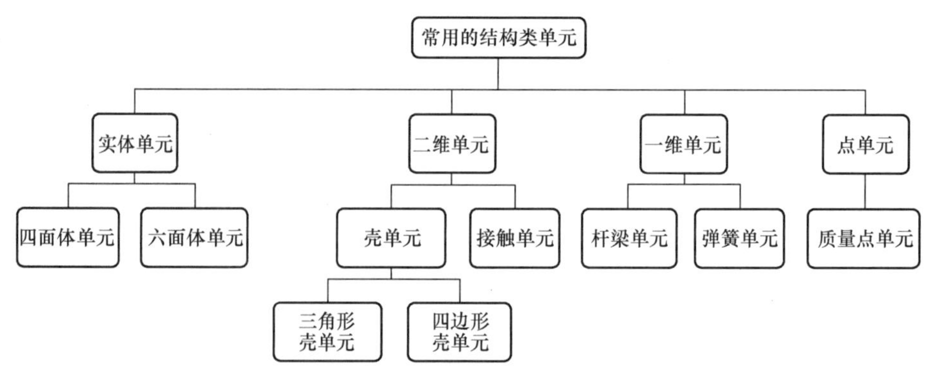

图 3-4　有限元分析中常用的结构类单元分类

在早期的有限元分析学习中，面对繁杂众多的单元类型，新手非常容易混淆。但是目前随着有限元分析技术的发展以及有限元分析软件智能化程度的提高，多数情况下软件会自动选择单元类型，不需要人为进行干预。本书为了进一步降低单元选择的难度，除第 6 章讲解自由度

问题时涉及多种形状单元外，其余部分将只针对实体单元进行讲解说明。

在 SOLIDWORKS Simulation 中，根据不同的几何形状主要可以选择实体单元、壳单元以及杆梁单元，如图 3-5 所示。这三种单元分别对应一般的实体类模型、薄件类模型以及型材类模型。

a）实体单元

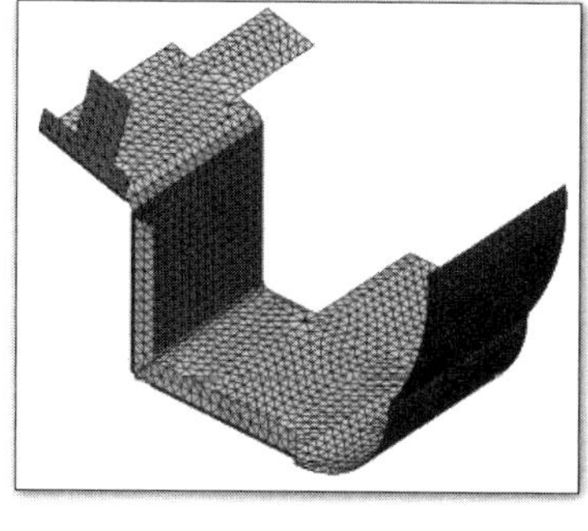

b）壳单元

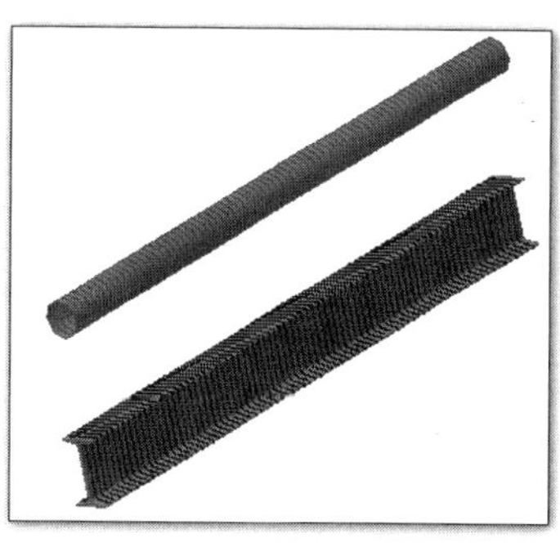

c）杆梁单元

图 3-5　常见的三种单元形状

以上三种单元根据单元节点分布及数量的不同又可各自细分出多种在不同场合及求解环境中应用的单元。以实体单元为例，实体单元是有限元分析中使用最频繁的单元类型之一，原则上只要计算机硬件满足要求，任何模型（包括薄件和型材件）结构都可以划分为实体单元。在 SOLIDWORKS Simulation 中提供了高品质和草稿品质两种四面体单元：**无中间节点的称为草稿品质单元（通常叫法为一阶四面体单元），如图 3-6a 所示；有中间节点的称为高品质单元（通常叫法为二阶四面体单元），如图 3-6b。**同样的六面体单元、壳单元等，多数单元都存在一阶和二阶的区别，如图 3-6c 和图 3-6d 所示。其实除了一阶和二阶单元之外，还存在更高阶的单元类型，但高于二阶的单元在实际条件下极少使用。

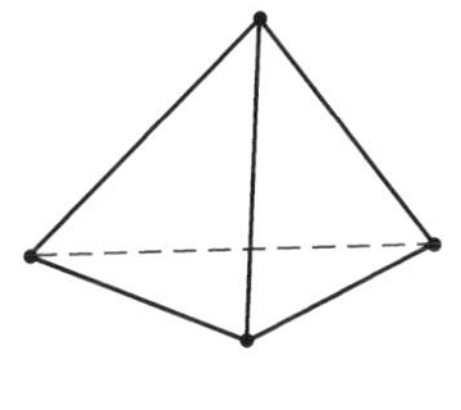

a) 四面体单元(低阶)

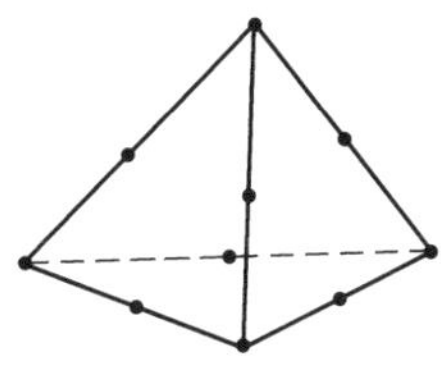

b) 四面体单元(高阶)

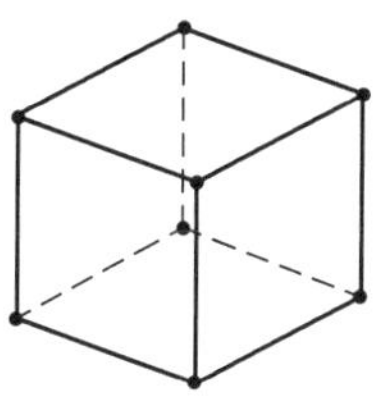

c) 六面体单元(低阶)

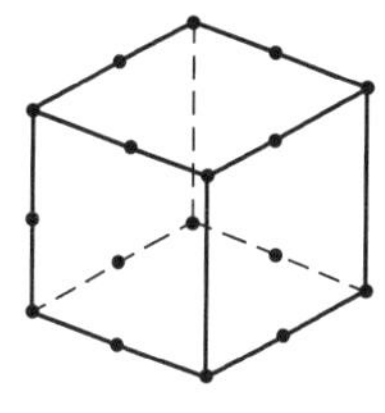

d) 六面体单元(高阶)

图 3-6　实体单元

在 SOLIDWORKS Simulation 中只能使用四面体单元，并没有六面体单元。通过大量的工程实际验证，**四面体高品质单元在满足计算精度的情况下能够尽可能保留原始模型的特征，同时网格划分方便，因此该单元类型是目前有限元分析工程应用中使用最为广泛的单元类型，**本书在不做特别说明的情况下均采用四面体高品质单元类型。

关于**四面体和六面体单元**的使用精度问题在近十年一直争议不断，对于这个问题在本章最后会结合目前的有限元分析发展趋势以及社会应用情况进行一些总结，希望对读者的疑虑有所帮助。

3.2 网格精度的判定及控制

3.2.1 分析案例：T 型推臂

T 型推臂如图 3-7 所示，材料为合金钢，推臂端面承受沿坐标系 X 轴正向的 1000N 载荷，其余两端面固定。通过 SOLIDWORKS Simulation 求解结构位移和应力，并对比不同网格密度下 von Mises 应力和合位移结果的变化情况，掌握网格精度的判定方法。

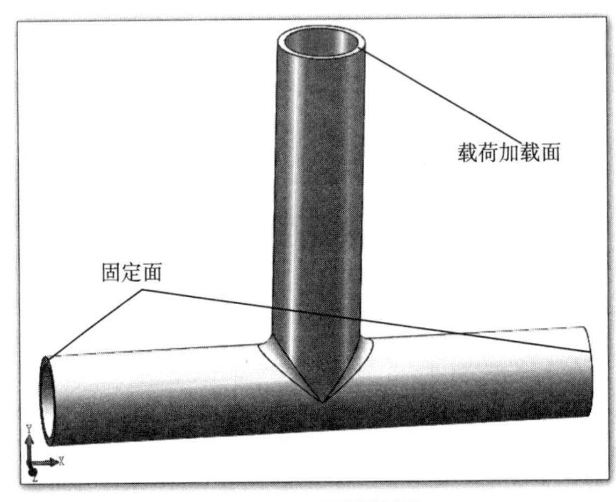

图 3-7 T 型推臂

3.2.2 案例操作

步骤 1 打开三维模型。单击菜单栏中的【文件】/【打开】，并在模型文件保存路径下依次找到文件夹“第 3 章\T 型推臂”，选择模型文件【T 型推臂】，单击【打开】。

步骤 2 保存模型。单击工具栏中的【保存】，读者自行指定位置保存模型。

步骤 3 新建算例。单击工具栏中的【Simulation】激活 Simulation 工具栏，单击【新算例】，进入新算例设置界面，选择分析类型【静应力分析】，并设置项目名称为【T 型推臂 4mm 网格】，如图 3-8 所示，单击【√】确定。

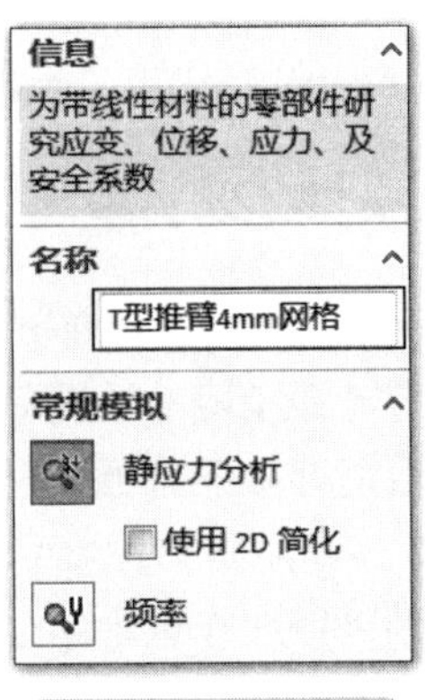

图 3-8 新建算例

步骤4 设置材料。右键单击算例树中的【T型推臂】，选择【应用/编辑材料】，如图3-9所示，打开材料库设置界面。在界面左侧区域选择材料【合金钢】，如图3-10所示，将右侧窗口界面的【单位】设置为【SI-N/mm^2（MPa）】，依次单击【应用】和【关闭】，关闭材料库设置界面。

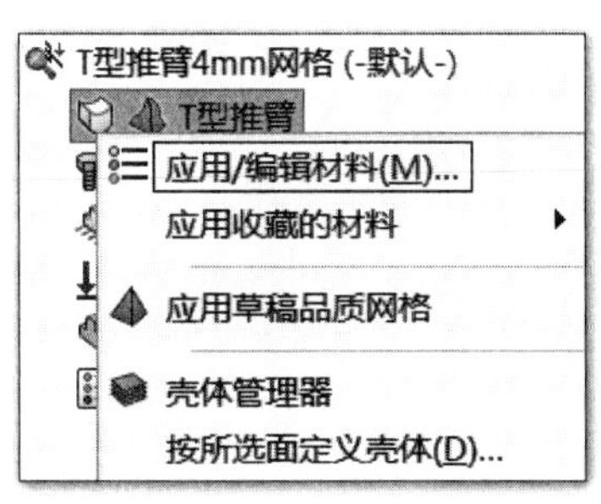

图3-9 模型基本设置菜单

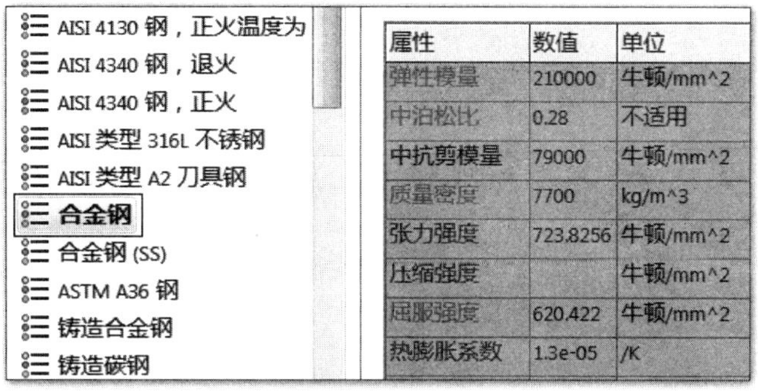

- AISI 4130 钢，正火温度为
- AISI 4340 钢，退火
- AISI 4340 钢，正火
- AISI 类型 316L 不锈钢
- AISI 类型 A2 刀具钢
- 合金钢
- 合金钢 (SS)
- ASTM A36 钢
- 铸造合金钢
- 铸造碳钢

属性	数值	单位
弹性模量	210000	牛顿/mm^2
中泊松比	0.28	不适用
中抗剪模量	79000	牛顿/mm^2
质量密度	7700	kg/m^3
张力强度	723.8256	牛顿/mm^2
压缩强度		牛顿/mm^2
屈服强度	620.422	牛顿/mm^2
热膨胀系数	1.3e-05	/K

图3-10 材料库设置界面

步骤5 设置固定约束。右键单击算例树中的【夹具】，选择【固定几何体】，如图3-11所示，进入夹具设置界面。在右侧图形显示区域依次单击选择图3-12所示的两侧面，单击【√】确定。

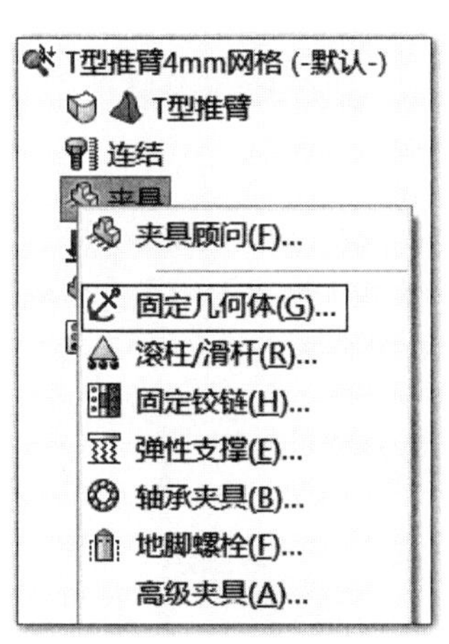

图3-11 夹具菜单

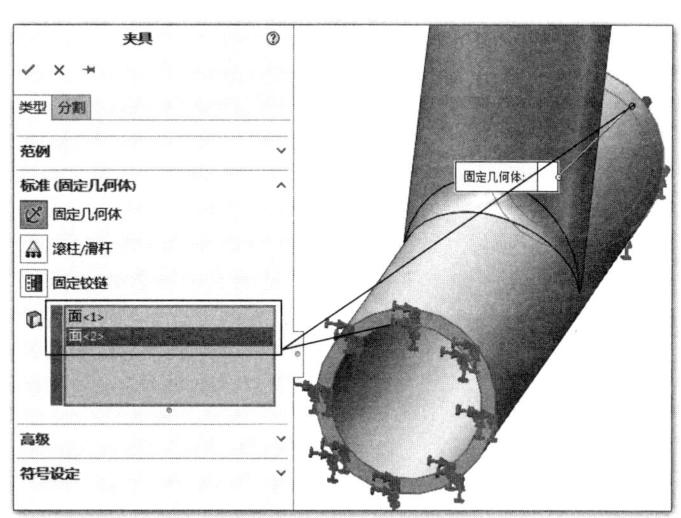

图3-12 夹具设置界面

步骤6 施加载荷。右键单击算例树中的【外部载荷】，如图3-13所示，选择【力】，进入载荷设置界面，如图3-14所示，在右侧图形显示区域单击选择图3-15所示的载荷加载面，将载荷方向设定为【选定的方向】，单击图标右侧的红色区域，激活【方向的面、边线、基准面】选择区域，在图3-15所示的三维设计树区域单击选择【右视基准面】，并在力设置区域单击图标激活第三行载荷设置，输入载荷大小【1000】N，如图3-16所示，单击【√】确定。最终载荷预览如图3-15所示。

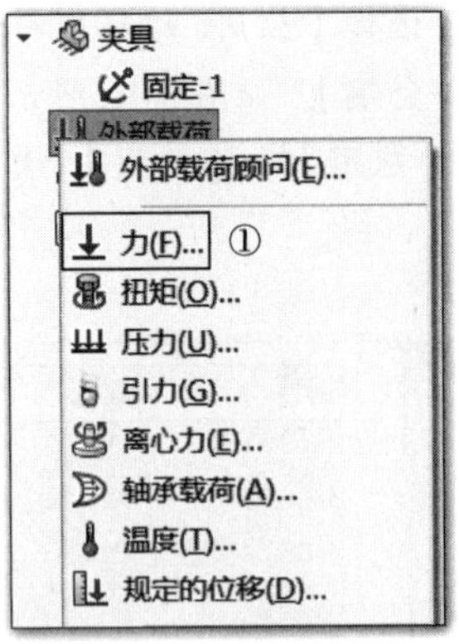

图 3-13　外部载荷菜单

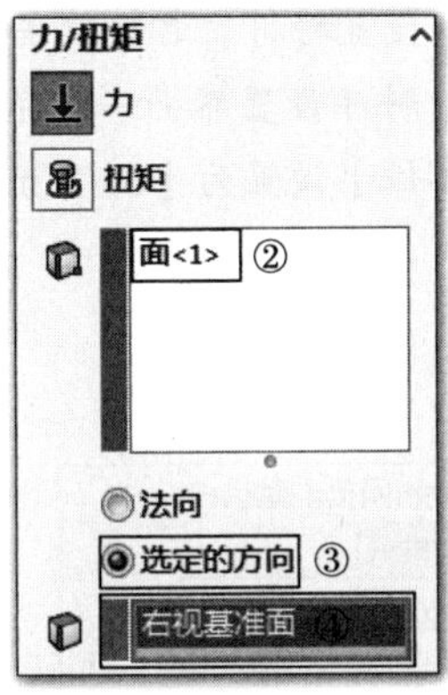

图 3-14　载荷设置界面

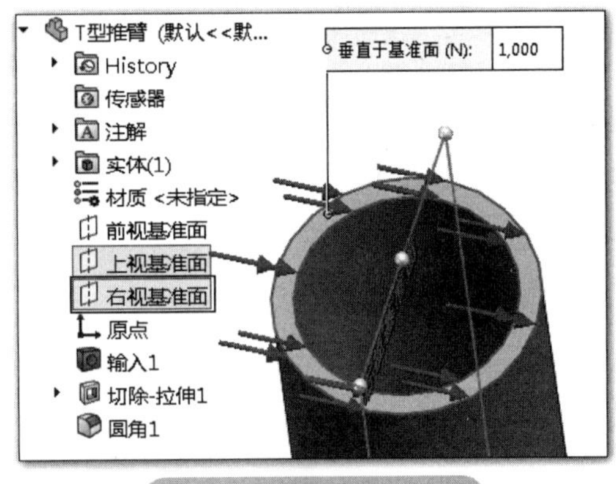

图 3-15　载荷设置预览

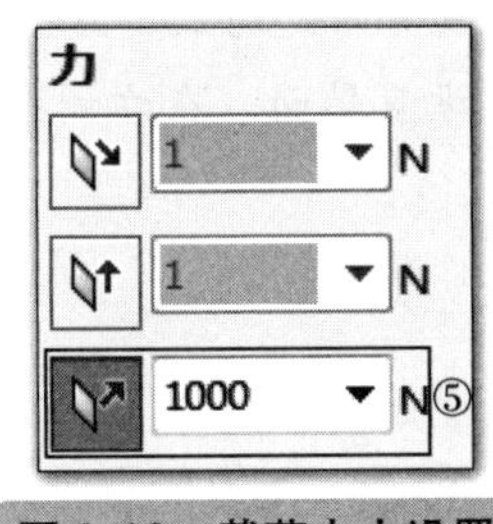

图 3-16　载荷大小设置

步骤 7 生成网格。右键单击算例树中的【网格】，如图 3-17 所示，选择【生成网格】，打开网格设置界面，如图 3-18 所示，勾选【网格参数】复选框，在单元【整体大小】区域设置单元尺寸为【4.00mm】，单击【√】确定。生成的网格模型如图 3-19 所示。

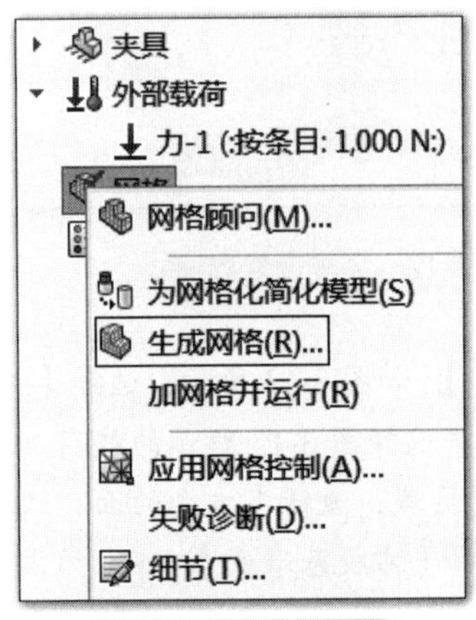

图 3-17　网格菜单

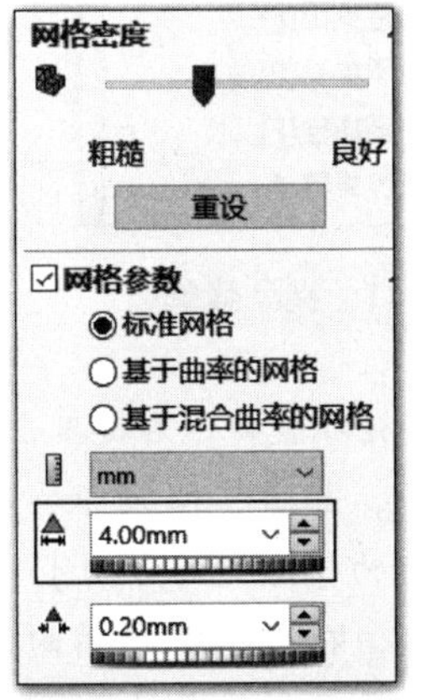

图 3-18　网格设置界面

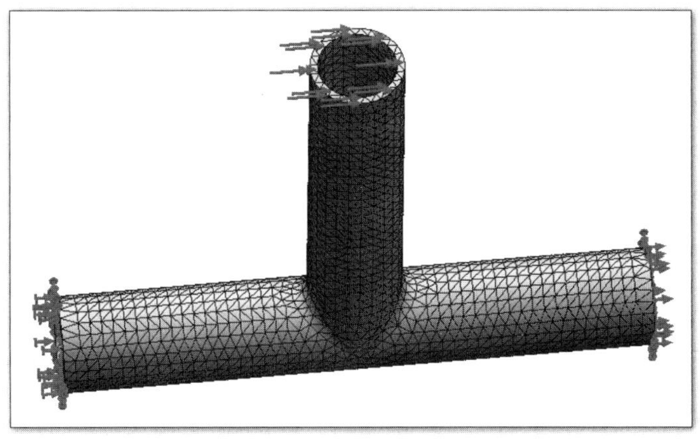

图 3-19　T 型推臂的有限元模型

知识卡片

网格设置基本说明

网格设置包含网格密度、网格参数、高级及选项四项设置。网格密度控制如图 3-18 所示，可使用滑块控制键更改单元尺寸，控制键越靠右，单元尺寸越小，网格密度越高。这种方法在调整网格上比较随意，且能够控制的尺寸范围有限，因此读者仅了解该功能即可。要设置网格密度一般直接使用网格参数设置单元尺寸，这种方式可以通过尺寸的输入准确控制单元尺寸。本书案例无特别说明均采用这种方法设置网格大小。关于高级和选项的设置方式，本书不做详细说明，一般不会用到，需要了解的读者可以自行查看帮助文件。

步骤 8 保存设置并求解。单击【保存】保存算例设置，右键单击算例树中的【T 型推臂 4mm 网格】，单击【运行】，进入算例求解状态，当前算例的计算时间在 1min 以内。

步骤 9 显示 von Mises 应力云图的最大值位置。右键单击【结果】中的【应力 1（vonMises）】，如图 3-20 所示，选择【图表选项】，勾选【显示最大注解】复选框，如图 3-21 所示，单击【√】确定。

步骤 10 显示合位移云图结果的最大值位置。右键单击【结果】中的【位移 1（合位移）】，选择【图表选项】，勾选【显示最大注解】复选框，如图 3-22 所示，单击【√】确定。

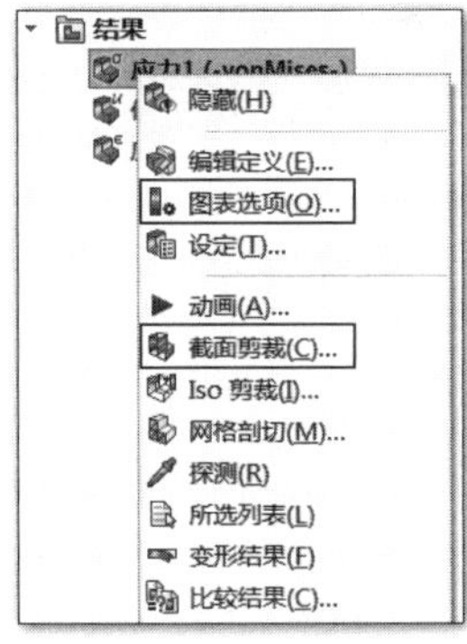

图 3-20　图表选项

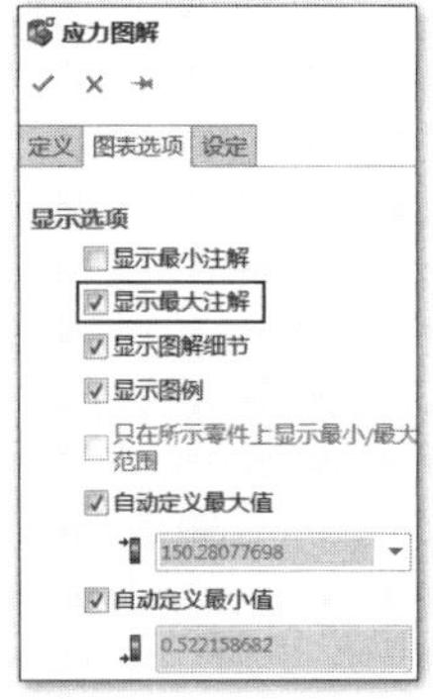

图 3-21　应力图解设置

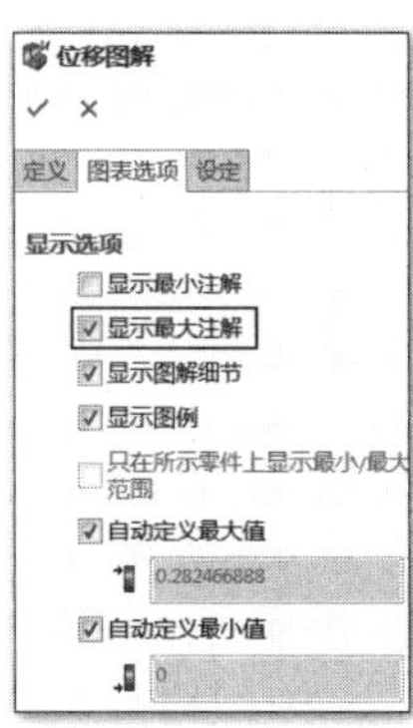

图 3-22　位移图解设置

步骤 11 设置应力云图剪裁。通过云图显示发现应力结果的最大值出现在T型推臂的内壁面，无法直接查看到结构应力的最大位置，必须利用类似于三维模型剖视图的功能将云图剖开。右键单击【应力1（vonMises）】，如图3-20所示，选择【截面剪裁】，进入截面剪裁设置界面，单击图标右侧的红色区域，激活【剪裁基准面】选择区域，在右侧图形显示区域的三维设计树区域单击选择【前视基准面】，如图3-23所示，单击【√】确定。

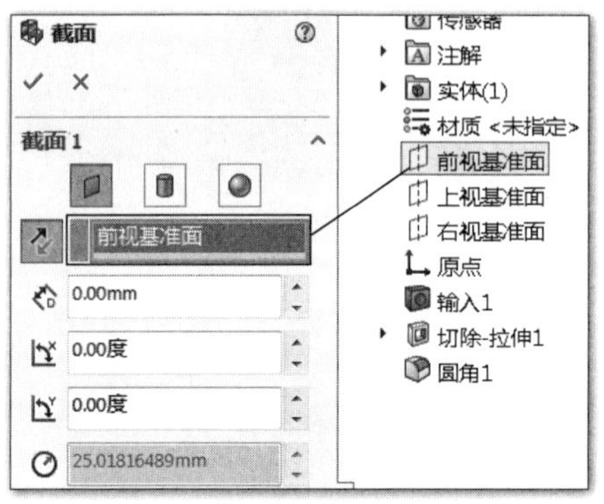

图 3-23　截面剪裁设置界面

分别双击【应力1（vonMises）】和【位移1（合位移）】，最终von Mises应力结果和合位移结果分别如图3-24和图3-25所示。

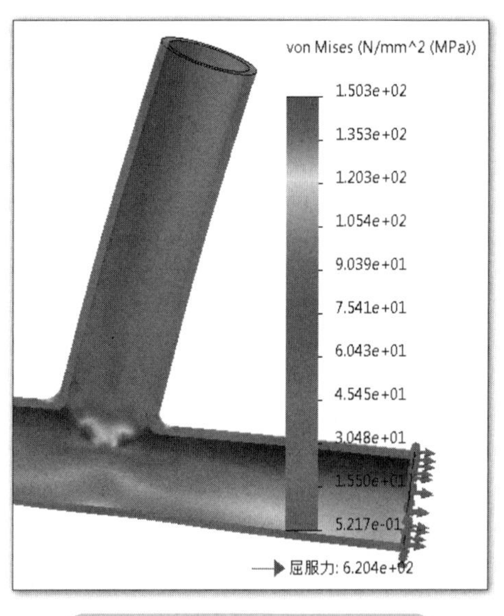

图 3-24　von Mises 应力结果

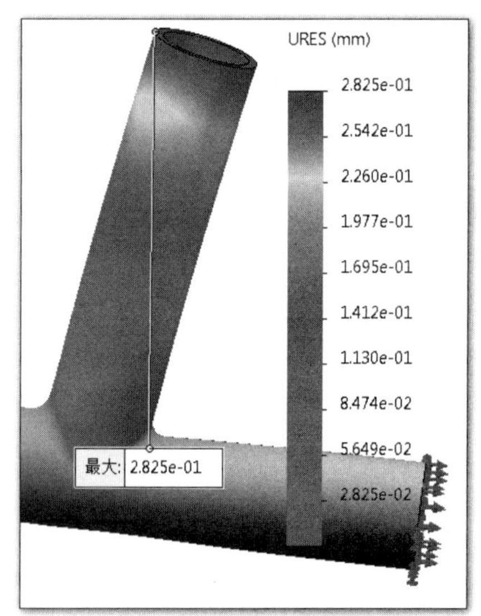

图 3-25　合位移结果

从云图中可以看出，当前的最大von Mises应力值为150.3MPa，最大合位移值为0.2825mm。接下来多数读者脑海中都会产生这样一个疑问：如何判定当前计算结果的精度是否符合要求呢？

关于这个问题，本书将主要介绍以下两种判定方法：

1）网格无关性检查。

2）有效最大应力区域（红色）完整覆盖两层单元。

3.2.3 网格无关性检查

首先通过调整网格大小分别建立关于 T 型支架的 6mm、2mm、1mm 以及 0.5mm 四种网格密度的对比算例，通过算例结果的对比来说明网格精度是否合适的问题。

步骤 12 单击【保存】保存模型。

步骤 13 复制算例。右键单击左下角标签栏区域中的算例【T 型推臂 4mm 网格】，如图 3-26 所示，选择【复制算例】，将算例名称设置为【T 型推臂 6mm 网格】，单击【√】确定。

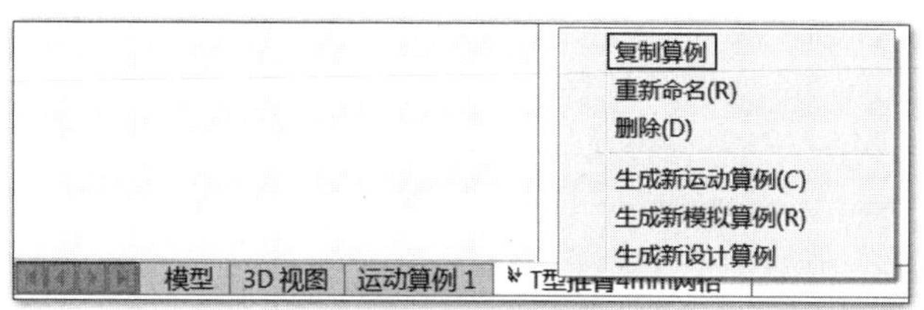

图 3-26 复制算例

步骤 14 重新生成网格。右键单击算例树中的【网格】，选择【生成网格】，打开网格设置界面，将单元尺寸设置为【6.00mm】，单击【√】确定。

步骤 15 算例求解。右键单击算例树中的【T 型推臂 6mm 网格】，单击【运行】，进入算例求解状态。

步骤 16 重复步骤 12~ 步骤 15，分别建立【T 型推臂 2mm 网格】、【T 型推臂 1mm 网格】和【T 型推臂 0.5mm 网格】对比算例，并将单元数量、von Mises 最大应力值和最大合位移值统计至表 3-2。

表 3-2 不同网格密度下的结果统计

网格密度 /mm	6	4	2	1	0.5
单元数量	5324	10855	80957	512111	3618430
von Mises 最大应力值 /MPa	143.1	150.3	155.5	158.5	资源耗尽无法求解或者建议换解算器
最大合位移值 /mm	0.2789	0.2825	0.2859	0.2864	

通过结果对比发现，在网格不断加密的过程中，最大合位移值由 0.2789mm 变化到 0.2864mm，变化幅度仅为 2.7%，而最大应力值却从 143.1MPa 上升到 158.5MPa，变化幅度为 10.8%。当前数据首先说明，位移结果对网格密度的敏感程度较低，而应力结果对网格密度的敏感程度相对较高；其次，相邻的两次网格加密，应力增加值基本都超过 2%，这种数值波动说明应力值可能未趋于稳定，需要进一步加密。

这种通过网格加密的方式判断前后计算结果是否趋于稳定的方法称为网格无关性检查。网格无关性的意思是随着网格密度的增加，结果将基本不发生变化，之后计算的结果不再受网格密度的影响。这种方法普遍适用于结构、流体、电场等需要划分网格的计算场合中，并且该方法可以对需要求解的任意结果使用，比如当前的应力结果和位移结果。对于结果变化幅值达到多少可判定为网格精度足够，在这一点上并没有一个标准值，为了方便读者能够利用网格无关性检查更好地判定应力值是否稳定，本书按照一般线性静力学要求提供一个经验判定方式，即单元尺寸下降 50%，结果变化同时满足以下两点：

1）位移结果的最大变形量波动在 2% 以内（在有些时候，尤其在大型装配体问题中，可以适当放宽要求到 5% 以内）。

2）应力结果的关键位置有效应力值波动在 2% 以内（在有些时候，尤其在大型装配体问题中，可以适当放宽要求到 5% 以内）。

注意： 关于该标准的两个前提条件——线性静力学以及关键位置有效应力值，如果在非线性及动力学等其他计算模块下判断标准会有所不同，至于有效应力值的问题会在之后的内容进行说明。

从当前的计算结果可知，如果从位移的角度来评价模型，几种网格密度下位移结果变化并不明显，基本在 4mm 网格下位移已经达到网格无关性的要求，但是从应力的角度来评价模型，1mm 网格下的应力结果还未达到网格无关性的要求。所以，在大多数情况下，位移结果会比应力结果先满足网格无关性的要求。这是非常重要的一个计算结果特性，读者需要记住。

接下来就应力结果的判定问题讨论几个关键问题。

步骤 17 云图结果的网格化显示。单击标签栏区域的算例【T 型推臂 4mm 网格】激活该算例，右键单击【结果】中的【应力 1（vonMises）】，选择【设定】，将【边界选项】从【模型】设置为【网格】，如图 3-27 所示，单击【√】确定。

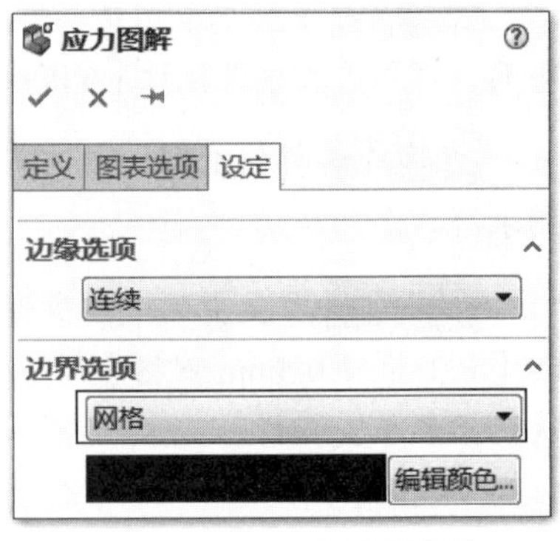

图 3-27　应力云图设定

4mm 网格下的 von Mises 应力云图显示如图 3-28 所示，通过同样的方式可以显示其他算例下的应力云图。结合表 3-2，1mm 网格下的最大应力值和 2mm 网格下的最大应力值仍旧相差 3MPa，无法完全确定应力值是否趋于稳定。进一步加密到 0.5mm，由于网格数量庞大无法进行求解，因此需要换一种方式对网格进行加密处理。在此之前先说明一个概念——应力集中。

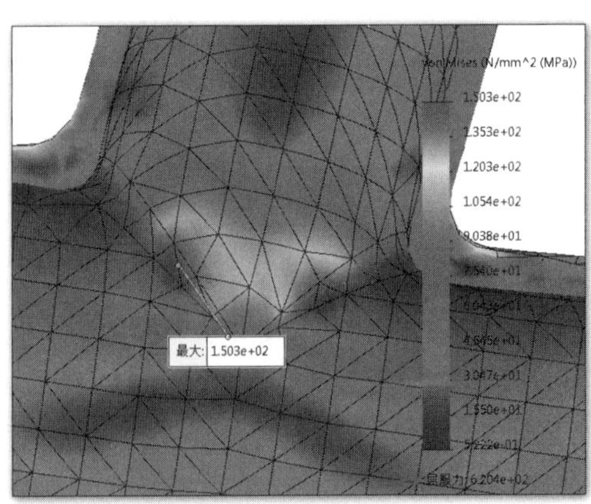

图 3-28　4mm 网格下的 von Mises 应力云图

3.2.4　应力集中

如图 3-29a、图 3-29b 所示，一根均匀的板件承受轴向拉伸载荷，除固定位置外其他位置应

力处处相等。但是由于实际产品需要设计成阶梯状态，或者添加键槽、孔洞等，因此会导致应力无法在结构件上均匀分布，出现部分位置应力突然变大的情况，如图 3-29c、图 3-29d 所示，这就是应力集中现象。

a）方板应力云图

b）方板应力等高线图

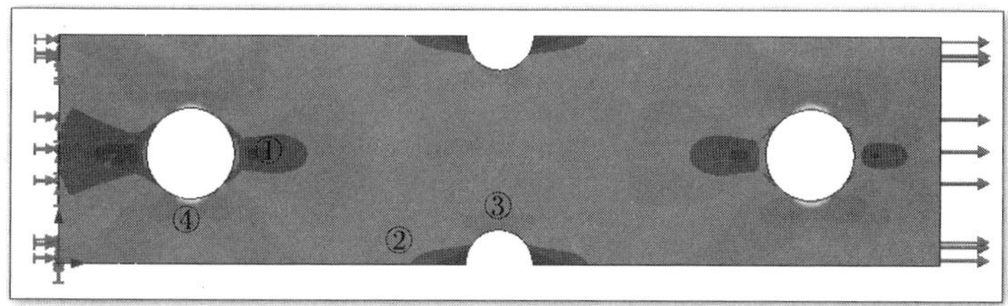

c）孔板应力云图

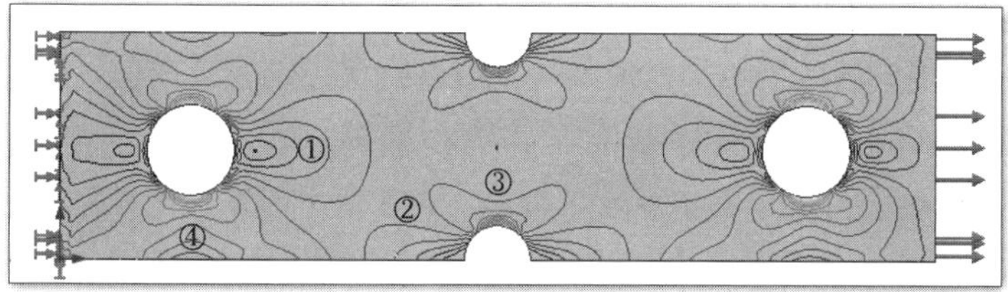

d）孔板应力等高线图

图 3-29 应力分布

应力集中是指固体局部区域内应力显著增高的现象。由于设计需要，应力集中问题无法避免。图 3-29d 中的等高线即代表着应力变化的状态，等高线越密代表应力变化梯度越大，也代表应力集中程度越高。但是请注意，**不仅仅结构应力最大位置存在应力集中，在图 3-29c 中，区域①应力最大，但是应力集中的概念是指相对于周围区域应力显著增大的现象，而不是整个结构应力最大的位置，因此转化为图 3-29d 所示的等高线显示方式可以看出，区域②、③、④也都属于应力集中区域。**

步骤 18 等高线云图的设置。回到 T 型推臂模型算例，右键单击【结果】中的【应力 1（von Mises）】，选择【设定】，将【边缘选项】设定为【直线】，【边界选项】设定为【模型】，如图 3-30 所示，单击【√】确定，云图结果如图 3-31 所示。通过云图可以看出，应力梯度在内外侧圆角位置变化较大，同时内外两侧圆角处也是结构应力较大的位置，因此接下来的工作将是如何将这些区域的应力值计算准确。

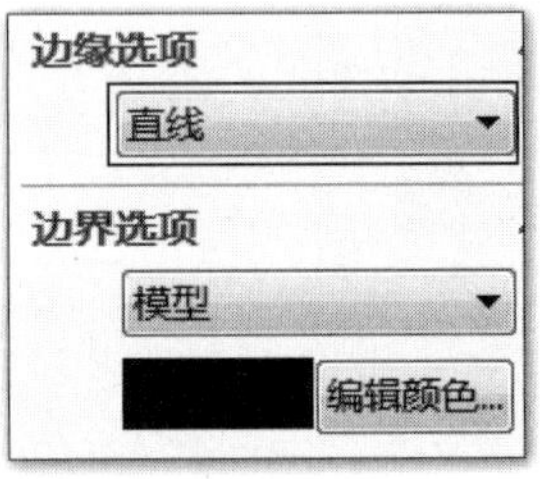

边缘选项
直线
边界选项
模型
编辑颜色...

图 3-30　应力云图设置

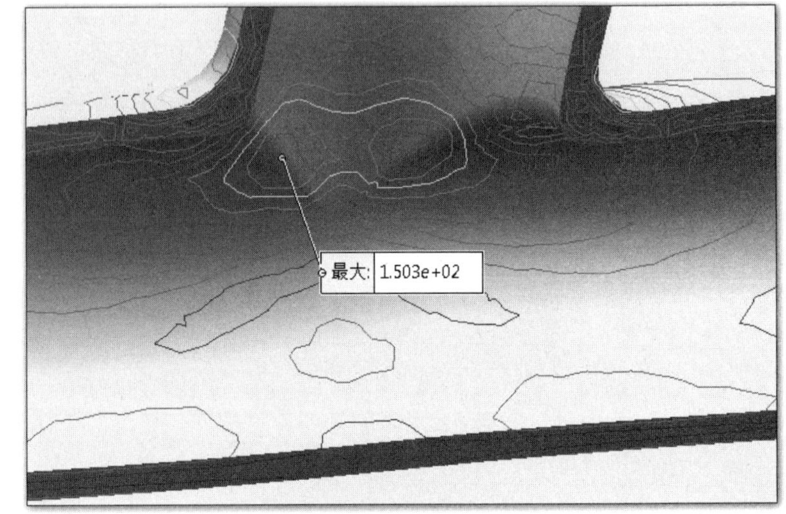

图 3-31　等高线云图

3.2.5　局部网格控制

之前的网格加密方式采用的是全模型加密方式，这会造成结构关键位置及非关键位置的网格均加密，不仅占用计算机硬件资源，而且计算效率低下，最终导致模型总网格数量庞大，甚至出现 T 型推臂在 0.5mm 网格密度下计算资源耗尽无法求解的情况。

接下来介绍一种更有效的网格加密形式——**局部网格控制，可在有效利用计算机硬件资源的情况下确保结构关键部位网格精度达到计算要求。**

步骤 19 复制算例。右键单击窗口左下角标签栏区域中的算例【T 型推臂 4mm 网格】，选择【复制算例】，将算例名称设置为【T 型推臂局部 05mm】，单击【√】确定。

步骤 20 单击激活视图调整区域的【剖视】按钮，如图 3-32 所示，单击【√】确定。

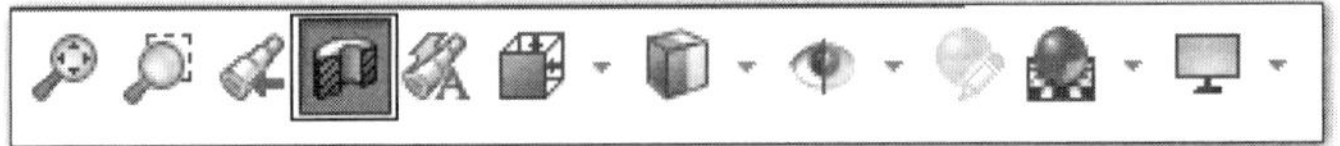

图 3-32　视图调整

步骤 21 局部网格控制。右键单击算例树中的【网格】，选择【应用网格控制】，进入局部网格控制界面，如图 3-33 所示。在右侧图形显示区域依次单击选择图 3-33 所示的四个圆角（注意其中两个圆角在模型管路内壁，即图 3-28 所示的应力云图最大值位置），在单元大小区域设置单元尺寸为【0.50mm】，过渡比率%设置为【1.1】，如图 3-33 所示，单击【√】确定。

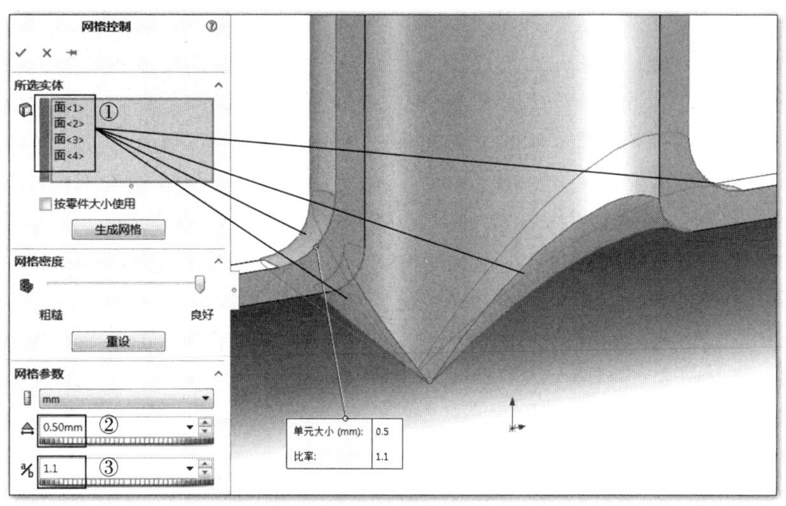

图 3-33　局部网格控制界面

注意：此时只是重新定义了圆角位置网格的分布规律，必须通过操作重新生成网格！

步骤 22 生成网格。右键单击算例树中的【网格】，选择【生成网格】，系统弹出【重新网格划分提示】对话框，单击【确定】，使用当前所有设置，单击【√】确定。生成的网格模型如图 3-34 所示。

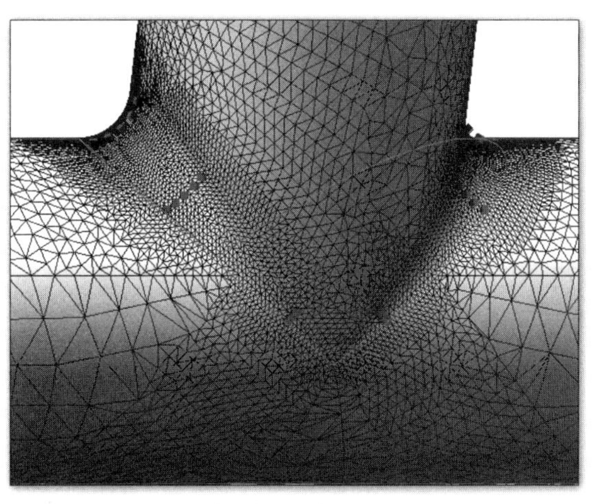

图 3-34　T 型推臂局部加密网格模型

局部网格控制主要有两个参数：

1）单元尺寸：设置指定元素所在区域的网格大小。指定元素包括点、线、面和体。

2）过渡比率：网格过渡变化的速率。通过参数改变后的网格模型对比即可看出过渡比率的效果。将当前算例中的网格过渡比率从 1.1 调整为 1.4，生成的网格模型如图 3-35 所示。通过图 3-34 和图 3-35 的网格分布对比可以清楚地看出，过渡比率其实就是局部单元尺寸过渡到整体单元尺寸的速率。一般情况下，为确保计算精度和网格美观性，网格的过渡比率宜设置为

1.1或者1.2。

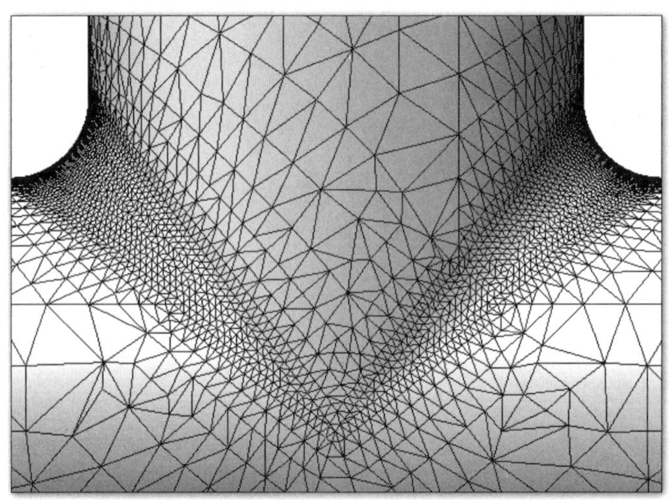

图 3-35 过渡比率为 1.4 时的网格分布形式

局部网格控制的意义就是将计算机硬件资源分配到计算最需要的部分，虽然总网格数可能少于之前的全局网格加密划分方式，但是结构关键位置的计算精度将会大幅度提升。通过最初的应力云图可以判定，内外圆角处应力值最大，是最需要算准的位置，因此对该区域进行网格加密。

步骤 23 算例求解。右键单击算例树中的【T 型推臂局部 05mm】，单击【运行】，进入求解状态，当前算例计算时间为 1 ~ 3min。

求解完成后，von Mises 应力云图显示如图 3-36 所示。接下来将局部单元尺寸分别设置为 2mm、1mm 和 0.2mm 并进行计算。

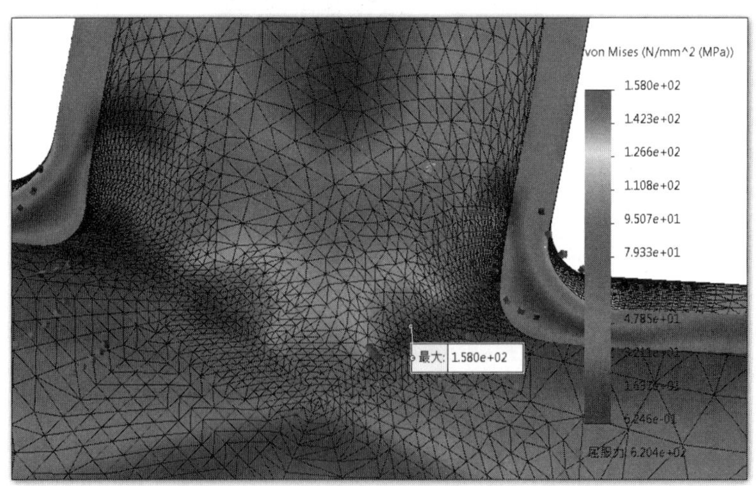

图 3-36 局部加密模型的 von Mises 应力云图

步骤 24 复制算例【T 型推臂局部 05mm】。右键单击窗口左下角标签栏区域中的算例【T 型推臂局部 05mm】，选择【复制算例】，将算例名称设置为【T 型推臂局部 2mm】，单击【√】确定。

步骤 25 局部网格控制。单击算例树中的【网格】前图标▼展开网格设置，右键单击【控制 1】，选择【编辑定义】，进入网格控制界面，在单元大小区域设置单元尺寸为【2.00mm】，单击【√】确定。

步骤 26 生成网格。右键单击算例树中的【网格】，选择【生成网格】，使用当前所有设置，单击【√】确定生成网格。

步骤 27 算例求解。右键单击算例树中的【T 型推臂局部 2mm】，单击【运行】，进入求解状态。

步骤 28 重复步骤 24 ~ 步骤 27，完成算例【T 型推臂局部 1mm】和【T 型推臂局部 02mm】的计算。

步骤 29 单击【保存】保存模型，并将以上四个算例的最大应力值统计至表 3-3。

表 3-3 局部网格密度的结果对比

网格密度 /mm	2	1	0.5	0.2
单元数量	15763	46141	192873	网格划分报错
von Mises 最大应力值 /MPa	150.3	157.7	158	

通过表 3-3 的对比可以看出，1mm 网格和 0.5mm 网格下的最大应力值基本不发生变化，因此可以得出这样一个结论：**当该模型圆角处的局部网格密度达到 1mm 时，应力计算结果将趋于稳定。**之后网格密度即使再调整，应力变化并不会太大，但是却增加了计算时间。图 3-37 所示为 2mm 网格和 1mm 网格下的 von Mises 应力云图。

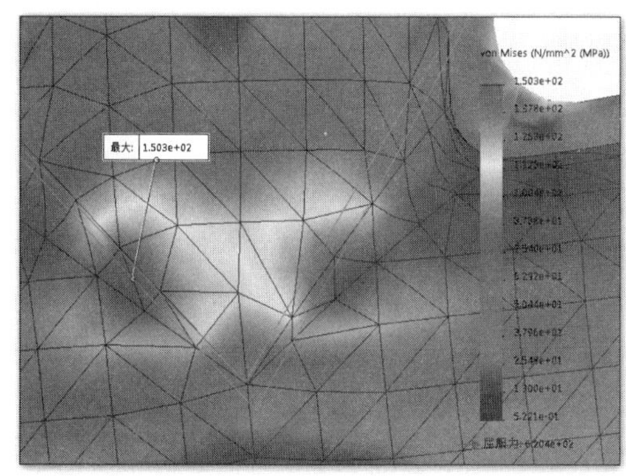

a）局部 2mm 网格

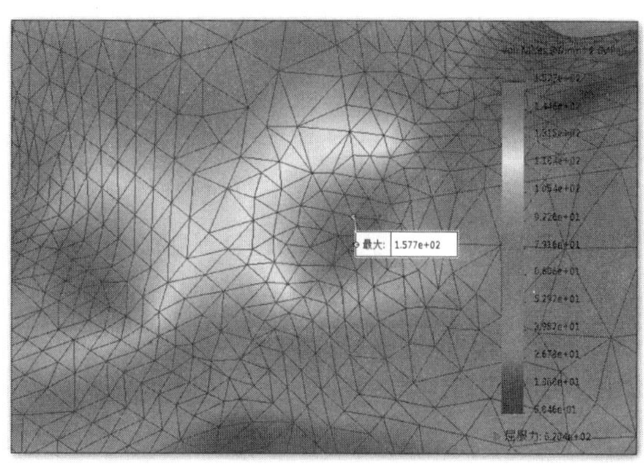

b）局部 1mm 网格

图 3-37 红色应力覆盖区域的对比

网格无关性检查对于一般的零件分析是可行的，但是当遇到复杂零件甚至更复杂的装配体分析问题时，由于每次计算都需要大量的时间，在这种情况下网格无关性检查的效率就会降低。所以，经过长期的网格划分和应力云图结果对比，在网格无关性检查基础上总结出一条基于应力云图色彩分布的网格精度判定经验方法：对于**二阶四面体网格**，当**红色**区域完整覆盖两层单元，该区域的网格密度将基本能够达到精度要求。通过对比图 3-37 中 2mm 网格和 1mm 网格下的应力云图可以看出，在 2mm 网格下红色应力区域未完整覆盖两层单元，但是在 1mm 网格下红色应力区域完整覆盖两层以上单元。在之前的网格无关性检查中，1mm 网格也基本满足应力误差变动的精度要求，所以这两种方法本质上完全一致。

注意： 网格无关性检查对任意结果都可以进行精度判定，但是红色区域完整覆盖两层单元的精度判定方法只能运用在应力及应力相关结果的精度判定中，像位移结果就无法使用该方法进行判定。

3.2.6 位移结果和网格密度的关系

之前网格精度的判定一直使用 von Mises 应力结果却没有使用位移结果，那位移结果有什么用呢？

通过表 3-2 中的位移计算结果统计可以发现，无论如何加密网格，位移结果基本不发生变化，所以这里要特别强调一件事：在有限元分析过程中，位移结果对网格精度的要求低于应力结果，有时候一个比较粗糙的网格就能求解出比较精确的位移结果。因此，当分析的目标仅仅考察结构的变形而不关心结构应力的时候，网格精度并不用非常精确，在 SOLIDWORKS Simulation 中，一般默认单元尺寸的一半尺寸即可满足位移精度的要求。

以上总结的经验暂时只针对零件分析，涉及接触的装配体分析问题将在下一章节中做进一步补充说明。

3.3 应力奇异

在之前的 3.2 节中提到应力时反复强调有效应力，接下来将重点介绍“有效应力”到底指什么，这对于读者看懂有限元分析的应力结果至关重要。

3.3.1 分析案例：T 型支架

T 型支架如图 3-38 所示，材料为 AISI304，支架背面固定，圆孔边线承受垂直向下的 10000N 压力载荷。通过 SOLIDWORKS Simulation 求解结构位移和应力，并对比不同网格密度下 von Mises 应力和合位移结果的变化情况。

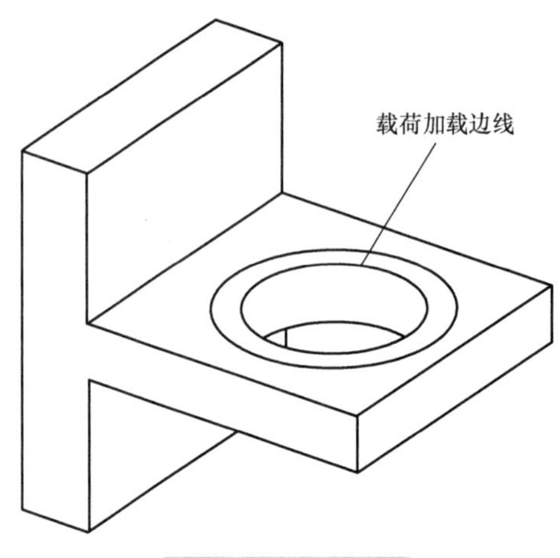

图 3-38 T 型支架

3.3.2 案例操作

步骤1 打开三维模型。单击菜单栏中的【文件】/【打开】，在模型文件保存路径下依次找到文件夹“第3章\T型支架”，选择模型文件【T型支架】，单击【打开】。

步骤2 保存模型。单击工具栏中的【保存】，读者自行指定位置保存模型。

步骤3 新建算例。单击工具栏中的【Simulation】激活Simulation工具栏，单击【新算例】，进入新算例设置界面，选择分析类型【静应力分析】，并将算例名称设置为【T型支架6mm网格】，单击【√】确定。

步骤4 设置材料。右键单击算例树中的【T型支架】，选择【应用/编辑材料】打开材料库设置界面，选择【AISI304】，将【单位】设置为【SI-N/mm^2（MPa）】，依次单击【应用】和【关闭】，关闭材料库设置界面。

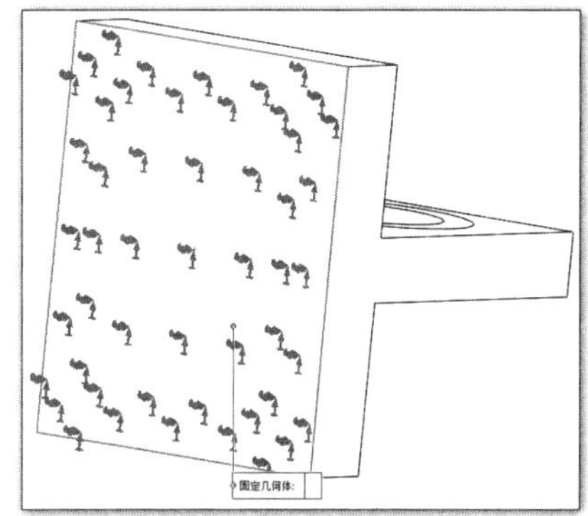

图3-39 约束设置

步骤5 设置固定约束。右键单击算例树中的【夹具】，选择【固定几何体】，在图形显示区域单击选择支架背面，如图3-39所示，单击【√】确定。

步骤6 施加载荷。右键单击算例树中的【外部载荷】，选择【力】，打开载荷设置界面，在图形显示区域单击选择图3-40所示的载荷加载边线，载荷方向设置由【法向】切换为【选定的方向】，单击图标右侧的红色区域，激活【方向的面、边线、基准面】选择区域，并在图3-40所示的三维设计树区域单击【上视基准面】。单击力设置区域第三行图标，激活载荷垂直方向，输入载荷大小【10000】N，勾选【反向】复选框，单击【√】确定。

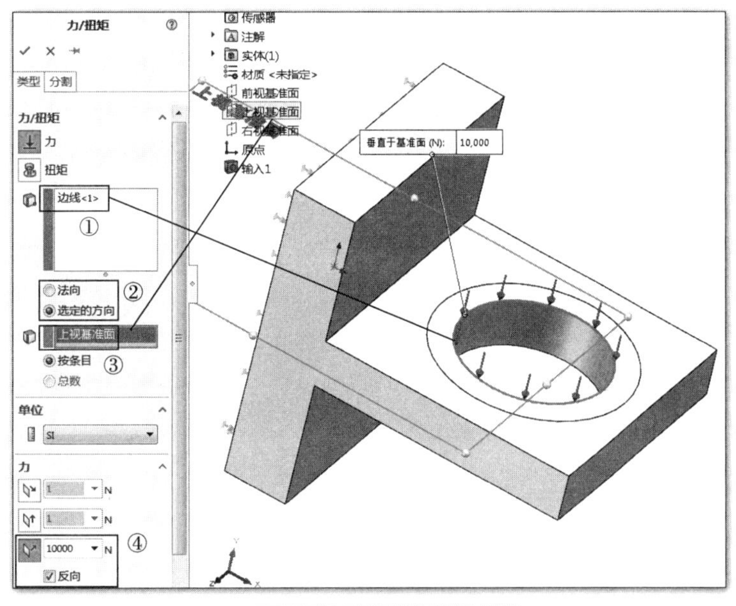

图3-40 T型支架载荷施加

步骤 7 生成网格。右键单击算例树中的【网格】，选择【生成网格】，进入网格设置界面，勾选【网格参数】复选框，将单元尺寸设置为【6.00mm】，单击【√】确定。最终形成的有限元模型如图 3-41 所示。

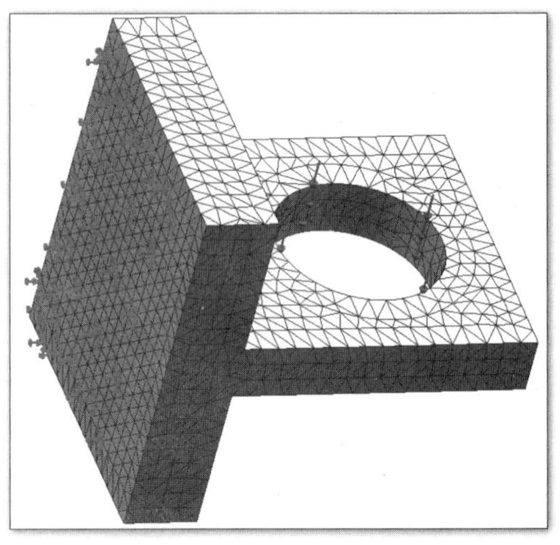

图 3-41　T 型支架的有限元模型

步骤 8 保存设置并求解。单击【保存】保存之前的设置，右键单击算例树中的【T 型支架 6mm 网格】，单击【运行】，进入求解状态，当前算例的计算时间约在 1min 以内。

步骤 9 显示最大应力值的位置。右键单击【结果】下的【应力 1（vonMises）】，选择【图表选项】，勾选【显示最大注解】复选框，单击【√】确定。

步骤 10 显示网格。右键单击算例树中的【应力 1（vonMises）】，选择【设定】，将【边界选项】设定由【模型】切换为【网格】，单击【√】确定。

当前网格密度下的 von Mises 应力云图如图 3-42 所示，根据应力精度判定方法——红色区域覆盖至少两层单元，当前的网格精度远远无法满足分析需求，接下来通过网格无关性方法调整整体网格大小，分别建立 4mm、2mm 以及 1mm 网格对比算例，然后计算结果并统计最大 von Mises 应力值。

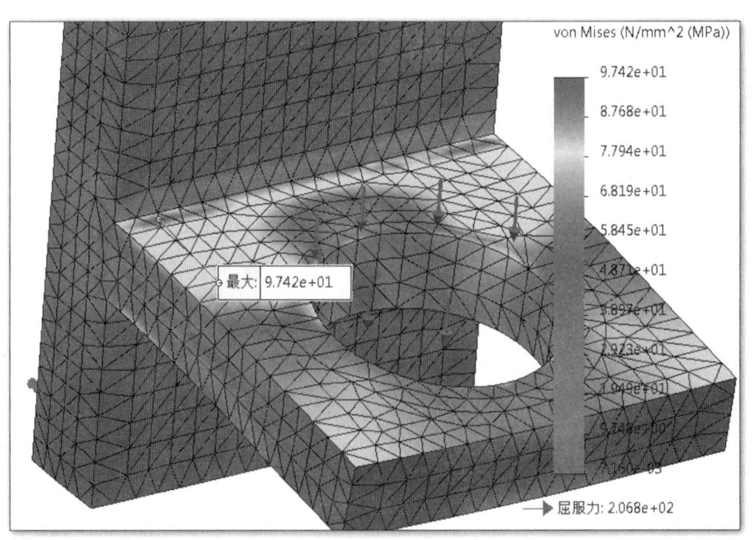

图 3-42　6mm 网格下的 von Mises 应力云图

步骤 11 复制算例。右键单击标签栏区域中的算例【T 型支架 6mm 网格】，选择【复制算例】，将算例名称设置为【T 型支架 4mm 网格】，单击【√】确定。

步骤 12 重新生成网格。右键单击算例树中的【网格】，选择【生成网格】，系统弹出【重

新网格划分提示】对话框，单击【确定】，进入网格设置界面，勾选【网格参数】复选框，将单元尺寸设置为【4.00mm】，单击【√】确定。

步骤 13 算例求解。右键单击算例树中的【T型推臂4mm网格】，单击【运行】，进入求解状态，当前算例的计算时间为1～3min。

步骤 14 重复步骤11～步骤13，分别建立【T型支架2mm网格】及【T型支架1mm网格】对比算例，依次设置网格尺寸为2mm和1mm，并求解算例。

将以上算例分析结果的von Mises最大应力值和最大合位移值统计至表3-4。

表3-4 T型支架不同网格密度下的结果统计

网格密度/mm	6	4	2	1
von Mises最大应力值/MPa	97.42	123.3	256.6	484.3
最大合位移值/mm	0.2145	0.2162	0.2173	0.2179

通过表3-4的数据对比发现，最大合位移值随着网格密度增加仍旧没有发生太大改变，但是最大应力值随着网格加密的过程增加了4倍多，远远高于T型推臂案例的应力变化幅度统计。而且对比图3-42和图3-43可以发现一个更奇怪的事情，最大应力值的位置从支架直角处转移到了载荷施加的圆孔边线处。通过之前的内容可以知道，最大应力位置的应力梯度变化均比较明显，属于应力集中现象，但是应力集中并不应该出现最大应力值增加如此明显的现象，造成这个现象的原因是什么？

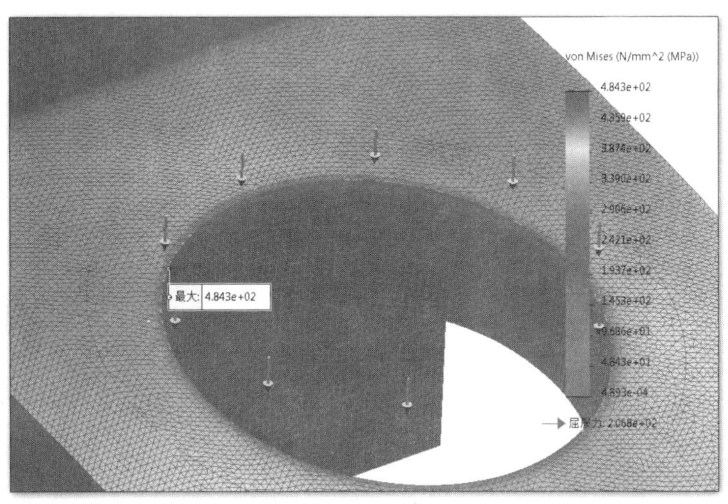

图3-43 1mm网格下的T型支架von Mises应力云图

这是有限元分析应力计算中经常出现的一种现象，称为应力奇异。

应力奇异是一种数学算法问题，是指受力体由于几何关系和边界条件的特殊原因，在利用连续性方程求解应力函数的时候出现的应力无穷大的现象，多出现于尖角及固定约束位置。用文字描述读者可能难以理解，接下来用下式进行说明：

$$\sigma = F / A$$

上式为应力的基本计算公式，其值等于载荷F除以面积A，和压强计算公式类似。在面元素上进行求解时，应力值是一个有意义的数值，但是如果面积A变为0（点和线的面积A

均为0)，应力值就会变成无穷大。本例中直角处为一条线，载荷加载的位置也为一条线，因此理论计算在该位置得到的应力值为无穷大。

有限元分析是一种将连续性方程离散化求解的数值算法，所以在实际计算中面积A会和几何元素附近单元的大小产生关联，并不会完全等于0，而是单元尺寸越小，面积A越小，于是在载荷不变但加密网格的情况下就出现了表3-4中应力大幅度上升的现象。

下面对以上内容进行总结：应力奇异位置使用理论计算得到的结果是无穷大，用有限元分析求解时，随着网格加密应力值不断增加。读者应记住，有限元算法和传统理论计算方法都无法算出应力奇异点位置附近应力的准确值。

于是多数读者会产生疑问，对产生应力奇异的位置该如何处理？对于读者来说，接下来的内容才是需要关注的部分。

3.3.3 应力奇异的三种常见情况

产生应力奇异的三种常见情况包括尖角、刚性约束、点或线载荷。

接下来通过当前T型支架模型依次说明这三种应力奇异情况。

首先对T型支架的直角位置进行网格加密。

步骤15 算例复制。右键单击标签栏区域中的算例【T型支架6mm网格】，选择【复制算例】，并将算例名称设置为【T型支架直角应力奇异】。

步骤16 局部网格控制。右键单击算例树中的【网格】，单击【应用网格控制】，进入网格控制界面，在右侧的图形显示区域选择图3-44所示的上表面直角边线，设置网格密度为【0.20mm】，过渡比率设为【1.1】，单击【√】确定。

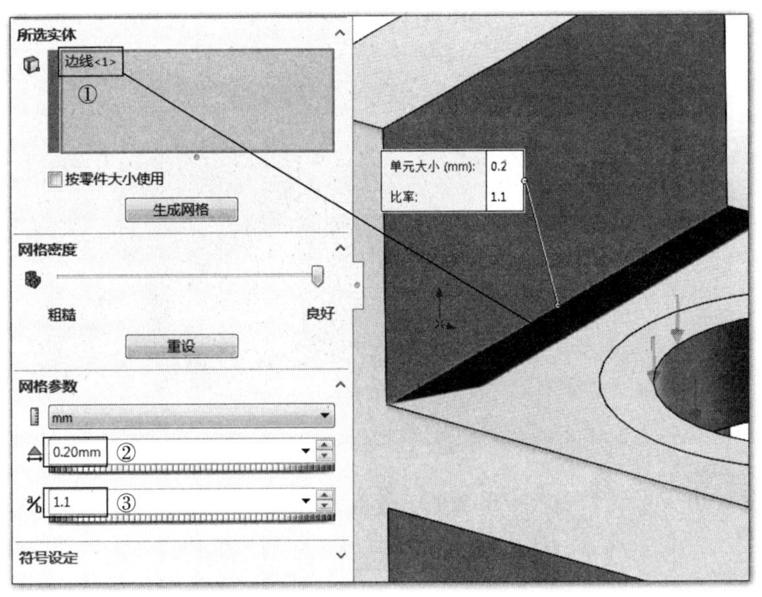

图3-44 直角处的局部网格控制

步骤17 算例求解。右键单击算例树中的【T型支架直角应力奇异】，单击【运行】，进入求解状态，最终得到的von Mises应力云图如图3-45所示，最大应力值为337.1MPa。

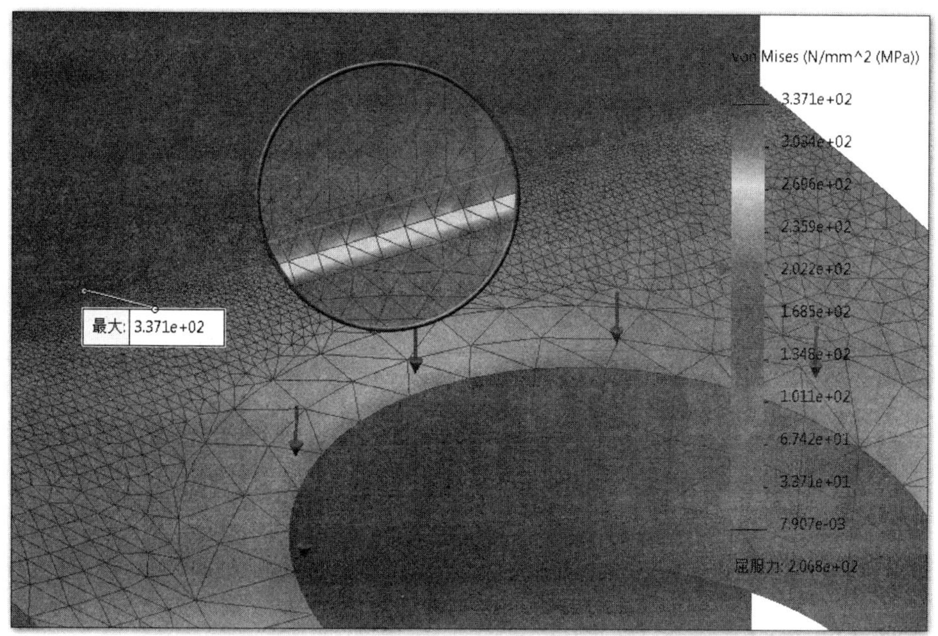

图 3-45　直角处局部 0.2mm 网格下的 von Mises 应力云图

接下来对加载载荷的边线进行网格加密。

步骤 18 算例复制。右键单击标签栏区域中的算例【T 型支架 6mm 网格】，选择【复制算例】，并将算例名称设置为【T 型支架载荷边线应力奇异】，单击【√】确定。

步骤 19 局部网格控制。右键单击算例树中的【网格】，单击【应用网格控制】，进入网格控制界面，在图形显示区选择图 3-40 中施加了载荷的边线，设置网格密度为【0.20mm】，过渡比率为【1.1】，单击【√】确定，出现图 3-46 所示的网格失败提示，单击【确定】关闭窗口。

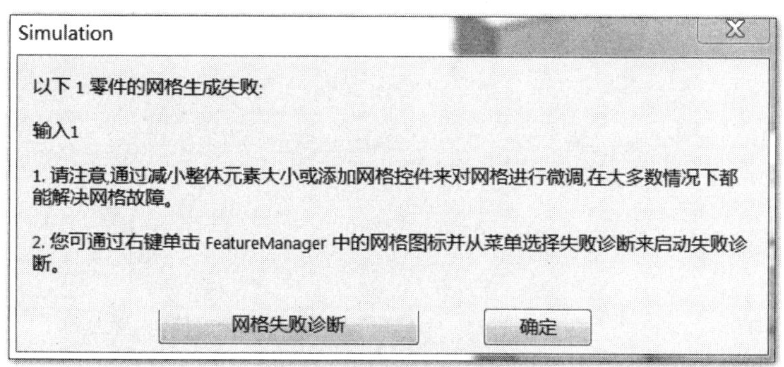

图 3-46　网格失败提示

步骤 20 重新调整网格设置。单击【网格】前图标▾展开网格设置，右键单击【控制 1】，选择【编辑定义】，将过渡比率修改为【1.2】，单击【√】确定。

步骤 21 算例求解。右键单击算例树中的【T 型支架载荷边线应力奇异】，单击【运行】，进入求解状态，最终得到的 von Mises 应力云图如图 3-47 所示，最大应力值为 1545MPa。

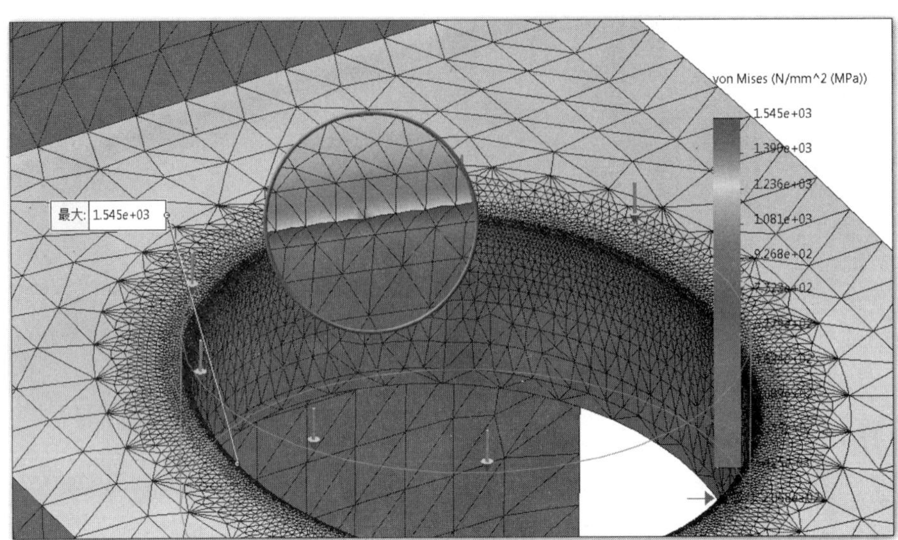

图 3-47　载荷边线处局部 0.2mm 网格下的 von Mises 应力云图

步骤 22 复制算例。右键单击标签栏区域中的算例【T 型支架 6mm 网格】，选择【复制算例】，并将算例名称设置为【T 型支架固定面应力奇异】，单击【√】确定。

之后对固定面的四个顶点进行网格加密。

步骤 23 局部网格控制。右键单击算例树中的【网格】，单击【应用网格控制】，进入网格控制界面，在右侧图形显示区域选择图 3-48 所示固定面的四个顶点，设置网格密度为【0.0001mm】，过渡比率为【1.1】，单击【√】确定。

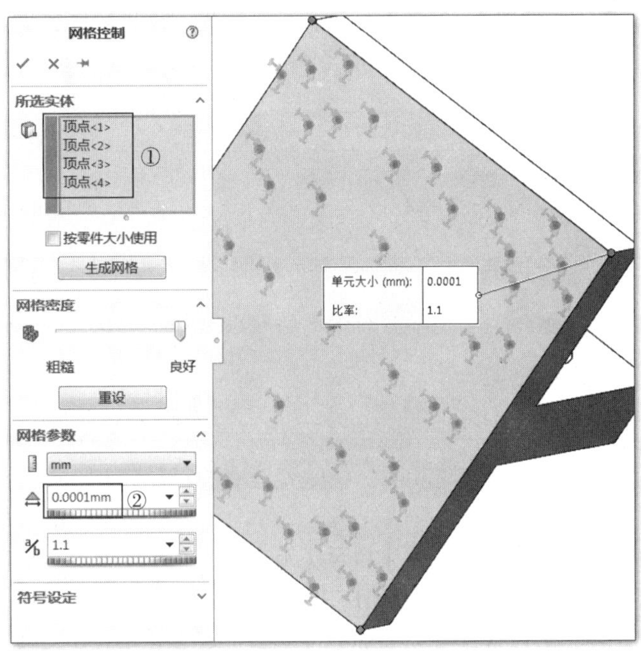

图 3-48　约束处局部的网格控制

步骤 24 算例求解。右键单击算例树中的【T 型支架固定面应力奇异】，单击【运行】，进入求解状态，最终得到的 von Mises 应力云图如图 3-49 所示，最大应力值为 163.8MPa。

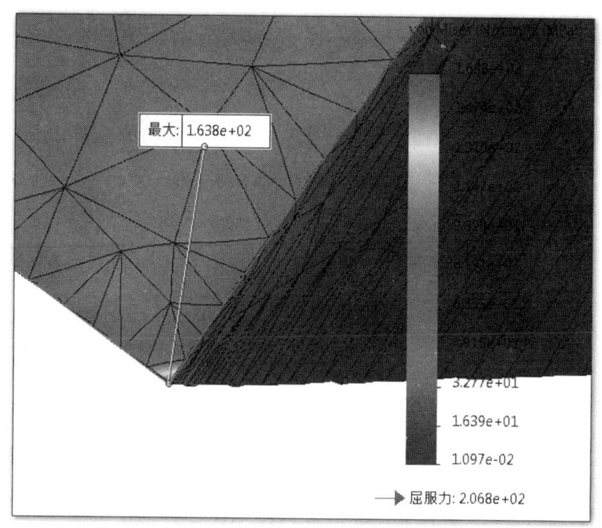

图 3-49 约束处局部 0.0001mm 网格下的 von Mises 应力云图

步骤 25 单击【保存】保存模型。

通过以上 3 个算例以及最初的 6mm 网格下的算例结果对比会发现，在最初网格均未加密的情况下，应力最大值出现在支架的直角位置，如图 3-42 所示。但是当网格分别在直角边线、载荷边线以及固定约束的四个顶点进行加密的时候，应力最大值就各自移动到网格加密的位置，云图显示分别如图 3-45、图 3-47 及图 3-49 所示。

由此可见，应力奇异的位置只要网格足够密，无论该处之前的应力值多小，应力值都能不断增加，最终成为整个结构应力最大的位置。所以这里需要提醒读者，**应力奇异位置的最终应力值和最初应力值大小无关，只和结构的几何形状以及载荷、约束方式有关，只要该位置满足应力奇异，且不断加密网格，应力值就一定能增加到非常大。**

如果应力奇异点成为整个结构应力最大的位置，在应力结果的解读上会对读者造成一定的困扰。在不同的 SOLIDWORKS Simulation 版本下，应力奇异位置的应力计算值可能会存在一些差异，这并没有关系，因为应力奇异处的应力值本身就不存在实际意义，比如**图 3-45、图 3-47 和图 3-49 中的最大应力值，都不存在任何实际意义。**这一情况同样会出现在不同软件的最大应力值对比上，部分读者习惯将同一个模型在两个软件中进行计算，并且将最大应力值进行对比，如果当前模型计算出的应力最大值在应力奇异点，则会因为不同软件网格算法的差异，可能导致计算出的最大应力值不同。但是实际上这是正常现象，并不能因此得出某软件存在计算问题，根本原因在于软件使用人员对应力奇异问题理解不深刻。

当应力奇异点的应力值成为整个结构的最大应力值时，此时最大应力值不存在实际意义，这是读者在学习过程中特别需要注意的问题。

于是应力奇异点该如何处理成为了多数读者需要解决的问题，对于应力奇异性的处理，读者应注意以下几点：

1）应力奇异只针对应力以及和应力相关的结果，比如应变、应变能等，位移不存在奇异问题，所以当分析仅仅考察变形而不考察应力问题时，完全可以不用担心应力奇异问题所带来的影响。

2）目前无论使用理论方法或者有限元计算都无法算准应力奇异位置的应力值，且计算得出的应力值不存在实际意义，所以读者可以放弃如何算准应力奇异位置应力值的想法。

3）多数结构位置，比如载荷加载面、固定面及一些尖角处，属于结构非危险区域，这些位置如果产生应力奇异可以忽略。

4）T型支架算例中，直角位置是结构最为薄弱的位置，此处恰好产生应力奇异，这一现象基本属于设计问题，此时读者需要考虑的不应该是如何算准应力奇异位置的应力值，而是应该考虑怎么修正结构提升结构强度。其实本质上应力奇异是应力集中的最极端表现形式，也就表示这是结构强度最差的设计方案。

所以根据以上四点，当前T型支架固定位置和载荷加载位置的应力奇异问题可以忽略，结构最容易断裂的位置为直角，需要对该位置进行设计改进——添加圆角，如图3-50所示。

步骤26 打开三维模型。单击菜单栏中的【文件】/【打开】，在模型文件保存路径下依次找到文件夹“第3章\带圆角T型支架”，选择模型文件【带圆角T型支架】，单击【打开】。

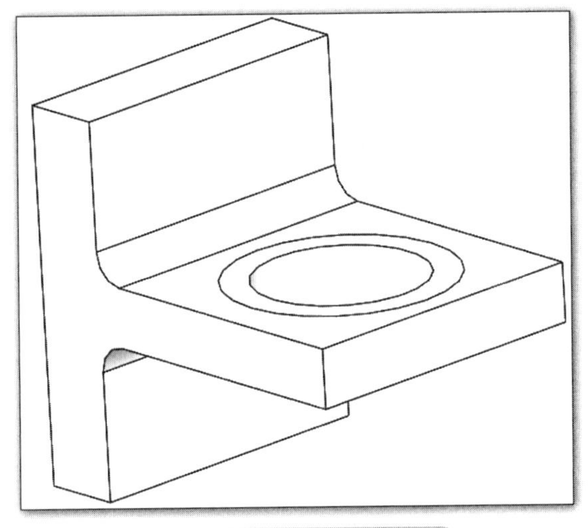

图3-50 带圆角T型支架

步骤27 设置算例名称为【带圆角T型支架】。重复3.3.2节的步骤2～步骤6，完成材料、约束和载荷加载。

步骤28 保存模型。单击工具栏中的【保存】，读者自行指定位置保存模型。

步骤29 局部网格加密。右键单击算例树中的【网格】，单击【应用网格控制】，进入网格控制界面，在图形显示区域选择T型支架的圆角，设置网格密度为【0.50mm】，过渡比率为【1.1】，单击【√】确定。

步骤30 生成网格。右键单击算例树中的【网格】，选择【生成网格】，进入网格设置界面，勾选【网格参数】复选框，将单元尺寸设置为【6.00mm】，单击【√】确定。

步骤31 保存设置并求解。单击【保存】保存之前的设置，右键单击算例树中的【带圆角T型支架】，单击【运行】，进入求解状态。

步骤32 显示最大应力值位置。右键单击算例树中的【应力1（vonMises）】，选择【图表选项】，勾选【显示最大注解】复选框，单击【√】确定。

步骤33 显示网格。右键单击算例树中的【应力1（vonMises）】，选择【设定】，将【边界选项】设定为【网格】，单击【√】确定。

最终云图显示如图3-51所示。

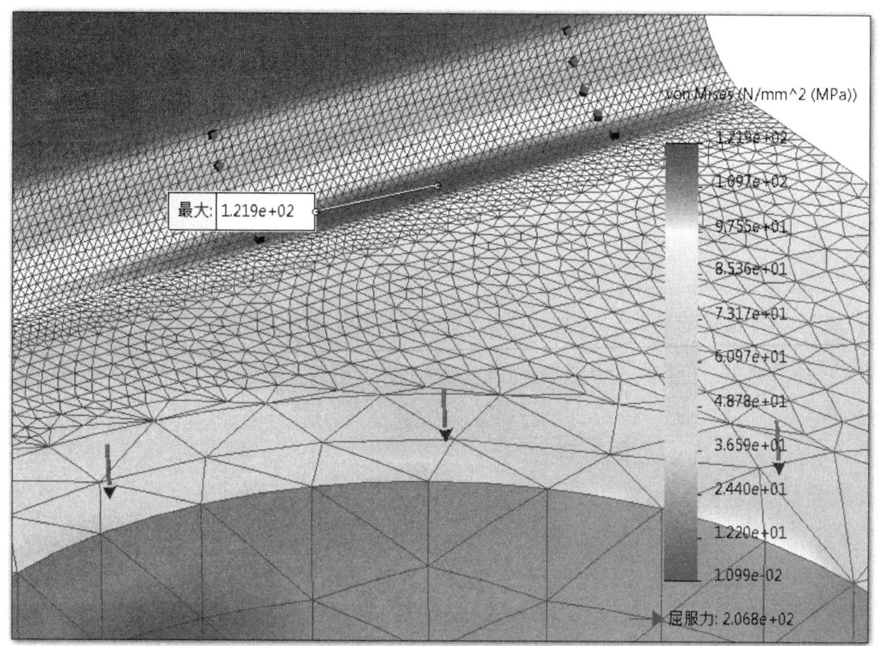

图 3-51 局部 0.5mm 网格下的带圆角 T 型支架 von Mises 应力云图

为了更清楚地查看圆角的应力结果和位移结果随网格的变化情况，分别对圆角位置设置 2mm、1mm 和 0.2mm 的网格密度并进行计算，计算结果统计至表 3-5。

表 3-5 带圆角 T 型支架不同网格密度下的结果统计

网格密度 /mm	2	1	0.5	0.2
von Mises 最大应力值 /MPa	116	122.2	121.9	122
最大合位移值 /mm	0.202	0.202	0.202	0.202

通过表 3-5 可以清楚地看出，在圆角位置网格密度为 1mm 的状态下，von Mises 最大应力值开始稳定在 122MPa 左右，因此依据网格无关性的判定方法，圆角网格密度在 1mm 时应力计算精度即可满足要求。

到此关于本模型应力奇异的问题基本解决。在实际分析中，应力奇异问题经常出现，读者在读取应力结果的时候必须时刻注意。

3.3.4 网格品质检查

网格品质检查和网格计算精度这两个概念很容易混为一谈，其实这两个概念完全不同，之前章节涉及的内容都是网格计算精度问题，而网格品质检查并未涉及。

网格品质检查功能在当前的有限元分析软件及计算机硬件发展状态下应用价值已经大不如前，但是为了让读者能够分清这两者的区别，接下来的内容将对网格品质检查进行说明。

在正常的模型形状下，生成的单元形状接近图 3-52a 所示的等边四面体单元，但是对于一般的三维几何模型，由于小边线、曲面几何体、小特征及尖锐边角的存在，要让模型里所有的单元形状都保持接近等边四面体单元并不现实，会有少部分单元接近图 3-52b 所示的细长形状。网格品质就是指单个单元的形状是否达到一定的形状品质要求，越接近等边四面体的网格品质越好，越细长的网格品质越差。

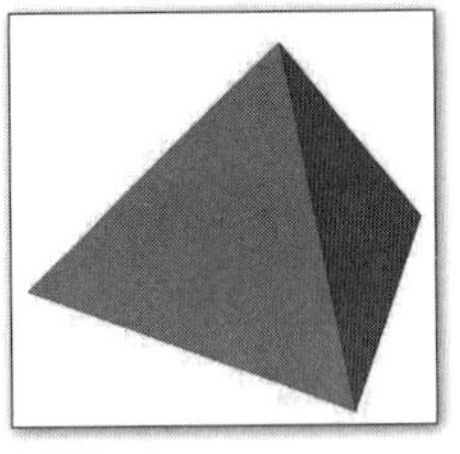
a）等边四面体单元

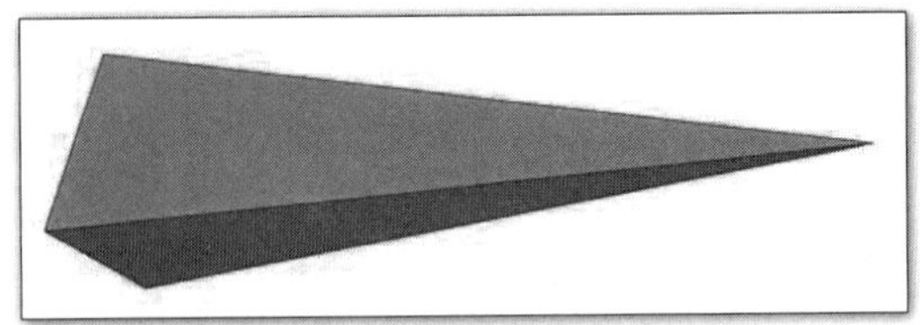
b）细长四面体单元

图 3-52 四面体单元的形状

在软件中可以利用网格品质检查功能检查单元形状质量，当前在 SOLIDWORKS Simulation 中评价网格品质主要有高宽比例和雅克比两种方式。高宽比例是常见的评价网格品质的方法，至于雅克比法有兴趣的读者可以自行学习，本书不做专门介绍。

知识卡片

高宽比例检查

对于实体网格，实现网格形状最好的方法是采用具有统一边长的等边四面体单元。按照定义，完全等边的四面体单元的高宽比例为 1.0，常被用作计算其他单元高宽比例的基础。随着单元越来越细长，则高宽比例会越来越大，如图 3-52b 所示。原则上在模型中不允许出现 10 以上高宽比例的单元，否则该位置的网格需要进行局部调整。接下来通过模型来说明高宽比例检查的相关问题。

步骤 34 单击标签栏区域中的算例【带圆角 T 型支架】，激活算例。

步骤 35 右键单击算例树中的【网格】，选择【生成网格品质图解】，选择【高宽比例】，如图 3-53 所示，再单击工具卡【设定】，将【边界选项】设置为【网格】，如图 3-54 所示。单击【√】确定，结果如图 3-55a 所示，高宽比例最大值为 7.066。

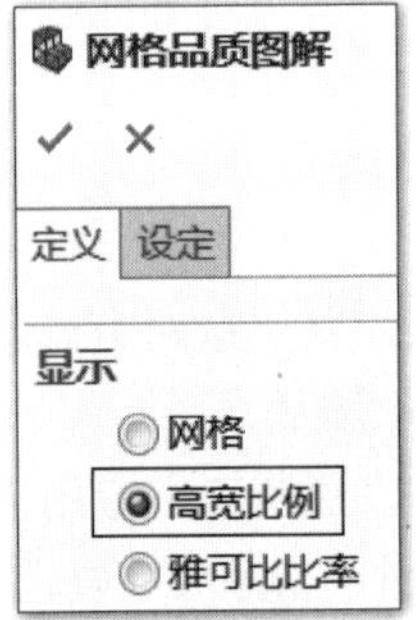

图 3-53 网格品质设置

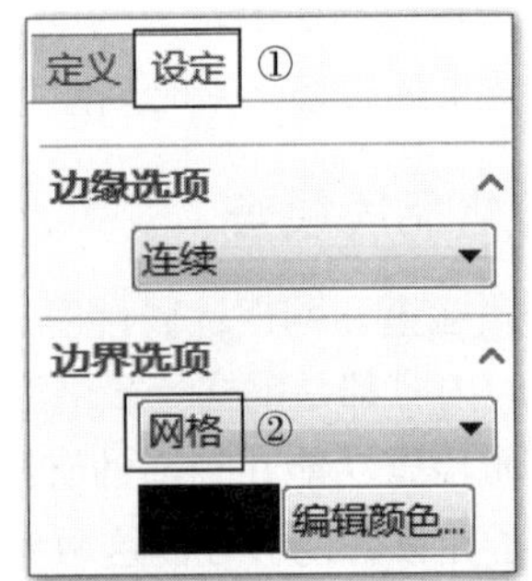

图 3-54 网格品质图解设定

步骤 36 重新划分网格。右键单击【控制 1】，选择【压缩】，右键单击算例树中的【网格】，保持当前设置，单击【√】确定。

重新划分网格之后的网格品质图解如图 3-55b 所示，高宽比例最大值为 4.087。

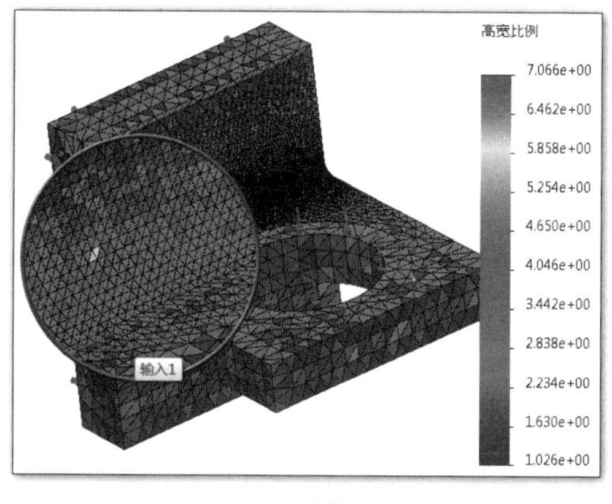

a）细网格

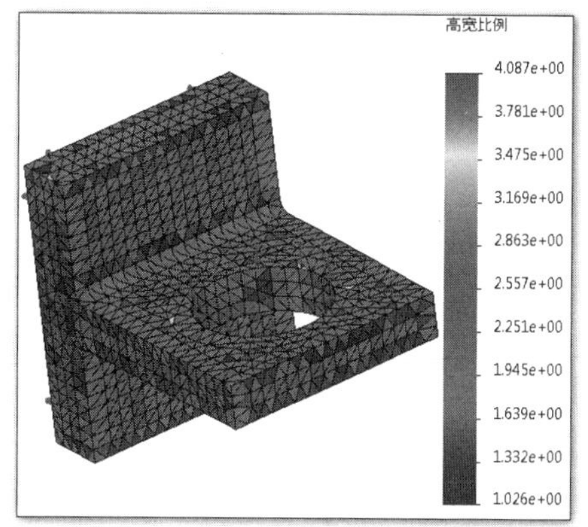

b）粗网格

图 3-55　高宽比例对比

通过之前的计算可知，图 3-55a 的网格计算精度更高，但是通过高宽比例最大值图解得出的结论反而是图 3-55b 的品质好于图 3-55a。所以，关于网格品质必须强调一点，网格品质检查只是检查单个网格的形状是否合理，和最终的计算结果精度并没有直接关系，网格品质好不代表网格计算精度高，而绝大多数时候工程师关注的重点是网格计算精度。目前由于网格智能划分能力的提升，一般情况下网格品质均能达到工程要求，因此在当前的有限元分析软件中，绝大多数时候已经不需要刻意进行网格品质检查。

所以对于网格品质检查，本书建议读者不用关注。如果需要关注网格品质，对大量出现高宽比例 10 以上的区域可进行适当处理，如果不存在或者极个别单元的高宽比例在 10 以上，可以不用考虑高宽比例问题，应更多地把注意力集中在网格密度，也就是网格精度控制上。

3.4　网格划分报错

在本书的大多数算例练习中，读者可以比较容易地划分出练习模型的网格，这是因为教材练习模型已经被修正到可以轻松划分出网格的状态。但现实情况是工程人员所拿到的三维模型错综复杂、细节繁多，因此绝大多数时候如何能够划分出网格才是工程人员需要首要解决的问题，其次才是之前所介绍的网格划分精度问题。

表 3-2 中第 5 个 T 型推臂网格划分方案以及 T 型支架在步骤 18 及步骤 19 的网格划分设置状态下出现图 3-46 所示的报错问题，对于读者可能比较关心这两种情况下怎么才能划分出网格或者网格划分为什么会出错。

网格划分错误一般有以下几种可能原因：

1）整体单元尺寸相对于模型尺寸较大。该问题的处理方式比较简单，只需在控制整体网格数量的前提下减小整体单元尺寸即可解决问题。

2）局部单元尺寸设置过小，导致局部单元尺寸无法过渡到整体单元尺寸大小。之前涉及的两次网格报错均由该原因引起，解决方法是调大网格过渡比率或者减小局部网格和整体单元尺寸之间的差距即可。

3）模型中的特征限制网格划分导致模型报错，比如一些细小特征。

在上述三种错误中，第三种错误是最常见也是最难处理的问题，且根本没有规律可循，完全取决于自身模型的特征。即使是两种类似的模型，也可能出现局部细小特征的不同，从而导致网格划分方式完全不同。因此对于读者来说，更迫切的需求是掌握一种能够锁定导致网格划分错误的特征的方法。

3.4.1 分析案例：踏板

图 3-56 所示为一款小型赛车的踏板结构（该模型的部分位置因设计保密原因做了调整），当前案例不用对模型进行分析，只需划分出合理的网格。本案例要求最终划分完成的单元数量不能超过 15 万。从模型结构看，当前零件远远算不上复杂，但是对于部分读者来说，要按照要求划分模型网格难度却比较大。

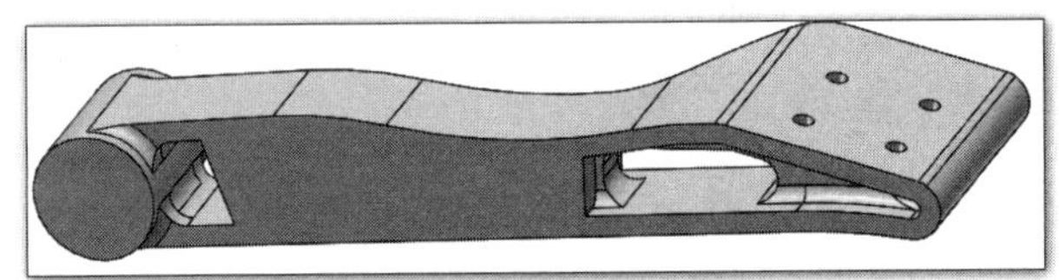

图 3-56 踏板三维模型

步骤 1 打开三维模型。单击菜单栏中的【文件】/【打开】，将窗口右下角【文件类型】设置为【所有文件】，并在模型文件保存路径下依次找到文件夹“第 3 章\踏板”，选择【赛车踏板】，单击【打开】。

步骤 2 保存模型。单击菜单栏中的【保存】，读者自行指定位置保存模型。

步骤 3 新建算例。单击工具栏中的【Simulation】激活 Simulation 工具栏，单击【新算例】，进入新算例设置界面，选择分析类型【静应力分析】，并设置算例名称为【网格排查】，单击【√】确定。

步骤 4 网格划分。右键单击算例树中的【网格】，选择【生成网格】，进入网格设置界面，使用当前默认设置，单击【√】确定，弹出图 3-57 所示窗口。

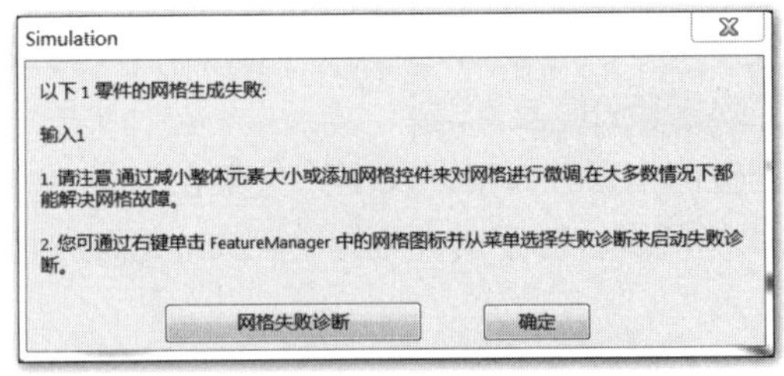

图 3-57 网格生成失败诊断提示

窗口中介绍了两种常规的网格错误排查方式：

1）减小单元尺寸以及模型特征自动失败诊断。

2）网格失败诊断（该方法使用限制性较强）。

单击【确定】关闭图 3-57 所示窗口。

步骤 5 调整网格密度并重新划分。再次右键单击算例树中的【网格】，选择【生成网格】，进入网格设置界面，勾选【网格参数】复选框，设置单元尺寸为【2.00mm】，单击【√】确定，仍旧弹出图 3-57 所示窗口，单击【确定】关闭窗口。

SOLIDWORKS Simulation 的默认单元尺寸会根据当前模型的总体尺寸进行预判，一般的实体零件，其单元尺寸若设置为默认单元尺寸的二分之一网格数量就会比较庞大，比如本例中默认单元尺寸约为 5.3mm，因此当前设置为 2mm 已经足够小，但是网格仍旧报错，于是再次设置网格密度。

步骤 6 调整网格密度并重新划分。重复步骤 5，设置单元尺寸为【1.00mm】，单击【√】确定，生成图 3-58 所示的网格模型。

步骤 7 网格数量统计。右键单击算例树中的【网格】，选择【细节】，打开图 3-59 所示窗口，模型的节总数约为 111 万，单元总数约为 78 万。

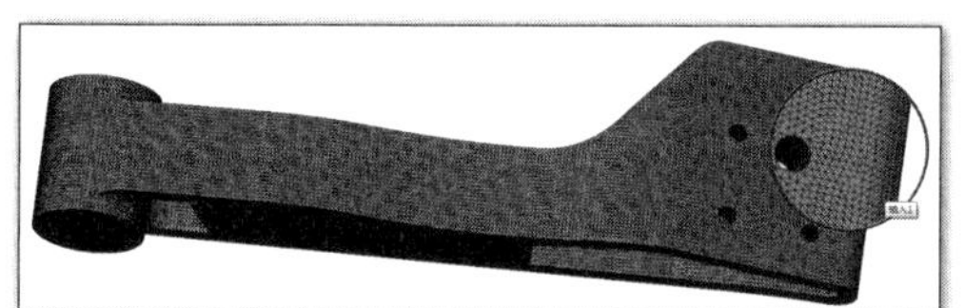

图 3-58　1mm 网格模型

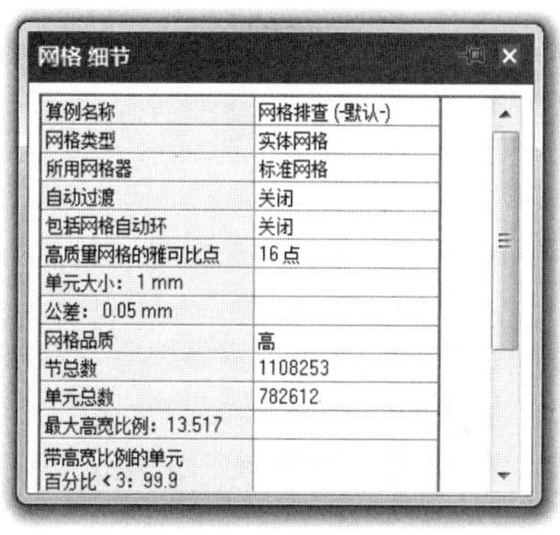

网格 细节

算例名称	网格排查 (-默认-)
网格类型	实体网格
所用网格器	标准网格
自动过渡	关闭
包括网格自动环	关闭
高质量网格的雅可比点	16 点
单元大小：1 mm	
公差：0.05 mm	
网格品质	高
节总数	1108253
单元总数	782612
最大高宽比例：13.517	
带高宽比例的单元百分比 < 3：99.9	

图 3-59　网格信息统计

虽然当前模型的网格划分成功，但是网格单元数量为 78 万，这只是系统中极小的一个零件，如果当前模型都需要运用如此庞大的网格数量，则多数分析计算将无法进行。因此当前的网格数量不可取，需要通过一种方式找出在 2.5mm 左右甚至更大的单元尺寸下成功划分网格的方法。

注意： 下面介绍的网格错误排查方法是关于有限元分析网格划分的错误排查方法，该方法适用于所有的有限元分析软件。

3.4.2　网格错误排查方法

当前网格划分出错必是因为模型中有一个或者若干个特征无法划分网格，如何找出这些特征是解决网格错误的关键。一般的有限元分析软件因为三维功能的薄弱导致操作比较复杂，但是 SOLIDWORKS Simulation 集成于 SOLIDWORKS 平台之下，可以方便地利用这一方法实现网格划分错误排查，具体操作如下：

步骤 8 局部切除。单击左下角标签栏区域中的【模型】，进入三维建模状态，如图 3-60

所示。在三维设计树中选择【上视基准面】，单击工具栏中的【草图】/【草图绘制】，按照图 3-61 所示位置建立草图，单击工具栏中的【特征】/【拉伸切除】，打开图 3-62 所示的设置界面，选择【完全贯穿】，单击【确定】将模型切分。

注意，草图位置线不需要完全和图 3-61 所示位置一致，大致在模型的二分之一位置即可。

图 3-60　标签栏区域

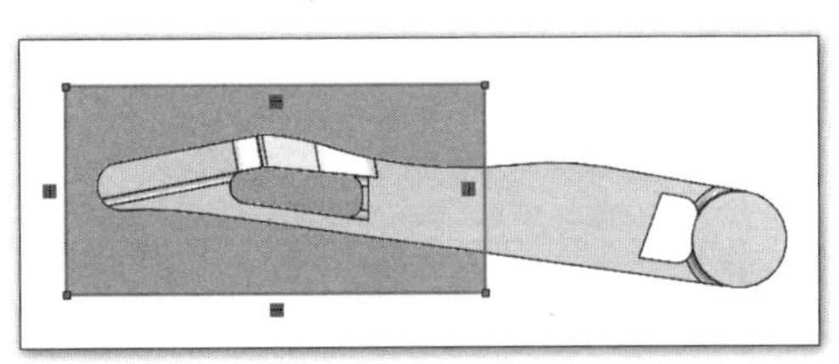

图 3-61　草图

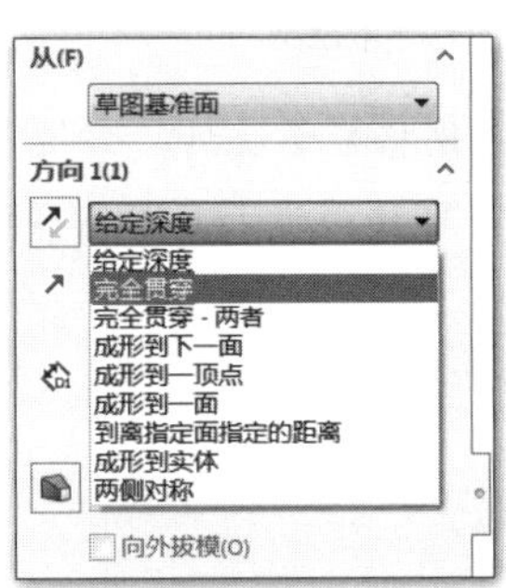

图 3-62　拉伸切除

步骤 9 单击左下角标签栏区域中的【网格排查】，进入仿真算例，右键单击算例树中的【网格】，进入网格设置界面，勾选【网格参数】复选框，设置单元尺寸为【2.00mm】，单击【√】确定，如图 3-63 所示。网格成功划分完成，基本说明网格报错的特征不在当前部分。

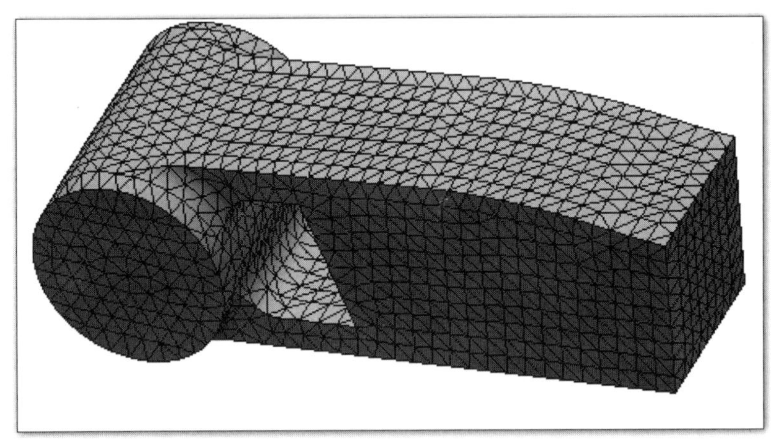

图 3-63　局部模型网格划分（一）

步骤 10 单击左下角标签栏区域中的【模型】，再次进入三维建模状态，右键单击三维设计树中的特征【拉伸切除 1】，单击图标，进入编辑特征状态，勾选【反侧切除】复选框，如图 3-64 所示，单击【√】确定。

步骤 11 单击左下角标签栏区域中的【网格排查】，进入仿真算例，右键单击算例树中的

【网格】，选择【生成网格】，单击【√】确定，弹出图 3-65 所示的网格划分报错窗口，说明无法进行网格划分的区域在该部分，但是该部分的细节特征还比较多，需要进一步排查。

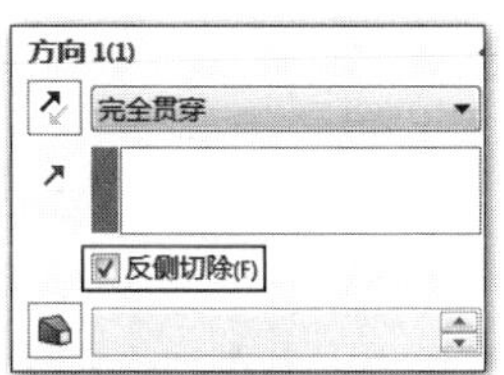

图 3-64　勾选【反侧切除】复选框

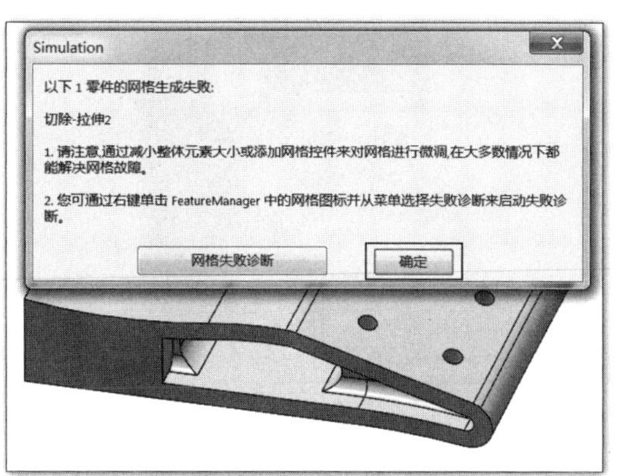

图 3-65　网格划分报错

步骤 12 重复步骤 8 ~ 步骤 11，对图 3-65 中的部分模型做进一步切分，最终确认图 3-66a 所示部分可划分网格，而图 3-66b 所示部分网格划分失败，说明无法进行网格划分的特征在图 3-66b 所示部分。

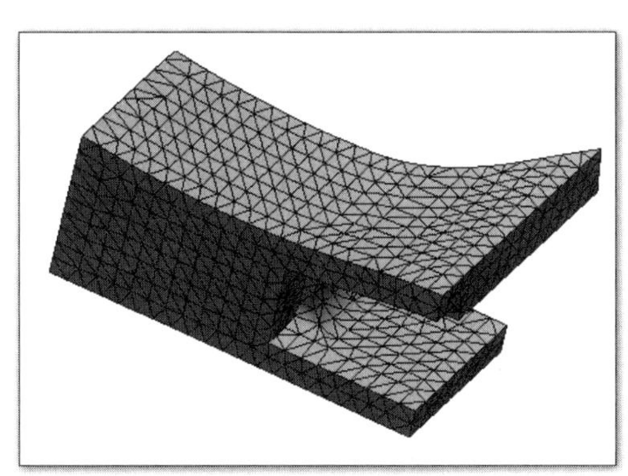
a）局部模型网格划分部分

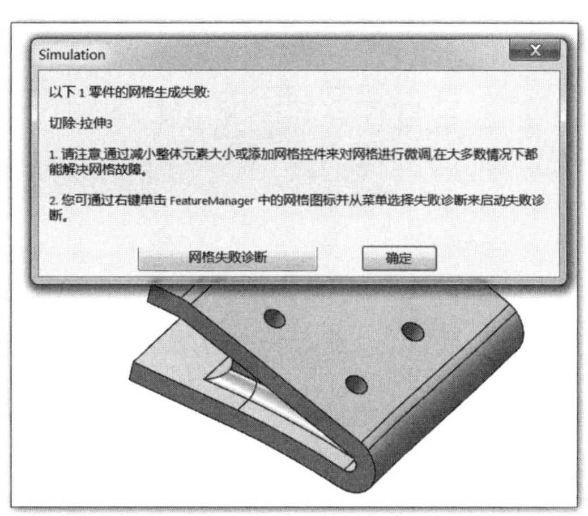

b）网格划分报错部分

图 3-66　局部模型网格划分（二）

仔细观察剩余区域，查找这个区域相对细小的细节特征，图 3-66b 所示位置存在一系列比较细小的圆角，尝试对这些位置进行局部网格控制。

步骤 13 局部网格控制。右键单击算例树中的【网格】，选择【应用网格控制】，进入网格控制界面，在右侧的图形显示区域单击选择图 3-67 所示的一系列圆角，设置网格密度为【0.50mm】，过渡比率为【1.1】，单击【√】确定。

步骤 14 生成网格。右键单击算例树中的【网格】，选择【生成网格】，单击【√】确定，成功生成图 3-68 所示网格。

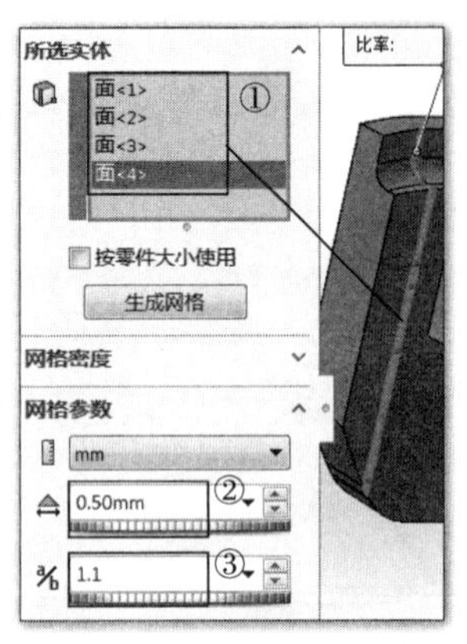

图 3-67 局部网格控制

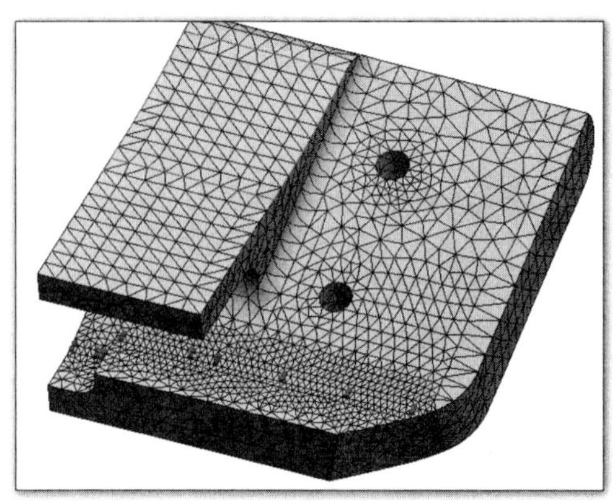

图 3-68 局部模型网格划分（三）

步骤 15 整体模型网格划分确认。单击标签栏区域中的【模型】，进入三维建模状态，按住 <Shift> 键单击选择特征【拉伸切除 1】和【拉伸切除 2】，右键单击图标，压缩零件特征。单击标签栏区域中的【网格排查】，切换回仿真算例，右键单击算例树中的【网格】，选择【生成网格】，单击【√】确定，最终生成的网格模型如图 3-69 所示。

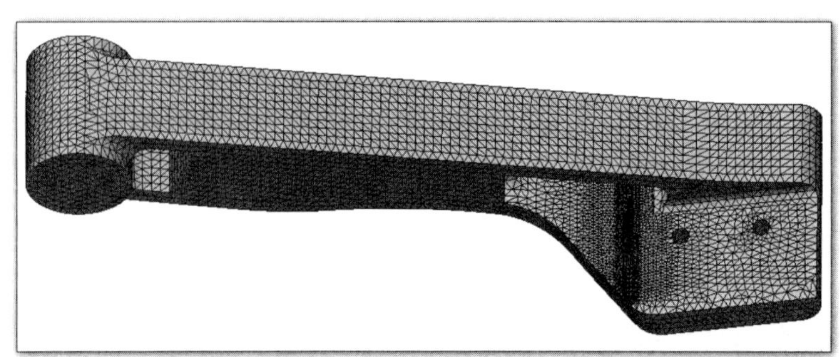

图 3-69 踏板整体网格

步骤 16 网格数量查看。右键单击算例树中的【网格】，选择【细节】，在当前设置下的网格数量为 15.4 万，略超过要求规定的 15 万网格数量，因此可以在此基础之上适当调整网格大小，重新划分。

步骤 17 降低网格数量。右键单击算例树中的【网格】，进入网格设置界面，勾选【网格参数】复选框，将总体单元尺寸从【2.00mm】调整为【2.50mm】，单击【√】确认。

步骤 18 网格数量查看。右键单击算例树中的【网格】，选择【细节】，网格数量下降到 9.7 万左右，如图 3-70 所示，符合网格数小于 15 万的要求。

网格 细节

算例名称	网格排查 (-默认-)
网格类型	实体网格
所用网格器	标准网格
自动过渡	关闭
包括网格自动环	关闭
高质量网格的雅可比点	16 点
网格控制	定义
单元大小：2.5 mm	
公差：0.125 mm	
网格品质	高
节总数	144709
单元总数	96945
最大高宽比例：11.72	
带高宽比例的单元	

图 3-70 最终网格生成信息

网格划分错误大概率由模型细小特征引起，但是也要注意，网格划分也会存在一定的运气成分。读者可以自行尝试在当前模型下设置其他位置细小特征的单元尺寸，也可能划分出网格。

注意： 内存的大小决定网格数量的上限，内存大的计算机自然可以多划分一些网格，但是无论多好的计算机配置，不合理控制网格数量，计算都将无法进行。目前的计算机内存一般都能够扩展到32GB，基本可以满足目前多数模型的静态分析问题。

3.4.3 基于曲率的网格

如图3-71所示，在网格参数中有三种网格算法：标准网格、基于曲率的网格、基于混合曲率的网格。

书中多数情况下均使用标准网格进行划分，接下来会对基于曲率的网格划分功能进行简单介绍。

步骤 19 新建算例。单击工具栏中的【Simulation】激活Simulation工具栏，单击【新算例】，进入新算例设置界面，选择分析类型【静应力分析】，并设置算例名称为【基于曲率的网格】，单击【√】确定。

步骤 20 网格划分。右键单击算例树中的【网格】，选择【生成网格】，勾选【网格参数】复选框，激活【基于曲率的网格】并单击【√】确定，即可划分出图3-72所示的网格，完全不会遇到之前的网格划分错误问题。

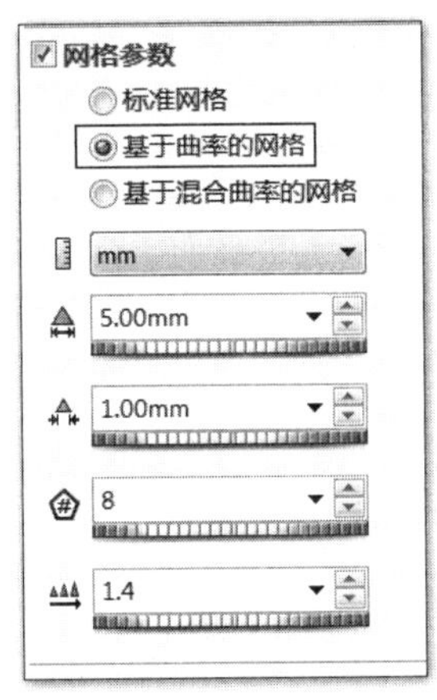

图3-71 网格参数设置

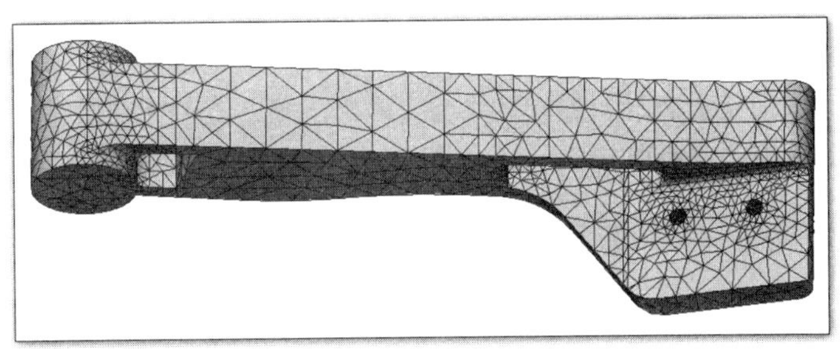

图3-72 基于曲率的网格划分

基于曲率的网格算法在高曲率区域（如圆角、孔洞等位置）可在不需要设置网格控制的情况下自动生成更多单元，如图3-72所示，且在圆孔和圆角位置的网格比其他区域的网格更小。这种方法看上去非常方便，但存在以下两个潜在的问题：

1）该方法在特征比较简单的零件中可以使用，但是在复杂模型中，若细小特征（尤其是圆角、小孔等）数量庞大，容易出现网格划分过量的情况。

2）该方法也同样存在网格报错的可能性，只是出错概率较低。当网格错误发生时，仍旧需要使用之前介绍的模型切分方法进行网格错误排查。

因此，本书建议读者优先掌握一般性的网格错误排查方法，这是目前最为通用也最有效的方法；同时也不提倡新手读者使用基于曲率的网格划分方法。表 3-6 为基于曲率的网格划分方法的参数说明。

表 3-6　基于曲率的网格划分方法的参数说明

参数名称	图标	说明
最大单元大小		曲率划分允许的最大单元
最小单元大小		曲率划分允许的最小单元
圆中最小单元数		指定圆中的单元数，所计算的单元大小必须介于最大单元大小和最小单元大小之间
单元大小增长比率		指定从小尺寸单元到全局单元大小的增长比率

3.5　自适应网格技术

3.5.1　自适应网格技术介绍

自适应网格技术就是常说的计算机判定网格精度并自动调整网格计算精度的一项技术。自适应网格技术的算法主要针对应力梯度变化过快区域，可自动调节网格精度并进行迭代，将网格细化至合适的精度，从而提高应力求解精度。

自适应网格技术有 h 方法和 p 方法两种。

1）h 方法通过改变单元尺寸细化网格来提高计算精度。之前在 3.2 节和 3.3 节所提到的网格划分思路即使用了 h 方法，区别仅在于自适应网格应力梯度变化的判定通过计算机来完成。

2）p 方法则通过逐步增加单元阶次来提高计算精度。在图 3-6 中，没有中间节点的单元称为一阶单元，有一个中间节点的单元称为二阶单元，每增加一个中间节点，单元增加一阶。目前在 SOLIDWORKS Simulation 中只提供一阶（草稿品质）单元和二阶（高品质）单元的选择切换，只有当使用 p 自适应网格时，计算机才会调用最高为五阶的单元。随着单元阶数的增加，计算精度会提升，但计算量会大幅度增加。在日常工作中，二阶单元的精度已经足够满足多数分析需求，所以包括目前的主流有限元分析软件，可供人为选择的最高单元阶次均为二阶。

3.5.2　分析案例：T 型推臂自适应分析

步骤 1 打开之前保存好的 T 型推臂模型。

步骤 2 复制算例。右键单击标签栏区域中的算例【T 型推臂 4mm 网格】，选择【复制算例】，将算例名称设置为【自适应网格】，单击【√】确定。

步骤 3 自适应网格设置。右键单击算例树中的【自适应网格】，选择【属性】，弹出属性设置窗口，激活窗口顶部的【自适应】选项卡，如图 3-73 所示。

图 3-73　“自适应”选项卡

步骤 4 设置自适应网格算法。将【自适应方法】设置为【h- 自适应】，并将【目标精度】设为【98%】,【精度偏差】滑块调整到最右侧,【最大循环数】设置为【5】，如图 3-74 所示，单击【确定】，关闭窗口。

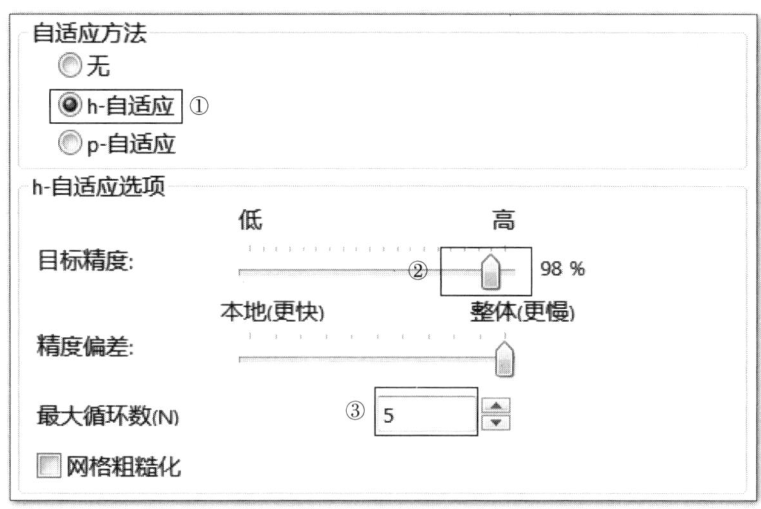

图 3-74　h 方法的参数设置

h 方法的相关参数说明见表 3-7。

表 3-7　h 方法的相关参数说明

参数	参数说明
目标精度	总应变能密度范数的精度变化或两次计算之间的误差波动，用于控制最终计算的精度大小
精度偏差	此处的本地是指局部，滑块越向左对计算精度的收敛要求越高。最左边的本地要求每个单元的计算都达到收敛精度，而整体只要求所有单元的整体结果达到收敛精度。一般将滑块设置在整体位置即可
最大循环数	网格循环加密的次数，有效的最大次数为 5。5 次加密后即使无法满足计算精度要求，计算也会停止，以防止无休止地计算

步骤 5 算例求解。右键单击算例树中的【自适应网格】，单击【运行】，进入求解状态。

最终在自适应网格技术 h 方法的自动加密下，通过若干次网格迭代，弹出图 3-75 所示窗口，单击【确定】，计算完成。

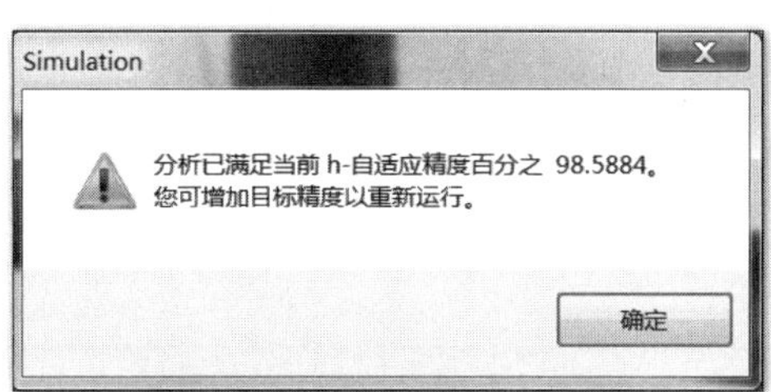

图 3-75　求解完成提示窗口

图 3-76 所示为 h 方法得到的 von Mises 应力计算结果，从当前的云图结果可以看出，无论是网格加密的策略，还是最终应力结果，和图 3-37 所示的网格分布形式基本一致。

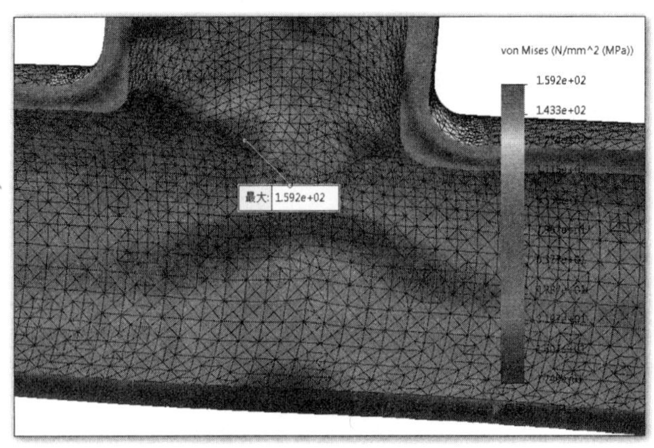

图 3-76　h 方法计算结果

关于 p 方法的内容下面只做简单说明。图 3-77 所示为 p 方法的参数设置，图 3-78 所示为 p 方法计算结果。对比图 3-78 和图 3-36 所示的应力云图可以发现，p 方法得到的网格和最初划分状态完全没有变化，但是应力值确实发生了改变，更加接近之前所确定的应力稳定值。

图 3-77　p 方法的参数设置

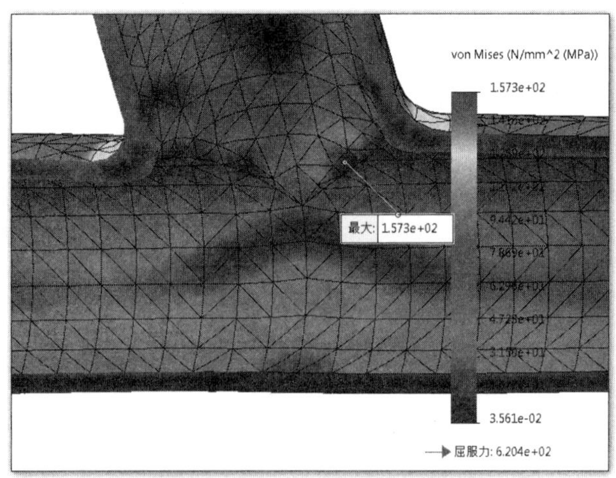

图 3-78　p 方法计算结果

对比这两种自适应方法可知，h 方法更加符合一般网格划分的思维习惯。而且 p 方法有一个问题，阶序的改变针对的是模型全部网格单元，这就和全局模型网格加密的思路类似，会导

致整体计算量过大。因此，本书将不再对 p 方法进行过多说明，如需了解该方法，读者可通过 SOLIDWORKS Simulation 帮助文件自行学习。

3.5.3 自适应网格技术的局限性

从 T 型推臂的例子来看，自适应网格技术似乎是一项非常好用的技术，省去了自行加密网格的麻烦，但是非常遗憾，**T 型推臂的模型掩盖了自适应网格技术的局限性**。图 3-79 所示为 T 型支架的自适应计算结果，通过结果可以看到，计算机除了对圆角位置进行了加密外，对固定约束位置以及载荷加载位置都进行了加密，这两个位置恰好是之前提到的应力奇异位置。所以，依据目前的算法技术，计算机无法自行判断应力奇异位置，于是出现了图 3-79 所示的应力奇异位置网格加密情况，这种情况造成的直接后果就是网格数量庞大且计算结果毫无意义。

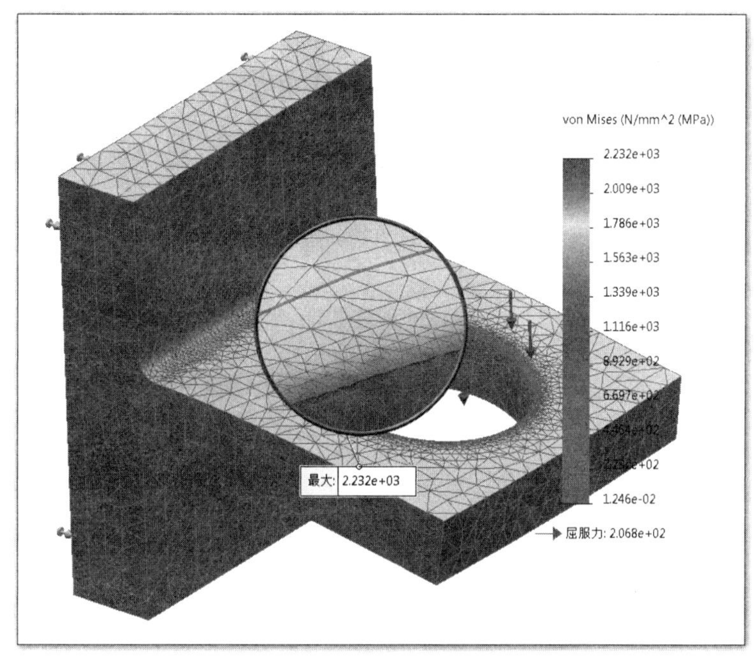

图 3-79 T 型支架的自适应计算结果

当前只是一个普通小零件，而实际的产品模型会存在大量的应力奇异点，这会导致网格数量无法控制。同时在后面的章节会讲到，若仅仅依靠应力梯度判定网格精度，在对接触位置的网格精度进行判定时会产生偏差。

所以在当前的技术阶段，并不推荐使用自适应网格技术进行分析计算，读者仍须掌握之前介绍的网格加密方法自行对模型位置进行网格设置。

3.6 小结与讨论：关于结构仿真中四面体单元和六面体单元的讨论

在讲解本节内容之前，读者首先需要区分以下四种单元——四面体单元、六面体单元、三角形壳单元和四边形壳单元，如图 3-80 所示。尤其是对实体单元和壳单元的区分，对本节内容的学习非常重要。

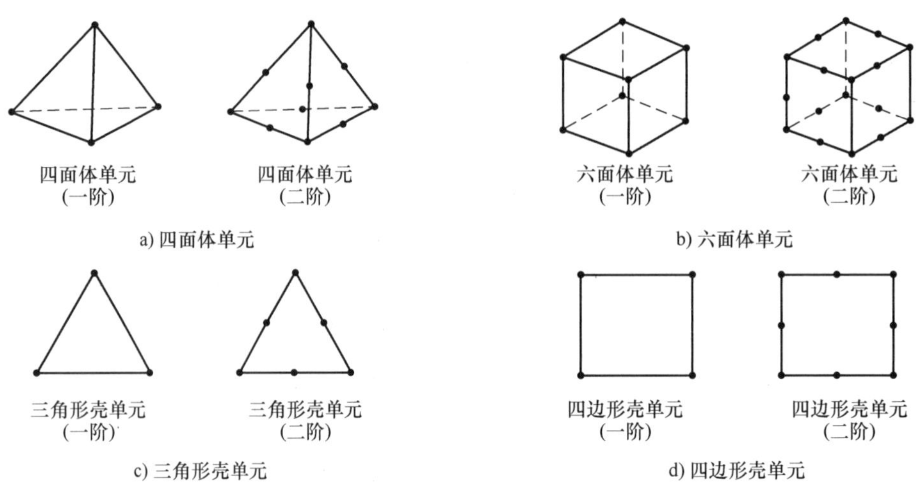

图 3-80 常见的结构单元

关于四面体单元和六面体单元精度问题的争论由来已久，但是本书认为，脱离单元阶数讨论单元形状对精度的影响并不可取。大量工程计算的结果说明，单元阶数对计算精度的影响更为明显。所以接下来，本书将结合单元阶数问题说明四面体单元和六面体单元这一问题产生的历史原因。

有限元分析的计算能力主要依靠 CPU 的计算速度和内存的大小，CPU 性能决定模型的求解速度，内存大小决定模型网格数量的多少，因此网格精度控制的程度主要由内存决定。在 2000 年前后，主流家用计算机的内存基本都在 256MB 以内，2010 年前后则为 1GB 左右，而当今基本达到了 8 ~ 16GB，64GB 内存的计算机也很容易获取，所以在 2000 年前后甚至 2010 年前后，内存的限制导致仿真人员必须使用非常少量的网格实现计算。而高阶单元需要依赖大量的内存，在当时的时代背景下，使用二阶单元基本是一种奢望。一阶六面体单元网格能够在相对较少的网格数量下实现更高的计算精度，但是这种精度比较是相对于当时的一阶四面体单元，实际上无论在任何时期使用哪种一阶单元计算精度，都无法和二阶单元的计算精度相比。

而目前随着技术的进步，16GB 内存的计算机随处可见，工程人员可以轻易使用二阶单元，在二阶单元的状态下，无论是四面体单元或者六面体单元在精度上都能够达到比较精确的值。下式是四种网格计算精度的大致对比：

二阶六面体单元精度≈二阶四面体单元精度＞一阶六面体单元精度＞一阶四面体单元精度

于是在当前硬件条件下，六面体单元不仅失去了精度上的优势，同时六面体网格划分对模型的限制所产生的弊端越发明显。

1）六面体网格模型适应性差。针对规则模型可以进行比较好的六面体网格划分，因此为了划分出比较好的六面体网格，需要进行比四面体网格更多的模型修正，这部分模型修正所产生的偏差可能完全抵消了六面体网格所带来的精度提升。

2）六面体网格过渡机动性差。六面体网格划分不能随意对局部位置进行加密，必须依据一定的方法，因此在大多数工程问题中，六面体网格局部加密所产生的网格数量会大大增加。

3）六面体网格划分周期长。对周期长短的具体数据统计并没有办法得到，但是从大量的工程项目来说，四面体单元 0.5h 能够处理好的模型，六面体单元至少需要 20 ~ 30h，这绝对不

是危言耸听，事实上实际项目可能还要远远高于这一时间。同时考虑到一款产品的分析迭代及优化绝对不只是划分一次网格，而是需要重复划分多次，四面体网格具有较强的可移植性和可复制性，但是六面体网格却无法做到这一点，这其中的时间成本难以想象。

4）六面体网格划分学习难度极大。

所以基于以上四点，当前二阶四面体单元的使用在工程界占据绝对的主导地位。

但是为了防止读者对概念的混淆，接下来需要将一开始提到的壳单元和实体单元进行说明。

之前所说的问题都是四面体单元和六面体单元，这两种单元均为三维单元。但是还有一类单元，在目前的产品分析中也应用广泛，就是之前提到的壳单元。壳单元分为三角形壳单元和四边形壳单元。读者千万注意，壳单元是一类二维平面单元，无论选择哪种形状的壳单元，网格划分难度并不会增加多少。

所以读者千万不要用壳单元网格划分的学习案例去理解体单元网格划分的学习难度，这之间的难度借鉴没有任何意义。

下面是四种网格划分难度的大致对比：

三角形壳单元≈四边形壳单元＜四面体单元≪六面体单元

对于本书的读者，除非行业要求，否则强烈建议在学习有限元分析的前三年不要接触六面体网格的学习，踏实掌握四面体网格划分技术，一样可以划分出符合精度要求的有限元模型。

第 4 章 一般装配体的连接及接触问题

4

【学习目标】

1）接触设置
2）接头设置
3）刚体运动
4）焊接问题基础

扫码看视频

通过对第 2 章和第 3 章的学习，读者对零件的有限元分析流程和网格划分方法有了一定的认识，但是实际工程中绝大多数问题都是以装配体形式存在的，单一零件分析并不能很好地解决工程问题。现实中部件之间以接头和接触的形式进行力的传递，比如转动中的齿轮和轴承、路面上行驶的汽车、处于工作状态的机械手等，因此连接和接触问题是有限元分析中一类非常重要的问题。

因为整体学习环境的关系，多数新手对装配体分析的学习存在心理恐惧，认为无法掌握装配体的接触问题是因为相关数学理论基础不足。实际上这个认知存在问题，要掌握接触设置最重要的是理解接触设置的应用环境，以及几种常见的接触设置错误和模型设置问题。

4.1 接触和接头形式介绍

在 SOLIDWORKS Simulation 中，定义装配体零件之间连接关系的主要形式有接触和接头两类。

首先说明接触形式。为区分不同的接触状态，SOLIDWORKS Simulation 提供以下五种接触形式：

1）**无穿透**：可防止两实体间产生干涉，但允许接触表面产生滑移或形成接触面分离。此类接触形式包括齿轮啮合、鼠标移动、车辆在地面上行驶等。

2）**结合**：两物体粘合为一个整体。机械行业中该类接触形式最典型的应用就是焊接问题，此外还有塑料件熔融等问题。在有些特殊情况下，也会将一些非关键位置的无穿透接触形式简化为结合。

3）**允许贯穿**：为节省计算时间或者满足某些特定场合的需要，允许零件之间产生干涉。现实中不存在这种接触形式。

4）**冷缩配合**：主要针对过盈配合问题。因为过盈会导致面与面之间产生干涉，使用冷缩配合可以计算干涉产生的过盈量所导致的接触变形问题。

5）**虚拟壁**：定义实体与目标基准面之间的接触。

虽然本书主要围绕静力学模块展开，但是为了让读者更准确地了解接触的相关问题，表 4-1 中统计了各模块允许的接触形式，仅静应力模块可以使用所有的五种接触形式。

表 4-1　各模块允许的接触形式

接触形式	无穿透	结合	允许贯穿	冷缩配合	虚拟壁
静应力	√	√	√	√	√
频率	×	√	√	×	×
屈曲	×	√	√	×	×
非线性	√	√	√	√	×
跌落	√	√	√	×	×
线性动力	×	√	√	×	×

以上五种接触形式中，无穿透和结合使用最为广泛，允许贯穿属于比较特殊的接触形式，在绝大多数情况下都不会应用，而冷缩配合和虚拟壁本质上也是无穿透，只是所使用的环境有些特殊。

接下来通过一个例子说明无穿透、结合和允许贯穿这三种接触形式的区别。

如图 4-1 所示，两块板件上下排布，两板各自有一端面固定，上板承受一定的压力，两板之间接触关系的不同会造成不同的计算结果，分析结果如图 4-2 ~ 图 4-4 所示。

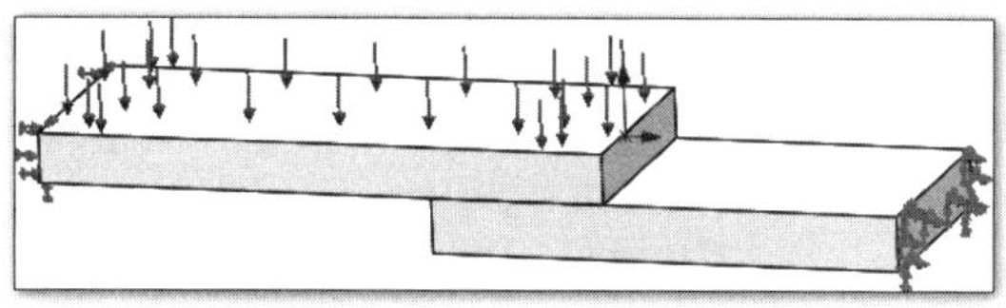

图 4-1　接触形式对比模型

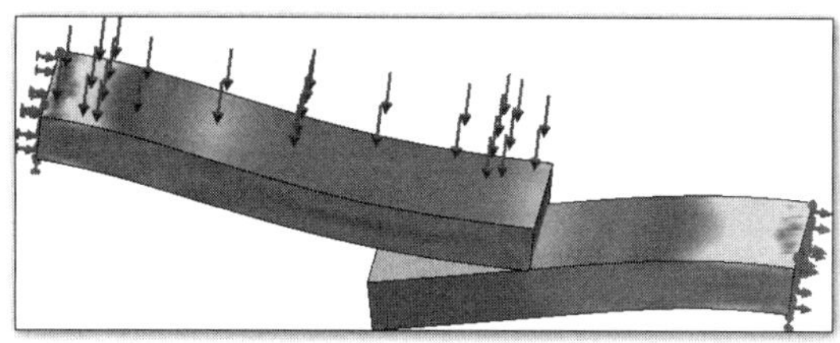

图 4-2　无穿透

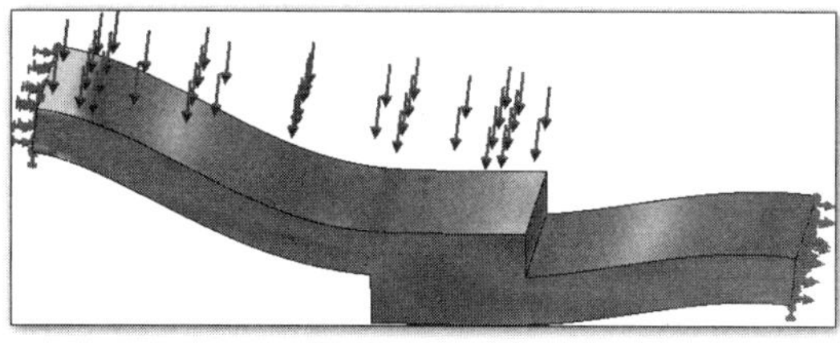

图 4-3　结合

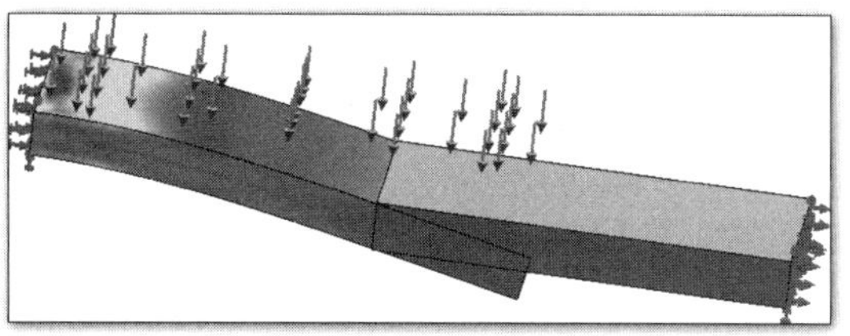

图 4-4　允许贯穿

通过图 4-2 ~ 图 4-4 的结果显示可以明显看出这三种接触形式的区别，尤其是无穿透和结合，前者的接触面会因为变形而产生接触面分离，而后者的接触面任何时候都完全贴合（类似焊接）。

除了以上五种接触形式外，SOLIDWORKS Simulation 还提供了弹簧、销钉、螺栓、轴承、焊接等各种接头连接形式。接头用来定义某个实体（顶点、边线、面）与另一个实体之间的连接方式，方便工程师快速处理零件之间的连接关系问题，关于接头的具体使用方法，尤其是螺栓接头的使用会在接下来的内容中涉及。

4.2 复杂装配体分析

4.2.1 分析案例：电机支架

如图 4-5 所示，电机支架通过地脚螺栓固定在底座上，电机通过螺栓固定在支架右侧，并通过联轴器将轴和电机连接在一起，电机尾部端面固定，轴的远端面通过轴承和别的部件连接。轴中部键槽承受的逆时针扭矩为 1000N · m，同时施加在轴上的部件总质量为 100kg，该部件重心位置相对于全局坐标系的坐标为（710，0，50），考察电机支架结构在当前条件下的整体位移情况。电机材料为灰铸铁，底座材料为 1023 碳钢板，其余材料均为合金钢。

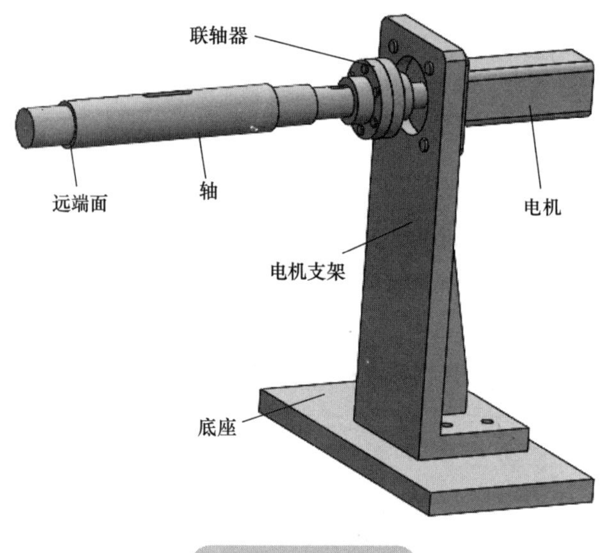

图 4-5 电机支架

4.2.2 分析思路整理

本案例较为复杂，除了一般的接触问题外，还存在三组螺栓连接：

1）联轴器部件之间的 6 颗螺栓。

2）电机支架和电机之间的 4 颗螺栓。

3）底座和电机支架之间的 4 颗地脚螺栓。

因此，在分析开始之前，先对整体的分析思路进行整理，得到图 4-6 所示的流程图。

当前的模型比之前章节所涉及的模型更为复杂，因此如同设计前期需要进行整体构思，仿

真分析也需要整理分析思路。图 4-6 中罗列了本次分析过程的基本思路，但分析中可能还会遇到材料属性缺失、螺栓预紧力设置、接触遗漏等问题。读者要注意，即使按照图 4-6 所示思路准确完成设置，也不能确保分析一定能够顺利完成，而这种情况在实际的项目分析中都是习以为常的事，读者一定要理解两点：

1）数学模型尤其是复杂数学模型的完善是反复迭代的过程。

2）仿真前期一些缺失的参数可以暂时进行合理假定，在数量级基本保证一致的情况下完成数学模型的建立并顺利计算是首要任务。

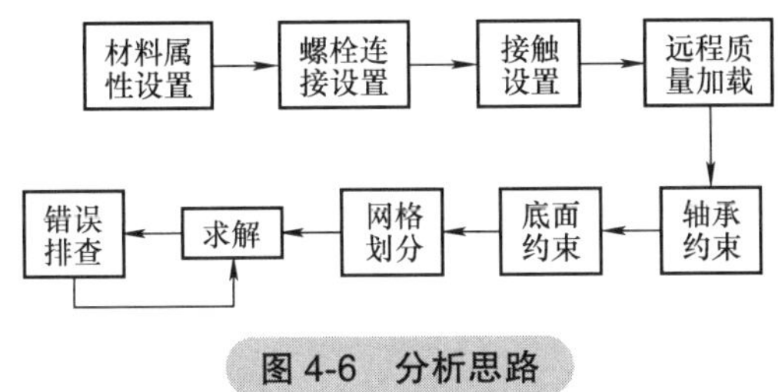

图 4-6　分析思路

4.2.3　案例操作

步骤 1 打开装配体模型电机支架。单击菜单栏中的【文件】/【打开】，并在模型文件保存路径下依次找到文件夹“第 4 章 \ 电机支架装配”，选择模型文件【电机支架装配】，单击【打开】。

步骤 2 保存模型。单击菜单栏中的【保存】，读者自行指定位置保存模型。

> **注意：** 读者可能会注意到，当前文件类型为零件，说明当前模型文件为多实体状态而非装配体状态。在仿真分析中，只要确保模型一致，最终模型文件是多实体状态还是装配体状态对分析结果并不会产生影响。

步骤 3 新建算例。单击工具栏中的【Simulation】激活 Simulation 工具栏，单击【新算例】，进入新算例设置界面，选择分析类型【静应力分析】，并设置算例名称为【螺栓接头一般】，单击【√】确定。

步骤 4 删除全局接触。单击【连结】前的图标展开算例树，如图 4-7 所示，右键单击【连结】下的【全局接触（接合）】，选择【删除】。关于当前为什么需要删除操作，在本章“焊接立柱”案例中进行说明。

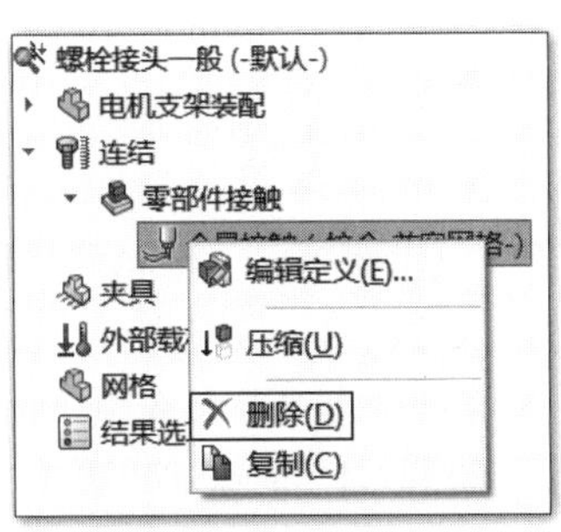

图 4-7　删除全局接触

步骤 5 排除不参与分析的零件。单击【电机支架装配】前的图标展开模型树，如图 4-8 所示。当前模型共包含 16 个零件，名称中包含输入 7 ~ 输入 16 的为螺栓实体，在当前算例中将不被使用。按住 <Ctrl> 键依次单击名称中包含输入 7 ~ 输入 16 的所有零件（注意不是 SolidBody7 ~ SolidBody16），右键单击，选择【不包含在分析中】，如图 4-9 所示。

SolidBody 1(输入8)
SolidBody 2(输入7)
SolidBody 3(输入16)
SolidBody 4(输入10)
SolidBody 5(输入15)
SolidBody 6(电机)
SolidBody 7(输入12)
SolidBody 8(底座)
SolidBody 9(联轴器右)
SolidBody 10(输入13)
SolidBody 11(轴)
SolidBody 12(输入14)
SolidBody 13(联轴器左)
SolidBody 14(输入11)
SolidBody 15(输入9)
SolidBody 16(电机支架)

图 4-8　模型中的螺栓

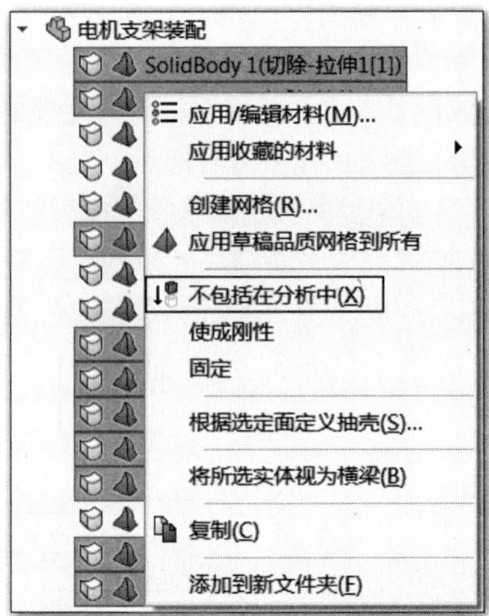

图 4-9　选择【不包含在分析中】

知识卡片

不包含在分析中和三维设计树状态下删除/压缩零部件的区别

除了利用步骤 5 的不包含在分析中，还可以通过在三维状态下删除/压缩零部件的方式将零部件排除在分析之外。这两种方式均是将所选择零件不参与到分析计算当中，但是不包含在分析中的操作仅在当前分析算例中有效，新建算例之后被排除在分析之外的零部件将会还原，而如果在三维状态下删除/压缩零部件，之后所有的分析算例都将无法使用这些零件，这样会出现很多不必要的麻烦。因此在绝大多数情况下，不包含在分析中的操作使用更为普遍和广泛。

步骤 6 设置材料。当前的 6 个零件中，电机材料为灰铸铁，底座材料为 1023 碳钢板，其余材料均为合金钢。右键单击算例树中的【电机支架装配】，选择【应用材料到所有】，在材料库界面的左侧选择【合金钢】，将【单位】设置为【SI-N/mm^2（MPa）】，依次单击【应用】和【关闭】，关闭材料库设置界面。右键单击算例树中的零件【底座】，选择【应用/编辑材料】，在材料库界面的左侧选择【1023 碳钢板】，依次单击【应用】和【关闭】，关闭材料库设置界面。右键单击算例树中的零件【电机】，选择【应用/编辑材料】，在材料库界面的左侧选择【灰铸铁】，依次单击【应用】和【关闭】，关闭材料库设置界面。

最终设置完成后如图 4-10 所示，排除在分析之外的零件是否添加材料以及添加何种材料均不影响计算结果。

步骤 7 设置电机螺栓接头。右键单击算例树中的【连结】，如图 4-11 所示，选择【螺栓】，进入螺栓接头设置窗口。当前螺栓类型需要设置边线以分别定义螺钉和螺母位置，即螺栓所连接物体的起始位置和终止位置。单击第一行图标右侧的蓝色区域，在右侧图形显示区域单击选择图 4-12 中标注的圆孔边线①（代表螺栓起始位置），单击第二行图标右侧的紫色窗格，在图形显示区域单击选择图 4-12 中标注的圆孔边线②（代表螺栓终止位置），并将连接类型改为【刚性】，其余设置保持默认，单击【√】确定。

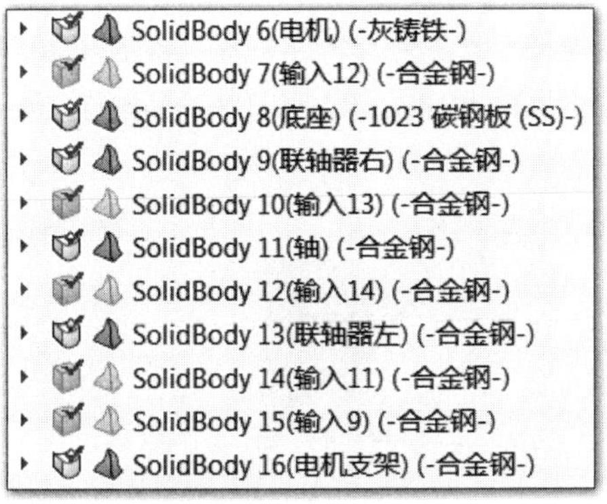

SolidBody 6(电机) (-灰铸铁-)
SolidBody 7(输入12) (-合金钢-)
SolidBody 8(底座) (-1023 碳钢板 (SS)-)
SolidBody 9(联轴器右) (-合金钢-)
SolidBody 10(输入13) (-合金钢-)
SolidBody 11(轴) (-合金钢-)
SolidBody 12(输入14) (-合金钢-)
SolidBody 13(联轴器左) (-合金钢-)
SolidBody 14(输入11) (-合金钢-)
SolidBody 15(输入9) (-合金钢-)
SolidBody 16(电机支架) (-合金钢-)

图 4-10　各部件材料

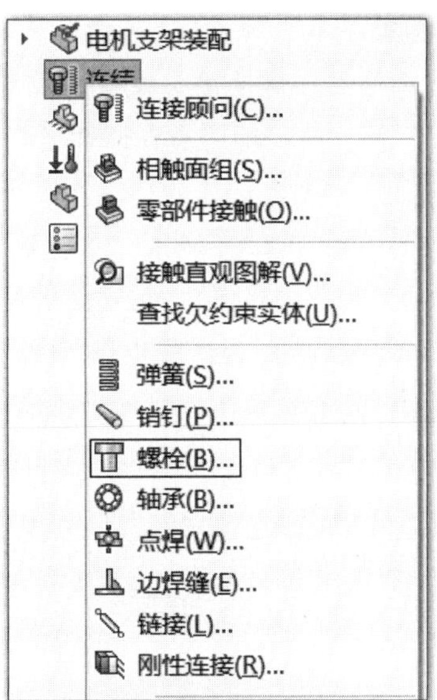

图 4-11　连结菜单

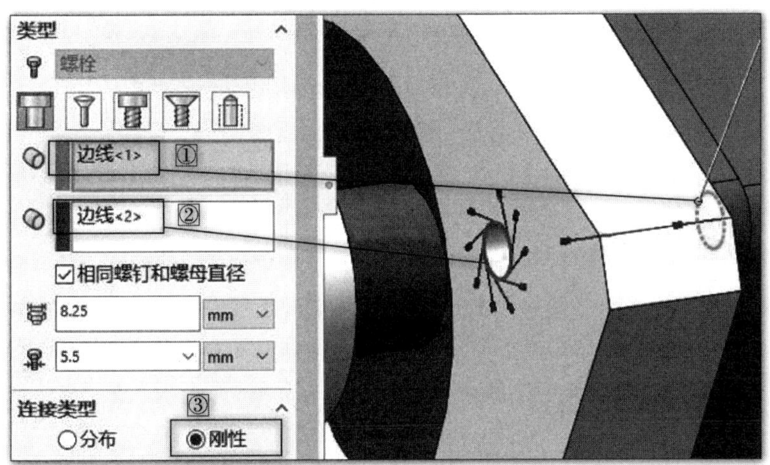

图 4-12　设置电机螺栓接头

知识卡片

螺栓连接类型

螺栓连接类型包括分布式和刚性两种。螺栓接头应用刚性杆元件将螺栓和螺母压印区域与代表螺栓柄的横梁单元连接，此时采用刚性连接会在所连接零部件的螺栓头和螺母区域内产生较为严重的应力奇异。而分布式连接将在螺栓头和螺母接触区域内产生相对真实的应力和位移场，但是分布式连接并不能完全消除应力奇异。

所以在条件允许的情况下，尽量使用分布式连接类型。

使用老版本 SOLIDWORKS 的读者请注意，早期版本没有连接类型这一选项，按照计算对比结果，早期版本后台均使用刚性连接类型，因此计算结果和本书结果略有差别。

步骤 8 重复步骤 7，完成其余 3 组电机螺栓接头的设置。

读者请注意，螺栓接头设置并没有批量设置方法，必须每颗螺栓依次设置，包括之后的接触设置也一样，所以请读者在操作过程中保持足够的耐心。

步骤 9 设置联轴器螺栓接头。右键单击算例树中的【连结】，选择【螺栓】，进入螺栓接头设置窗口，如图 4-13 所示。单击第一行图标右侧的蓝色区域，在右侧图形显示区域单击选择图 4-13 中标注的圆孔边线①（代表螺栓起始位置），单击第二行图标右侧的紫色窗格，在图形显示区域单击选择图 4-13 中标注的圆孔边线②（代表螺栓终止位置），并将连接类型改为【分布】，其余设置保持默认，单击【√】确定。

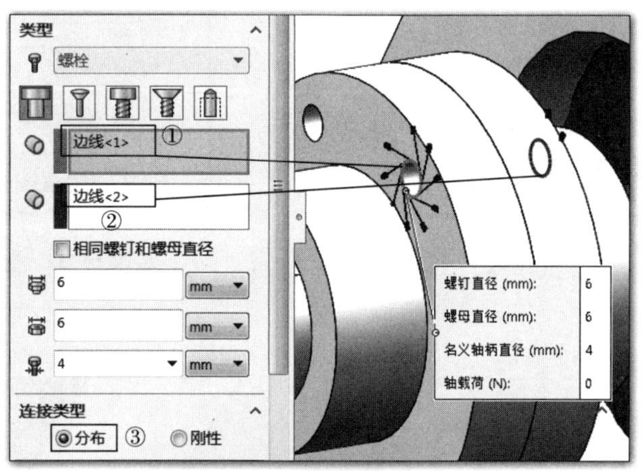

图 4-13 设置联轴器螺栓接头

步骤 10 重复步骤 9，完成其余 5 组联轴器螺栓接头的设置。

最终螺栓接头设置完成后的预览如图 4-14 所示。

步骤 11 隐藏螺栓接头。螺栓接头的显示对显卡有一定负担，如需设置的螺栓接头众多，可以隐藏螺栓接头显示。单击算例树中【接头】前的展开图标展开接头设置，按住 <Shift> 键选择所有接头，右键单击，选择【隐藏】，如图 4-15 所示。

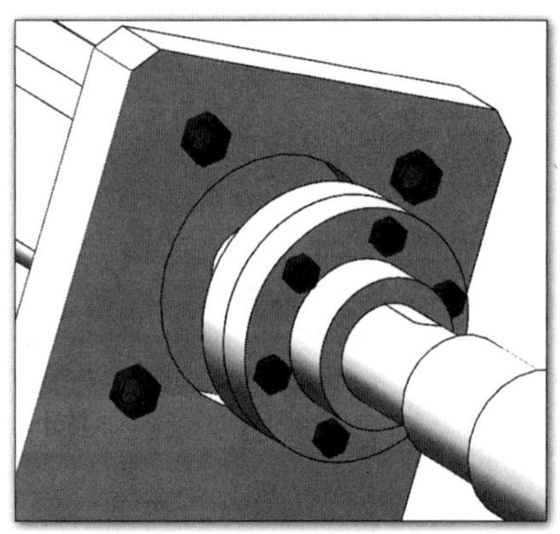

图 4-14 螺栓接头预览

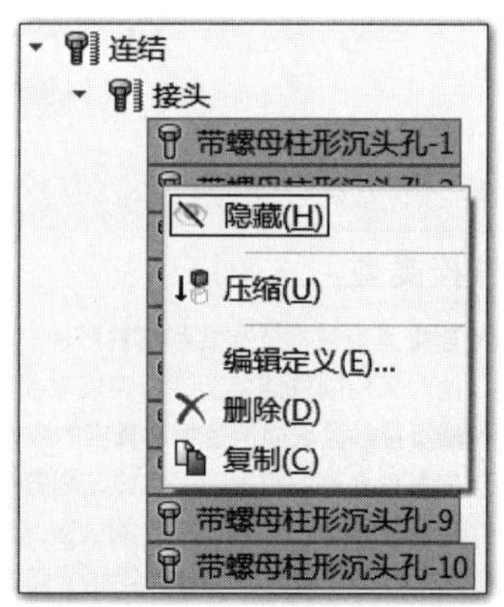

图 4-15 螺栓接头隐藏设置

步骤 12 设置轴和联轴器左端结合。右键单击算例树中的【连结】，如图 4-11 所示，选择【零部件接触】，打开结合设置窗口，如图 4-16 所示。在右侧的图形显示区域单击标注线所指的轴和联轴器左半部分，并将【选项】设置为【兼容网格】，单击【√】确定。

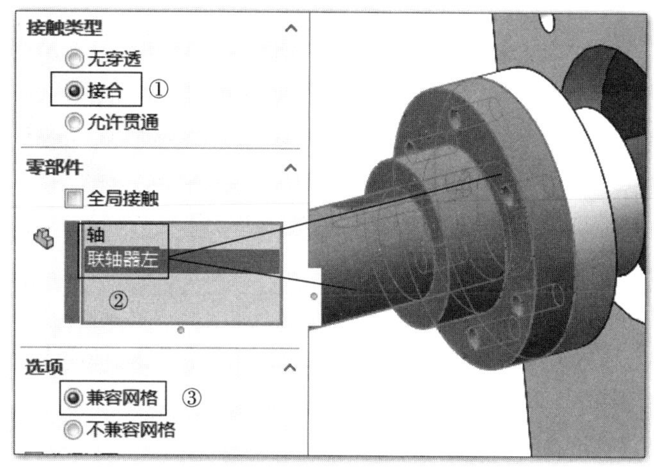

图 4-16　联轴器 - 轴结合设置

步骤 13 设置电机和联轴器右端结合。右键单击算例树中的【连结】，选择【零部件接触】，打开结合设置窗口，如图 4-17 所示。在右侧的图形显示区域单击标注线所指的电机和联轴器右半部分，并将【选项】设置为【兼容网格】，单击【√】确定。

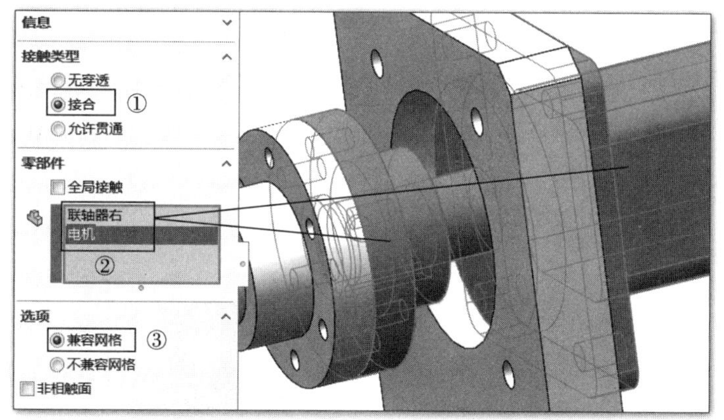

图 4-17　联轴器 - 电机结合设置

联轴器 - 轴以及联轴器 - 电机的实际接触形式为无穿透接触或者过盈配合形式，但是为了简化计算量，在当前案例中将其设置为结合。

步骤 14 设置支架和底座之间的螺钉连接。右键单击算例树中的【连结】，选择【螺栓】，打开螺栓接头设置窗口，如图 4-18 所示。单击图标右侧的蓝色区域，在右侧图形显示区域单击选择图 4-18 中标注的圆孔边线②（代表螺栓起始位置），单击图标右侧的紫色窗格，在图形显示区域单击选择图 4-18 中标注的底板圆孔内表面代表螺钉的螺纹面③，并将【连接类型】改为【分布】，其余设置保持默认，单击【√】确定。

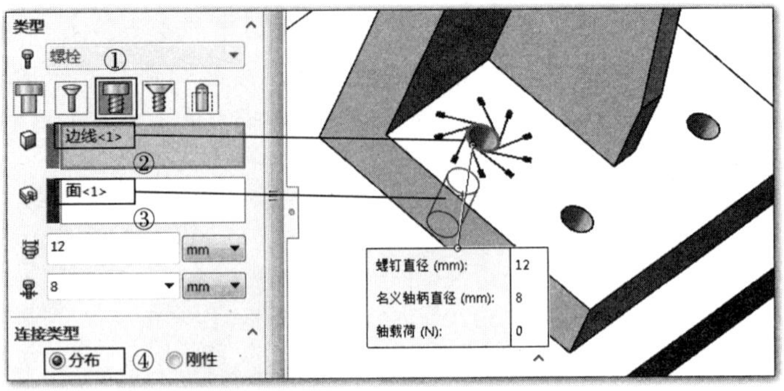

图 4-18　底板螺钉接头设置

步骤 15 重复步骤 14，设置其余 3 组螺钉的连接。

步骤 16 设置底座固定约束。右键单击算例树中的【夹具】，选择【固定几何体】，在右侧图形显示区域选择底座 4 个侧面，如图 4-19 所示，单击【√】确定。

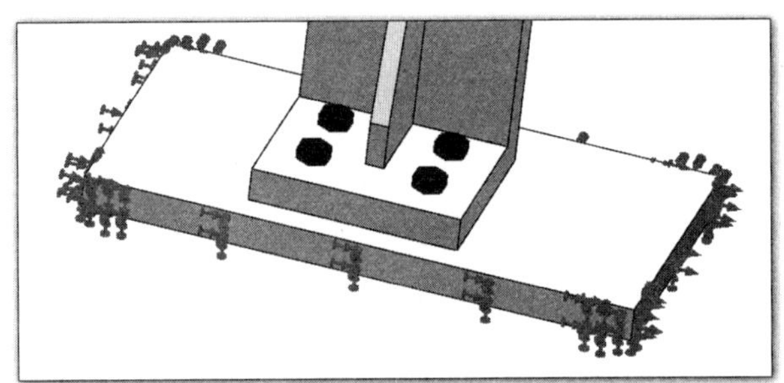

图 4-19　设置底座固定约束

步骤 17 设置电机固定约束。右键单击算例树中的【夹具】，选择【固定几何体】，在图形显示区域选择电机尾部平面，如图 4-20 所示，单击【√】确定。

图 4-20　设置电机固定约束

步骤 18 添加轴承接头。右键单击算例树中的【连结】，选择【轴承】，如图 4-21 所示，打开轴承接头设置窗口，单击图标右侧的蓝色区域，在图形显示区域单击选择图 4-22 所示的电机轴外圆柱面①，单击图标右侧的紫色窗格，在图形显示区域单击选择图 4-22 所示的电机支架孔内表面②，单击【√】确定。

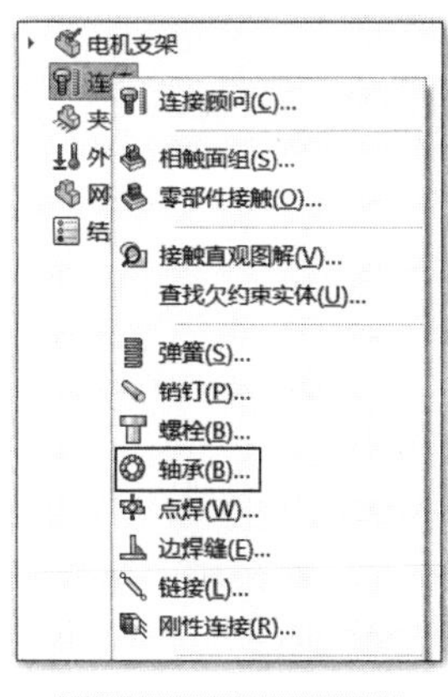

图 4-21　连结菜单

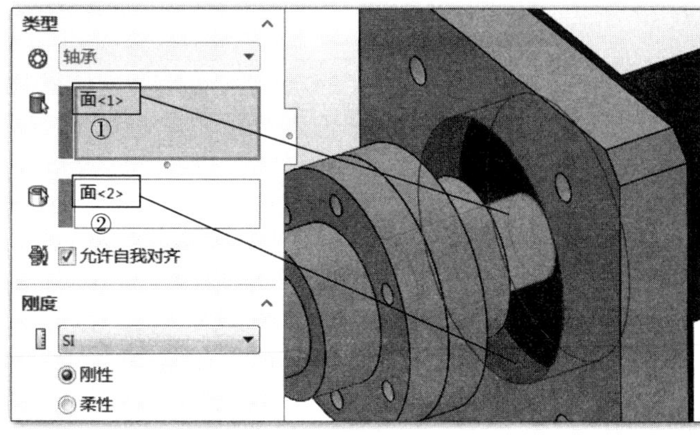

图 4-22　轴承接头设置

步骤 19 添加轴承约束。右键单击算例树中的【夹具】，如图 4-23 所示，选择【轴承夹具】，打开轴承夹具设置窗口，在右侧图形显示区域选择轴远端圆柱面，如图 4-24 所示，单击【√】确定。

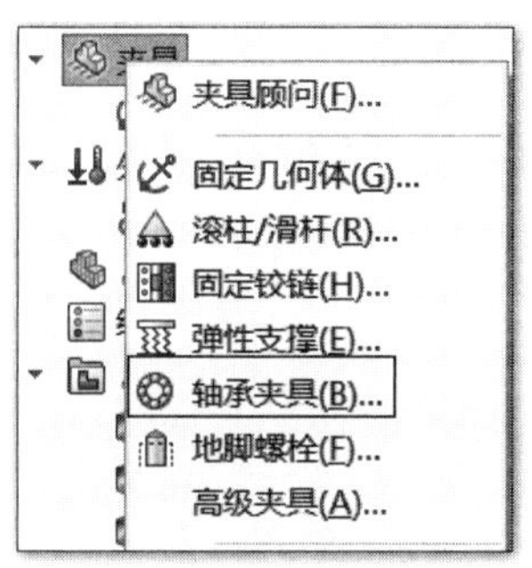

图 4-23　夹具菜单

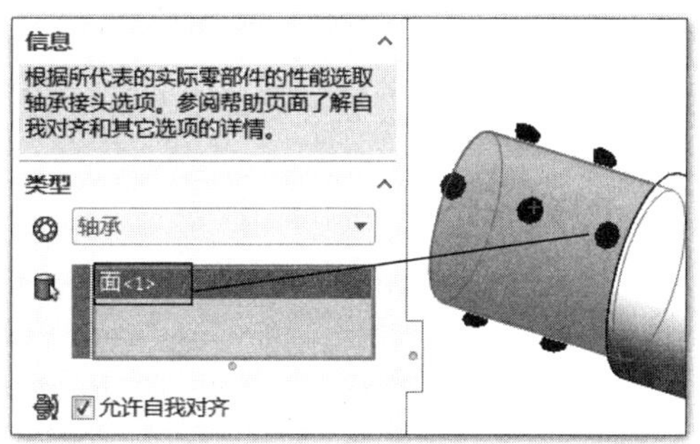

图 4-24　轴承夹具设置

知识卡片

轴承约束和轴承接头的区别

对比图 4-21 和图 4-23 会发现，在算例树中的【连结】和【夹具】的快捷菜单中都存在轴承这一设置选项，千万要注意这两者在用途上的区别。以当前案例为例，轴端部装配轴承，但是和轴相连的部件在本次分析中并不会参与计算，则轴端部需要一个约束，该约束是【夹具】下的【轴承夹具】，保证轴端部只能旋转不能产生其他方向的偏移；但是当轴所连接的部件也参与本次计算时，轴和该部件的连接必须设置为【连结】下的【轴承】。因此，【连结】下的【轴承】是部件和部件之间的连接关系，而【夹具】下的【轴承夹具】是单个零件的约束状态，两者不同。

步骤 20 施加扭矩载荷。右键单击算例树中的【外部载荷】，选择【扭矩】，进入扭矩设置界面，如图 4-25 所示。单击图标右侧的蓝色区域激活【力矩的面】选择区域，在图形显示区域单击选择图 4-25 所示的键槽内表面，并在图标右侧的力矩值区域输入【1000】。单击图标右侧的粉色区域激活【方向的轴、圆柱面】选择区域，此时在图形显示区域再次单击选择轴外圆柱面，最终选择完成后载荷预览如图 4-25 所示。

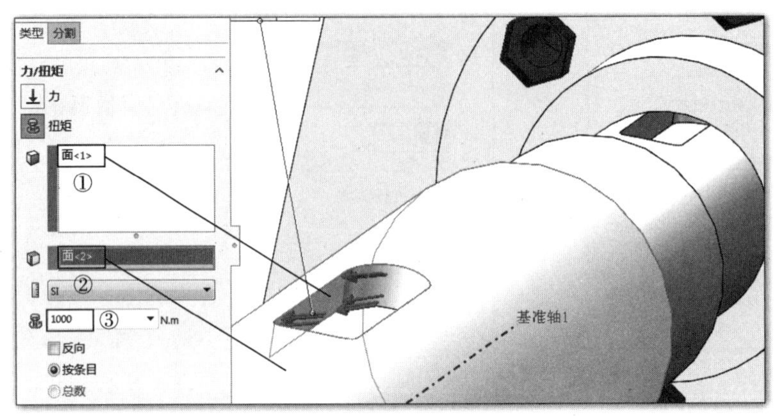

图 4-25　扭矩设置界面

步骤 21 远程载荷 / 质量加载。右键单击算例树中的【外部载荷】，选择【远程载荷 / 质量】，打开远程载荷 / 质量设置窗口，单击图标右侧的蓝色区域激活【力矩的面】选择区域，在右侧图形显示区域单击选择图 4-26 中标注的轴外圆柱面。在远程载荷 / 质量设置窗口的【位置】区域依次输入坐标【710，0，50】，在【平移零部件】区域依次单击第二行图标、、激活【Y】方向，并输入载荷值【1000】，如图 4-27 所示，单击【√】确定。

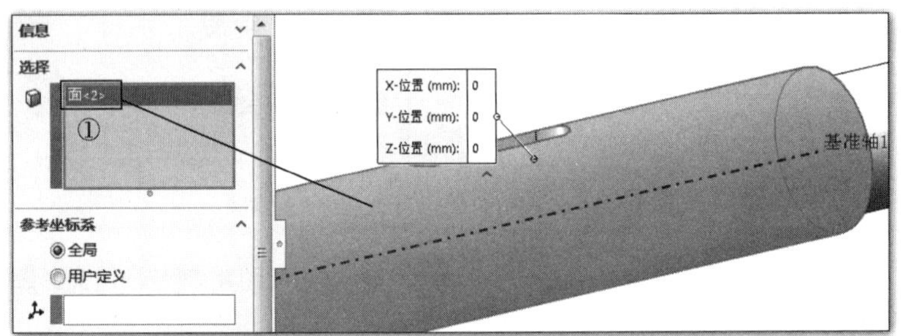

图 4-26　远程载荷 / 质量加载面设置

图 4-27　远程载荷 / 质量基本设置

知识卡片

远程载荷 / 质量

本案例首次使用远程载荷 / 质量功能，该功能用途比较广泛，但是用法相对复杂。这里仅介绍该功能的第一个用法：将复杂结构的物体简化为质量点加载在需要关注的结构上，运用这种方式可以大大降低计算量。比如在本例中，与轴相连的三维模型均简化为一个重心加载到轴上。

部分旧版本使用者请注意，该界面新旧版本变化较大。图 4-28 所示为旧版本使用者界面的设置方式。

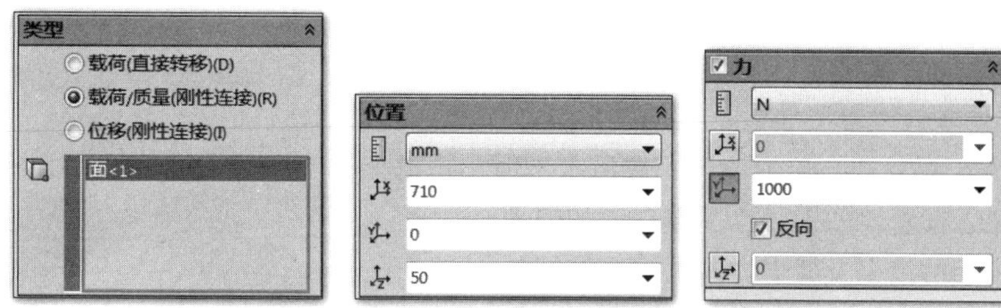

图 4-28　旧版本远程载荷 / 质量界面的设置方式

步骤 22 生成网格。右键单击算例树中的【网格】，选择【生成网格】，进入网格设置界面，勾选【网格参数】复选框，设置整体网格大小为【5.00mm】，单击【√】确定，最终形成的有限元网格模型如图 4-29 所示。

图 4-29　电机支架的有限元网格模型

步骤 23 隐藏相关边界条件。在当前模型设置中，螺栓接头、轴承约束、远程载荷 / 质量以及固定约束均在界面上显示，对之后的云图查看会造成干扰，因此可对这些图标进行隐藏。在算例树中依次右键单击【连结】【夹具】和【外部载荷】，并各自选择【全部隐藏】。

步骤 24 保存设置并求解。单击【保存】保存之前的设置，右键单击算例树中的【螺栓接头】，单击【运行】，进入求解状态，依次弹出图 4-30 和图 4-31 所示的警告对话框。图 4-30 所示的预紧力为 0 警告对话框可忽略，单击【是】继续。但是图 4-31 所示的螺栓接触面未定义警告不能忽略，否则计算将会因为缺少接触而报错，单击【否】停止计算，重新添加接触对设置。

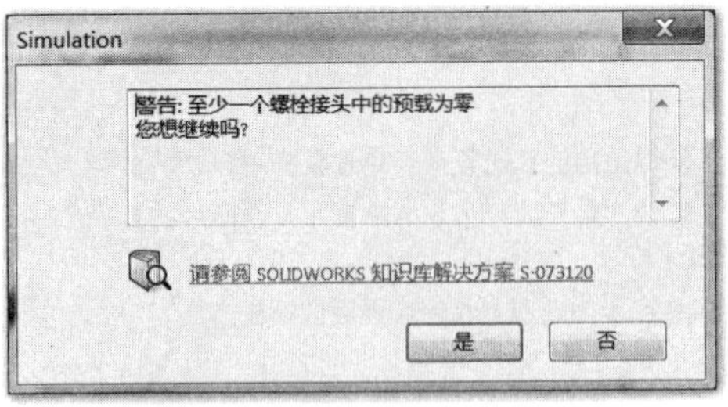

图 4-30　预紧力为 0 警告

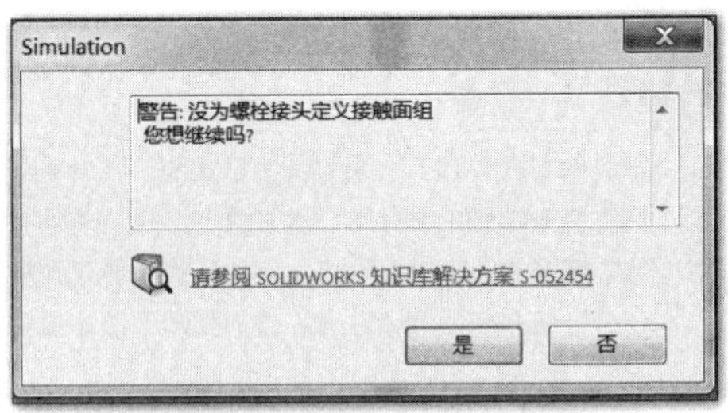

图 4-31　螺栓接触面未定义警告

当前算例比较复杂，初步设置完成后求解时出现类似图 4-30 和图 4-31 所示的错误及警告均为正常现象，读者请勿慌张，关键在于如何理解这些系统提示的错误及警告。本书也会陆续将常见的错误问题进行总结和说明。

图 4-32　需要设置接触的面

当前所有的螺栓连接均已设置完成。但是请注意，螺栓连接的两个物体之间一定存在一组接触面，如图 4-32 所示联轴器之间的位置。对于这组接触面，计算机并不会因为设置螺栓连接而自动添加，需要读者自行设置定义。螺栓连接的其他位置也与此类似，因此图 4-31 所示的错误提示就是因为缺少此处接触面组的定义。一般情况下，螺栓连接的两个物体之间为无穿透接触类型。

步骤 25 自动查找联轴器接触对。右键单击算例树中的【连结】，选择【相触面组】，进入接触对设置界面。选择【自动查找相触面组】功能，单击图标右侧的蓝色区域，并在图形显示区域单击选择联轴器的两个部件，单击【查找相触面组】，在【结果】区域出现一组接触对【相触面组 -1】，如图 4-33 所示，单击选择【相触面组 -1】，单击图标生成相触面组，并单击【×】退出接触对设置界面。

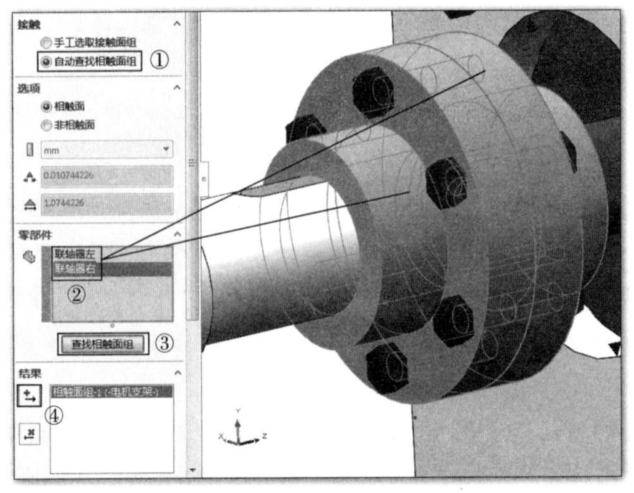

图 4-33　联轴器接触对的设置

步骤 26 自动查找电机支架接触对。右键单击算例树中的【连结】，选择【相触面组】，进入接触对设置界面。选择【自动查找相触面组】功能，单击图标右侧的蓝色区域，并在图形显示区域单击选择电机、电机支架及底座，单击【查找相触面组】，在【结果】区域出现 3 组接触对，如图 4-34 所示，按住 <Ctrl> 键依次选择【相触面组 -2】【相触面组 -3】和【相触面组 -4】，单击图标生成相触面组，并单击【×】退出设置界面。

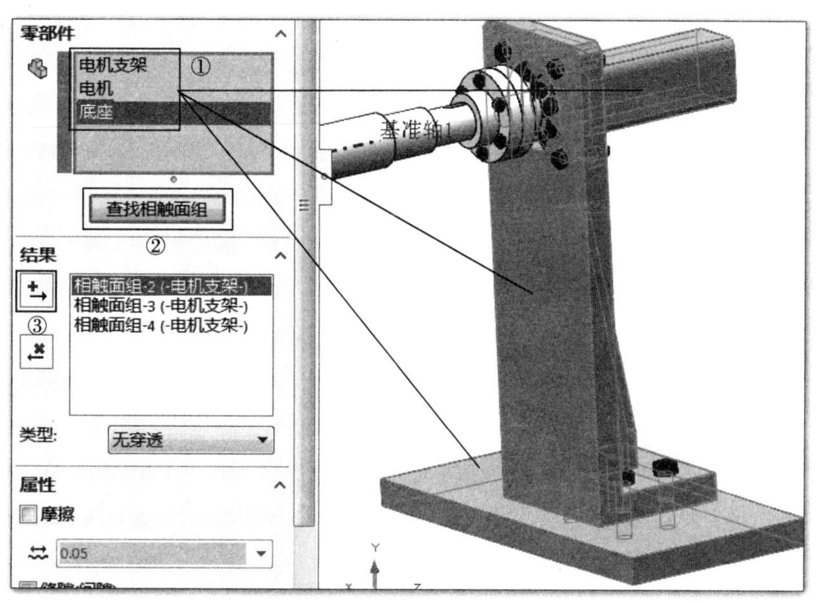

图 4-34　电机支架接触对的设置

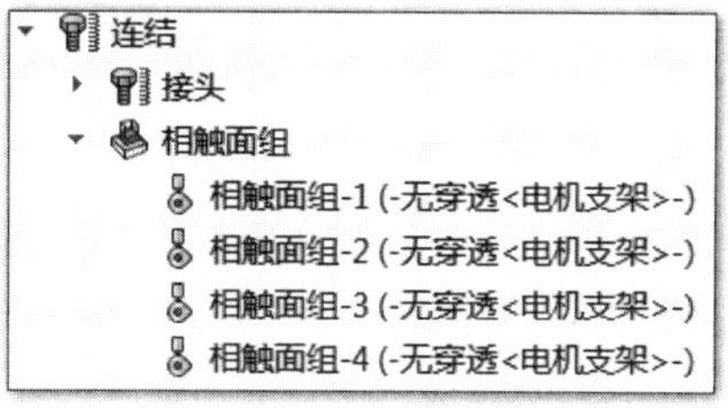

接触对设置完成后，依次单击【连接】【相触面组】前的图标▾展开接触组，如图 4-35 所示，确认算例树位置是否生成了 4 组接触对，如果生成未成功，重新检查步骤 25 和步骤 26 的操作，寻找遗漏的接触对。

连结
接头
相触面组
相触面组-1 (-无穿透<电机支架>-)
相触面组-2 (-无穿透<电机支架>-)
相触面组-3 (-无穿透<电机支架>-)
相触面组-4 (-无穿透<电机支架>-)

图 4-35　4 组接触对

在接触对设置界面中的【接触】选择区域，有【手工选取接触面组】和【自动查找相触面组】两种设置形式，当前使用的是【自动查找相触面组】，由计算机使用自动检查工具查找所定义间隙内的相触面组。自动查找功能非常方便，但是存在一定的局限性，这在之后的案例中会有涉及。

步骤 27 重新求解。求解时再次弹出图 4-30 所示的预紧力为 0 警告对话框，单击【是】忽略警告继续求解。本案例求解需要 3 ~ 10min，请读者耐心等待。

4.2.4　后处理

当前模型比较复杂，后处理也存在一定的操作难点，接下来依次对当前计算结果进行解释说明。

步骤 28 双击【位移 1（合位移）】，最终的合位移结果如图 4-36 所示，最大位移量为 6.94mm。

该案例当前的合位移结果如果有 ±0.2mm 的偏差读者不用过于在意，完全可以接受。

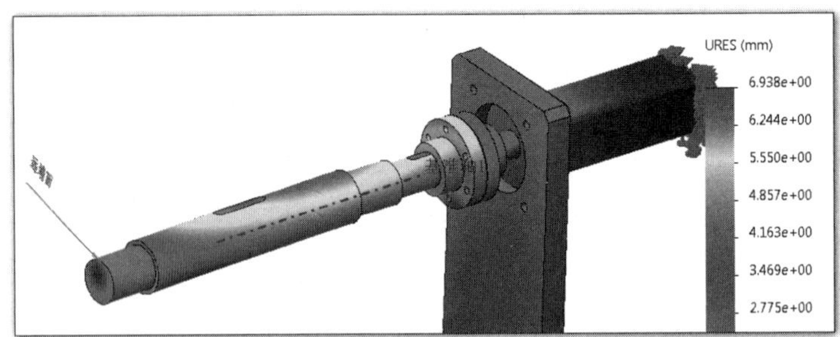

图 4-36 合位移结果

步骤 29 查看圆周方向转动量。右键单击算例树中的【结果】，选择【定义位移图解】，将【显示】设置为【UY：正切位移】，单击展开【高级选项】，打开图 4-37 所示界面，单击图标右侧的蓝色区域激活【基准面、轴或坐标系】选择区域，在图形显示区域的设计树内单击图 4-38 所示的【基准轴 1】。

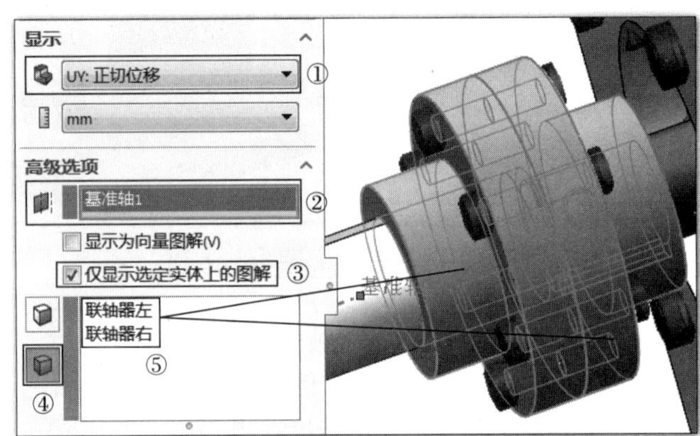

图 4-37 圆周方向转动结果显示设置

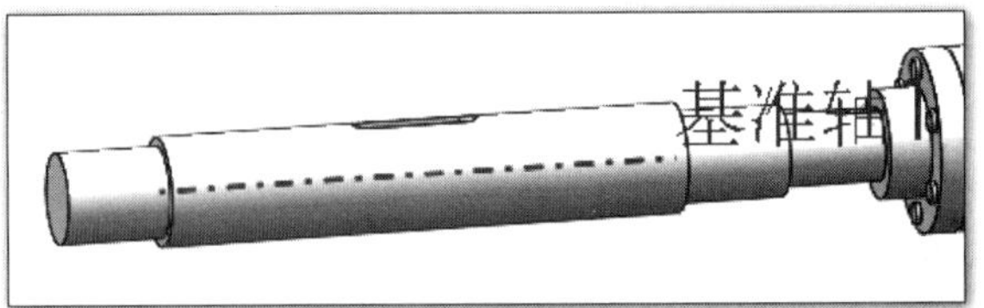

图 4-38 基准轴 1

步骤 30 勾选【仅显示选定实体上的图解】复选框，单击图标将选择元素改为实体，在图形显示区域单击选择联轴器的两个部件，设置如图 4-37 所示。请注意，当坐标轴选择之后，显示栏的位移结果名称也相应发生改变，如图 4-39 所示，选择【UY：正切位移】。

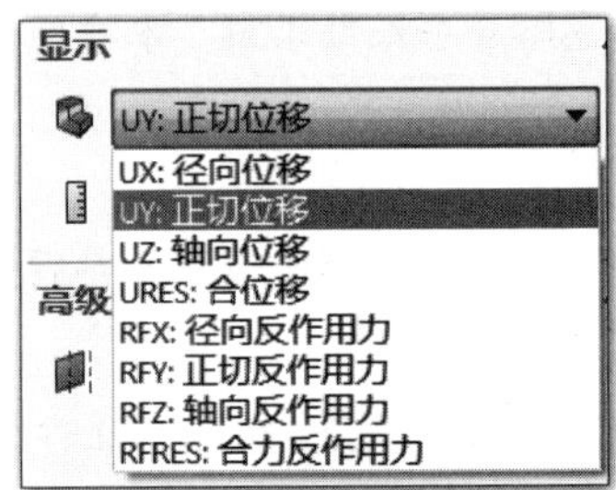

图 4-39 位移选择菜单

步骤 31 单击【图表选项】，如图 4-40 所示，勾选【只在所

示零件上显示最小 / 最大范围】复选框，单击【√】确定，结果如图 4-41a 所示。

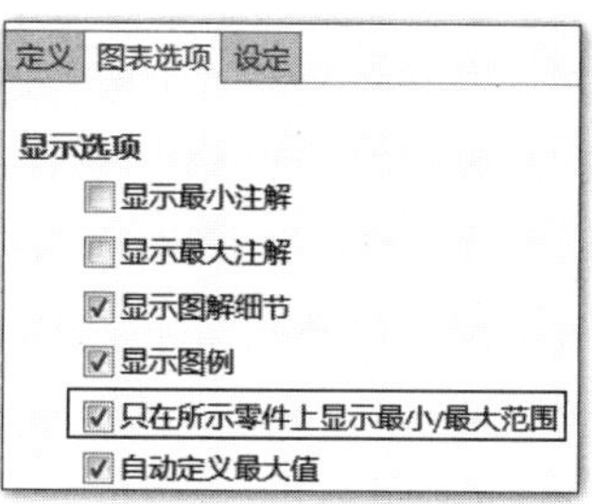

图 4-40　图表选项

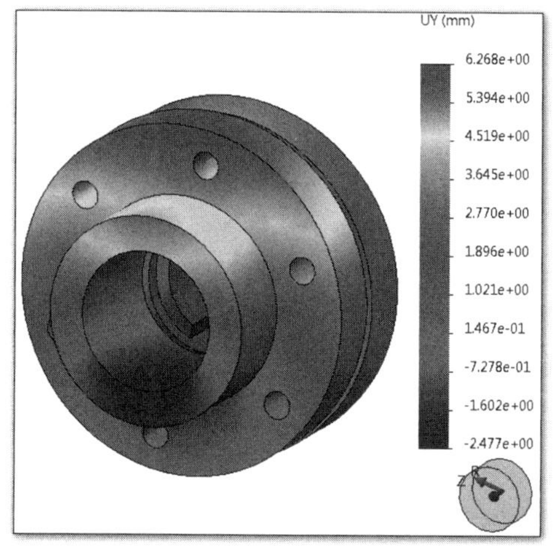

a）圆柱坐标系下 Y 向位移

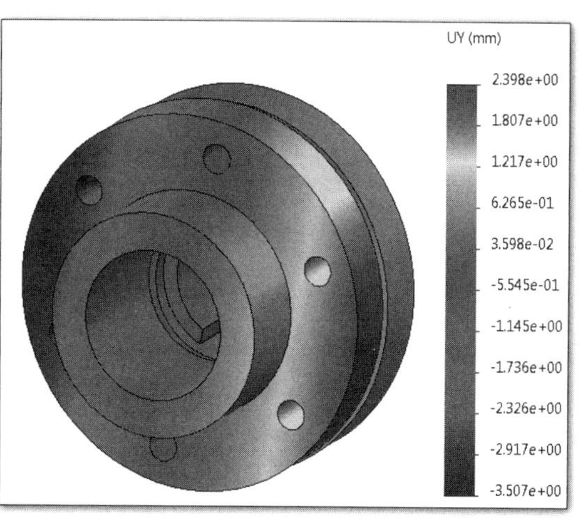

b）笛卡儿坐标系下 Y 向位移

图 4-41　不同坐标系下的联轴器位移结果

对比图 4-41a 和图 4-41b 在坐标系上选择的区别，图 4-41a 所示为圆柱坐标系下的 Y 向位移云图，图 4-41b 所示为整体坐标系下的 Y 向位移云图。前者的物理意义表示联轴器围绕基准轴 1 产生最大 6.27mm 的相对位移量，而后者的物理意义表示整个模型基于整体坐标系 Y 向产生最大 2.4mm 的相对位移量，两者的物理意义完全不同。如图 4-42 所示，当前假设圆面旋转一个角度，圆面上标记的点从 A 移动到 B，则原点在圆心的圆柱坐标系下，点在 Y 向的位移量为 A 到 B 这段圆弧的长度，但是如果原点在圆心的笛卡儿坐标系下，点在 Y 向的位移量仅为 $|Y_2-Y_1|$。

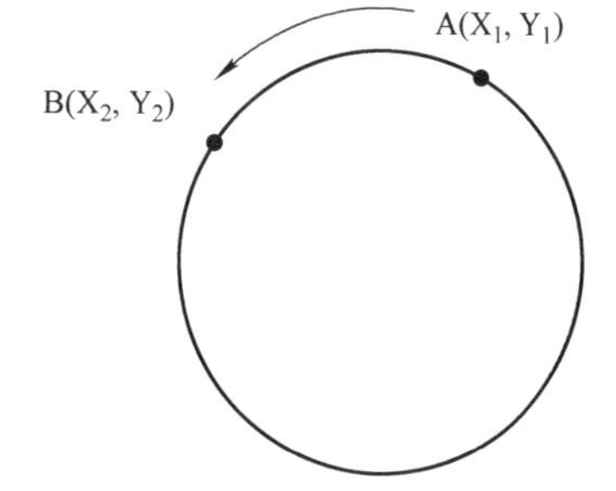

图 4-42　位移结果变化示意图

步骤 32　右键单击【结果】中的【位移 2（Y 位移）】，选择【隐藏】，在图形显示区域按住 <Ctrl> 键选择除电机支架外的所有实体，右键单击显示工具栏，单击图标隐藏所选择的实体。

步骤 32 的操作仅仅是为了在步骤 34 中可以通过【显示隐藏实体】功能显示结果。

步骤 33　显示电机支架合位移结果。右键单击算例树中的【结果】，选择【定义位移图解】，将【显示】设置为【URES：合位移】，展开【高级选项】，勾选【仅显示选定实体上的图解】复选框，单击图标激活粉色窗口，将选择元素改为【实体】，在图形显示区域选择电机支架，如图 4-43 所示。在当前设置窗口顶部切换至【图表选项】，勾选【只在所示零件上显示最小 / 最大范围】复选框，如图 4-44 所示。

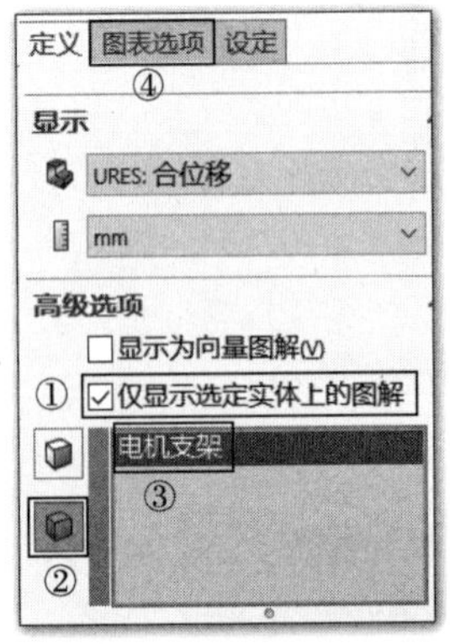

图 4-43　结果选项设置

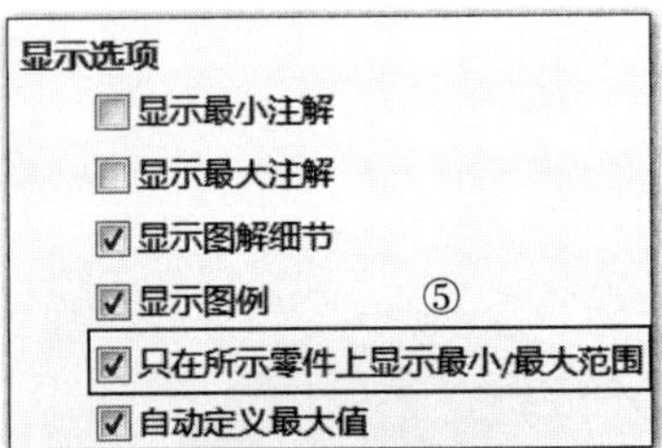

图 4-44　图表选项

步骤 34 切换至【设定】，勾选【显示隐藏实体】复选框，如图 4-45 所示，单击【√】确定，结果如图 4-46 所示，最大变形量为 1.96mm。

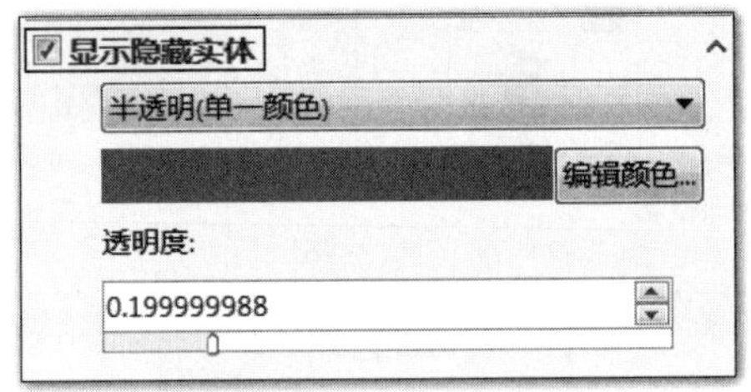

图 4-45　显示隐藏实体

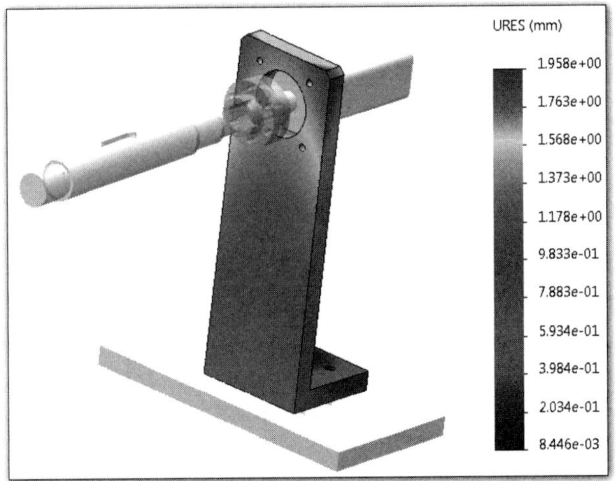

图 4-46　电机支架合位移结果

知识卡片

标量、向量和坐标系

标量是指只有大小、没有方向的量，而向量是指具有大小和方向的量，也称为矢量。表 4-2 统计了常用的位移和应力结果属性。

表 4-2　常用的位移和应力结果属性

结果类型	结果属性	结果类型	结果属性
合位移	标量	主应力	标量
X，Y，Z 位移	矢量	抗剪应力	矢量
von Mises 应力	标量	应力强度	标量
法向应力	矢量		

标量不会随着坐标系的改变而发生数值上的变化，但是向量会随着坐标系的改变而发生变化，因此在向量显示中对坐标系的选择尤为重要。最常见的坐标系有笛卡儿坐标系、圆柱坐标系和球坐标系，相关说明见表 4-3。

表 4-3　坐标系说明

坐标系图标	说明
	笛卡儿坐标系，坐标轴为 X（红）、Y（绿）、Z（蓝）
	圆柱坐标系，坐标轴为径向 r（红）、圆周 t（绿）、轴向 z（蓝）
	球坐标系，坐标轴为径向 r（红）、经度 t（绿）、纬度 p（蓝）

在 SOLIDWORKS Simulation 中，默认设置为笛卡儿坐标系。但是在当前的案例中，需要查看联轴器两个部件沿着轴线的转动，则必须通过基准轴的选择将笛卡儿坐标系转化为圆柱坐标系，而圆柱坐标系的显示如图 4-41a 右下角所示，径向和轴向坐标都已显示，圆周方向坐标并未显示，由表 4-3 可知，在笛卡儿坐标系中对应缺失的为绿色 Y 轴。

在计算结果的对比中，关于标量和向量的问题需要注意以下两点：

1）一般情况下，理论值和实验值得到的结果为向量结果，因此为了将理论值、实验值和仿真值对应上，必须确保仿真结果的方向选取正确。

2）仿真结果之间的相互对比，比如不同软件中的结果，不同工程师计算的结果，尽量使用标量结果，防止因为坐标系选取不同带来的结果差异。

4.2.5　位移结果的网格无关性检查

在第 3 章中提到，虽然位移结果对网格的敏感度较低，但是仍需要进行网格精度验证，以确保计算结果的准确度。位移结果的网格精度验证只能通过网格无关性检查这一方法进行确认，接下来对该问题进行验证。

步骤 35　复制算例。右键单击左下角标签栏区域中的【螺栓接头一般】，选择【复制算例】，将算例名称设置为【3mm 网格验证】，单击【√】确定。

步骤 36 网格细化。右键单击算例树中的【网格】，选择【生成网格】，将单元尺寸设置为【3.00mm】，单击【√】确定。

步骤 37 保存设置并求解。单击【保存】保存之前的设置，右键单击算例树中的【3mm 网格验证】，单击【运行】，进入求解状态。当前算例计算时间根据计算机性能的不同，10～30min 均有可能。

按照同样方法计算 2mm 网格的位移结果并将 3mm 及 2mm 网格的合位移结果统计至表 4-4 中，读者可暂时不用自行计算 3mm 及 2mm 网格的结果，只需通过表 4-4 了解结果即可。部分读者可能因为计算机硬件问题而出现图 4-47 所示的窗口，关于此问题会在第 5 章 5.6 节中进行相关设置说明。

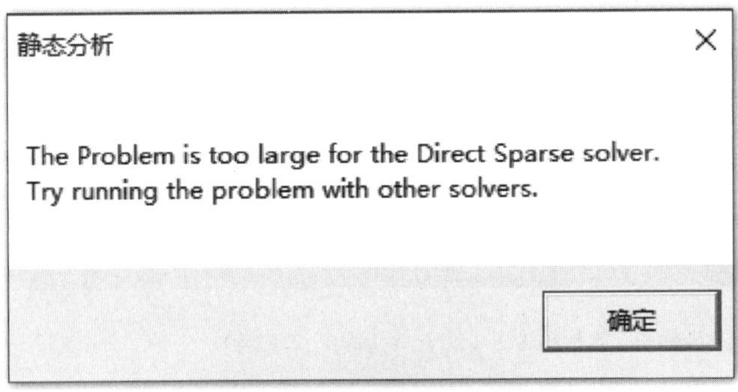

图 4-47　解算器切换提示

表 4-4　位移结果网格无关性检查

单元尺寸 /mm	整体合位移 /mm	电机支架合位移 /mm	联轴器圆周位移 /mm
5	6.94	1.96	6.27
3	7.05	1.97	6.4
2	7.09	1.95	6.45

通过以上结果的对比可以看出，结果的位移变化量较小，因此可以基本确定位移结果在 5mm 网格下已经趋于稳定。

4.3　螺栓简化

虽然在之前的操作过程中读者按照步骤依次完成了相应的设置，但是对于螺栓简化的相关问题，大多数读者还需要进一步学习了解，因此接下来将介绍关于螺栓简化的几种常见应用问题。

4.3.1　螺栓接头的数学模型

螺栓接头的设置方式是 SOLIDWORKS Simulation 中最常见的螺栓简化方式之一。

图 4-48 所示的螺栓简化数学模型中，以网状排列建立螺栓接头，以横梁单元代表螺栓柄，以刚性杆单元代表螺母。但是这种简化方式会产生一个问题：螺栓孔表面位置由于刚性杆的连接会产生较大的应力奇异。所以之前提到的分布式连接方式就是为了降低螺栓孔表面的应力奇异现象。

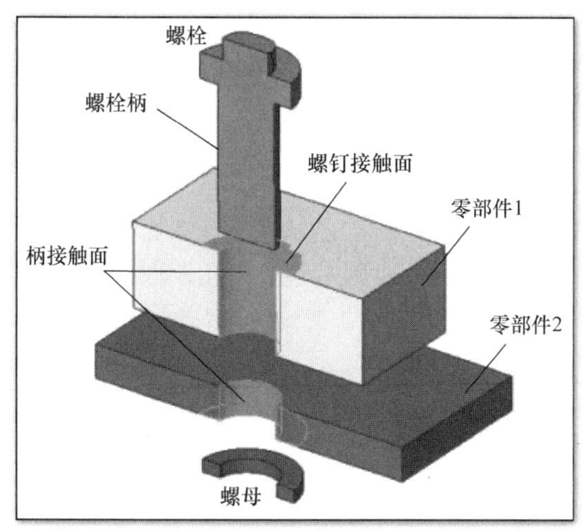

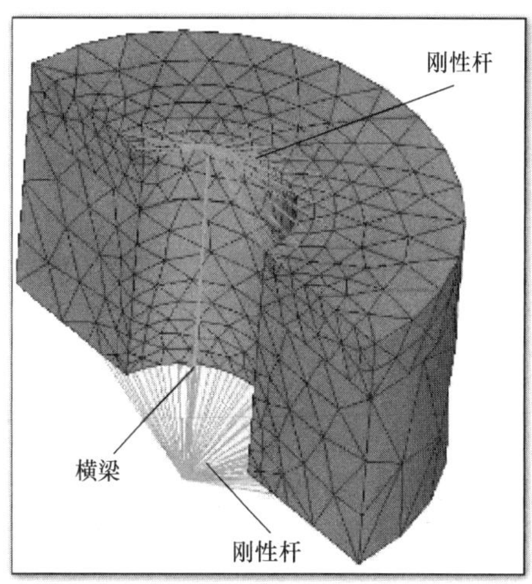

图 4-48　螺栓简化数学模型（图片来源于 SOLIDWORKS 帮助文件）

SOLIDWORKS Simulation 提供了 5 种基本螺栓，分别是带螺母的标准或柱形沉头孔、带螺母的锥形沉头孔、标准或柱形沉头孔螺钉、锥形沉头孔螺钉和地脚螺栓。这 5 种螺栓的设置方式基本大同小异，读者可根据书中涉及的螺栓设置方式进行其他未涉及螺栓的设置。

知识卡片

螺栓预紧力

螺栓预紧力问题一直是行业内比较关注的问题，但是预紧力设置问题的难点其实和有限元分析无关。目前的有限元分析软件均提供螺栓预紧力设置窗口或者方法。预紧力设置真正的难点在于实际计算中应该施加多大的预紧力，这属于产品本身的设计以及生产管理的问题：

1）设计阶段是否有规定每个部位的螺栓预紧力施加的大小区间范围。

2）生产管理中有无严格检查装配人员施加的预紧力是否达到设计要求。

在以上两点，尤其是第一点无法明确的情况下，仿真工程师只能以一个经验极小值甚至 0 作为计算输入值。当前案例加载的预紧力为 100N 和 10000N，以考察不同预紧力加载时计算结果的变化。

在一般产品的分析计算中，不添加预紧力可以给实际设计留出一定的安全空间，但是对于预紧力过大的产品设备，如果在仿真中忽略预紧力会导致较大的计算误差。关于预紧力的设置方法总结如下：

1）当产品设计中的螺栓预紧力较小时，仿真中可以不添加预紧力。

2）当产品设计中的螺栓预紧力较大时，必须按照一定的设计规则进行预紧力添加。在大多数情况下，这类产品的设计中一般都会有规范设定的预紧力要求，仿真中按照规范要求添加预紧力即可。

接下来部分读者会想到一个问题：如果装配人员不按照设计规范的要求进行螺栓装配该怎么办？同样类似的问题都可归结为：实际产品和理论模型存在差异该怎么办？

无论是有限元分析还是传统设计方法，这两种方法都基于理论或者经验模型，因此“实际产品和理论模型存在差异该怎么办”这一问题不仅是有限元分析可能遇到的问题，也是产品设计阶段都会出现的问题。在传统设计阶段，工程师依据经验公式选取相关参数进行强度，刚度计算时，如何解决材料不稳定性问题、加工尺寸偏差问题？相关的传统设计经验都可以在有限元分析中进行应用，比如选取参数下限值、给出一定的安全裕量等。除此之外，通过生产管理的方式加强产品稳定性是另外一种有效手段，但是这不属于产品设计范畴内的工作。

有限元分析的价值之一是结合传统设计方法，在设计阶段给出更可靠的设计方案，但很多时候它也无法跳出设计阶段的一些局限性，这是广大学习者都需要意识到的问题。

4.3.2 紧密配合的设置

之前的计算结果显示，联轴器左右两个零件产生了比较明显的错位转动，导致一个零件转动明显大于另外一个零件。这是由于螺栓接头在设置上过于柔性所致，因此需要重新对螺栓接头进行进一步定义。

图 4-49 所示为紧密配合和未紧密配合的区别。在未紧密配合的状态下，螺栓仅仅在起始面和终止面进行连接，对整个螺栓孔并不进行关联；紧密配合时则对整个内孔面均产生连接，紧密配合的结构连接刚度更大。

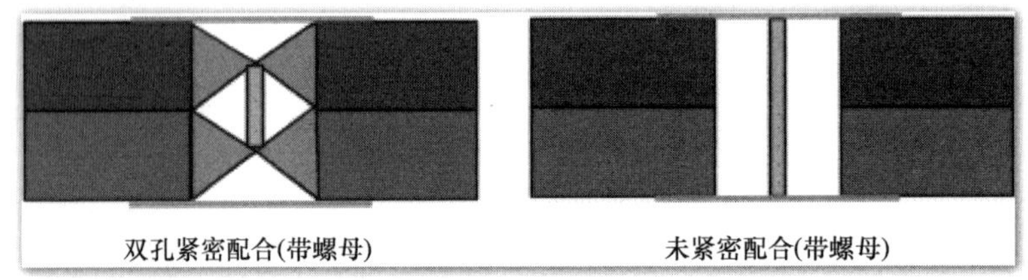

图 4-49　紧密配合和未紧密配合的区别（图片来源于 SOLIDWORKS 帮助文件）

步骤 38 复制算例。右键单击标签栏区域中的算例【螺栓接头一般】，选择【复制算例】，将算例名称设置为【螺栓接头紧密】，单击【√】确定。

步骤 39 设置螺栓紧密配合。依次单击【连结】【接头】前的▾展开接头设置，右键单击【带螺母柱形沉头孔 1】，选择【编辑定义】，进入螺栓编辑设置界面，展开【高级选项】，勾选【紧密配合】复选框，单击图标右侧的粉色窗口，在右侧图形显示区域依次单击图 4-50 所示的螺栓柄接触的 2 个圆孔内表面，单击【√】确定。

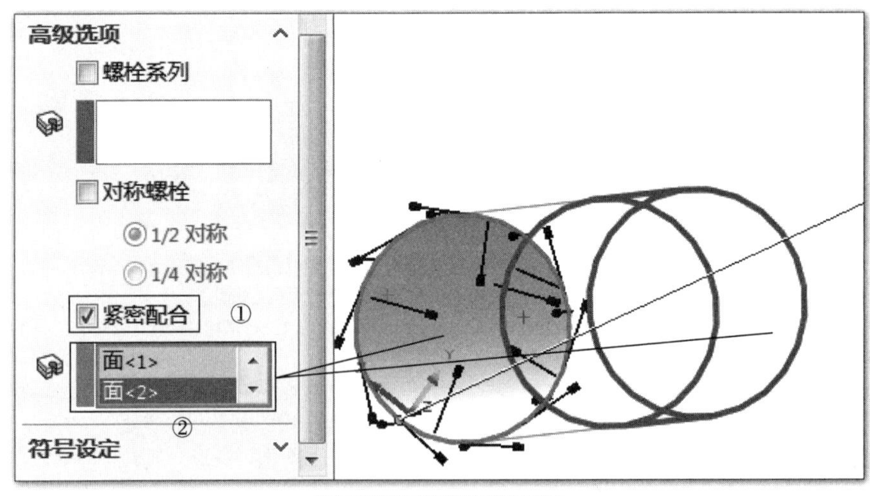

图 4-50　设置紧密配合

步骤 40 重复步骤 39，依次将剩余的 9 组带螺母柱形沉头孔设置为紧密配合。

注意，固定电机支架与底座的地脚螺栓暂时不需要设置紧密配合。

步骤 41 重新求解。右键单击算例树中的【螺栓接头紧密】，单击【运行】，进入求解状

态，弹出预紧力为 0 对话框，单击【是】继续求解，求解完成后双击【位移 1（合位移）】，最终的合位移结果如图 4-51 所示，最大变形量为 5.48mm。

图 4-51　紧密配合的合位移结果

通过紧密配合和非紧密配合的合位移结果对比可知，图 4-36 中联轴器的位移传递明显发生断层，但是图 4-51 中联轴器的位移云图更为连续，并且紧密配合时变形量更小，说明刚度更高。

步骤 42 显示电机支架位移结果。双击【位移 4（合位移）】，结果如图 4-52 所示，当前最大变形量为 2.04mm。

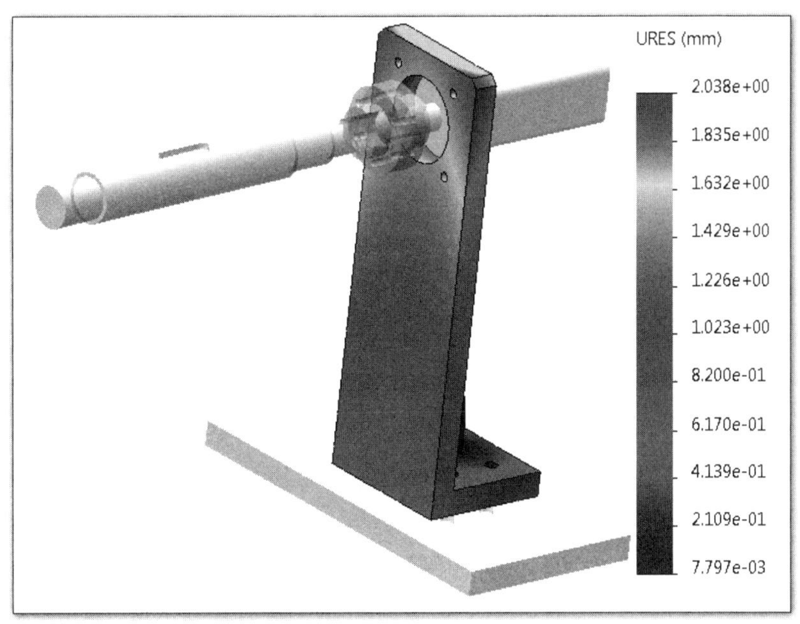

图 4-52　紧密配合的支架变形结果

从多数实际案例可以得出如下结论：螺纹连接位置使用紧密配合更接近实际产品状态。当然，为了使设计更为保守，也可以使用非紧密配合进行计算。

4.3.3　实体螺栓的简化方法

螺栓简化除可以使用之前介绍的螺栓接头之外，还可以使用实体简化模型，带螺母的螺栓可以简化为图 4-53 所示的形状，用于代替真实螺栓进行计算。在建立图 4-53 所示的模型时，需要注意一点，螺母的直径、厚度尺寸尽量和真实螺栓尺寸保持一致。

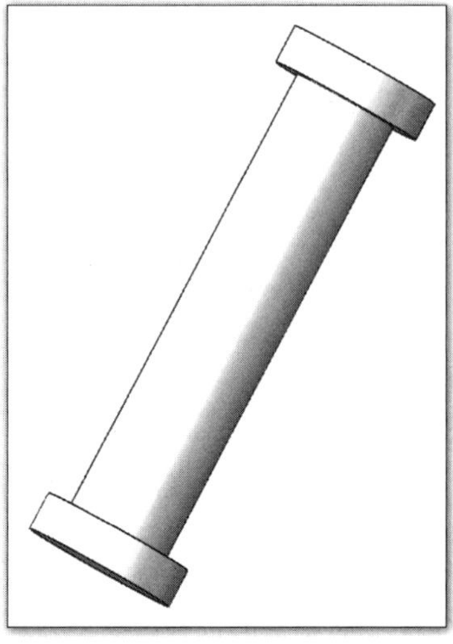

图 4-53　螺栓简化方案

步骤 43 激活配置。如图 4-54 所示，在配置区域找到【螺栓实体】，双击激活。

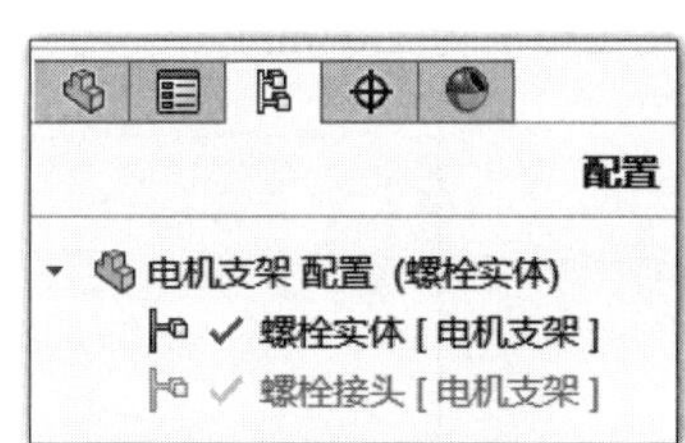

图 4-54　激活配置

步骤 44 新建算例。单击工具栏中的【Simulation】激活 Simulation 工具栏，单击【新算例】，进入新算例设置界面，选择分析类型【静应力分析】，将算例名称设置为【实体简化螺栓非紧密配合】，单击【√】确定。

步骤 45 删除全局接触。右键单击算例树中的【零部件接触】，选择【删除】。

步骤 46 复制夹具边界条件。单击左下角标签栏区域中的【螺栓接头一般】，激活算例，选择算例树中的【夹具】一栏并按住鼠标左键不松手，拖动鼠标移至底部标签栏区域中的【实体简化螺栓非紧密配合】，光标由禁止符号变为回车符号，松开鼠标左键，之前算例设置的夹具成功复制到当前新算例【实体简化螺栓非紧密配合】中。

步骤 47 重复步骤 46，用同样的方式将【连接】【网格】【外部载荷】复制到新算例【实体简化螺栓非紧密配合】中。

步骤 48 压缩螺栓接头。依次单击【连结】【接头】前的▾展开接头设置，将联轴器连接的 6 颗螺栓接头以及 4 颗电机螺栓接头在新算例中压缩，千万不要使这几组接触参与到分析中。当前这 10 颗螺栓在本案例中将使用实体螺栓接触设置。

知识卡片

实体螺栓接触设置

要进行不同分析简化方案的结果对比，无论是在同一款软件或者不同软件之间，必须完全理解不同对比方案的数学模型简化方式，这是有限元分析学习的重点内容之一。当前如何将螺栓接头的简化模型使用真实简化螺栓的接

触形式进行等效计算，需要读者通过仔细理解和思考。

参照图 4-48 和图 4-49 所示的未紧密配合的螺栓接头模型，画出真实螺栓和结构件之间的接触形式，如图 4-55 所示。在两个螺母底面和物体接触的位置使用结合设置，而螺栓柄所在圆柱面不设置任何接触形式，这是非常重要的一点，如果进行接触设置，则计算结果将和之前的螺栓接头设置产生巨大差距。关于紧密配合的螺栓接头模型，设置上略微复杂，本书不展开介绍。

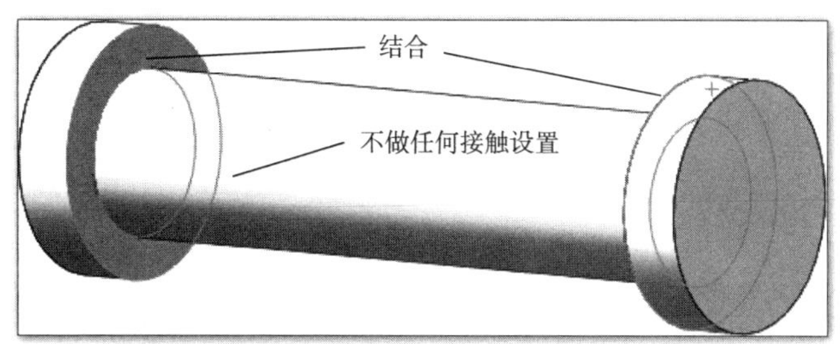

图 4-55　与未紧密配合等效的接触设置方案

接下来读者要按照步骤进行该模型的接触设置。

步骤 49 自动设置联轴器和螺栓之间的接触对。右键单击算例树中的【连结】，选择【相触面组】，将【接触】设置为【自动查找相触面组】，在右侧图形显示区域依次选择联轴器左半部分以及相应的 6 颗螺栓，单击【查找相触面组】，共产生 6 组可能的接触对，这 6 组接触对均为螺母与联轴器的重合面，并将【类型】设置为【接合】，如图 4-56 所示。按住 <Shift> 键单击选择图 4-56 中查找到的所有接触对，单击图标生成相触面组，并单击【×】退出设置界面。

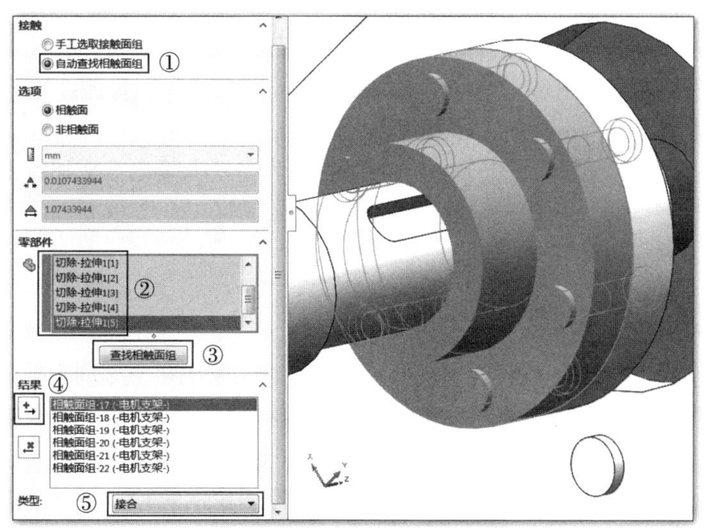

图 4-56　接触对自动生成

步骤 50 重复步骤 49，分别查找联轴器右半部分和相应的螺栓、电机支架和相应的螺栓以及电机和相应的螺栓，生成所有的相触面组。千万注意，这里要分别查找零部件，不要将所有的零部件选择在一起查找，否则会多生成接触对。

> **注意：** 以上步骤中的接触对编号可能会因为操作原因，顺序有所不同，只要按照图 4-55 所示将所有螺母接触面设置正确即可，编号不重要。

步骤 51 算例求解。弹出预紧力为 0 警告对话框，单击【是】继续求解，求解完成后双击【位移 1（合位移）】，最终的合位移结果如图 4-57 所示。

图 4-57　实体简化螺栓的合位移结果

对比这两种方案的计算结果，图 4-57 中的最大位移量为 7.03mm，图 4-36 中的最大位移量为 6.94mm，两者的计算结果仅相差 0.09mm，同时对比模型各位置的位移结果，可知两种方案基本等效。所以，在没有特殊要求的情况下，接头设置方案操作简便、计算速度快，可以优先考虑。

在之前的章节中提到过网格变化对位移及应力计算精度的影响，当前内容说明边界条件的调整对位移计算精度也有影响，在趋势基本一致的情况下，单一边界条件的位移误差度应在 2% 以内，同时所有边界条件改变的累计误差不能超过 5%。这里需要注意，当前案例中模型边界条件的改变实际上有很多处，共有 10 颗螺栓发生改变，但是最终累积误差度仍旧不足 2%，所以结果可以接受。

同时应注意，关于螺栓的简化方案，包括之后其他的分析简化方案都各有利弊，并没有完美的解决方案，仿真工程师的作用和价值之一就在于如何通过利弊权衡提出产品仿真计算的最优简化方案。

4.3.4　地脚螺栓的简化方式——固定

本模型中除 10 颗用于设备连接的螺栓外，还有 4 颗用于电机支架固定的地脚螺栓，在之前的案例设置中使用了螺栓接头方案，关于用简化的实体螺栓近似代替地脚螺栓接头的分析方案请读者自行完成，本书将不再做说明。接下来将说明一种更为常见的方案。

大多数读者在案例开始可能就会想到，对用于底座固定的螺栓，可以将螺栓接头简化为螺栓孔固定约束方案，接下来通过对比分析结果来讨论这种简化方式的准确性。

步骤 52 复制算例。右键单击底部标签栏区域的算例【螺栓接头一般】，选择【复制算例】，将算例名称设置为【螺栓孔固定】，单击【√】确定。

步骤 53 压缩底座。单击算例树中【电机支架】前的▾展开算例树，右键单击零件【底

座】，选择【不包含在分析中】。

步骤 54 固定约束。右键单击算例树中的【夹具】，选择【固定几何体】，在图形显示区域选择电机支架底部螺栓孔的四个内表面，单击【√】确定。

步骤 55 算例求解。右键单击算例树中的【螺栓孔固定】，单击【运行】，进入求解状态。

步骤 56 显示支架变形量。右键单击算例树中的【结果】，选择【定义位移图解】，进入位移图解设置界面，打开【高级选项】，勾选【仅显示选定实体上的图解】复选框，在右侧的图形显示区域单击选择电机支架，将【变形比例】设置为【用户定义】，将比例设置为【20】，如图 4-58 所示。

步骤 57 切换至【设定】，勾选【显示排除的实体】复选框，如图 4-59 所示，单击【√】确定。

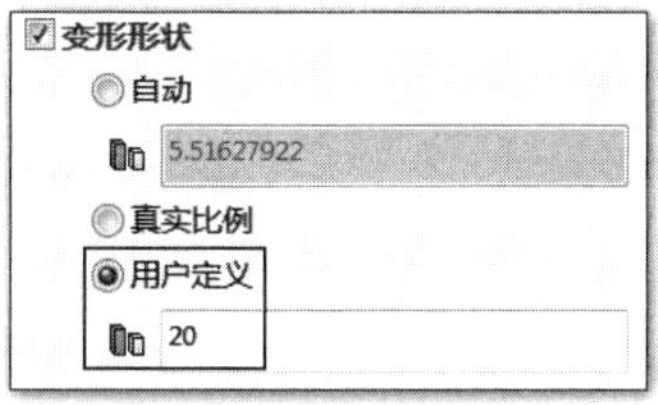

图 4-58　设置变形比例

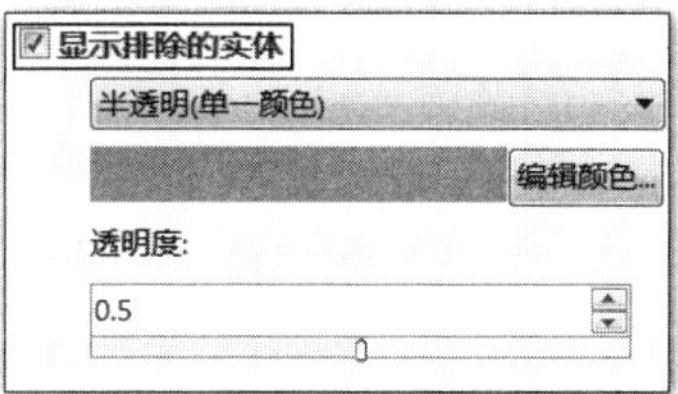

图 4-59　显示排除的实体

当前如果仅仅对比位移量结果，可能算例之间的变化结果并不大，但是在对比计算结果的数据之前，其实首先要做的工作是观察当前分析结果的趋势是否存在明显的不合理现象。

通过图 4-60 可以明显看出，支架穿透到底板导致变形出现明显不合常理的情况。所以，多数时候螺栓孔单纯简化为固定约束并不合理，会导致结构刚度的改变。同样的，放置在地面的物体（如工作台）简化为固定约束也是不合理的。这就会遇到一个新的问题，这类固定或者放置在某一平面上的物体需要进行相关分析时，除了之前的螺栓接头方案，是否还有别的简化方案？

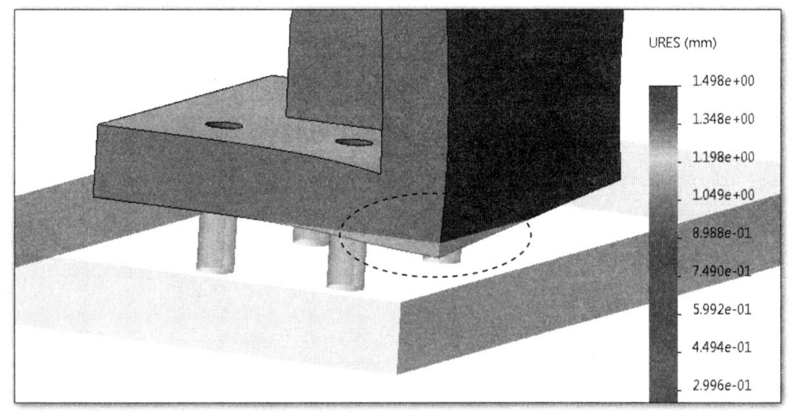

图 4-60　局部变形放大图

4.3.5 虚拟壁和地脚螺栓的应用

对于地面简化问题，一种比较简单的解决方案是使用虚拟壁和地脚螺栓。虚拟壁，顾名思义为一个不存在的假想壁面。利用算法建立一个假想壁面，即可在不建立实体模型的情况下解决之前提到的物体放置在平面上的分析问题。

步骤 58 复制算例。右键单击底部标签栏区域的算例【螺栓接头一般】，选择【复制算例】，将算例名称设置为【虚拟壁】，单击【√】确定。

步骤 59 压缩底座。单击算例树中【电机支架】前的▾展开算例树，右键单击【底座】，选择【不包含在分析中】。

步骤 60 建立地脚螺栓。右键单击算例树中的【连结】，选择【螺栓】，单击图标将螺栓【类型】设置为【地脚螺栓】，单击图标右侧的蓝色区域，并在图形显示区域选择电机支架的螺栓起始面边线，单击图标右侧的紫色区域，并在图形显示区域选择【基准面 1】，如图 4-61 所示，这一基准面就是接下来的虚拟壁，单击【√】确定。

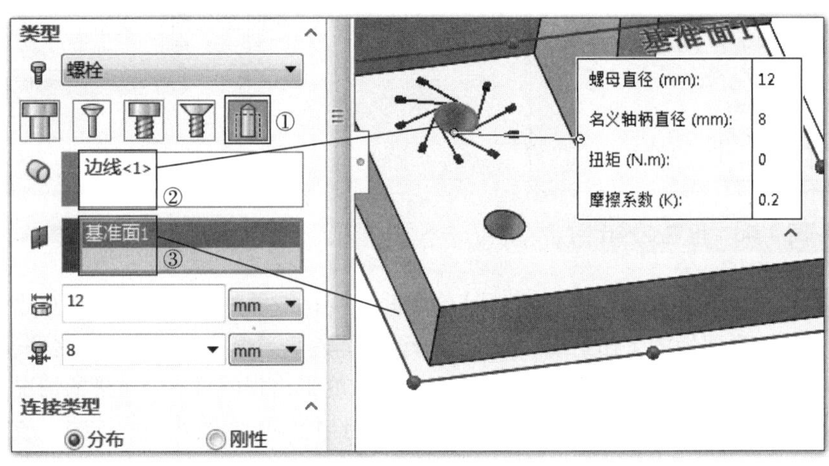

图 4-61 地脚螺栓设置

步骤 61 重复步骤 60，依次建立其余的三颗地脚螺栓接头。

注意，地脚螺栓设置完成后，不在【连结】的下拉菜单中，而在【夹具】的下拉菜单中。

步骤 62 求解算例。右键单击算例树中的【虚拟壁】，单击【运行】，弹出图 4-62 所示对话框，提示必须为地脚螺栓指定刚性虚拟壁接触，单击【确定】。

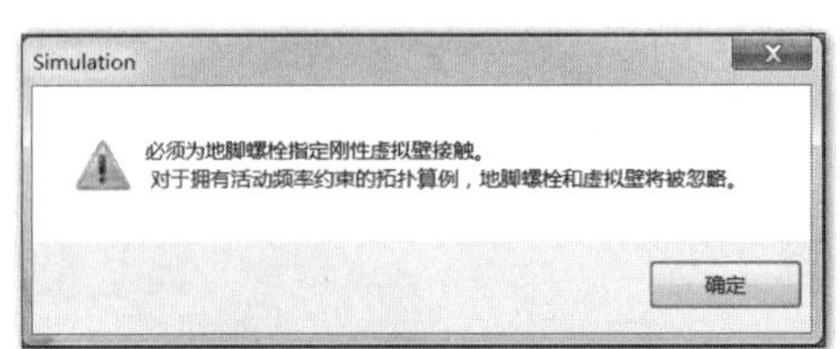

图 4-62 虚拟壁设置提示

步骤 63 设置虚拟壁。右键单击算例树中的【连结】，选择【相触面组】，将【类型】设置

为【虚拟壁】，单击图标右侧的蓝色区域，在右侧的图形显示区域选择电机支架底面，单击图标右侧的紫色区域，并在图形显示区域选择【基准面 1】，如图 4-63 所示，单击【√】确定。

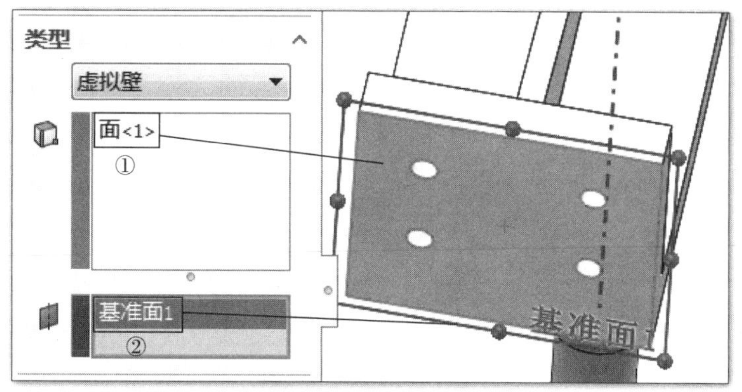

图 4-63　虚拟壁设置

步骤 64 保存设置并求解。单击图标保存之前的设置，右键单击算例树中的【虚拟壁】，单击【运行】，变形结果如图 4-64 所示。

图 4-64　虚拟壁的支架变形结果

对比图 4-64 和图 4-46 的计算结果，当前虚拟壁的计算结果略微偏小，因为在两种不同螺栓的设置上，支架底部的螺栓孔偏移量略有不同，如图 4-65 所示。这种问题是由数学建模造成的，使地脚螺栓设置方式的支架底部位移量更小，偏差达到 0.2mm。但是如果对底部偏移量进行抵消，实际上两个算例的结构变形量差别并不大，这一问题留给读者自行思考解决。同时还可通过这组算例对比了解位移量和变形量的区别。

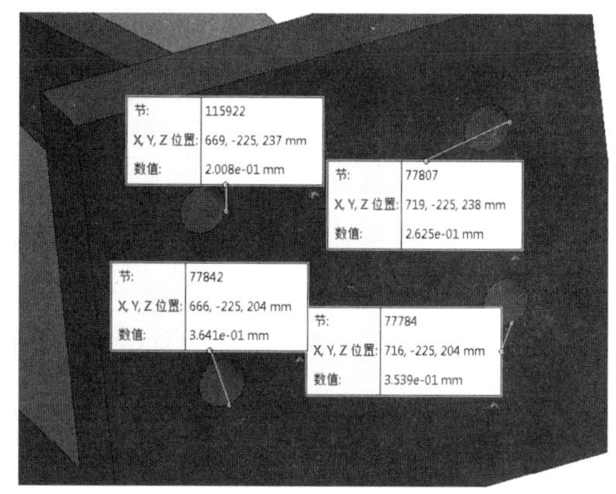

a）螺栓接头一般

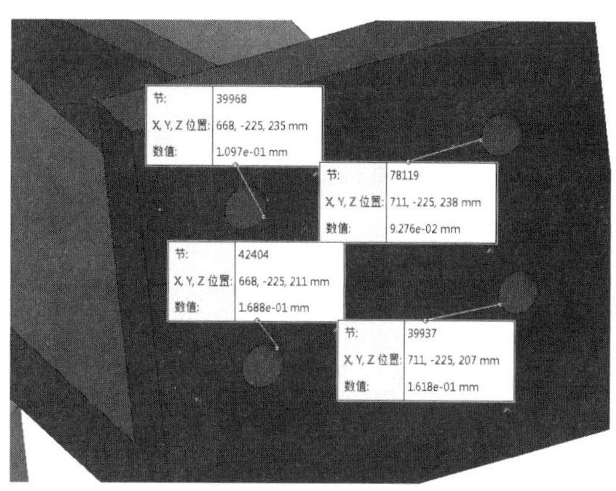

b）虚拟壁

图 4-65　两组算例的支架底部螺栓孔偏移量

这两个算例还存在一个细节差别：图 4-63 中的虚拟壁设置为刚性体，而算例【螺栓接头一般】中的底座设置为弹性体，同时地脚螺栓在设置上刚性高于一般的螺栓接头。关于这个设置，读者可通过图 4-66 将算例【螺栓接头一般】的底座设置为【使成刚性】，该计算的对比工作由读者自行完成。

图 4-66　底座刚性设置

知识卡片

刚性体和弹性体

刚性体和弹性体的区别就在于刚性体的刚度无穷大，无论载荷多大都不会发生变形，而弹性体受力之后会产生变形。最典型的例子就是两大基础力学学科——材料力学和理论力学，材料力学研究的就是弹性体变形问题，而理论力学研究的是刚性体运动问题。在有限元分析中，大多数情况下研究的都是弹性体问题，但是存在一些零件，是否变形对计算结果的影响较小，它们的存在仅仅负责力的传递，则可以将这部分零件设置为刚性体。

刚性体是一种理想状态，现实中并不存在。在装配体模型中将一个实体视为刚性体的主要优势是可以减少网格数量，节省计算时间。所以由此想到平时部分工程人员会说的“怎么设计才能保证产品不发生变形”，这句话存在概念性错误，现实中并不存在不发生变形的材料，无论施加多小的载荷，理论上结构都会发生变形。

4.3.6　预紧力设置

步骤 65 复制算例。右键单击底部标签栏区域中的算例【螺栓接头一般】，选择【复制算例】，将算例名称设置为【预紧力】，单击【√】确定。

步骤 66 设置预紧力。依次单击【连结】【接头】前的▾展开算例树，右键单击算例树中的接头【带螺母柱形沉头孔 -1】，选择【编辑定义】，进入螺栓编辑窗口，将【预载】设置为【轴】，输入轴向力【100】N，如图 4-67 所示，单击【√】确定。

步骤 67 重复步骤 66，将其余的 9 颗螺栓及 4 颗螺钉均按照图 4-67 所示设置轴向预紧力（100N）。

步骤 68 设置摩擦系数。依次单击【连结】【相触面组】前的▾展开算例树，右键单击【相触面组 -1】，选择【编辑定义】，勾选【摩擦】复选框，将【摩擦系数】设置为【0.2】，如图 4-68 所示，单击【√】确定。

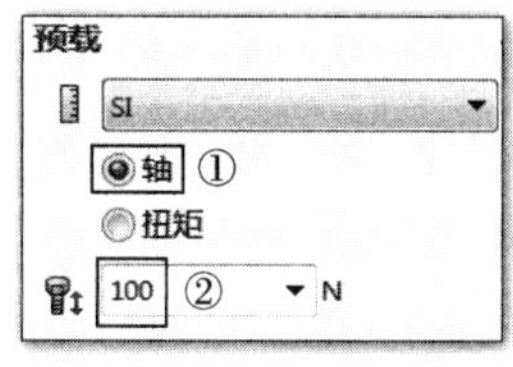

图 4-67　设置预紧力

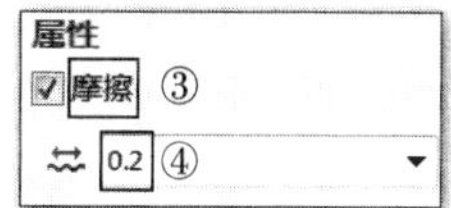

图 4-68　设置摩擦系数

步骤 69 重复步骤 68，按照图 4-68 所示设置其余 3 对相触面组的摩擦系数。

预紧力传递必须依靠摩擦系数，因此必须设置接触摩擦系数。但要注意，设置摩擦系数之后计算时间将大幅增加，预计需要 20 ~ 40min。

步骤 70 保存设置并求解。单击【保存】保存之前的设置，右键单击算例树中的【预紧力】，单击【运行】，变形结果如图 4-69 所示。

图 4-69　预紧力 100N 情况下的整体变形结果

通过计算，当前结构的最大变形量为 6.7mm，略低于无预紧力状态的位移结果，说明预紧力提高了结构的刚性。如果进一步将预紧力提高至 10000N，最大位移量变为 6.2mm，如图 4-70 所示。

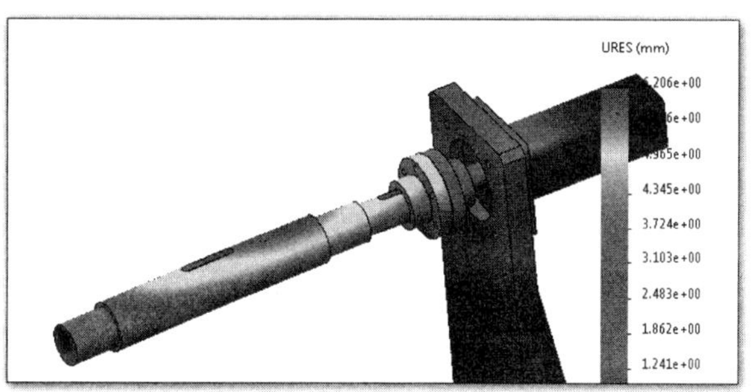

图 4-70　预紧力 10000N 情况下的整体变形结果

当前包含预紧力和摩擦系数的模型理论上更接近于真实物理模型，但是该方案的设置难点在于摩擦系数和螺栓预紧力的确认。这类参数的确认和有限元分析本身并没有关系，而在于企业数据的积累和测量。

4.3.7 案例思路总结

本案例从开始设置到最终完成的过程步骤非常多，读者必须仔细理解整个计算思路以及对比过程，而不仅是关注操作过程。当前的算例按照顺序依次为【螺栓接头非紧密配合】【螺栓接头紧密配合】【实体简化螺栓非紧密配合】【固定约束】【虚拟壁】以及【预紧力】等，共6组算例，分别进行以下4组算例的对比：

1）对比【螺栓接头一般】和【螺栓接头紧密配合】的计算结果，考察紧密配合和非紧密配合的计算结果对比。

2）对比【螺栓接头一般】和【实体简化螺栓非紧密配合】的计算结果，考察螺栓接头和实体简化螺栓的计算结果对比。

3）对比【螺栓接头一般】【固定简化约束】和【虚拟壁】的计算结果，考察底部支架的三种不同设置方式对计算结果的影响。

4）对比【螺栓接头一般】和【螺栓接头预紧力】的计算结果，考察螺栓预紧力对计算结果的影响。

通过以上步骤读者不仅仅要掌握当前的案例，更重要的是要掌握一种分析思想：**边界条件的设定是否合理需要通过算例之间的计算结果对比进行确认，这种对比思想贯穿在整个有限元分析流程中。**

同时读者还可以思考一个问题：当前分析的主要目的是考察支架的变形，如果不通过装配体接触设置的方式，仅仅利用单个电机支架零件进行分析，扭矩等载荷将如何转化至电机支架？我相信对绝大多数读者来说，这将是非常困难的一件事情。提出这个问题的目的不是希望读者去进行载荷转化计算，而是希望读者能够理解，当前模型仅14对螺栓组其载荷转化都是非常困难的事情，因此**设置接触的难度远远小于载荷转化的难度，多数时候通过装配体接触方式可以省去载荷转化的麻烦**。

4.4 静应力分析

4.4.1 “静”的概念

本书目前为止所使用的计算模块均为静应力分析模块，但到底什么是静应力分析？

按照一些资料的定义，载荷的加载过程和时间无关即为静态载荷，说得更通俗一些，静态载荷只关注所加载载荷的最大值，比如图4-71中的三种载荷形式只要最大值一致，在静态分析中结果就完全一致。若载荷的加载过程和时间相关则为动态载荷，这是多数读者区分动和静的依据。但这仅仅是静态载荷和动态载荷的定义，而不是有限元分析中关于“静”和“动”的区别。

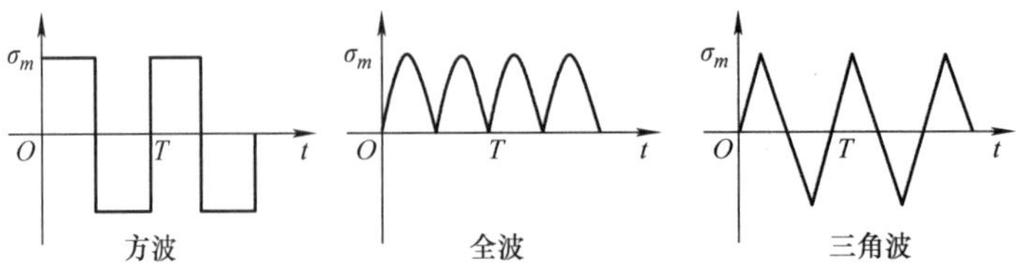

图4-71 三种载荷形式

静应力分析中的“静”除了保证最初加载的载荷为静态，同时必须保证载荷在整个传递过程中均为静态载荷，这才符合静应力分析对“静”的要求。

如何确保载荷在整个传递过程中均保持静态，是静力学学习的重点和难点，也是静力学分析中出错率最高的问题。可以说无法掌握这部分内容，对静力学问题的实际产品分析将无从下手。

4.4.2　分析案例：三点弯实验

三点弯实验是最为常见的力学实验之一。图 4-72 所示为一种三点弯实验装置的主体部分，使用限位座固定，分别施加以下两种边界条件：

1）压头竖直向下施加 1000N 载荷。

2）压头强制下压 1.56mm。

材料均为合金钢，考察结构的整体合位移情况，并思考两种边界条件的区别。

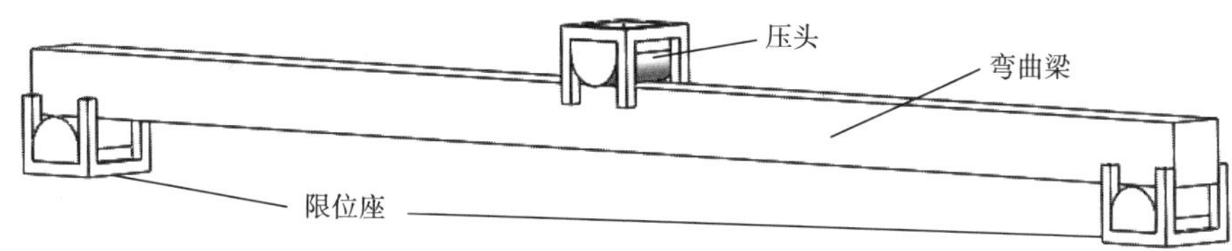

图 4-72　三点弯实验

步骤 1 打开三维模型。单击菜单栏中的【文件】/【打开】，并在模型文件保存路径下依次找到文件夹“第 4 章 \ 三点弯实验”，选择模型文件【三点弯实验】，单击【打开】。

步骤 2 保存模型。单击菜单栏中的【保存】保存模型，读者自行指定位置保存模型。

步骤 3 新建算例。单击工具栏中的【Simulation】激活 Simulation 工具栏，单击【新算例】，进入新算例设置界面，选择分析类型【静应力分析】，并将算例名称设置为【刚体运动】，单击【√】确定。

步骤 4 删除全局接触。右键单击算例树中的【零部件接触】，选择【删除】。

步骤 5 材料设置。右键单击算例树中的【零件】，选择【应用材料到所有】，打开材料库设置界面，在界面左侧区域选择材料【合金钢】，在界面右侧将【单位】设置为【SI-N/mm^2（MPa）】，依次单击【应用】和【关闭】，关闭材料库设置界面，最终设置完成后如图 4-73 所示。

步骤 6 设置零部件接触。右键单击算例树中的【连结】，选择【零部件接触】，选择图 4-74 所示的压头部件和两个限位座部件（共 6 个零件），仅梁不选，并在【选项】中设置【兼容网格】，单击【√】确定。

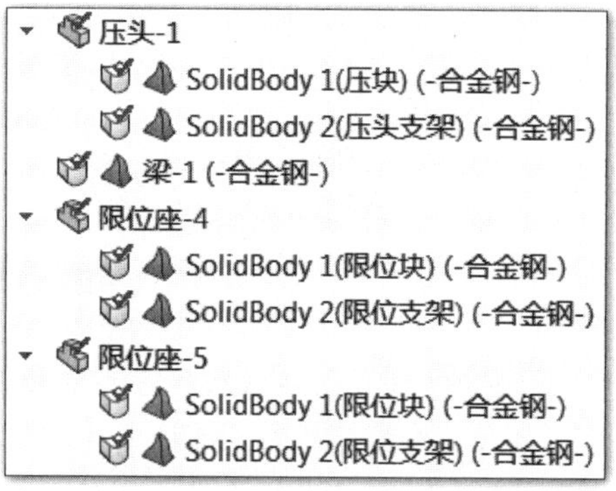

压头-1
SolidBody 1(压块) (-合金钢-)
SolidBody 2(压头支架) (-合金钢-)
梁-1 (-合金钢-)
限位座-4
SolidBody 1(限位块) (-合金钢-)
SolidBody 2(限位支架) (-合金钢-)
限位座-5
SolidBody 1(限位块) (-合金钢-)
SolidBody 2(限位支架) (-合金钢-)

图 4-73　部件名称及材料设置

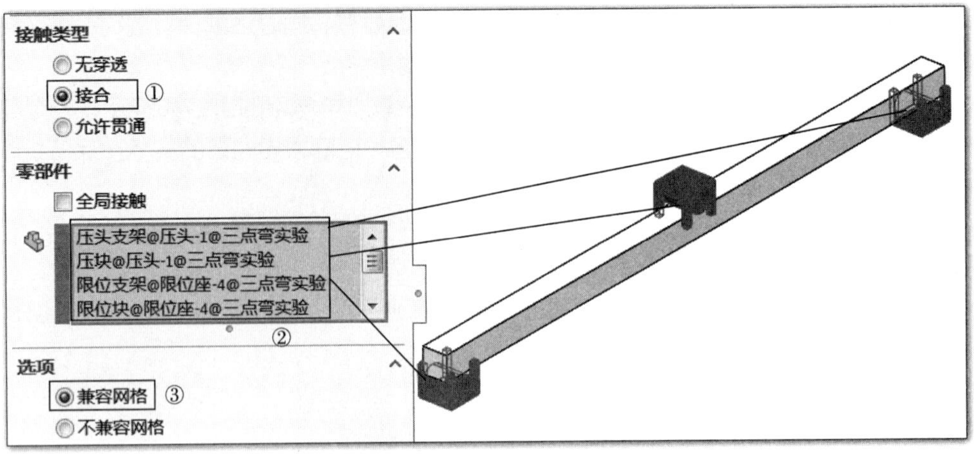

图 4-74　设置零部件接触

步骤 7 自动查找相触面组。右键单击算例树中的【连结】，选择【相触面组】，进入接触设置界面，将【接触】区域设置为【自动查找相触面组】，显示图 4-75 所示的设置窗口，在图形显示区域选择梁、压头支架和两个限位座支架，三个半圆柱体不选。选择完成后单击【查找相触面组】，结果区域出现编号为 1 ~ 12 的 12 组接触对，按住 <Shift> 键选择 12 组相触面组，单击窗口左侧图标生成 12 组接触对，并单击【 × 】退出设置窗口。

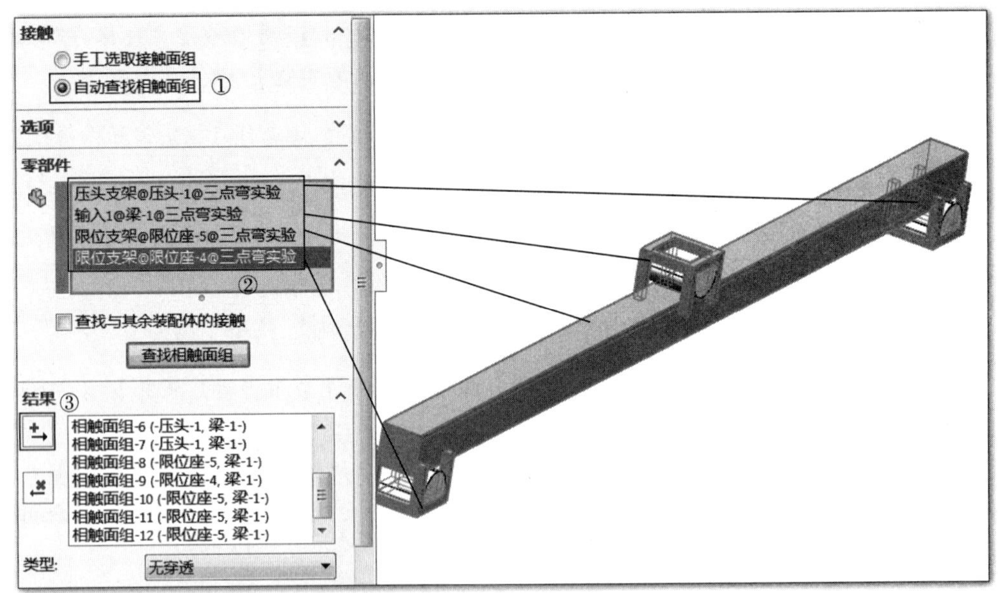

图 4-75　自动查找相触面组

步骤 8 设置圆柱压头和弯曲梁相触面组。右键单击算例树中的【连结】，选择【相触面组】，进入接触设置界面，选择【自动查找相触面组】，此时选择梁和三个半圆柱体后单击【查找相触面组】，软件并没有搜索到接触对。这就是【自动查找相触面组】的局限性，即当接触对是不完全贴合的两个面时，自动查找功能搜索不到该接触对，必须额外手动添加。

步骤 9 重新激活【手工选取相触面组】，单击图标右侧的蓝色区域，激活【组 1 的面、边线、顶点】选择区域，在图形显示区域单击选择限位块圆柱表面，单击图标右侧的粉色区域，激活【组 2 的面】选择区域，在图形显示区域单击选择梁上对应的压块平面，如图 4-76 所示，并单击【√】确定。

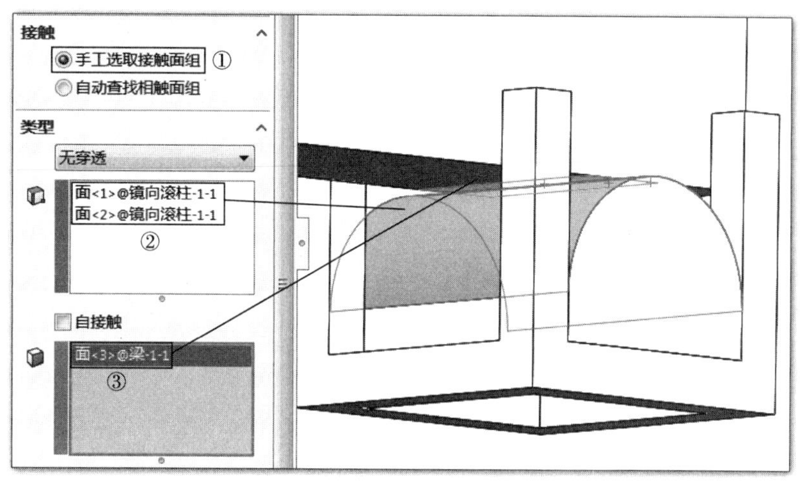

图 4-76　设置压头接触对

读者请注意，在当前模型中弯曲梁和圆柱体压头接触面部分被切分出一个小区域，同时圆柱体侧面也被分割成两部分，如图 4-77 所示，在之后的讲解中会说明这部分模型如此设置的原因。

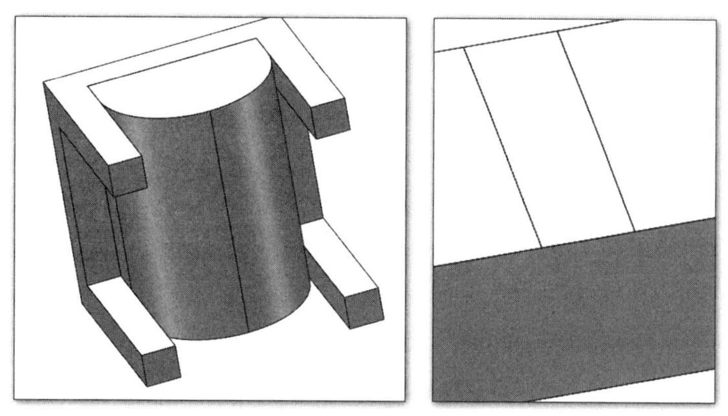

图 4-77　接触面分割

步骤 10 重复步骤 9，设置其余两组圆柱限位块和梁的无穿透接触，并单击【√】确定。

知识卡片

接触对设置习惯

设置无穿透接触需要养成良好的操作习惯，通过之前步骤 9 和步骤 10 的设置可以看出，应通过逐一设置三组无穿透接触对的方式进行接触设置操作。

但是实际上很多读者会按照图 4-78 所示的方式同时将之前步骤 9 和步骤 10 设置的三组接触对在同一组接触对中进行设置，这样是否合适？答案是否。如果按照这样的设置方式将会遇到两个问题：

1）接触面遗漏和匹配错误检查存在难度，后期复查接触设置问题难度也会增加。

2）接触对是按照上下一一对应排列组合的方式产生的，若按照图 4-78 所示的方式设置，在此处计算机会生成 6×3=18 组接触对，而实际只有 3 组接触对，这样会产生大量无效接触而占据计算资源，导致计算缓慢甚至收敛困难。

因此，接触设置必须严格按照步骤 7 ～ 步骤 10 的相关内容对接触对进行逐一设置，这一接触设置习惯不仅适用于 SOLIDWORKS Simulation，也适用于其他所有的有限元分析软件。

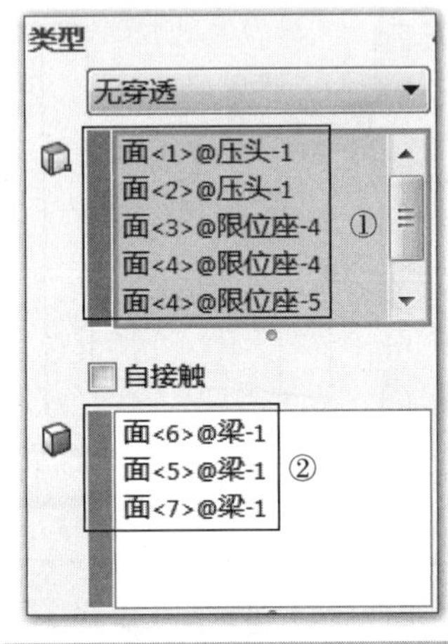

图 4-78 错误的接触设置习惯

步骤 11 设置固定约束。右键单击算例树中的【夹具】，选择【固定几何体】，在右侧的图形显示区域选择图 4-72 所示限位座的 2 个底部平面，单击【√】确定。

步骤 12 设置平面约束。右键单击算例树中的【夹具】，选择【高级夹具】，激活【在平面上】，如图 4-79 所示。在图形显示区域选择图 4-79 所示的压头顶部平面，并在平移区域依次单击图标和，激活【方向 1】【方向 2】，如图 4-80 所示，单击【√】确定。

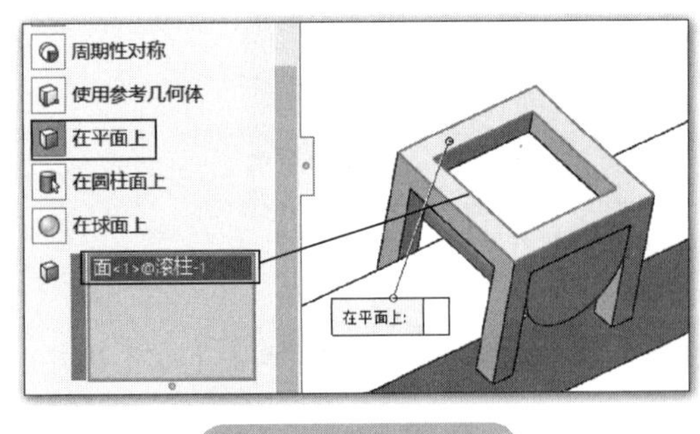

图 4-79 设置约束

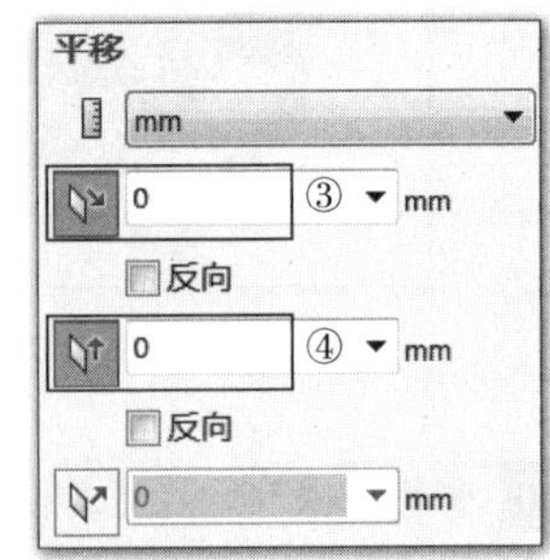

图 4-80 激活平移自由度

压头实验设备只具备竖直上下移动功能，不具备平面上的移动功能，因此必须限制其在平面上两个方向上的移动，释放竖直方向上的移动。读者要注意，图 4-80 中激活的方向代表被约束，未激活的方向代表可以自由移动，不要搞错。

步骤 13 施加载荷。右键单击算例树中的【载荷】，选择【力】，在图形显示区域选择图 4-79 所示的压头顶部平面（与步骤 12 为同一平面），输入【1000】N，单击【√】确定。

步骤 14 生成网格。右键单击算例树中的【网格】，选择【生成网格】，打开网格设置界面，勾选【网格参数】复选框，将单元尺寸设置为【2.00mm】，单击【√】确定。

步骤 15 算例求解。右键单击算例树中的【刚体运动】，单击【运行】，进入求解状态。

在当前设置状态下计算会产生图 4-81 所示的错误云图。由于软件版本的不同或者各种设置差异也可能会出现图 4-82 所示的三种错误及警告提示或者图 4-83 所示的各种应力云图，又或者出现其他结果。关于有限元分析这部分错误的多样性问题，可能是新手特别难以理解的部分，接下来针对当前错误多样性问题进行说明。

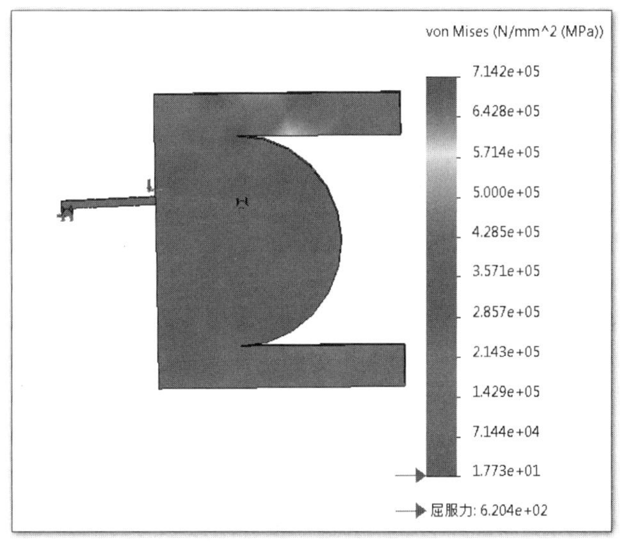

图 4-81　模型变形

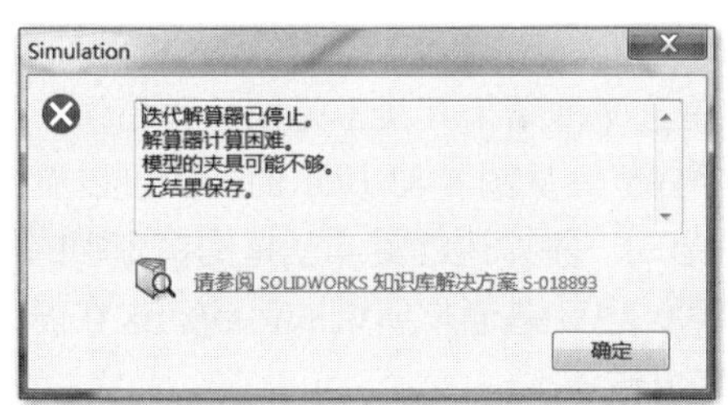

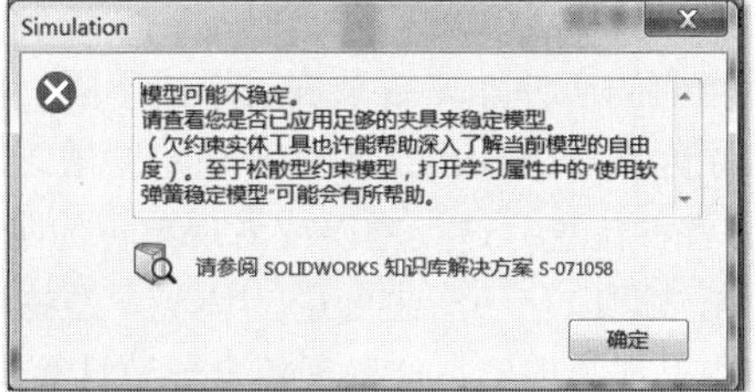

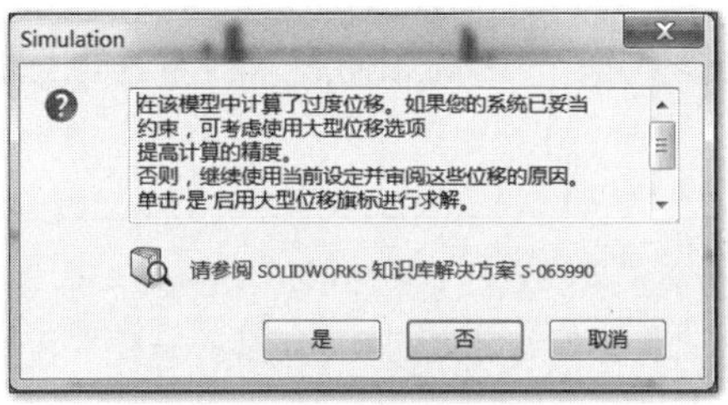

图 4-82　错误及警告提示

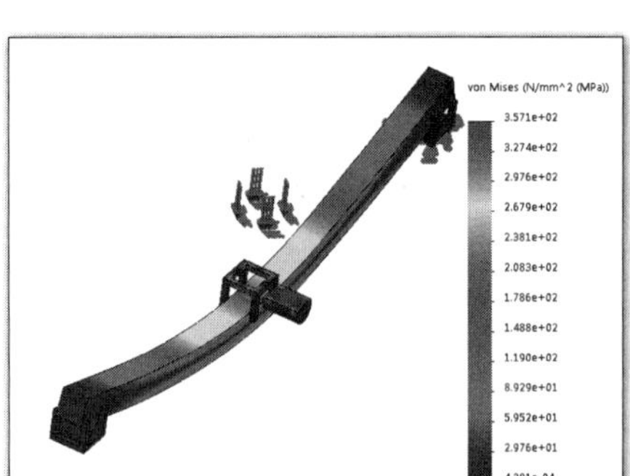

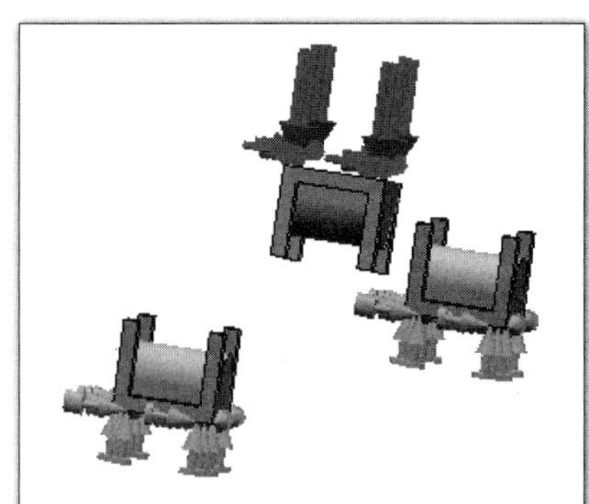

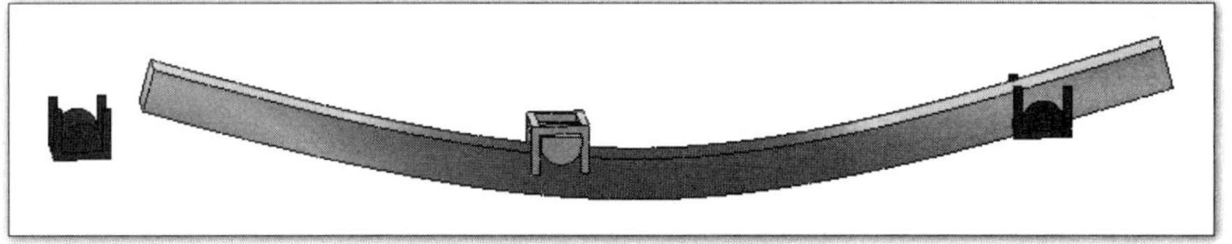

图 4-83　错误应力云图

在前处理流程中，需要设置载荷、约束、接触、材料，同时还有可能需要对模型进行调整，任何一个环节的设置出现问题都可能导致最终的计算错误。而可能产生的错误包括原本可以计算的模型产生报错，前后两次计算出来的结果差异极大等。图 4-81 ~ 图 4-83 中的 7 种情况都可能是当前读者在同一种不合理的设置下出现的计算结果。又比如本例存在 15 组接触对，任何一组设置出问题都有可能出错，而且错误的表现形式可能天差地别。

所以基于以上问题需要强调：**当模型设置有问题时，即使设置相同，计算结果也可能千差万别，但是设置准确的模型计算结果基本一致。同时也请读者注意，本章案例模型操作都非常复杂，如果疏忽了某一个设置，可能就会导致计算出错，所以请读者耐心理解模型的操作流程和每次操作的目的。**

4.4.3　刚体运动

虽然当前的 7 种计算结果表现形式不同，但是这 7 种结果其实都是同一种错误，通过错误提示可知原因在于结构内部零件不稳定，缺乏“约束”。从图 4-83 所示的云图可以看出，零件“飞”到了各种位置，这类错误或者现象称为刚体运动。**刚体运动其实就是指模型中的某个部件甚至模型整体可以在不产生变形的情况下发生移动，也就是通常所说的运动。**这在静力学分析中是不允许出现的现象，这种现象会导致计算结果出错。

在装配体静应力分析中由刚体运动问题造成出错的概率非常高，但是大多数有限元分析软件针对该错误的提示都是“缺乏约束”，因此如何消除刚体运动问题是本算例乃至整个静力学学习的重点内容。

注意：虽然错误提示以及众多文献资料中提到刚体运动是缺乏“约束”导致的，但是这里所说的“约束”并不仅仅指固定约束，接触也是阻止物体运动的一种常见形式，比如本次分析中压头在 Y 向依靠弯曲梁的接触阻挡其向下运动。

知识卡片

刚体运动产生的几种潜在可能性

为了避免刚体运动问题，必须了解产生刚体运动的原因。依据以往经验，刚体运动问题的产生有以下几种情况：

1）缺少固定约束。

2）遗漏接触或者接触设置错误。

3）三维模型本身的间隙。

4）网格划分产生的间隙。

5）数值算法产生的微小力。

根据当前大量实际统计，第一种原因基本不会出现，因为约束不足导致结构发生的运动非常容易发现并排除。多数时候初学者往往都对模型进行过度约束，所以后 4 种情况就是刚体运动产生的绝大多数原因。

关于第 2 种情况只需按照本章之前讲解的内容，在接触设置时保持良好的设置习惯，防止接触遗漏，自然就能克服。

第 3、4、5 三种情况出现频率相对较高。当前可以确定第 5 种情况是计算错误产生的原因之一，而第 3 和第 4 两种情况是潜在的错误原因，当前无法确定，只能在排除第 5 种情况之后才能确认。

接下来首先了解微小力产生的数学原因以及解决方法。

其实读者是否知道微小力产生的数学原因并不影响问题的解决，但是为了更好地帮助读者理解相关内容，接下来讲解微小力导致刚体运动的原因。

4.4.4　微小力的处理方法

在现实生活中存在图 4-84 所示的受力状态，板两侧受一对大小相等、方向相反的作用力，假设载荷大小为 1000N，则物体在该方向上保持受力平衡且静止不动，符合受力平衡条件。但是在有限元分析中这种受力方式的数学模型无法求解，即使能求解出来得到的结果多数时候也并不合理，接下来解释其中的原因。

图 4-84　矩形板受力平衡

当前两端面的载荷值都是 1000N，但是在有限元分析网格划分过程中，载荷施加在每个节点上，假设网格划分之后其中 A 面形成 45 个均布节点，B 面形成 47 个均布节点。我们知道计算机存储数据必须按照数据存储规则并保留有效数字，为计算方便假设软件小数点后保留 3 位，则在计算机中 A 面每个节点的载荷值为 1000N/45≈22.222N，B 面每个节点的载荷值为 1000N/47≈21.277N，因此实际加载在两个面上的载荷值分别变成 22.222N × 45=999.990N 和 21.277N × 47=1000.019N。计算机计算过程中无法忽略这两个载荷值的差值，导致计算机认为这是一对不平衡力，按照牛顿运动定律，即使这样的微小差距也会产生受力不平衡并且发生运动，这样就产生了刚体运动的问题。

在数值计算的各个过程中，像这样截取小数点导致计算误差的问题非常多，包括角度的偏转、计算过程中的数值近似等。

这一问题主要有 4 种解决方法：

1）软弹簧。这是最便捷但也是最不推荐的方法。软弹簧是指刚度极小的弹簧，其作用就是抵消上述由数值算法产生的微小力。

2）在接触面设置摩擦系数。此方法会大幅度增加计算量和计算时间，但是多数情况下均能使用。

3）强制位移约束。此方法可以使用的情况比较少。

4）对称面约束。此方法对模型有一定的特定要求。

对称面约束方法将在第 5 章中说明，当前只说明前三种方法。

步骤 16 复制算例。右键单击左下角标签栏区域中的算例【刚体平移】，选择【复制算例】，并将算例名称设置为【软弹簧】，单击【√】确定。

步骤 17 设置软弹簧。右键单击算例树中的【软弹簧】，选择【属性】，打开属性设置界面，在【解算器】区域勾选【使用软弹簧使模型稳定】复选框，如图 4-85 所示，单击【确定】。

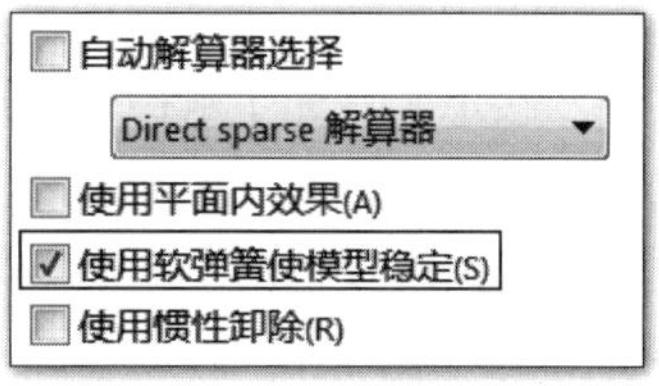

自动解算器选择
Direct sparse 解算器
使用平面内效果(A)
使用软弹簧使模型稳定(S)
使用惯性卸除(R)

图 4-85　软弹簧设置

步骤 18 算例求解。右键单击算例树中的【软弹簧】，单击【运行】，进入求解状态，最终求解完成的云图如图 4-86 所示。

步骤 19 放大变形效果。右键单击【结果】中的【应力 1（vonMises）】，选择【编辑定义】，将【变形形状】设置为【自定义】，并将【比例系数】设置为【10】，单击【√】确定，如图 4-87 所示。

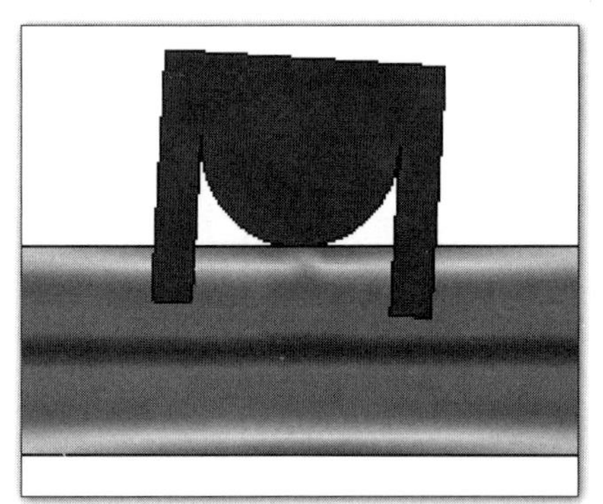

图 4-86　变形效果未放大时的变形情况

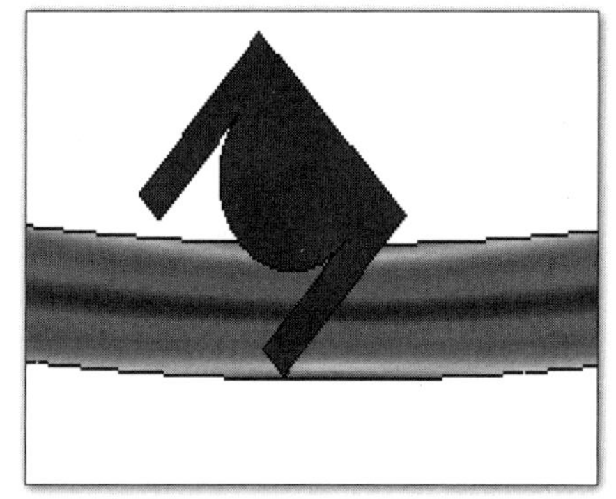

图 4-87　变形效果放大导致压头倾斜

施加软弹簧后的计算结果如图 4-86 和图 4-87 所示，从放大效果图看整体结构除了压头产生轻微倾斜外整体结构的变形都得到了较好的解决（当前放大效果图非常明显，实际只是微小倾斜），因此软弹簧功能对微小力问题的解决具有不错的效果。但是从图 4-87 中可以看到压头产生了轻微倾斜，这本质也是平面上无法左右严格平分 1000N 载荷所导致的刚体运动问题。如果将载荷调整为 10000N，就会因为倾斜太大导致新的问题出现。

步骤 20 复制算例。右键单击标签栏区域中的算例【软弹簧】，选择【复制算例】，并将算例名称设置为【10000N】，单击【√】确定。

步骤 21 算例求解。右键单击算例树中的【10000N】，单击【运行】，进入求解状态，弹出图 4-88 所示的使用大型位移提示，单击【否】继续求解，求解后的应力云图如图 4-89 所示，和图 4-83 中的应力云图类似。

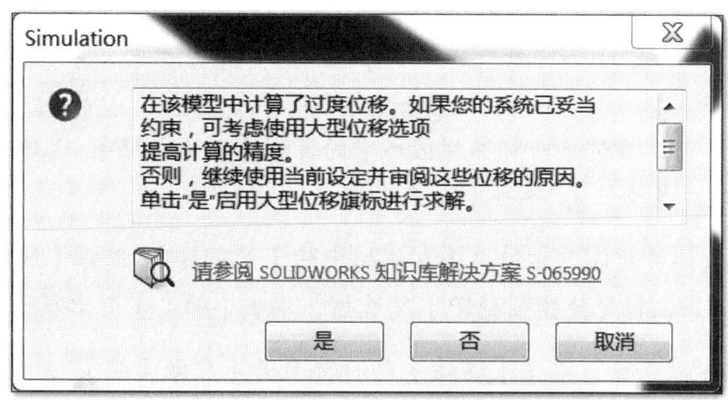

图 4-88　使用大型位移提示

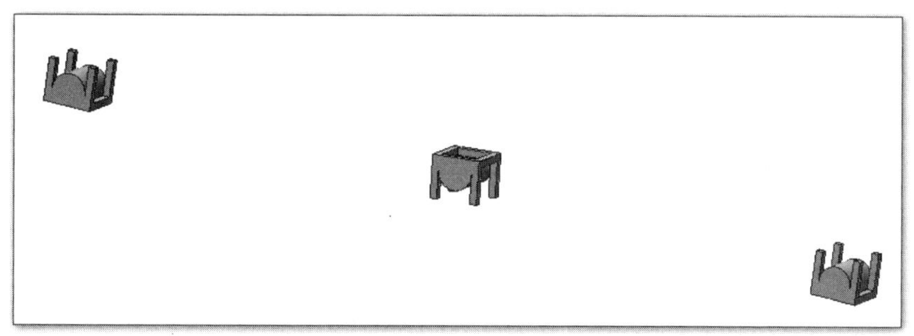

图 4-89　10000N 载荷时的变形结果

仅仅将载荷从 1000N 修改到 10000N，其余设置均保持不变，但是计算结果却发生了完全不一样的变化，所以对于局部的修改导致计算结果完全不同的现象，最根本的原因在于当前模型本身存在设置上的问题，只是在某些特定环境下计算机计算时未完全发现问题，这样的模型即使算出结果也可能并不合理。比如在当前算例【10000N】的设置下，读者使用不同版本软件或者即使在同一版本软件下计算，也有可能出现图 4-81 ~ 图 4-83 所示的其他错误结果，这都是软件计算的正常现象。

软弹簧功能并不是 SOLIDWORKS Simulation 所独有的功能，多数有限元分析软件都存在。但是事实上本书并不推荐使用软弹簧这种设置方式，原因如下：

1）这种方式会让学习者养成不仔细研究结构约束的习惯，在软弹簧无法解决的情况下就对模型束手无策，也对学习者理解静力学分析产生一定的影响。

2）软弹簧并不能从本质上解决微小力产生的刚体运动问题，有些时候即使计算完成，计算结果尤其是位移结果也会存在问题。

3）软弹簧并不是真实存在的约束条件，现实中多数模型都存在抵消刚体微小力的边界条件，并不需要软弹簧，因此如果能够根据实际情况施加相关边界条件会更加合理。

回顾当前算例的各种计算结果，主要有两种刚体运动情况及对应的解决方法：

1）部分零件缺乏限制 Z 向运动的边界条件，导致出现图 4-83 所示的各种零件偏移。现实中这些位置均由摩擦力限制，因此需要添加摩擦系数。

2）压头均布载荷在经过网格划分后会导致左右分配不均衡，产生图 4-87 所示的倾斜。利用等效强制位移替换压力载荷可以有效解决这一问题。

多数时候添加摩擦系数比使用软弹簧效果更好，只是对于复杂接触问题，**添加摩擦系数会让求解时间大幅增加。**

步骤 22 复制算例。右键单击标签栏区域中的算例【刚体平移】，选择【复制算例】，将算例名称设置为【合理边界条件】，单击【√】确定。

步骤 23 关闭软弹簧功能。右键单击算例树中的【软弹簧】，选择【属性】，打开属性设置界面，取消勾选【使用软弹簧使模型稳定】复选框，单击【确定】退出属性设置界面。

步骤 24 设置摩擦系数。单击【连结】前的▼展开【相触面组】，右键单击步骤 9 生成的相触面组，选择【编辑定义】，单击【确定】，进入接触对设置界面，在【属性】区域勾选【摩擦】复选框，并设置【摩擦系数】为【0.2】，如图 4-90 所示，单击【√】确认。

步骤 25 重复操作 24，依次将步骤 10 生成的两组相触面组的摩擦系数设置为【0.2】。

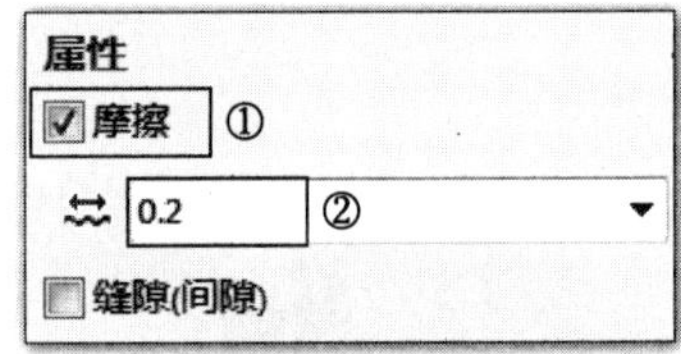

图 4-90　摩擦设置

知识卡片

摩擦系数说明

在现实情况下摩擦系数的获取非常麻烦，少部分材料可以通过手册查询获取，但是多数情况下只能凭借经验假设一个参数值。像摩擦系数这类材料参数在现实中比较难以获取，因此需要结合分析的实际情况对这类材料参数进行一些特殊的处理。在本例中摩擦系数的作用仅仅是抵消微小力，防止刚体运动，因此摩擦系数设为一个常规值即可。

步骤 26 保存设置并求解。单击【保存】保存之前的设置，右键单击算例树中的【合理边界条件】，单击【运行】，进入求解状态。

求解完成后的 von Mises 应力结果如图 4-91 所示，压头倾斜的问题也没有出现。

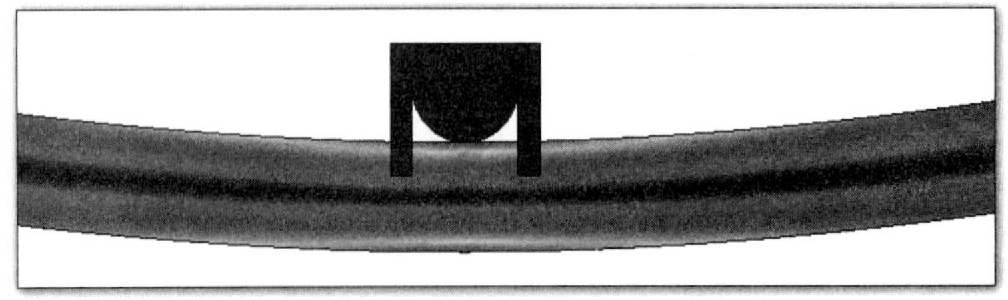

图 4-91　摩擦接触下的变形情况

但是当前的数学模型和现实模型是不同的。读者可以思考下，在力学实验（包括材料拉伸实验和三点弯实验）中，设备给压头设定的边界条件绝大多数情况下是压头竖直向下的移动速

度，也就是位移量，而载荷是在压头下压过程中的测量量。对于有限元分析，同样需要用类似的方式进行设定，即将强制位移作为输入量，这也是算例开始时提到的第二种边界条件。

步骤 27 压缩载荷。单击算例树中【外部载荷】前的▾展开算例树，右键单击载荷边界条件【力 1（按条目 1000N）】，选择【压缩】。

步骤 28 设置强制位移为 1.56mm。单击算例树中【夹具】前的▾展开算例树，右键单击夹具边界条件【在平面上 1（变量）】，选择【编辑定义】，在平移区域单击图标激活第三个方向，并设置为【1.56】mm，勾选【反向】复选框，如图 4-92 所示，单击【√】确定。

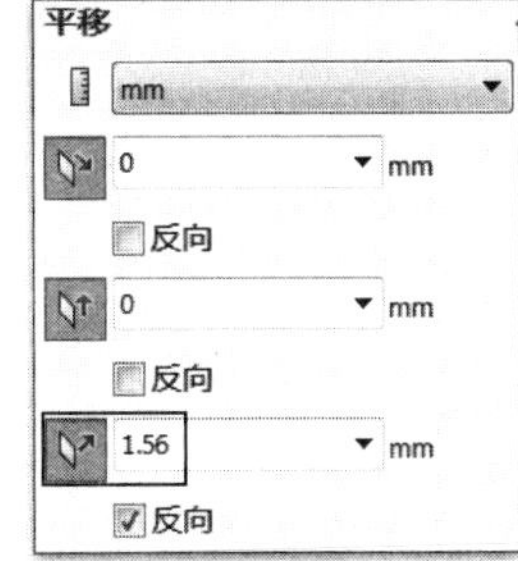

图 4-92　设置强制位移

> **注意：** 强制位移其实也是约束的一种形式，之前所提到的固定约束可以理解为强制位移为 0 的状态。本例中已施加强制位移，可以不需要其他任何载荷。

步骤 29 算例求解。右键单击算例树中的【合理边界条件】，单击【运行】，进入求解状态。

步骤 30 查看反作用力。右键单击算例树中的【结果】，选择【合力】，进入图 4-93 所示的设置界面，选择【反作用力】，在图形显示区域选择图 4-93 所示的压头上表面，单击【更新】，在图形显示区域会显示指定约束面的反作用力信息，可以看到竖直方向的载荷 FY 为 1000N。

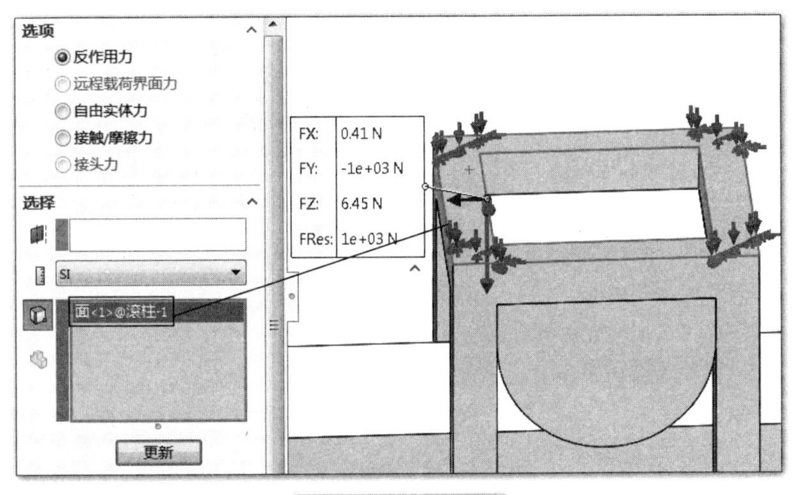

图 4-93　反作用力

在当前算例中可以看出，强制位移 1.56mm 和施加载荷 1000N 这两种边界条件完全等效。**实际产品仿真中读者千万要区分测量量和输入量，一般情况下将实验实际的输入量作为仿真的边界条件。**

4.4.5　零件之间的间隙及穿透问题

之前的方法主要针对产生刚体运动的第 5 种情况——微小力问题，接下来介绍关于第 3 种和第 4 种情况——间隙问题的处理。

在讲解间隙问题之前，读者先注意一个问题：放大变形结果，如图 4-94 所示，梁和圆柱体的穿透现象严重。虽然当前算例并没有因为穿透导致出现刚体运动现象，但是当穿透现象达到一定程度时，计算机无法识别接触对，同样会出现刚体运动问题，这是曲面接触状态下需要注意的问题。

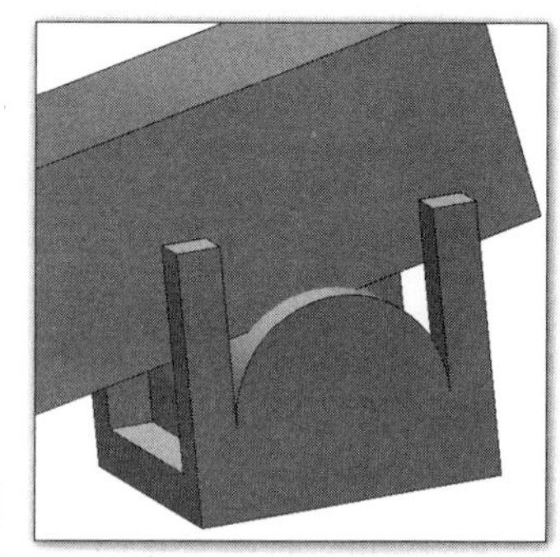

图 4-94　接触穿透

曲面接触需要注意的情况如图 4-95 所示。建模过程中通过相切功能将圆柱面和平面贴合，如图 4-95a 所示，但是当划分为网格之后，由于圆边线成为多边形，形成图 4-95b 所示的间隙。网格越粗糙，间隙越大，足够大的间隙会产生无法忽略的计算误差甚至计算报错，这就是之前提到的第 4 种产生刚体运动的情况，因此包含曲面的接触对一定要注意这个问题。

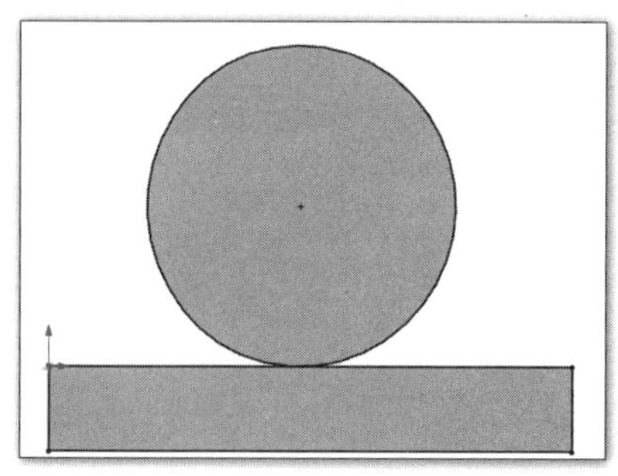

a）几何模型

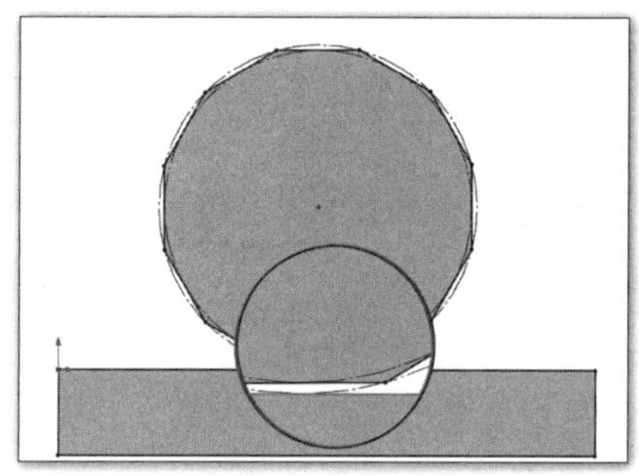

b）网格模型

图 4-95　网格划分间隙

类似的还有第 3 种情况所说的几何模型间隙。在零部件设计过程中尺寸存在间隙配合，导致三维模型之间存在间隙，这种间隙也同样会产生刚体运动而导致无法求解。因此，这类间隙也必须消除，做法上只能微调模型尺寸以保证模型之间处于 0 配合状态。

间隙产生刚体运动的原因如下：初始间隙导致零部件之间需要通过运动才能进行力的传递，但是零件一旦发生运动就不满足静力学分析原则，因此模型就会出现刚体运动问题或者计算报错。

所以相信读者在自行学习有限元分析的过程中，在没有指导的情况下根本不会关注这个问题，导致多数装配体分析问题都无法进行计算。

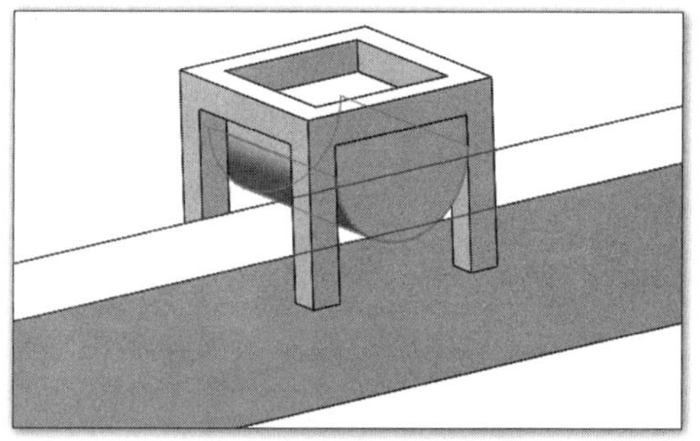

图 4-96　原始的接触面

为防止间隙问题的出现，同时提高接触精度，将图 4-96 所示的三组圆柱面接触进行网格加密。

弯曲梁和压头接触对的实际接触面只有很小的区域，这在有限元分析中是比较常见的现象，为有效提升接触位置的计算精度，经常会使用分割线功能将接触面切分，这就是图 4-77 所示分割产生的原因。本书中不具体介绍曲面分割的方法，不了解的读者可通过相应的三维教程及 SOLIDWORKS 帮助文件进行学习，本书直接提供已经分割好的三维模型。

步骤 31 局部加密网格。右键单击算例树中的【网格】，选择【应用网格控制】，在图形显示区域选择压头中线和弯曲梁小平面（共 6 个几何元素），将网格大小设置为【0.50mm】，比例系数设置为【1.1】，如图 4-97 所示，单击【√】确定。

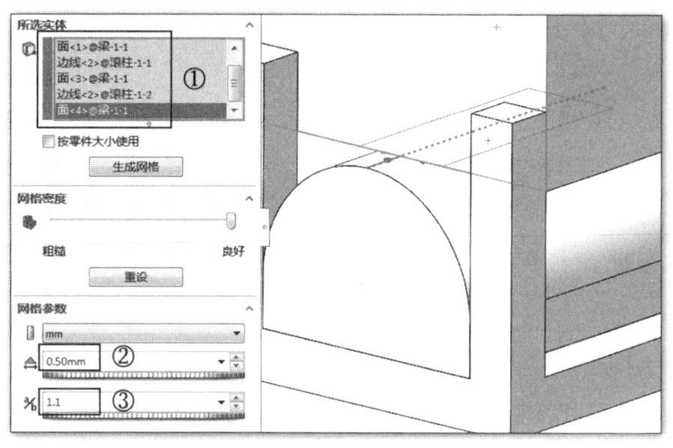

图 4-97　局部加密设置

步骤 32 生成网格。右键单击算例树中的【网格】，选择【生成网格】，单击【√】确定，生成的网格如图 4-98 所示。

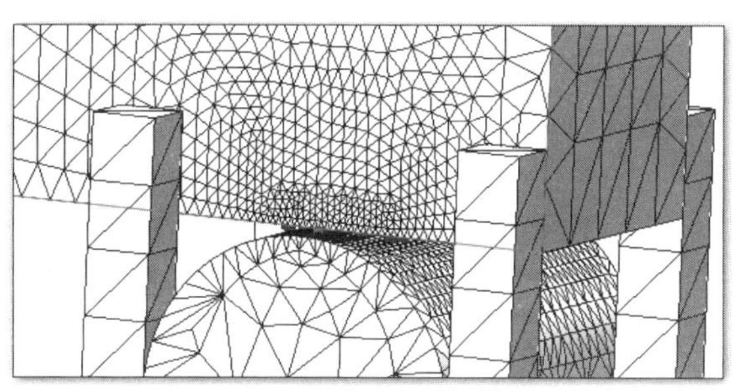

图 4-98　局部加密网格

步骤 33 保存设置并求解。单击【保存】保存之前的设置，右键单击算例树中的【合理边界条件】，单击【运行】，进入求解状态，当前算例的计算时间约为 3min。

步骤 34 设置位移结果。双击【结果】中的【位移 1（合位移）】，右键单击【位移 1（合位移）】，选择【编辑定义】，将【变形形状】设置为【用户定义】，设置【变形比例】为【10】，单击【√】确定，计算结果如图 4-99 所示。关于网格无关性检查的问题读者可自行验证。

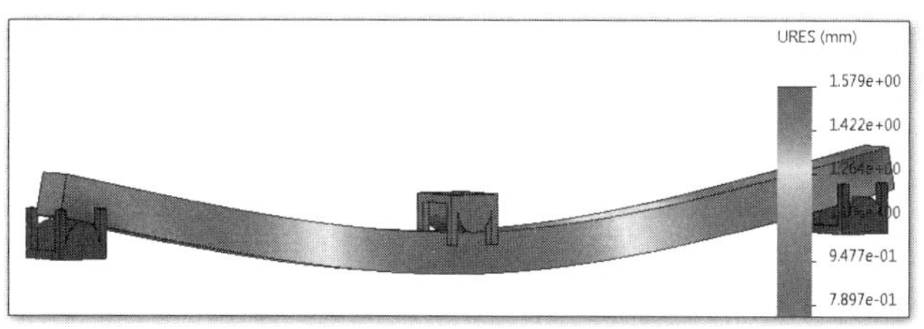

图 4-99　最终位移计算结果

通过电机支架和三点弯实验这两个模型，关于一般性装配体接触问题的重点内容已经基本介绍完成，请读者反复理解和推敲这两个模型的思路以及其中所涉及的问题解决方法，这当中所应用到的思路和方法是解决复杂装配体分析问题的基础。

4.5 实体焊接

接下来将介绍关于包含焊接的模型的分析问题。

说到有限元分析焊接问题的解决方法，当前在学术界和工程界都存在大量的争议，目前常用的方法包括直接绑定法、梁单元法以及真实模型分析等方法。但是这些方法都存在不同程度的不足之处，本书只介绍最为普遍的一种处理方法——直接绑定法，它在 SOLIDWORKS Simulation 中称为结合。

4.5.1 分析案例：焊接立柱

图 4-100 所示为一立柱，整体结构焊接，材料为 1023 碳钢板，底部采用螺栓连接，材料为合金钢，立柱上端承受一重物，重物质量为 200kg，重心位置为（−120，50，−20），考察立柱的整体变形情况。

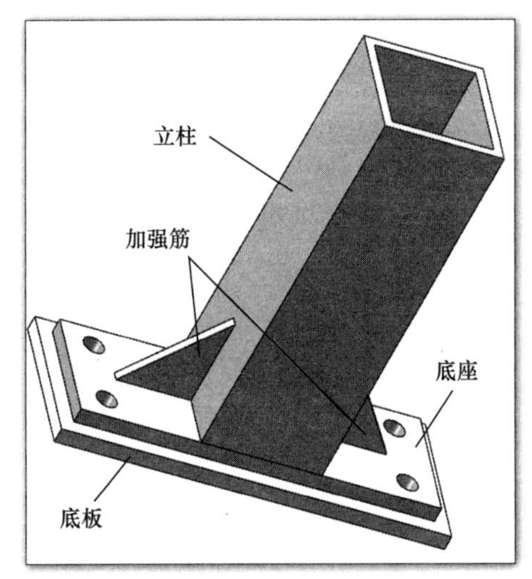

图 4-100 焊接立柱

步骤 1 打开三维模型。单击菜单栏中的【文件】/【打开】，并在模型文件保存路径下依次找到文件夹"第 4 章\焊接立柱"，选择模型文件【焊接立柱】，单击【打开】。

步骤 2 保存模型。单击菜单栏中的【保存】，读者自行指定位置保存模型。

步骤 3 新建算例。单击工具栏中的【Simulation】激活 Simulation 工具栏，单击【新算例】，进入新算例设置界面，选择分析类型【静应力分析】，并设置算例名称为【全局结合】，单击【√】确定。

步骤 4 设置材料。右键单击算例树中的【焊接立柱】，选择【应用材料到所有】，选择【1023 碳钢板】，将【单位】设置为【SI-N/mm^2（MPa）】，依次单击【应用】和【关闭】，关闭材料库设置界面。

步骤 5 设置底板和地面之间的螺栓连接。右键单击算例树中的【连结】，选择【螺栓】，打开螺栓接头设置窗口，如图 4-101 所示。单击第一行图标右侧的蓝色区域，在右侧图形显示区域单击选择图 4-101 中标注的圆孔边线①（代表螺栓起始位置），单击第二行图标右侧的紫色窗格，在图形显示区域单击选择图 4-101 中标注的圆孔边线②（代表螺栓终止位置），并将连接类型改为【分布】，其余设置保持默认，单击【√】确定。

步骤 6 重复步骤 5，建立其余三颗螺栓接头。

步骤 7 设置固定约束。右键单击算例树中的【夹具】，选择【固定几何体】，选择底板的

4 个侧面，如图 4-102 所示，单击【√】确定。

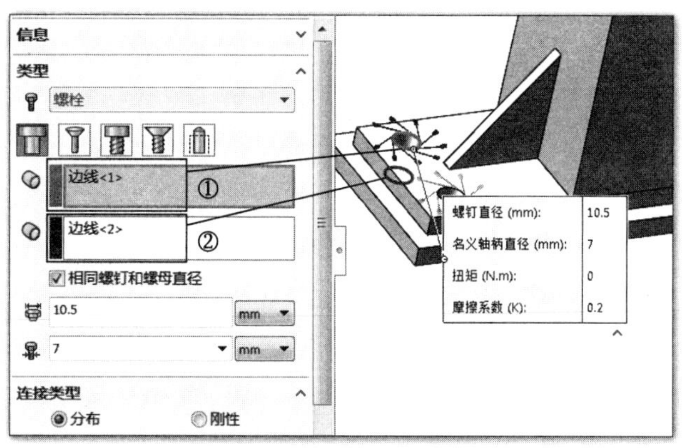

图 4-101　螺栓接头设置

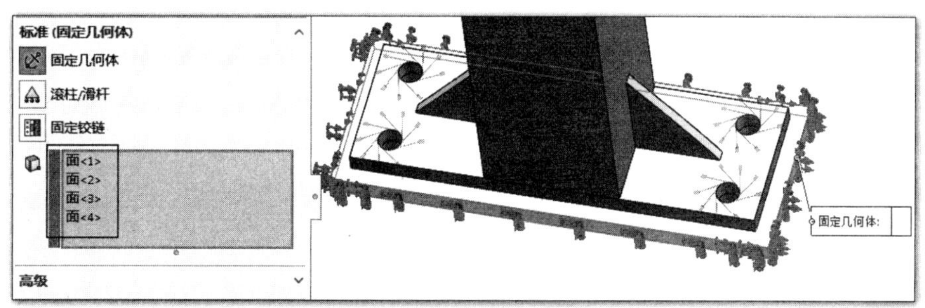

图 4-102　固定约束

步骤 8 加载远程载荷 / 质量。右键单击算例树中的【外部载荷】，选择【远程载荷 / 质量】，打开远程载荷 / 质量设置窗口，单击图标右侧的蓝色区域，激活【力矩的面】选择区域，在图形显示区域单击选择图 4-103 所示的立柱上表面，在【位置】区域依次输入坐标【-120，50，-20】，在【平移零部件】区域单击第二行的、、图标激活【Y】方向，输入载荷【2000】N，如图 4-104 所示，单击【√】确定。

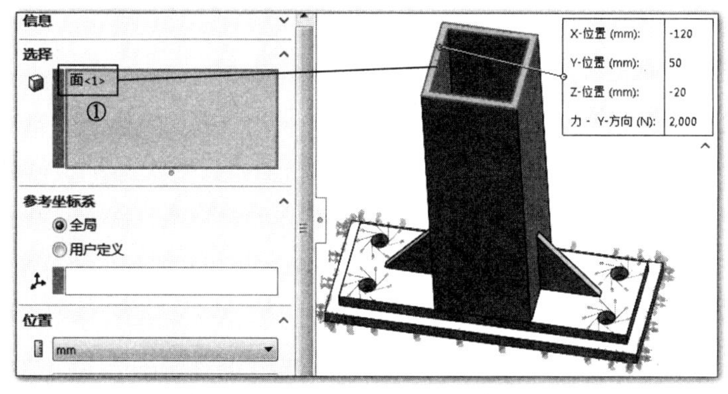

图 4-103　远程载荷 / 质量设置窗口

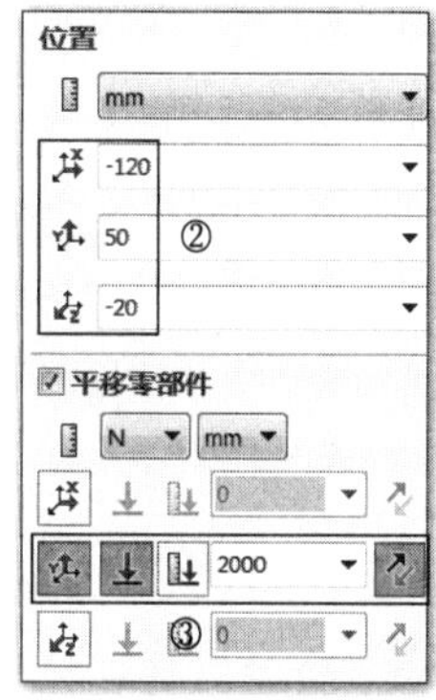

图 4-104　载荷设置

步骤 9 生成网格。右键单击算例树中的【网格】，选择【生成网格】，打开网格设置界面，勾选【网格参数】复选框，将单元尺寸设置为【3.00mm】，单击【√】确定。

步骤 10 求解算例。右键单击算例树中的【全局结合】，单击【运行】，会弹出两次窗口，均单击【是】，进入求解状态。

步骤 11 查看合位移结果。双击【位移 1（合位移）】，结果如图 4-105 所示。

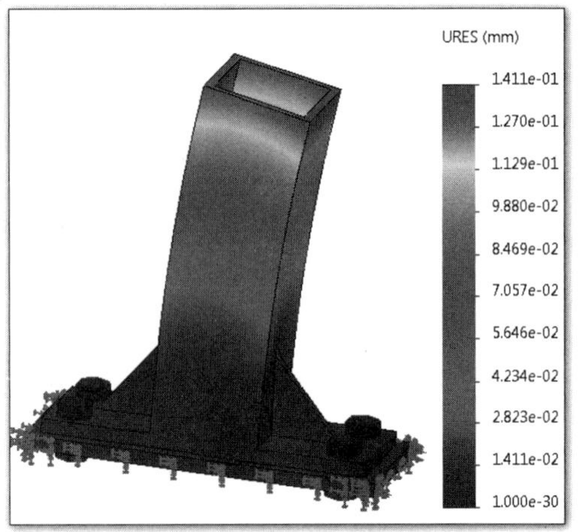

图 4-105　全局结合合位移结果

通过之前的内容知道，底座和立柱之间通过螺栓连接，需要在零件交界面设置接触，在未设置相关接触的情况下，会弹出图 4-31 所示的提示。但是在当前的操作流程中并未设置任何接触，整体模型仍旧完成计算，这是为什么？这一情况和默认接触设置——全局接触有关。

4.5.2　全局接触

在本章之前的几个案例中，在新建完算例之后的第一步操作都是删除【全局接触】。在 SOLIDWORKS Simulation 中，当程序检测到此次分析包含两个及以上零件时，即会在算例生成时自动生成一个名为全局接触（接合 - 兼容网格）的接触形式，如图 4-106 所示。“全局”顾名思义即是所有的零件，因此在对接触不做任何处理的情况下，模型默认假设全局采用结合设置，而结合是有限元分析中焊接问题最常用的设置手段，因此当前立柱模型能够计算出结果的原因在于所有零件的接触形式都已假设为结合。

连结
零部件接触
全局接触 (-接合-兼容网格-)

图 4-106　全局接触

这一功能看上去非常方便，尤其可以帮助工程师在遗漏接触的情况下计算出结果，但是实际上这一功能存在较大的风险。以本案例为例，虽然得到图 4-105 所示的结果，但实际上该结果并不合理，因为对螺栓连接的两个零件之间的交界面进行结合设置相当于焊接，这将大大提高零件的刚度。对多数读者来说，通过结果判断计算结果是否准确本就是一件非常难的事情，比如在当前没有说明的情况下**根本不会意识到图 4-105 所示的计算结果存在不合理**。

如果假设不存在默认的全局接触，一旦遗漏接触，结果会出现刚体运动错误提示，从而迫使工程人员检查模型。因此在此强调：**除非整个模型全都是焊接的接触形式，否则强烈建议删除软件默认设置的全局接触。这一功能目前不仅在 SOLIDWORKS Simulation 中存在，一些主流有限元分析软件中也存在，但是对于大多数读者，学习前期尽量不要使用该功能，它对分析习惯的养成和分析思维的建立没有任何好处。**

步骤 12 删除全局接触。依次单击【连结】【零部件接触】前的▾展开算例树，右键单击【全局接触（接合）】，选择【删除】。

步骤 13 自动查找相触面组。右键单击算例树中的【连结】，选择【相触面组】，激活【自动查找相触面组】，在图形显示区域选择底板和底座，单击【查找相触面组】，查找到一对相触面组，如图 4-107 所示，单击图标生成相触面组，单击【√】确定。

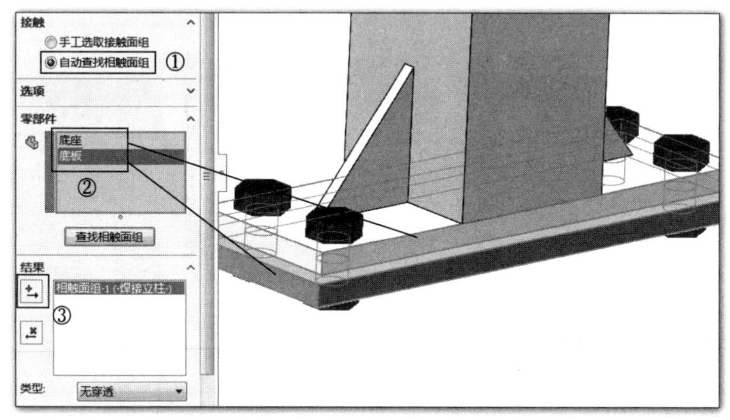

图 4-107　自动查询接触

步骤 14 设置零部件结合。右键单击算例树中的【连结】，选择【零部件接触】，在图形显示区域选择除底板外的全部零件，并激活【兼容网格】，如图 4-108 所示，单击【√】确定。

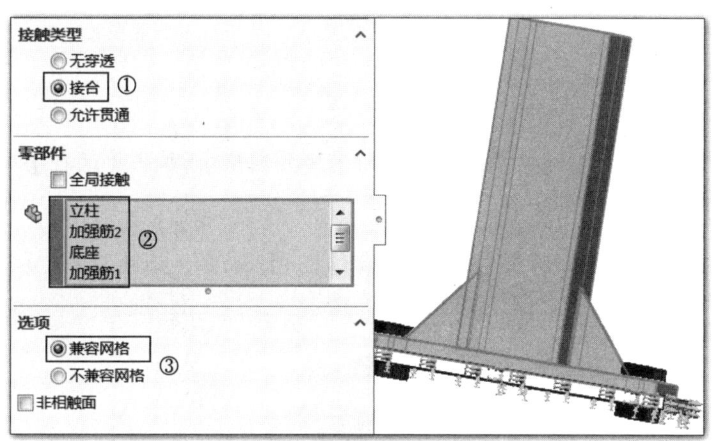

图 4-108　零部件结合

4.5.3　兼容网格和不兼容网格

兼容网格和不兼容网格是在结合设置里的两种网格类型，通过两种设置所生成的立柱网格对比即可看出其中的区别。

兼容网格使用类似布尔运算的方式将所有设置结合的零部件看成一个零件，然后再进行网格划分，最终的网格效果就是所有零件交界处的网格节点一一对应，如图 4-109a 所示。

不兼容网格则是各自划分零部件网格，然后将重合面之间的节点通过数学算法进行连接，如图 4-109b 所示。

兼容网格计算精度高，计算速度快，因此对于结合设置优先使用兼容网格。唯一的问题就是兼容网格在划分算法上会略难于不兼容网格，但是以目前 SOLIDWORKS Simulation 网格的智能化程度，多数情况下可以划分出兼容网格。**因此，在绝大多数的结合接触条件下要求设置兼容网格，以确保计算精度。**

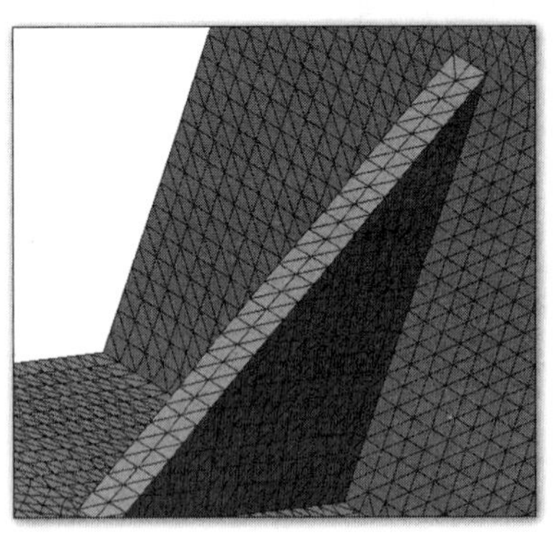
a）兼容网格

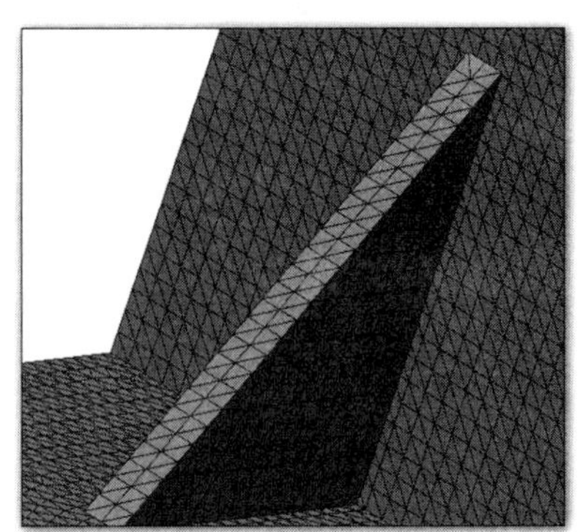
b）不兼容网格

图 4-109　两种网格的对比

注意：只有在零部件状态下设置结合才有兼容网格选项存在，如果在相触面组中设置结合则无法使用兼容网格，读者可自行打开窗口查看。

步骤 15 算例求解。右键单击算例树中的【焊接测试】，单击【运行】，进入算例求解状态，当前算例的计算时间约为 3min。

步骤 16 显示位移结果。双击【位移 1（合位移）】，结果如图 4-110 所示。

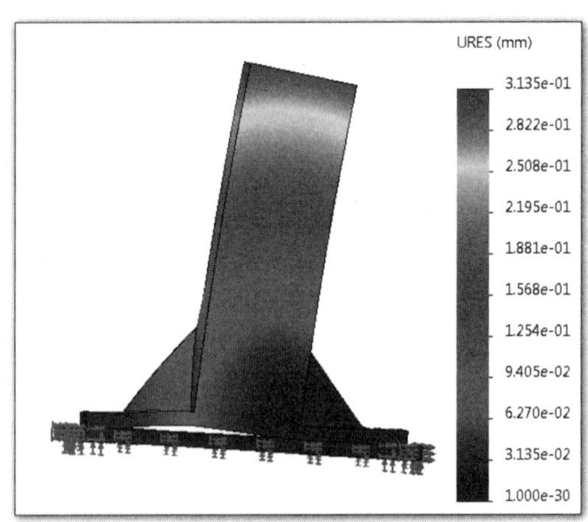

图 4-110　位移结果

图 4-110 所示为删除全局接触后的位移结果，对比图 4-105 所示的位移结果可以看出，在底板和地面之间的接触面上，图 4-105 因为焊接设置未产生分离，而图 4-110 产生了分离，从变形趋势上看图 4-110 分离的计算结果明显更符合实际。

同时图 4-105 的最大位移值为 0.14mm，而图 4-110 的最大位移值为 0.31mm，两者结果相差较大。

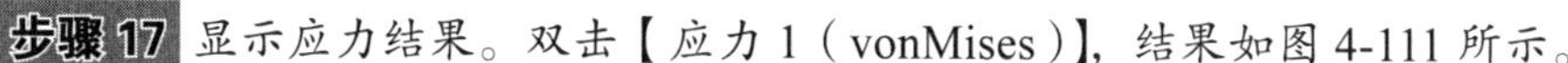

步骤 17 显示应力结果。双击【应力 1（vonMises）】，结果如图 4-111 所示。

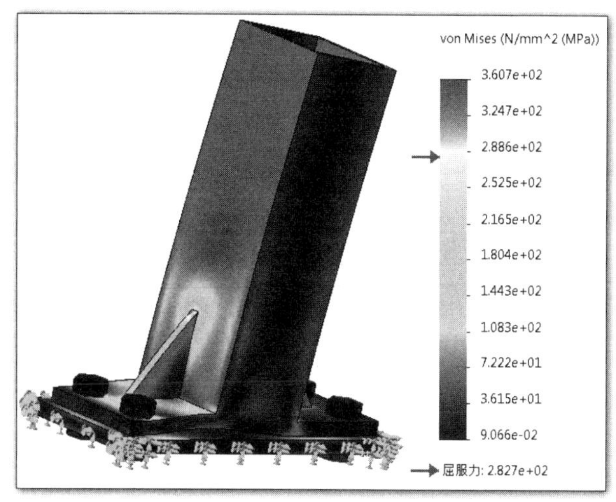

图 4-111　应力云图

图 4-111 中应力最大位置明显存在应力奇异，在钢结构计算中存在大量应力奇异点，这是比较正常的现象，因此很多工程人员会被这些应力奇异点困扰。首先，大家要清楚，对付应力奇异点，有限元分析并没有好的办法，只能根据工程人员自身的经验进行判定。目前有一种做法：在网格精度基本合理的情况下，将应力奇异位置外延 1~2 个单元处的应力读数作为应力奇异位置的应力值。如图 4-112 所示，加强筋位置为 220MPa，立柱壁面为 189MPa。但是这种做法存在一定争议，读者可斟酌使用。

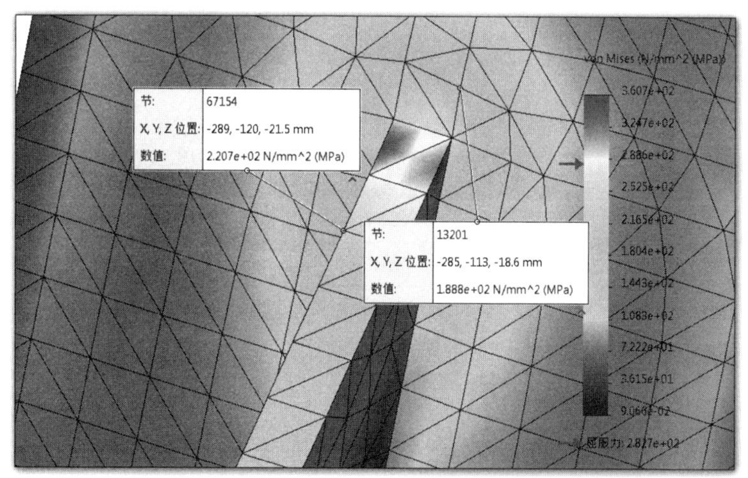

图 4-112　应力奇异位置外延 1 个单元处的应力值

当前结果的网格精度并不高，这种模型比较特殊的一点在于，如果使用实体网格划分，需要保证所有零件在厚度方向至少达到 2 层二阶单元。接下来读者可尝试使用 1.5mm 网格再进行分析。计算时间会根据计算机性能的不同略有差别，10~30min 都有可能，本书不再进行详细说明。再次提醒读者，计算完成后需要将位移结果和图 4-110 作对比，进行位移结果的网格无关性检查。

在实际工程项目中，一次分析在 30min 以上是比较常见的事情，因此在前期确定边界条件时注意不要使用过量网格，在完全确定边界条件的准确性之后再进行网格加密计算，一开始就加密网格会导致计算效率低下。

4.5.4 接触优先级问题

此部分内容读者了解即可。

通过之前的接触设置可知，SOLIDWORKS Simulation 存在相触面组和零部件接触两种接触设置形式，零部件接触设置下有全局接触的设置选项，同时不同的接触设置形式下还有无穿透、结合及允许贯穿等接触类型。在一般情况下接触设置不会存在相互之间冲突的问题，但是为防止在一些特殊场合中同一位置存在接触设置重叠的情况，程序存在接触优先级问题。读者请注意，关于接触优先级问题软件帮助文件里的描述也并不完备。

比如对图 4-113 所示的模型进行接触设置，默认全局接触设置未删除，两板之间的接触面设置相触面组，如果将零部件之间设置成允许贯穿，这时候最终的零部件计算结果表现出的是图 4-2~ 图 4-4 中的哪一种情况？

接下来对该模型进行接触优先级验证，设置方案及最终接触形式统计见表 4-5。本案例不需要进行操作练习，相关模型设置查看对应的模型文件即可。

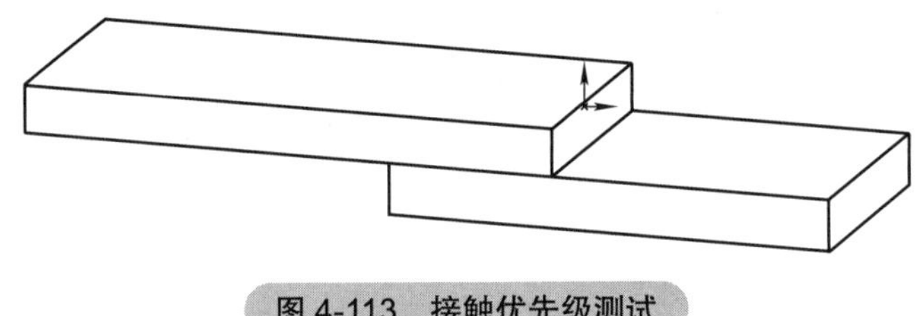

图 4-113　接触优先级测试

表 4-5　不同设置方案下的接触优先级统计

接触类型	设置 1	设置 2	设置 3	设置 4	设置 5	设置 6
相触面组	无穿透	无穿透	结合	允许贯穿	允许贯穿	允许贯穿
零部件	结合	允许贯穿	无穿透	无穿透	无穿透	结合
全局	允许贯穿	结合	允许贯穿	允许贯穿	结合	结合
最终接触形式	无穿透	无穿透	结合	无穿透	无穿透	允许贯穿

通过对比以上 6 组设置方案可知，接触优先级如下：

1）当相触面组设置为无穿透和结合时，模型接触形式显示为相触面组设置的接触形式。

2）当相触面组设置为允许贯穿时，情况非常特殊。如零部件接触和全局接触里存在无穿透设置，则模型接触形式显示为无穿透；如果零部件接触和全局接触里不存在无穿透设置，模型接触形式显示为允许贯穿。

在实际的分析过程中，应该尽量避免对同一位置的接触对重复定义，这样就可以从根本上避免接触优先级问题。所以在本书案例操作部分，除个别模型外，其他均要求删除默认全局接触，目的就是为了防止接触定义不明的问题。

4.6　小结与讨论：复杂装配体分析思路梳理

本章的模型不论是在本书的各章节中，还是在多数其他软件教材中都属于比较复杂的模型，需要读者保持足够的耐心。但是不论教材模型多复杂，和实际的产品模型相比都相对属于简单模型。因此再次提醒读者，**复杂模型需要经过多步迭代才能得到比较准确的结果**，所以需要按照本章所提到的思路和方法逐步对模型进行调试。

本章学习完成之后，读者可以选择合适的企业产品三维模型，结合前 4 章所介绍的所有内容，进行产品的静力学分析，大致的流程如下：

1）选择一款产品在某种工况下进行分析。在此阶段请思考该工况是否为静力学分析。

2）对模型进行修正，确保模型符合静力学分析要求。

3）施加边界条件，对不确定的参数，如摩擦、载荷、材料参数等使用近似的数据进行替代。

4）求解及问题排查。仔细检查错误提示，逐步解决设置问题。

5）结果解读。对变形结果进行放大，仔细确认变形趋势是否符合实际情况。

6）对问题再次进行修正、迭代并计算。

基本上所有的产品分析都要遵循这一流程。该流程不用去强行记忆，这只是一种工作方式，不论是在设计、仿真还是其他工作方面都是类似的方法，同时根据不同产品的复杂程度制定合适的学习周期。**以本章的电机支架装配和三点弯实验模型为例，读者要在无人指导的情况下独立完成这种复杂程度的模型，应按照至少一周且每天 4h 的练习及思考时间进行规划**。

特别强调，练习模型请使用企业设计工程师完成的原始三维模型，不要使用现成调整好的分析用三维模型。

第 5 章 边界条件和圣维南原理的应用

【学习目标】

1）载荷简化
2）对称约束
3）圣维南原理
4）子模型
5）解算器

扫码看视频

约束、载荷及接触统称为边界条件，边界条件的准确性对有限元分析计算结果的准确性具有重要影响。多数情况下接触是最接近真实的边界条件，而约束和载荷边界条件一般由接触简化而来。本章将通过案例逐一介绍几种常见的边界条件简化问题，以及和边界条件设置相关的问题。

5.1 均布载荷问题

均布载荷是经常被提起的载荷分布类型之一，但是关于均布载荷的简化问题，多数读者并没有办法做出合理的判断，本节案例将重点讲解均布载荷的简化问题。

5.1.1 分析案例：工作台载荷简化

工作台正中间放置一重物，重物材料为合金钢，工作台材料为1023碳钢板，如图5-1所示。利用 SOLIDWORKS Simulation 考察工作台的变形情况，并思考均布载荷简化方案是否合理。

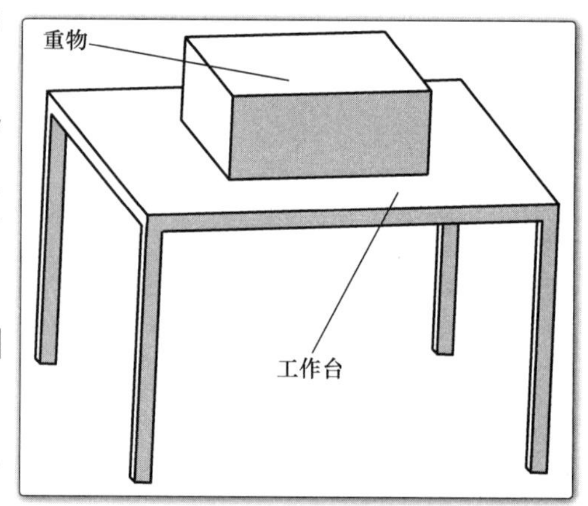

图 5-1 工作台承重

步骤 1 打开模型。单击菜单栏中的【文件】/【打开】，并在模型文件保存路径下依次找到文件夹“第 5 章 \ 工作台载荷简化”，选择模型文件【工作台载荷简化】，单击【打开】。

步骤 2 保存模型。单击菜单栏中的【保存】，读者自行指定位置保存模型。

步骤 3 新建算例。单击工具栏中的【Simulation】激活 Simulation 工具栏，单击【新算例】，进入新算例设置界面，选择分析类型【静应力分析】，并设置算例名称为【真实物体接触】，单击【√】确定。

步骤 4 删除全局接触。右键单击【零部件接触】，选择【删除】。

步骤 5 设置材料。单击【工作台载荷简化】前的▾展开算例树，右键单击零件【重物】，选择【应用 / 编辑材料】，选择材料【合金钢】，将【单位】设置为【SI-N/mm^2（MPa）】，依次单击【应用】和【关闭】，关闭材料库设置界面。右键单击零件【工作台 1】，选择【应用 / 编辑材料】，选择【1023 碳钢板】，将【单位】设置为【SI-N/mm^2（MPa）】，依次单击【应用】和【关闭】，关闭材料库设置界面。右键单击零件【工作台 2】，选择【应用 / 编辑材料】，选择【1023 碳钢板】，将【单位】设置为【SI-N/mm^2（MPa）】，依次单击【应用】和【关闭】，关闭材料库设置界面。

读者请注意，当前模型工作台中间和重物接触的区域被单独分割为一个实体，如图 5-2 所示。

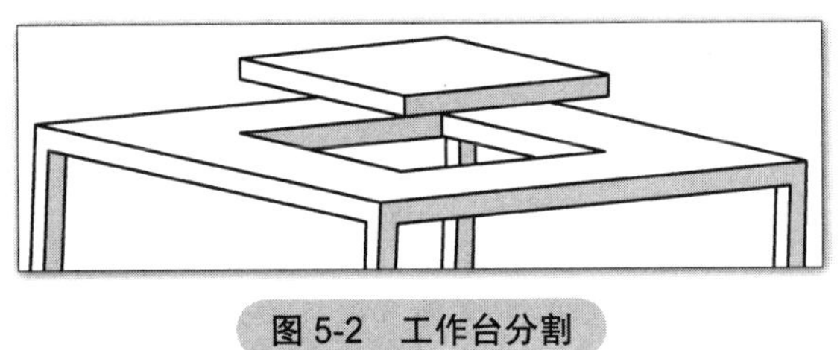

图 5-2　工作台分割

步骤 6 设置无穿透接触。右键单击算例树中的【连结】，选择【相触面组】，激活【自动查找相触面组】，在图形显示区域选择重物和工作台 2，在【属性】中勾选【摩擦】复选框，并将摩擦系数设置为【0.2】，单击【查找相触面组】，选择【相触面组 1】，单击图标生成相触面组，如图 5-3 和图 5-4 所示，单击【√】确定。

步骤 7 设置零部件结合。右键单击算例树中的【连结】，选择【零部件接触】，打开零部件接触设置界面，【接触类型】设置为【接合】，在图形显示区域选择工作台 1 和工作台 2，在【选项】区域选择【兼容网格】，如图 5-5 所示，单击【√】确定。

这里读者需要注意一个问题，无论原本的一个零件分成多少个实体，比如当前案例的工作台分为两个实体，使用结合之后，其在有限元分析中与一个整体工作台的效果完全等同。

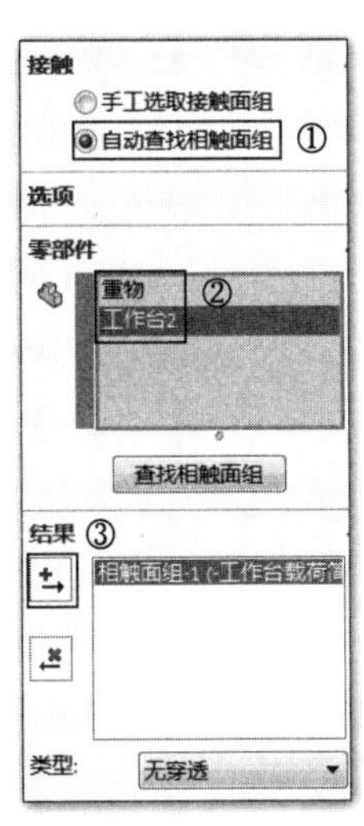

图 5-3　自动查找相触面组

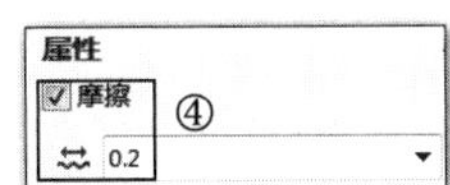

图 5-4　摩擦系数设置

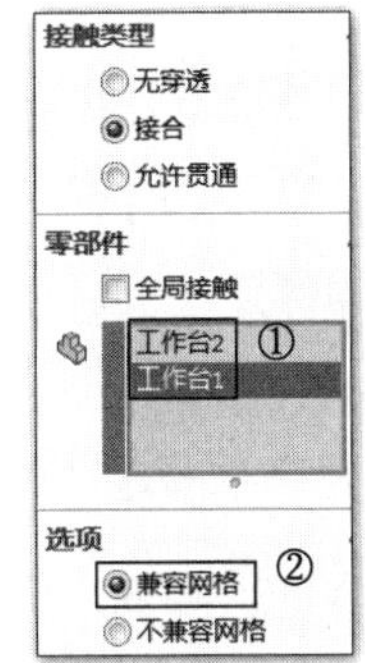

图 5-5　工作台结合

步骤 8 设置固定约束。右键单击算例树中的【夹具】，选择【固定几何体】，在图形显示区域选择工作台腿部的四个底面，如图 5-6 所示，单击【√】确定。

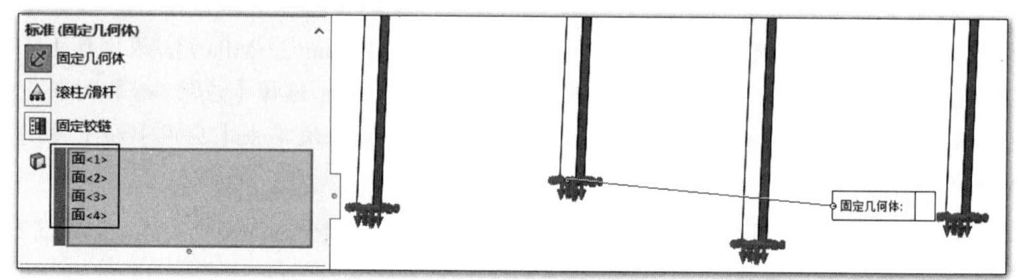

图 5-6　设置固定约束

步骤 9 添加引力并隐藏重物实体。右键单击算例树中的【外部载荷】，如图 5-7 所示，选择【引力】，在图形显示区域展开设计树并选择【前视基准面】，取消勾选【反向】复选框，如图 5-8 所示，单击【√】确定。在图形显示区域右键单击重物任意面，单击图标隐藏实体。

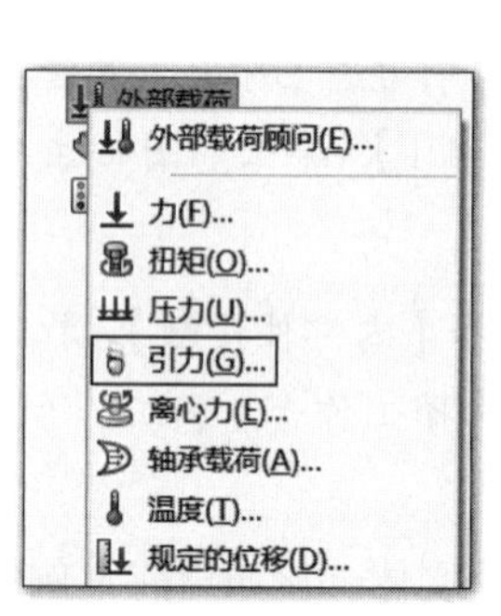

图 5-7　外部载荷菜单

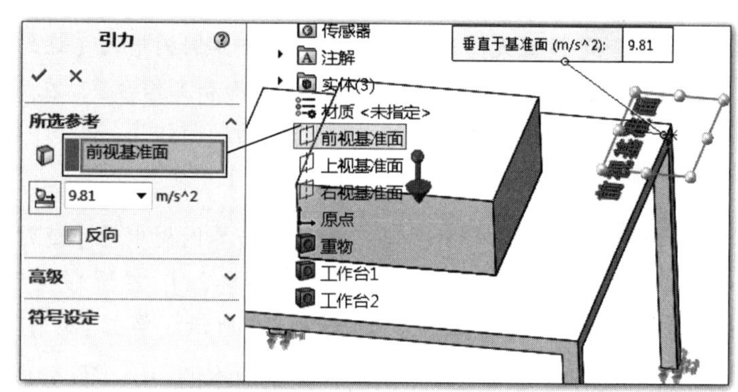

图 5-8　重力加载

本次分析中除引力外不存在外部受力，变形均由重物及工作台本身自重产生，因此只需施加引力作为外部载荷即可。

步骤 10 生成网格。右键单击算例树中的【网格】，选择【生成网格】，将单元尺寸设置为【10.00mm】，单击【√】确定。

步骤 11 保存设置并求解。单击【保存】保存之前的设置，右键单击算例树中的【真实物体接触】，单击【运行】，进入求解状态，求解时间约为 3min。

步骤 12 显示工作台的变形结果。双击【位移 1(合位移)】，右键单击【位移 1(合位移)】，选择【图表选项】，勾选【只在所示零件上显示最小 / 最大范围】复选框，如图 5-9 所示，单击【√】确定。位移结果如图 5-10 所示，最大变形量为 0.0263mm。

步骤 13 接触力提取。右键单击算例树中的【结果】，选择【列出合力】，如图 5-11 所示，打开合力查看界面，选择【接触 / 摩擦力】，单击图标右侧的蓝色区域，并在图形显示区域选择工作台中心面，单击【更新】，如图 5-12 所示，显示接触力大小为 437N。

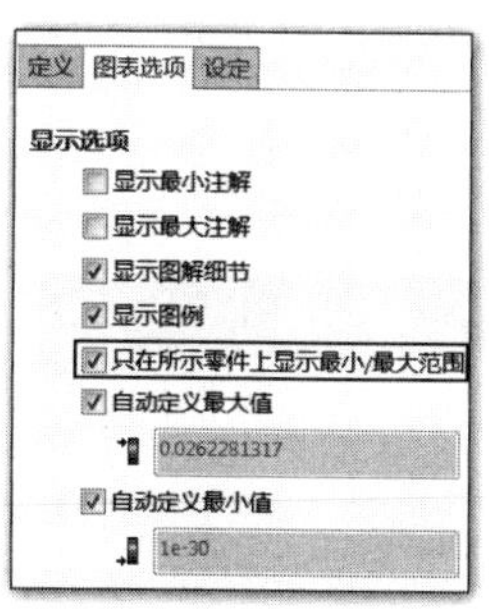

图 5-9 图表选项设置

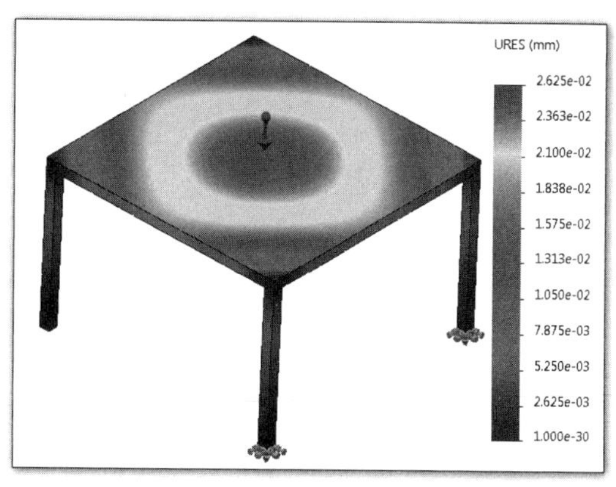

图 5-10 真实接触下工作台的变形量

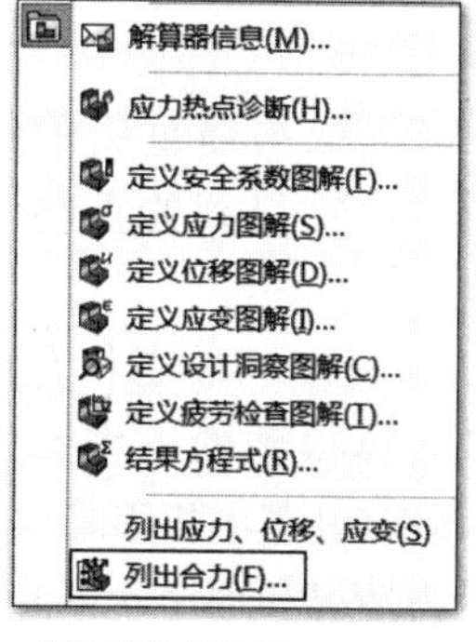

图 5-11 合力读取

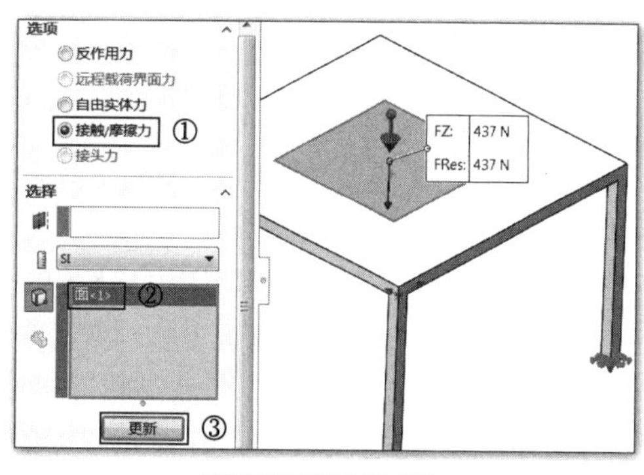

图 5-12 接触力

步骤 14 反作用力提取。在当前设置界面将【选项】由【接触/摩擦力】改为【反作用力】，在图形显示区域选择工作台腿部底面，单击【更新】，如图 5-13 所示，腿部 Z 向的反作用力都为 215N，4 条腿的合力约为 860N。

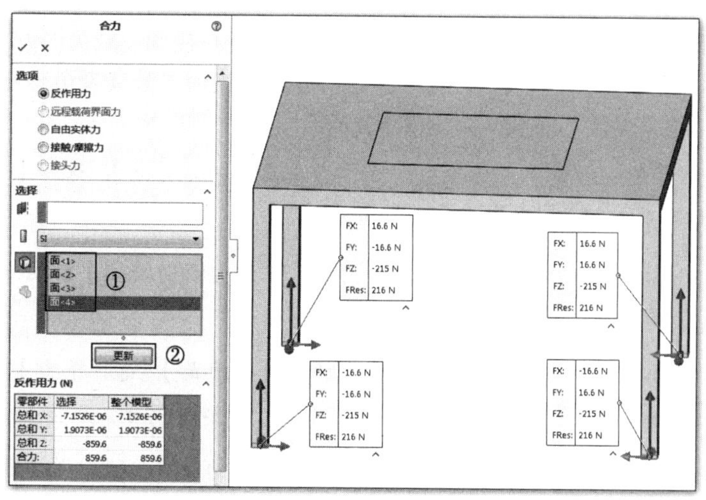

图 5-13 约束反作用力

知识卡片

合力说明

在合力查看界面，分别可以查看反作用力、远程载荷界面力、自由实体力、接触 / 摩擦力和接头力，几种力的相关说明见表 5-1。一般最常用到的作用力为反作用力、接触 / 摩擦力和接头力三种。

表 5-1　合力说明

作用力名称	具体说明
反作用力	约束端产生的作用力，只有在约束端才能读取
远程载荷界面力	远程载荷施加在界面上的力
接触 / 摩擦力	无穿透接触面产生的作用力，只有在无穿透接触面才能读取
自由实体力	所选择元素上的所有节点网格平衡力，一般不会使用
接头力	各种螺栓、轴承等接头位置的受力

重物自重的计算：利用 SOLIDWORKS 的【质量属性】功能提取当前重物的体积为 0.0057873m^3，材料密度为 7700kg/m^3，重力设置为 9.81m/s^2，最终计算得到的重物自重为 437N，和工作台的接触力 437N 相等。

工作台自重的计算：利用 SOLIDWORKS 的【质量属性】功能提取当前工作台的体积 0.00548m^3，材料密度为 7858kg/m^3，引力设置为 9.81m/s^2，最终计算得到的工作台自重为 422N，重物和工作台总重为 859N，与通过腿部提取的约束反作用力 860N 基本相等。

通过以上的计算对比可以发现，有限元计算的各部分位置的受力情况和理论计算值基本一致。因此提醒读者，虽然在大多数时候计算更关注应力和位移，但是各种合力的计算结果也是非常重要的参考数据之一，因此不要忽略这部分计算结果的提取。

5.1.2　模型简化方案

对于当前算例，设计人员可能并不在意或者无法知道工作台上所放置物体的具体形状，只知道它的质量，因此要考虑对模型进行简化。

现已知工作台上重物的等效载荷为 437N，于是可通过直接加载载荷的方式将 437N 载荷分布到接触区域，现在的问题是这 437N 载荷该如何分布。相信多数读者最容易想到的简化方式就是均布载荷，接下来使用均布载荷简化模型进行计算。

步骤 15 复制算例。右键单击标签栏区域中的【真实物体接触】，选择【复制算例】，将算例名称设置为【均布载荷简化】，单击【√】确定。

步骤 16 将重物排除分析之外。单击算例树中【工作台载荷简化】前的▾展开零件树，右键单击【重物】，选择【不包括在分析中】。

步骤 17 添加均布载荷。右键单击算例树中的【外部载荷】，选择【力】，在图形显示区域选择工作台中心面区域，设置载荷大小为【437】N，如图 5-14 所示。

步骤 18 保存设置并求解。单击【保存】保存之前的设置，右键单击算例树中的【均布载荷】，单击【运行】，进入求解状态。

步骤 19 查看工作台整体变形结果。双击【位移 1（合位移）】，结果如图 5-15 所示。

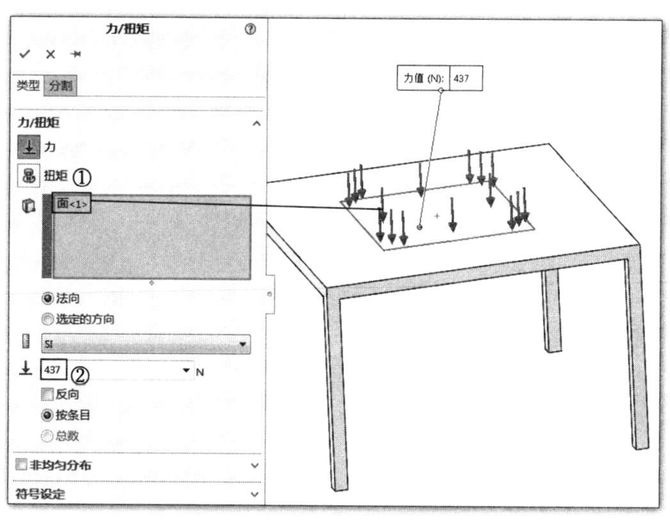

图 5-14　添加均布载荷

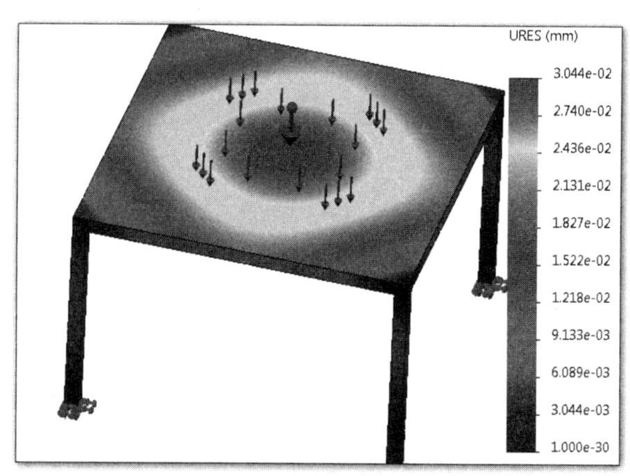

图 5-15　均布载荷下工作台的变形量

对比算例【真实物体接触】和【均布载荷简化】的位移结果，前者的位移量为 0.0263mm，后者的位移量为 0.0304mm，两者的计算结果相差近 13.5%。简化算例仅仅是将真实物体的重力简化为等效的均布载荷，这样的简化合理吗？

虽然读者当前并不清楚更合理的简化方式，但是根据第 4 章的内容可知，仅仅一个载荷简化就导致两次分析的位移结果对比差距如此之大是难以接受的。因此可以得出结论，当前接触问题采用均布载荷的简化方案看起来并不合理，在机械产品中这类接触问题多数时候无法使用均布载荷的简化方式。

为准确了解本算例的载荷简化思路，首先必须清楚简化之前接触面的受力状态。

步骤 20 显示接触压力分布状态。单击左下角标签栏区域中的算例【真实物体接触】重新激活算例，右键单击算例树中的【结果】，选择【定义应力图解】，并在【显示】区域设置应力结果为【CP：接触压力】，如图 5-16 所示，单击【√】确定。

步骤 21 右键单击【应力 2（接触压力）】，选择【向量图解选项】，将【选项】中的最大比例设置为【1000】，如图 5-17 所示，单击【√】确定，最终结果如图 5-18 所示。

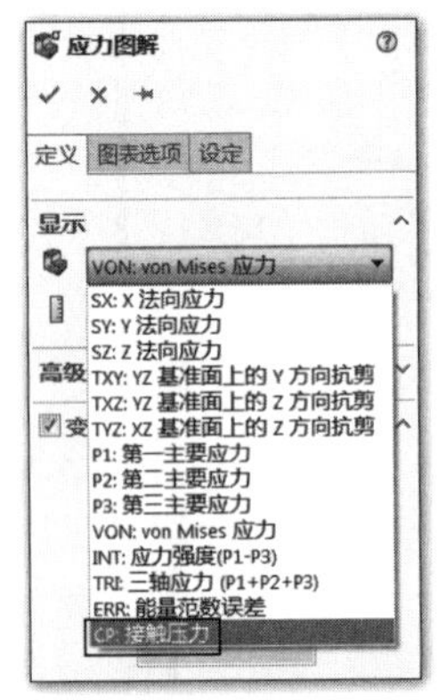

图 5-16 接触压力显示

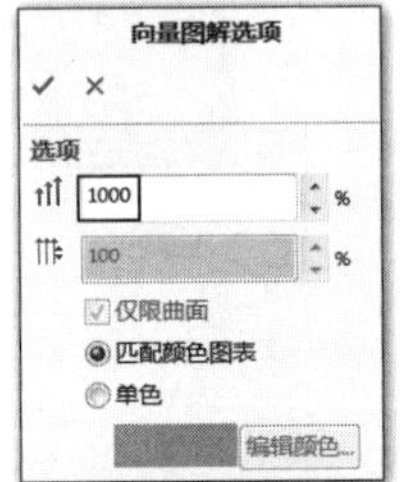

图 5-17 向量图解设置

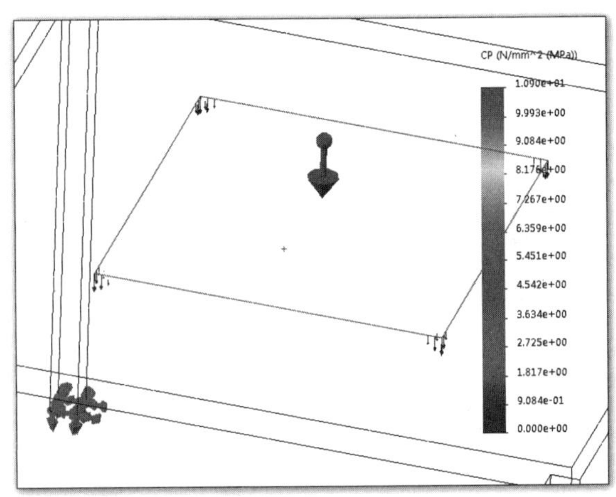

图 5-18 接触压力分布

通过接触压力分布可以看出，实际物体接触面的受力状态并非均布载荷或者接近于均布载荷的受力状态，而是受力平均分配在中心平面的四个角上。因此可以知道，这类问题实际上并不是均布载荷，同时根据当前接触压力分布的状态，可以提供另外一种有效的简化思路——四点载荷。

步骤 22 复制算例。右键单击标签栏区域中的算例【均布载荷】，选择【复制算例】，将算例名称设置为【四点载荷】，单击【√】确定。

步骤 23 删除当前载荷并重新施加载荷。右键单击算例树中的【力 -1】，选择【删除】。右键单击算例树中的【外部载荷】，选择【力】，打开载荷设置界面。在图形显示区域单击选择图 5-19 中标注的 4 个顶点，设定载荷方向为【选定的方向】，单击 图标右侧的红色区域，激活【方向的面、边线、基准面】选择区域，在基准面设置区域选择工作台上表面平面，并将载荷施加类型设置为【总数】。在力设置区域单击第三行图标，激活垂直方向载荷，输入【437】N，单击【√】确定。

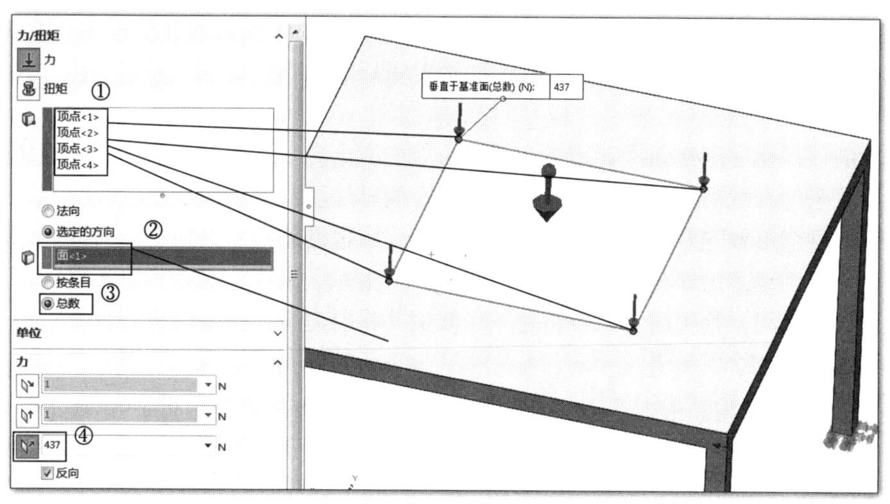

图 5-19　四点载荷加载设置

知识卡片

总数和按条目

在载荷设置界面有两个选项——按条目和总数。

按条目代表在每一选定实体上施加输入的载荷值，而总数代表在选定的所有实体上施加输入的载荷值，载荷值将成比例地分布到选定面的区域。

以步骤 23 为例，当前选择 4 个几何元素，当载荷施加类型设置为【总数】时，表示每个点分别施加 437N 除以 4 的载荷，即 109.25N，但是若载荷施加类型设置为【按条目】，则表示每个点施加 437N 载荷。

步骤 24 保存设置并求解。单击【保存】保存之前的设置，右键单击算例树中的【合理简化】，单击【运行】，进入求解状态。

步骤 25 查看工作台整体变形结果。双击【位移 1（合位移）】，结果如图 5-20 所示，最大变形量为 0.0261mm。

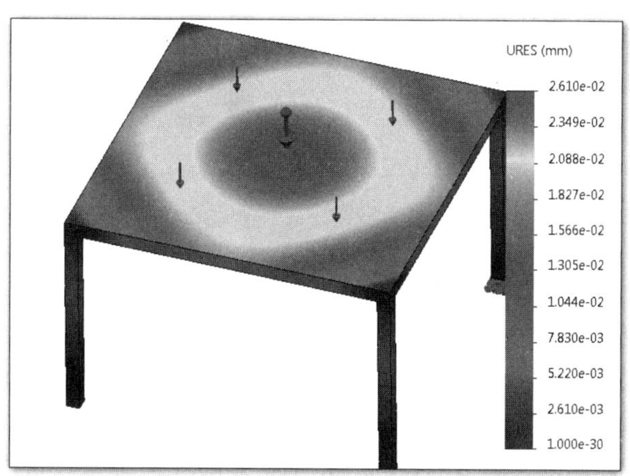

图 5-20　四点载荷下工作台的合位移云图

对比算例【真实物体接触】和【四点载荷】的位移结果，前者的变形量为 0.0263mm，后者的变形量为 0.0261mm，两者相差不足 1%，因此可以看出当前的四点载荷简化方式更符合实际的接触结果。

实际上关于简化思路难以用对错去评价，只能说哪个更合理。在本例中，四点载荷的简化方式明显要好于均布载荷的简化方式。通过这个案例，除了要掌握这类接触问题的简化方法之外，还有一个更加重要的方法需要注意，即关于简化合理性的判定方法，一般通过对比简化前后的计算结果来判定。比如在本例中读者可能还会产生一个困扰：是否可以忽略工作台的自重问题？关于这个疑问，其实读者只需新建一个案例并将引力载荷排除后进行计算，将计算结果和图 5-20 作对比即可。

步骤 26 复制算例。右键单击标签栏区域中的算例【四点载荷简化】，选择【复制算例】，将算例名称设置为【忽略引力】，单击【√】确定。

步骤 27 压缩引力载荷。右键单击【引力 -1】，选择【压缩】。

步骤 28 保存设置并求解。单击【保存】保存之前的设置，右键单击算例树中的【压缩引力】，单击【运行】，进入求解状态。

步骤 29 激活合位移结果。双击【位移 1（合位移）】，结果如图 5-21 所示，最大位移量为 0.015mm。

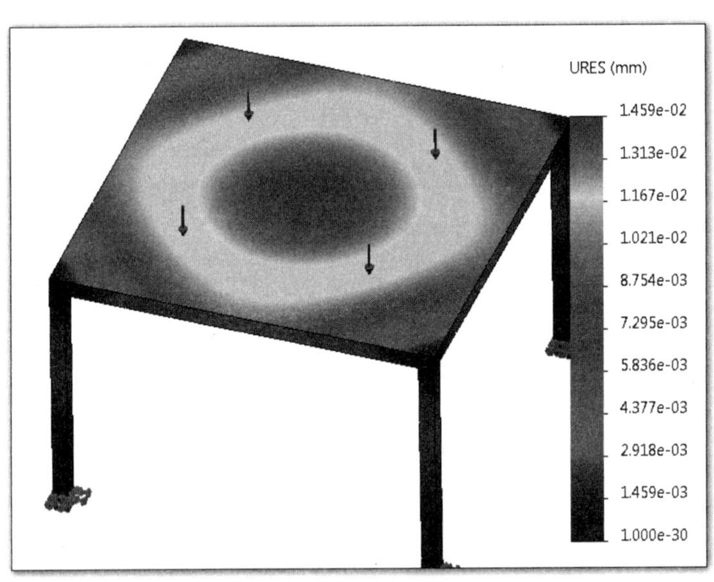

图 5-21　无重力载荷下工作台的合位移云图

通过图 5-20 和图 5-21 的位移结果对比可以看出，忽略引力之后的计算结果偏差难以接受，因此在本案例中引力边界条件不能忽略。

基于以上的案例对比，接下来说明一个困扰读者的问题：模型中某个零件或者某个边界条件是否能够简化该如何判定？关于这个问题需要注意以下两点：

1）如果简化导致前后的位移结果和应力分布趋势都发生变化，或者严重违背实际产品的实验结果趋势，那无论结果数值上如何正确，简化都不能接受。

2）在位移和应力分布趋势合理的情况下，单一边界条件或者零件的简化导致简化前后的位移结果（注意是位移结果）相差在 2% 以内比较合理。关于这点在第 4 章内容中也有提到，在这里再次做出强调。

那么，是否所有的物体放置问题都是类似这样的四点载荷分布情况？之前提到的均布载荷简化方案是否存在某些可以使用的环境？接下来对使用均布载荷的情况进行说明。

步骤 30 复制算例。右键单击标签栏区域中的算例【真实物体接触】，选择【复制算例】，将算例名称设置为【柔性物体接触】。

步骤 31 新建材料。右键单击零件【重物】，选择【应用 / 编辑材料】，右键单击材料库中的【自定义材料】，选择【新类别】，右键单击【新类别】，选择【重新命名】，输入材料库名称【第 5 章练习材料文件夹】。右键单击【第 5 章练习材料文件夹】，选择【新材料】，生成新材料【默认】，右键单击【默认】并重新命名为【新材料 1】。

步骤 32 设置材料参数。单击选择【新材料 1】，在右侧的材料属性设置窗口中设置弹性模量为【0.02】MPa，泊松比为【0.28】，材料密度为【7800】kg/m^3，屈服强度为【620.4】MPa，之后依次单击【保存】【应用】【关闭】关闭窗口。

步骤 33 保存设置并求解。单击【保存】保存之前的设置，右键单击算例树中的【柔性物体接触】，单击【运行】，进入求解状态。

步骤 34 双击【应力 2（接触压力）】，接触压力分布云图如图 5-22 所示，基本符合均布载荷分布的状态，最大位移量如图 5-23 所示，为 0.0305mm，与图 5-15 中均布载荷的最大合位移量 0.0304mm 几乎一致。

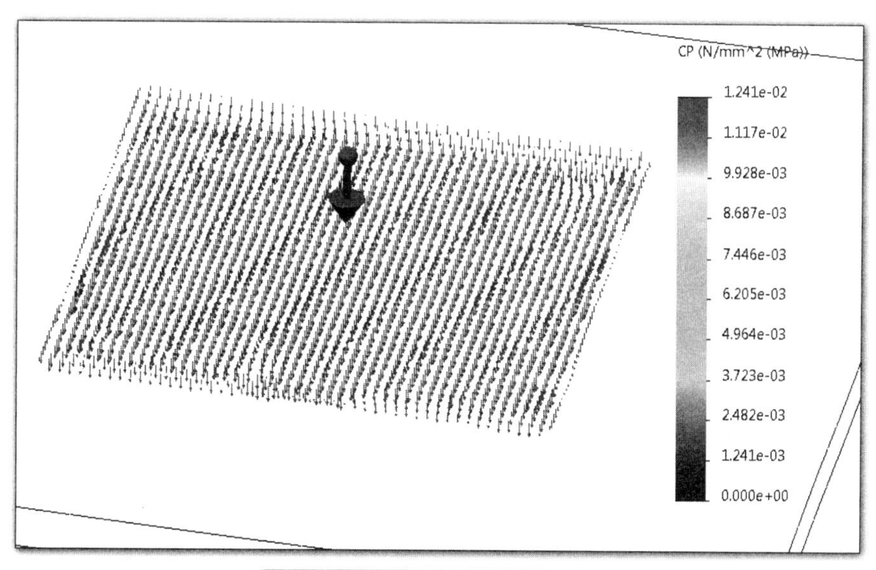

图 5-22　柔性物体接触压力分布

所以，通过之前的案例对比知道，均布载荷用在接触物体比较软或者流动性比较强的材料中，比如泥沙、液体、粉末等；而在机械结构中，因为大多数结构为金属材质，结构刚度比较大，这类问题多数情况下更适合使用类似于四点载荷的简化形式。

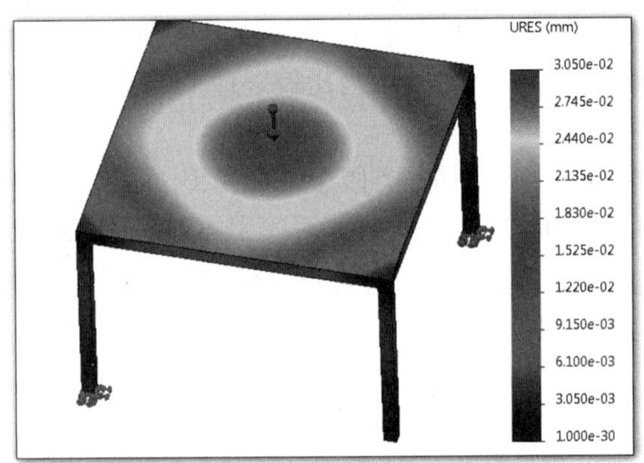

图 5-23　柔性物体载荷下工作台的合位移云图

知识卡片

引力造成的一类特殊问题

以当前工作台模型为例，假设企业按照设计要求生产出该工作台，并通过等效的金属重物加载实验测得工作台中心位置的变形量。现在请问，这一实验条件等效的仿真案例是当前的哪一个，是【四点接触】还是【忽略引力】？

这是现实中经常遇到且容易搞混的问题。千万注意当前的实验等效的边界条件是【忽略引力】，因为现实中引力问题无时无刻不在，一般的实验在测试开始时，自重所引起的变形已经产生，实验只能测量重物所产生的变形量。

5.2　圣维南原理

5.2.1　一般对称问题

对称问题是有限元分析中一类常见的问题，包括一般对称问题和轴对称问题。“对称”在有限元分析中具有重要的价值，可以在大幅减少模型计算量的同时提高计算精度。如图 5-24 所示，水杯被切分为原来的四分之一，被切分的每一部分都可以通过类似于三维建模中关于平面镜像的功能形成其他部分，并且根据需要镜像的次数成为二分之一对称、四分之一对称、八分之一对称等。当前的水杯简化为四分之一对称。不过当前仅考虑了几何模型的对称，实际上有限元分析模型的对称还需要考虑材料、接触、约束及载荷等。

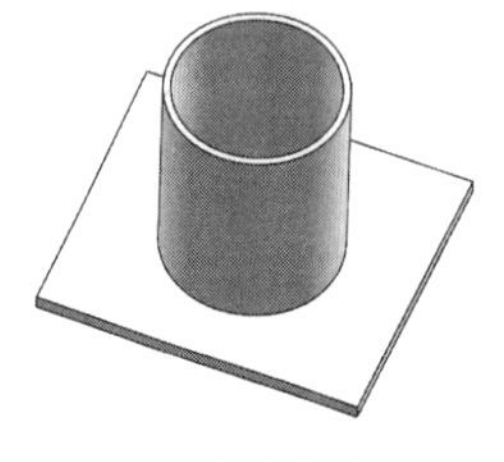

a）完整模型

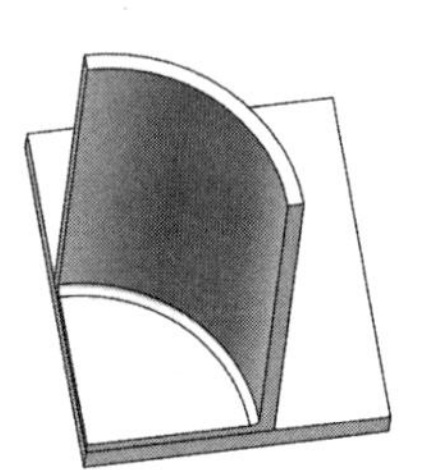

b）对称模型

图 5-24　水杯对称

图 5-25 所示为第 4 章的电机支架的三维模型，该几何模型相对于对称面左右对称，这就是二分之一对称。但当前只考虑了三维模型，接下来考察模型的边界条件是否符合当前对称关系：模型中的远程质量载荷向对称面一侧产生偏移，扭矩始终往一个方向旋转，这两种边界条件无法保证模型关于当前对称面对称，因此整个有限元模型不是对称模型。通过同样的方式可以知道第 4 章的三点弯模型符合对称要求。

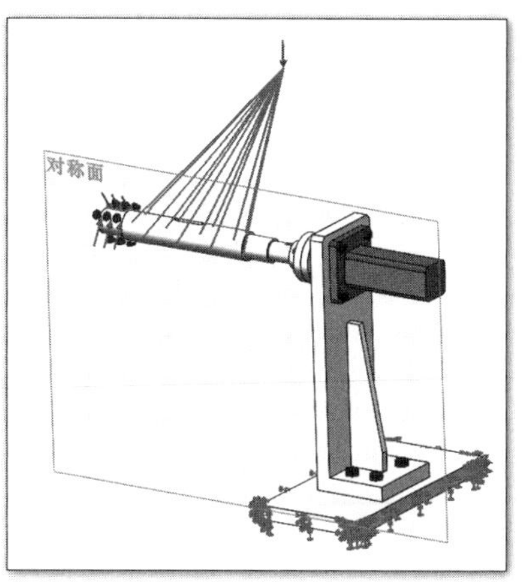

图 5-25　电机支架的对称问题

为了更好地理解对称问题，接下来通过图 5-26 所示的轮毂模型具体说明一般对称问题。图中箭头代表力的方向，所有螺栓孔受力大小均一致，从当前视角看，模型切成图中所示的 4 部分实体均保持对称状态，中心轴孔处约束，也同样符合四分之一对称要求。但是当前两种载荷的情况不同，图 5-26a 中上下载荷方向无法通过镜像对称，所以不满足上下对称关系，只满足左右对称关系，而图 5-26b 为上下左右四个方向均满足对称关系，因此图 5-26a 所示为二分之一对称，图 5-26b 所示为四分之一对称。

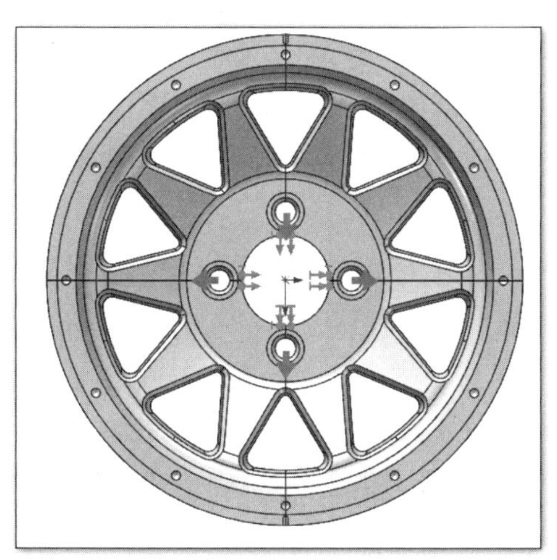

a) 加载方式一

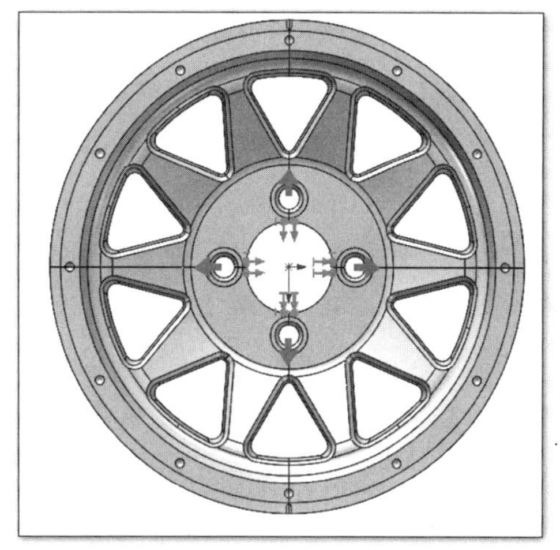

b) 加载方式二

图 5-26　轮毂对称

5.2.2　分析案例：轮毂

依据轮毂的实际接触形式，在轮毂底面的一小块区域分别施加以下载荷：

1）集中载荷。假设轮毂接触底面为一条线。

2）均布载荷。假设轮毂接触底面为一小区域，但是在该区域内载荷均匀分布。

3）线性载荷。假设轮毂接触底面为一小区域，但是在该区域内载荷线性分布。

4）余弦载荷。假设轮毂接触底面为一小区域，但是在该区域内载荷分布符合半余弦函数分布。

以上 4 种载荷的分布形式如图 5-27 所示。

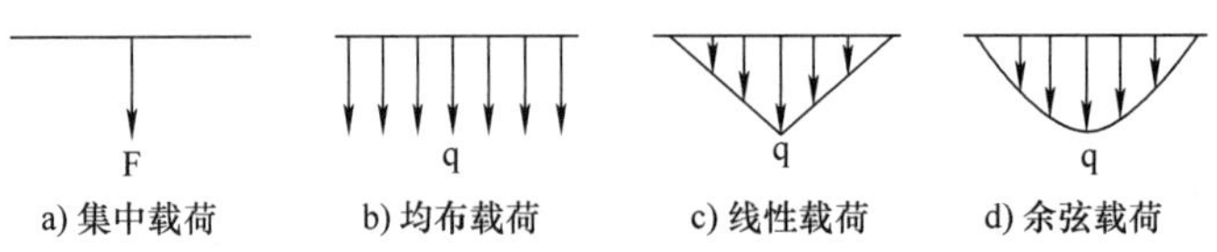

图 5-27　载荷的分布形式

地面对轮毂的接触力为20000N，中心圆孔表面约束，对比以上4种载荷分布形式下的轮毂应力及变形情况。轮毂材料为铝合金6061-T6。

通过之前对对称问题的描述，当前模型符合四分之一对称关系，最终简化模型如图5-28所示，注意图中对称面1和对称面2的位置。

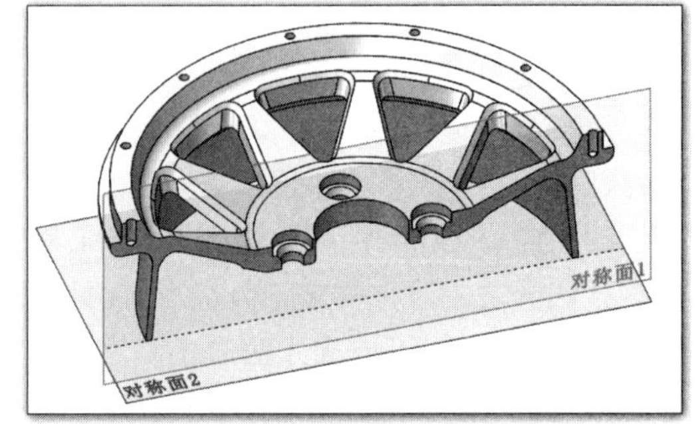

图 5-28　轮毂四分之一对称模型

步骤 1 打开装配体模型。单击菜单栏中的【文件】/【打开】，并在模型文件保存路径下依次找到文件夹"第5章\轮毂"，选择模型文件【轮毂四分之一】，单击【打开】。

步骤 2 保存模型。单击菜单栏中的【保存】，读者自行指定位置保存模型。

步骤 3 新建算例。单击工具栏中的【Simulation】激活Simulation工具栏，单击【新算例】，进入新算例设置界面，选择分析类型【静应力分析】，并设置算例名称为【集中载荷】，单击【√】确定。

步骤 4 设置材料。右键单击算例树中的【轮毂】，选择【应用/编辑材料】，选择材料【铝合金6061-T6】，单击【确定】。

步骤 5 设置对称约束。右键单击算例树中的【夹具】，选择【高级夹具】，单击图标激活【对称】，在图形显示区域选择所有因为轮毂被切为四分之一而产生的平面，这些面即为模型的对称面。请注意，是所有被切产生的平面，本模型中共有5组面，如图5-29所示。单击【√】确定。

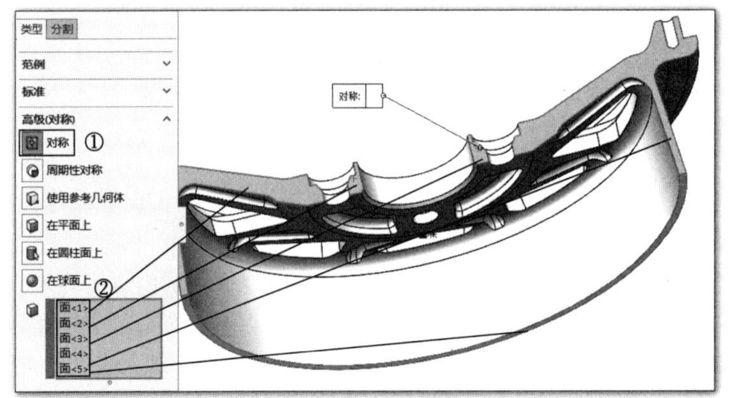

图 5-29　对称约束

知识卡片

对称约束

对称约束的本质是将所有切开平面的法线方向进行约束，即平面的垂直方向。通过软件操作过程中的预览功能也可以看出，对称约束的箭头所指的方向均为平面垂直方向。

回顾第 4 章的三点弯实验分析，刚体运动的第 4 种解决方法就是使用对称约束。如图 4-72 所示，在该平面内任意方向的微小载荷都无法抵消，但是如果模型变成四分之一对称后，即使不添加摩擦系数，因为对称关系在 X 向和 Y 向上均有约束，导致压头、梁等都不会在平面内出现刚体运动问题。因此在部分问题中，对称约束不仅能大大减少模型计算量，还能解决刚体运动问题。读者可以自行对第 4 章的三点弯模型和本章之前的工作台模型在关闭摩擦系数的情况下重新进行对称分析计算，本书直接给出位移结果，如图 5-30 和图 5-31 所示，通过对比可知，和全模型的位移计算结果完全一致。

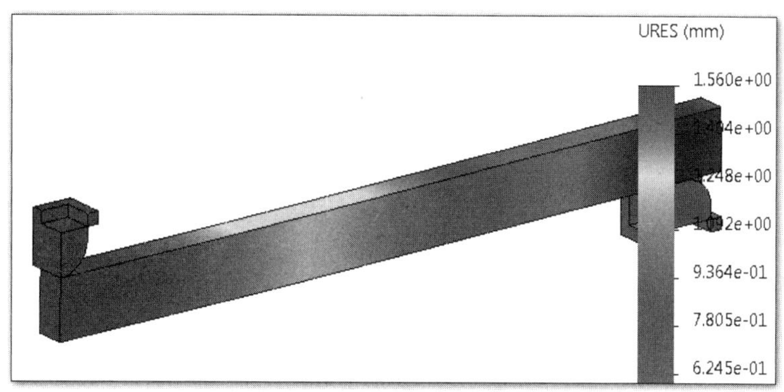

图 5-30　三点弯四分之一对称变形结果

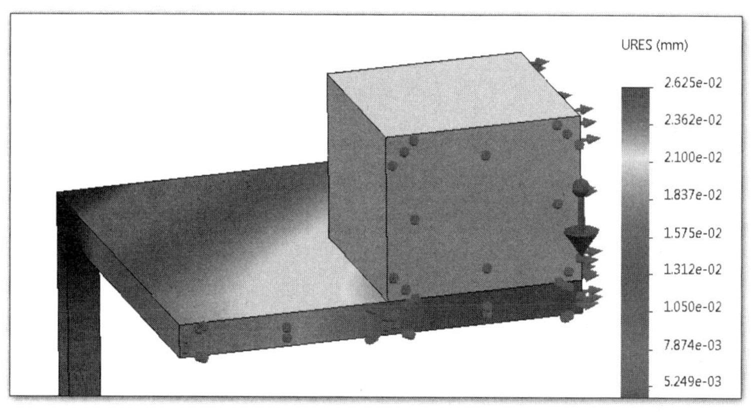

图 5-31　工作台四分之一对称变形结果

步骤 6 对轮毂安装孔进行全约束。右键单击算例树中的【夹具】，在图形显示区域选择三个螺栓孔，其中两个螺栓孔因为对称设置切分为二分之一，单击【√】确定。

步骤 7 施加集中载荷。右键单击算例树中的【外部载荷】，选择【力】，在图形显示区域选择图 5-32 所示的线段，单击图标右侧的粉色区域，激活【方向的面、边线、基准面】选择区域，在图形显示区域的设计树中选择【右视基准面】，并在力设置区域单击第三个图标激活载荷的垂直方向，输入【5000】N，勾选【反向】复选框，最终设置如图 5-32 所示，单击

【√】确定。

注意：当前模型为四分之一对称，轮毂总受力为20000N，因此在当前四分之一对称状态下，受力为20000N除以4，即5000N。

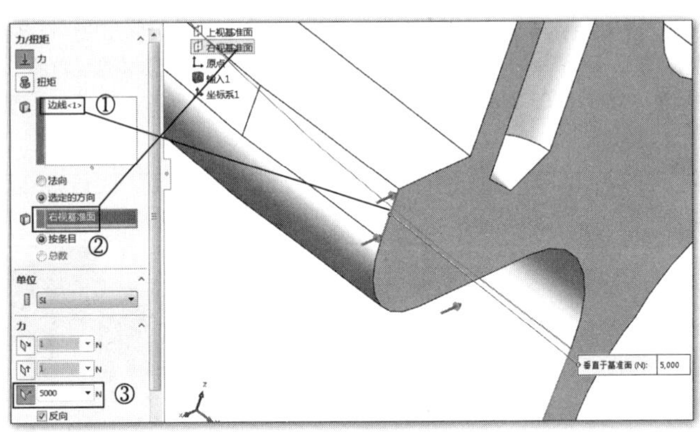

图5-32 集中载荷

步骤8 网格划分。右键单击算例树中的【网格】，选择【生成网格】，设置单元尺寸为【3.00mm】，单击【√】确定。

步骤9 保存设置并求解。单击【保存】保存之前的设置，右键单击算例树中的【集中载荷】，单击【运行】，进入求解状态。

步骤10 设置变形比例。右键单击【应力1（vonMises）】，选择【编辑定义】，将【变形形状】设置为【真实比例】，单击【√】确定。

步骤11 调整应力云图条。右键单击【应力1（vonMises）】，选择【图表选项】，关闭【自动定义最大值】复选框，并将【最大应力值】设置为【50】，如图5-33所示，单击【√】确定。最终的云图如图5-34所示。

步骤10和步骤11原本可以在一步中操作完成，但是实际由于软件的不稳定性，有时候在同一步中设置会出现问题，所以分为两步完成。

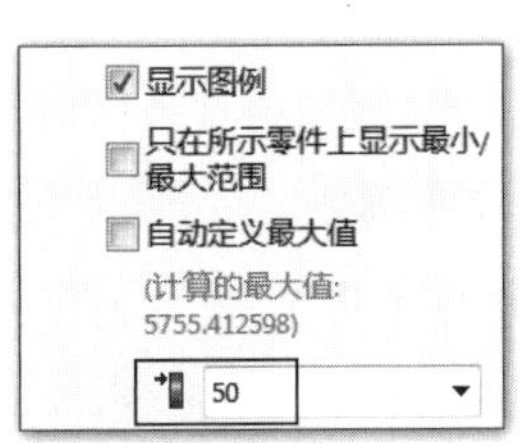

图5-33 图表选项

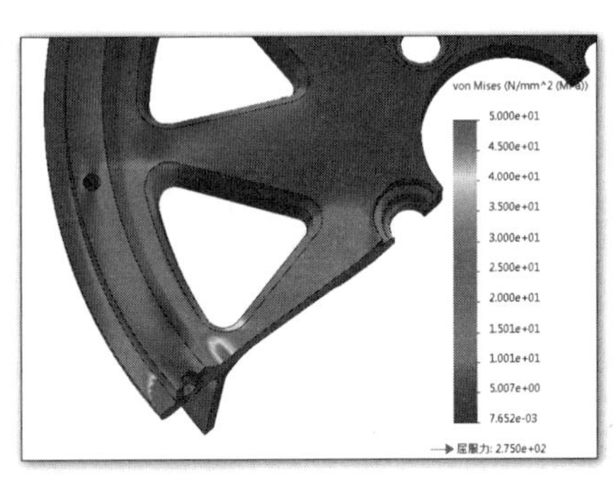

图5-34 集中载荷的von Mises应力云图

进一步添加新算例【均布载荷】。

步骤 12 添加新算例。右键单击标签栏区域中的算例【集中载荷】，选择【复制算例】，将算例名称设置为【均布载荷】，单击【√】确定。

步骤 13 调整载荷。右键单击【力 -1】，选择【编辑定义】，单击图标右侧的蓝色区域，在图形显示区域选择图 5-35 所示的小面，其他位置不做调整，单击【√】确定。

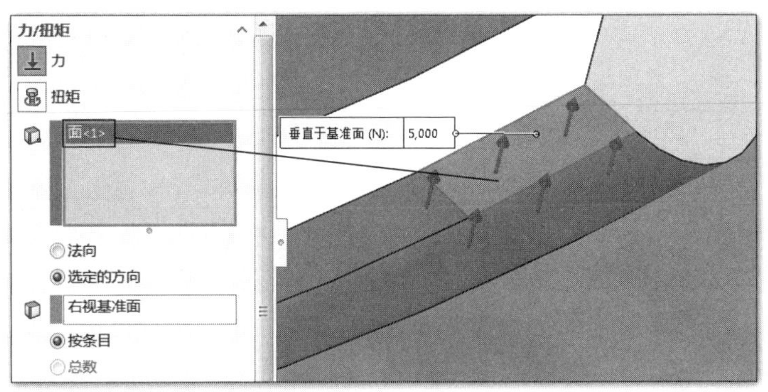

图 5-35　均布载荷

步骤 14 保存设置并求解。单击【保存】保存之前的设置，右键单击算例树中的【均布载荷】，单击【运行】，进入求解状态。最终的云图如图 5-36 所示。

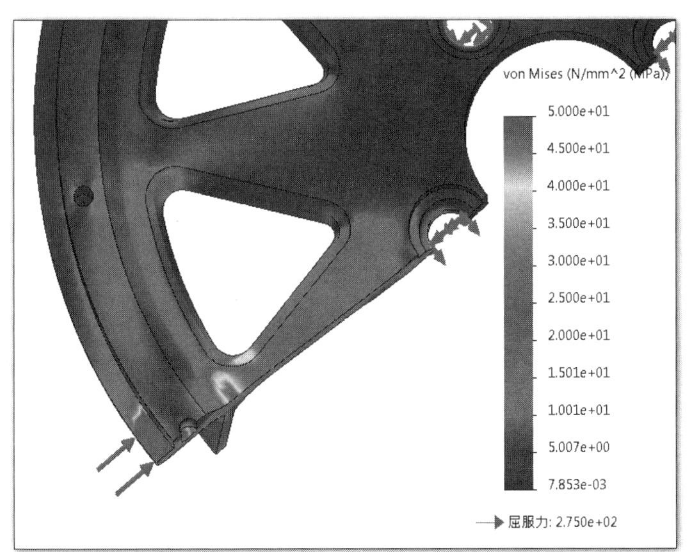

图 5-36　均布载荷的 von Mises 应力云图

进一步添加新算例【线性载荷】。

步骤 15 添加新算例。右键单击标签栏区域中的算例【均布载荷】，选择【复制算例】，将算例名称设置为【线性载荷】，单击【√】确定。

步骤 16 调整载荷。右键单击载荷【力 -1】，选择【编辑定义】，勾选【非均匀分布】复选框，单击图标右侧的紫色区域，激活【选择坐标系】选择区域，并在图形显示区域单击选择【坐标系1】，如图5-37所示。

步骤17 编辑方程式。单击【编辑方程式】，弹出图5-38所示的方程式编辑界面，在函数输入栏输入【1+"y"/12.5】，单击【√】确定，回到载荷设置界面，再次单击【√】确定，载荷预览如图5-39所示。

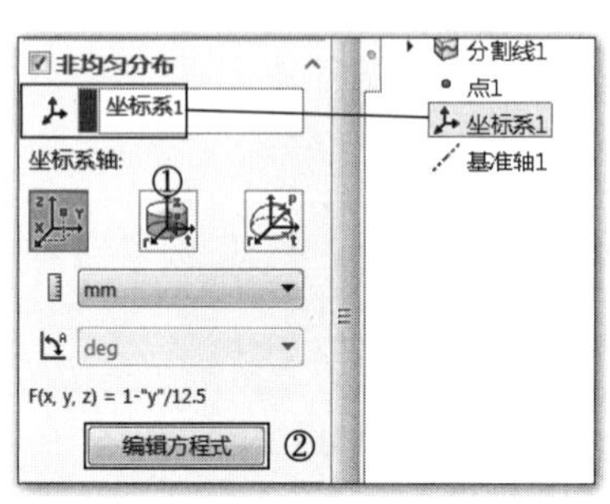

图5-37 非均布载荷设置界面

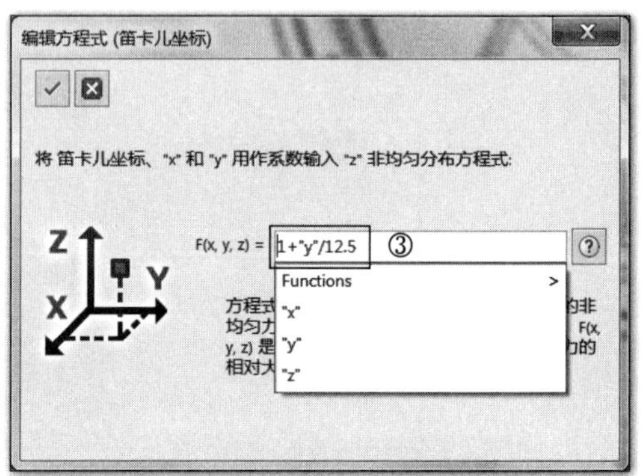

图5-38 方程式编辑界面

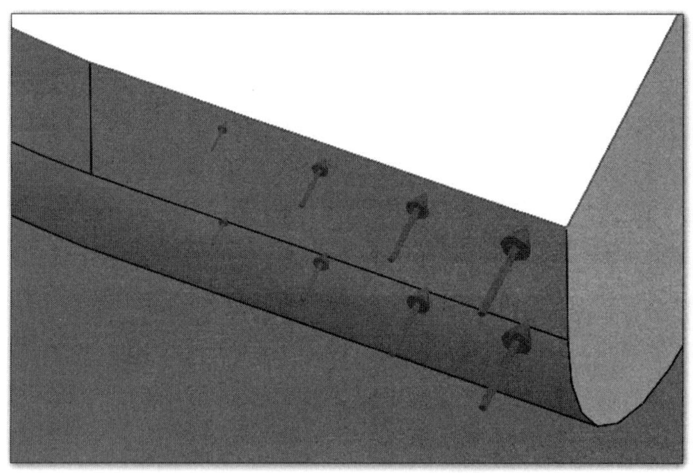

图5-39 线性载荷预览

知识卡片

非均匀载荷

在现实情况下存在大量随函数关系变化的载荷，比如高斯热源、水压、曲面接触压力、风载等。接下来具体说明非均匀载荷方程式的编辑方法。载荷为向量，载荷加载和方向相关，不同的载荷函数应在对应的坐标系下进行函数编辑。

当前的线性载荷加载方式可直接利用笛卡儿坐标系进行设置，该小面Y向全长为12.5mm，Y向坐标为0~-12.5mm，按照载荷的分布形式，要求在-12.5mm处函数系数为0，在0mm处函数系数为1，将数值带入图5-38中的函数进行确认。

步骤 18 保存设置并求解。单击【保存】保存之前的设置，右键单击算例树中的【线性载荷】，单击【运行】，进入求解状态。最终得到的应力云图如图 5-40 所示。

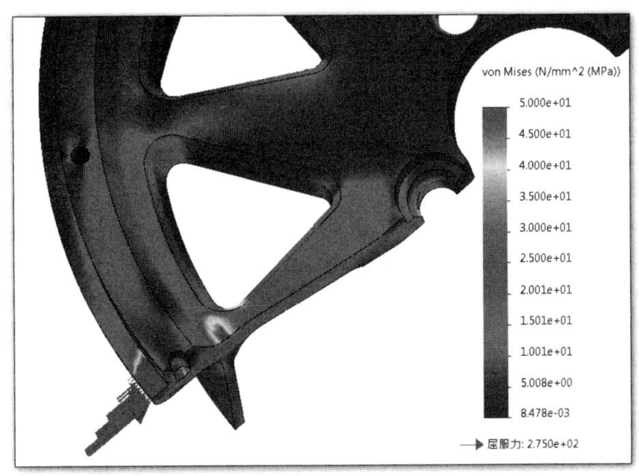

图 5-40　线性载荷的 von Mises 应力云图

进一步添加新算例【余弦载荷】。

步骤 19 添加新算例。右键单击标签栏区域中的算例【均布载荷】，选择【复制算例】，将算例名称设置为【余弦载荷】，单击【√】确定。

步骤 20 调整载荷。右键单击【力 -1】，选择【编辑定义】，单击【编辑方程式】，弹出方程式编辑界面，在函数输入栏输入【cos(“y” /8)】，单击【√】确定，回到载荷编辑界面再次单击【√】确定。

步骤 21 保存设置并求解，单击【保存】保存之前的设置，右键单击算例树中的【余弦载荷】，单击【运行】，进入求解状态。最终得到的应力云图如图 5-41 所示。

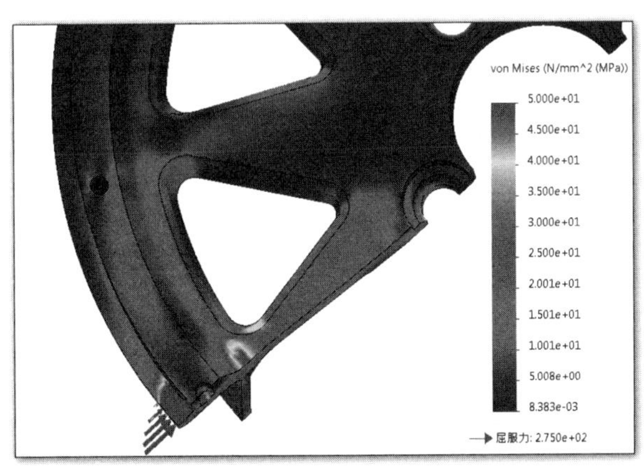

图 5-41　余弦载荷的 von Mises 应力云图

通过计算，分别得到 4 组载荷的应力计算结果，以上 4 组载荷的数值并未发生改变，均为 5000N，改变的仅仅是载荷的分布形式，导致 4 组算例得到的应力值存在一定差异，接下来对 4 组应力结果的相同位置进行数据统计。

步骤 22 探测应力值。单击激活标签栏区域中的算例【集中载荷】，双击【应力 1（vonMises 应力）】，右键单击【应力 1（vonMises 应力）】，选择【探测】，进入结果探测设置界面。

步骤 23 在图形显示区域依次点选图 5-42 所示位置附近的节点应力值，并按照距离载荷位置由近及远的顺序记录以下节点编号，并在之后的结果读取中使用【227846】【302934】【331233】【192223】【275336】和【195712】。

> **注意**：以上节点的编号可能会因为版本不同或者网格有些许差异导致位置不同，读者可根据图中所显示的位置自行在图上通过【在位置】功能直接应用鼠标单击捕捉接近的节点应力值并记住相关的编号。

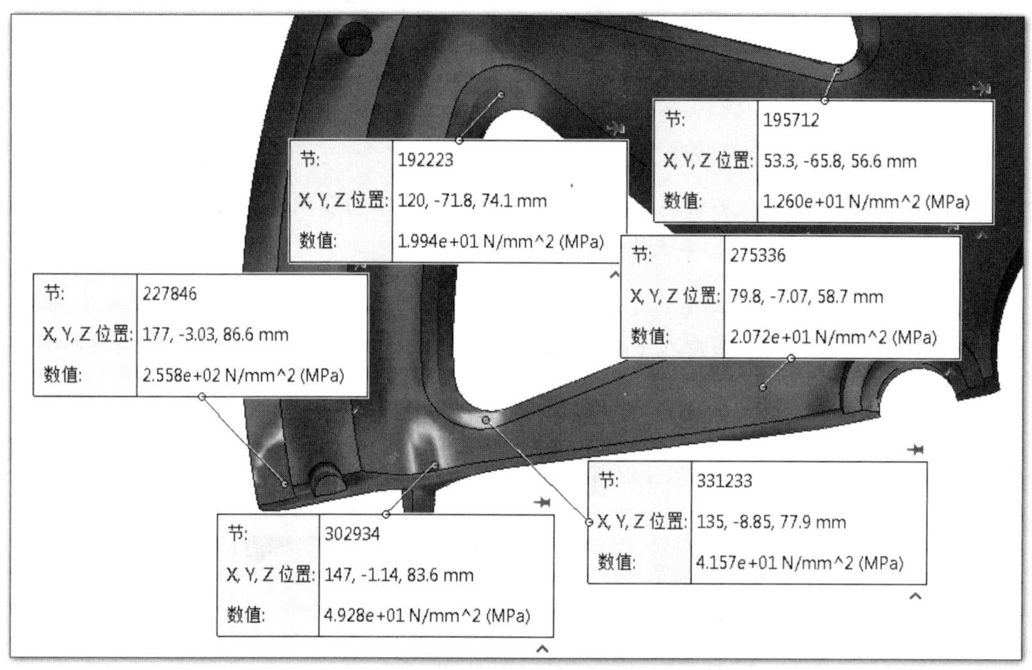

图 5-42 集中载荷各节点的应力值

步骤 24 单击激活标签栏区域中的算例【均布载荷】，并双击【应力 1（vonMises）】，右键单击【应力 1（vonMises）】，选择【探测】，打开结果探测设置界面，将【选项】设置为【按节点编号】，在节点区域依次输入【227846】【302934】【331233】【192223】【275336】和【195712】，并单击图标，将获取的应力结果依照表 5-2 一一对应统计。

> **注意**：探测功能不能同时选取 6 个节点，只能依次选取并读取应力值。

步骤 25 重复步骤 24，依次统计【线性载荷】和【余弦载荷】的各节点应力值，并将各算例对应节点的应力值统计至表 5-2 中。

表 5-2　不同工况下相同位置的 von Mises 应力值统计

节点编号	227846	302934	331233	192223	275336	195712
集中载荷 /MPa	255.8	49.3	41.6	19.9	20.7	12.6
均布载荷 /MPa	105.2	48.1	41.3	20.2	20.6	12.8
线性载荷 /MPa	150.9	48.7	41.4	20.1	20.7	12.7
余弦载荷 /MPa	140.9	48.6	41.4	20.1	20.6	12.7

通过表 5-2 的对比可以发现，4 种载荷的分布形式在距离载荷分布最近的 227846 位置，应力值波动极大，其余 5 点的应力值波动极小。这一现象就是弹性力学中的重要原理之一——圣维南原理。

5.2.3　圣维南原理介绍

圣维南原理（Saint Venant's Principle）是弹性力学的基础性原理，由法国力学家圣维南于 1855 年提出。其内容为：在物体上，只要保证载荷的合力和合力矩相等，载荷的具体分布形式只对载荷分布区域附近的应力有影响，对离载荷区域较远区域的应力影响较小。圣维南原理虽然至今没有被严格证明，但是在大多数实际问题中都成立。

圣维南原理的应用价值在于：在实际分析中，如果工程人员并不关心距离载荷位置较近区域的应力状态，只要合力和合力矩基本保持相等，则除了载荷附近的应力，结构其他位置的应力不受载荷分布形式的影响。以当前轮毂为例，以上 4 种载荷简化方式都是等效的，同时在载荷作用区域到节点 227846 之间的区域应力值变化较大，其余位置应力值几乎没有变化。

但是在实际应用中，关于“相对于载荷近或者远”这一主观概念没有比较准确的判定方式，只能通过指定产品的工程计算对比得出经验之后再进行应用，比如基于本例的情况，读者可以通过几种载荷分布对比知道从点 302934 位置开始的应力分布已经不受载荷分布规律的影响。因此得到以下结论：在之后的同类型产品分析中，如果工程师关心的区域在点 302934 位置附近甚至之外的区域，即可使用等效载荷简化的方式进行处理，而不需要在意载荷的具体分布形式。但是如果没有针对指定产品做过相应的分析计算并总结经验，工程师就无法判断当前载荷分布形式的改变对点 302934 位置的应力是否会产生影响，所以在使用圣维南原理时需对自身的产品进行一次圣维南原理的分析判断。

目前在有限元分析学习中普遍存在对圣维南原理的理解偏差，圣维南原理并不是描述所有模型简化导致误差的原理，仅针对非常小一部分类型的简化问题。教材之前涉及的多数案例简化问题所产生的结果偏差均和圣维南原理无直接关系，比如本章开始的工作台载荷问题，简化为均布载荷导致位移偏差过大就不属于圣维南原理的限制范围。

关于圣维南原理需要强调以下三点：

1）“载荷分布改变前后，载荷合力以及合力矩基本不发生变化”这一条件不是圣维南原理的观点，而是模型简化的力学前提条件，这是力学模型简化必须遵守的基本规则之一。

2）圣维南原理描述的是载荷分布变化对应力结果的影响，所以由模型及特征简化问题导致的结果影响和圣维南原理无直接关系。

3）圣维南原理是对应力结果的描述，所以载荷分布改变所导致的位移偏差和圣维南原理无直接关系，并且由于载荷简化导致位移偏差过大基本属于简化不合理问题。

所以通过以上三点的说明，希望读者能够重新思考和认识圣维南原理。

5.3 赫兹接触和平面问题

5.3.1 赫兹接触

赫兹接触理论是力学理论中著名的接触理论之一，其计算公式称为赫兹方程，是由德国物理学家海因里希·鲁道夫·赫兹（Heinrich Rudolf Hertz）于1882年通过图5-43所示的模型提出的有关弹性体接触的理论公式，专门用于描述两个弹性体因受压接触之后产生的局部应力和应变分布规律，包括疲劳、摩擦以及任何有接触体之间相互作用的基本方程。

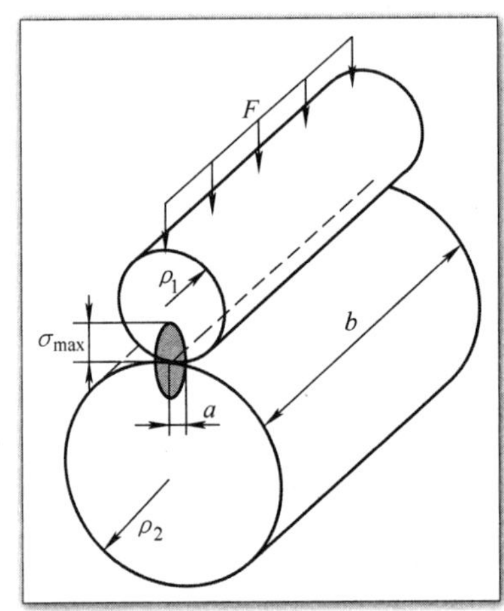

图5-43 赫兹接触应力分布模型

赫兹接触理论中关于接触应力 σ_H 的方程如下式：

$$\sigma_H=\sqrt{\frac{F_n\left(\dfrac{1}{\rho_1}\pm\dfrac{1}{\rho_2}\right)}{\pi L\left(\dfrac{1-\mu_1^2}{E_1}+\dfrac{1-\mu_2^2}{E_2}\right)}}=Z_E\sqrt{\frac{F_n}{L\rho_\varepsilon}}$$

接触面半宽 a 为

$$a=\sqrt{\frac{4F}{\pi b}\frac{\dfrac{1-\mu_1^2}{E_1}+\dfrac{1-\mu_2^2}{E_2}}{\dfrac{1}{\rho_1}\pm\dfrac{1}{\rho_2}}}$$

上两式中，σ_H 为接触应力（MPa）；F_n 为法向力（N）；L 为接触线长度（mm）；E_1 和 E_2 为两圆柱体材料的弹性模量（MPa）；μ_1 和 μ_2 为两圆柱体材料的泊松比；Z_E 为弹性系数（$\sqrt{\text{MPa}}$），$Z_E=\sqrt{\dfrac{1}{\pi\left(\dfrac{1-\mu_1^2}{E_1}+\dfrac{1-\mu_2^2}{E_2}\right)}}$；$b$ 为接触长度（mm）；ρ_1 和 ρ_2 为两接触物体的曲率半径（mm）；ρ_ε 为综合曲率半径（mm），$\rho_\varepsilon=\rho_1\rho_2/(\rho_1\pm\rho_2)$；± 中正号用于外接触，负号用于内接触。

部分读者认为赫兹接触理论是有限元分析计算接触的理论，这个认知并不合理，其实有限元分析接触理论和赫兹接触理论并没有直接关联。赫兹接触理论由传统公式推导而来，而有限元分析恰好可以应用数值算法对赫兹接触理论进行论证，也就是说这是两种理论体系的相互验证和互补。

接下来通过有限元分析计算结果及赫兹公式的计算结果对比证明赫兹接触理论结果的准确性。

5.3.2　分析案例：圆柱体挤压

图 5-44 所示为两圆柱体，圆柱体总长为 100mm，小圆柱体半径为 15mm，大圆柱体半径为 25mm，材质均为合金钢，大圆柱体固定，小圆柱体垂直下压 0.05mm，考察接触表面压力及接触面宽度。

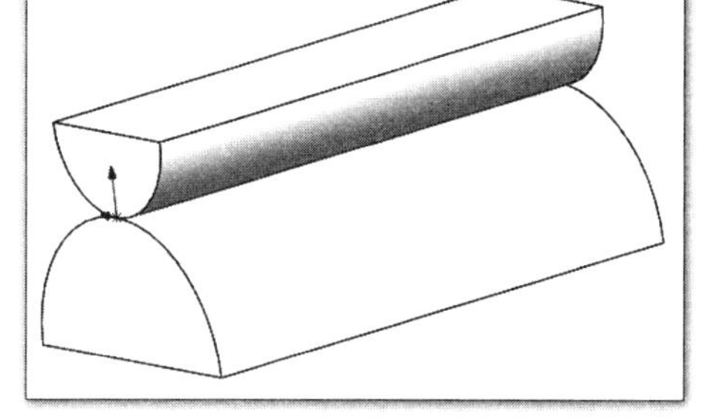

图 5-44　圆柱体挤压

根据赫兹接触理论，赫兹接触公式包含以下两点假设：

1）材料均匀，各向同性且完全弹性。

2）摩擦系数忽略不计。

理论算法的验证必须清楚了解相关假设，这是建立有限元分析模型的前提，比如胡克定律基于线性假设，本书的材料均基于各向同性假设等。依据赫兹接触理论，当前模型的计算结果包括以下三点：

1）圆柱体接触压力分布和内部应力分布的理论状态如图 5-43 显示，接触压力呈椭圆状排布。

2）圆柱体最大接触压力根据公式求解得到的结果是 2.8×10^3MPa。

3）接触面半宽为 0.456mm，接触长度为 0.91mm。

接下来将通过 SOLIDWORKS Simulation 验证以上三点。

基于三维状态的设置读者自行完成，本书将不做介绍，直接给出当前能够计算到的云图及相关结果。

图 5-45 和图 5-46 所示为模型在 2mm 网格状态下的计算结果，通过云图可以看出，在当前的网格精度下根本不足以验证赫兹接触理论的计算结论，而当网格进一步细化到 1mm 状态时，32G 内存的计算机已经提示内存不足。其实通过实际计算会发现，即使 1mm 的网格精度也无法满足赫兹接触的计算精度，因此如果要在三维状态下验证当前模型的赫兹接触，一般计算机根本无法支持计算，必须针对这类问题进行特殊处理。

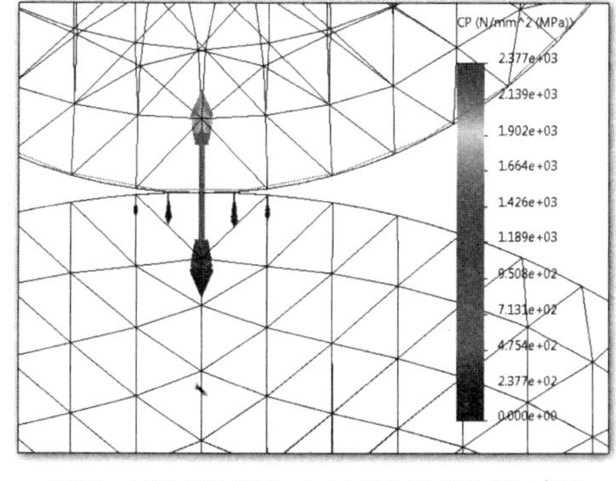

图 5-45　三维状态下的接触压力分布

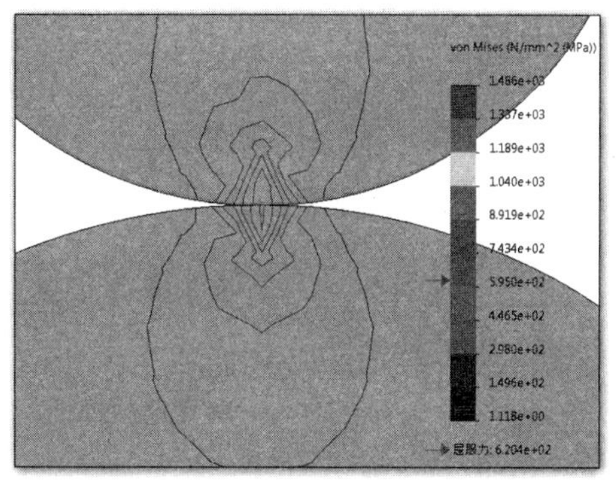

图 5-46　三维状态下的应力分布

5.3.3 平面问题

平面问题是弹性力学中一类比较特殊的问题，在一定条件下可以将三维问题简化为二维问题进行求解，大大降低计算量。平面问题包含平面应变问题、平面应力问题以及轴对称问题三种。

平面应力与平面应变问题是弹性力学中的重要概念，虽然两者只有一字之差，但是实际计算得出的结论却是千差万别。对读者来说，要掌握如何区分平面应力和平面应变问题。

平面应力问题的特点是一个方向上的尺寸远远小于其余两个方向，比如平板问题、腹板等，如图 5-47 所示；而平面应变的特点是一个方向上的尺寸远远大于其余两个方向，比如管路、水坝等（但是请注意，载荷沿着模型轴线方向处处相等），如图 5-48 所示。

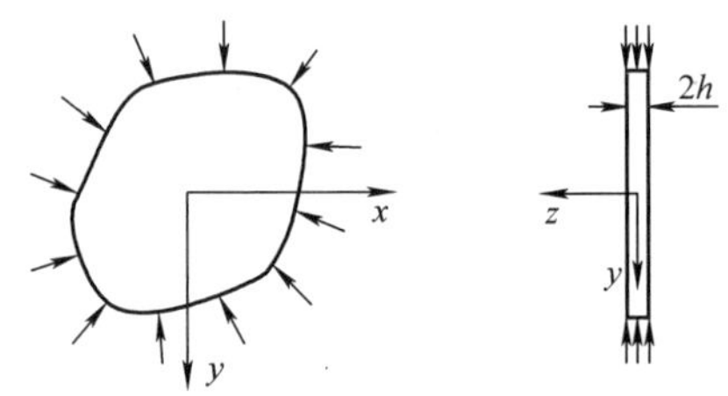

图 5-47 平面应力问题

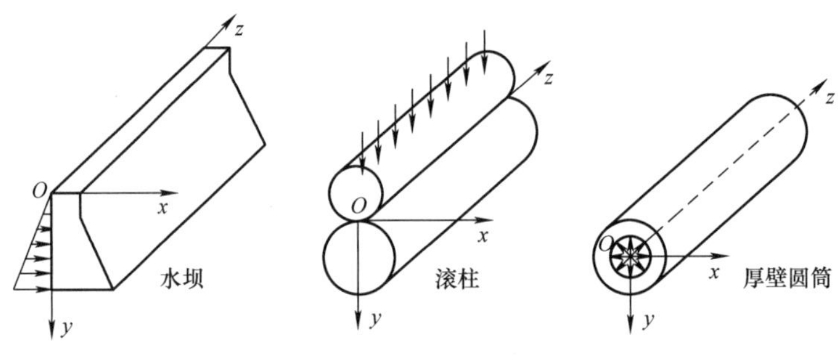

图 5-48 平面应变问题

通过之前的描述，本案例非常明显属于平面应变问题。在讲解该案例之前请大家注意：平面分析问题在 SOLIDWORKS Simulation 中于显示上存在一些 Bug（错误），尤其是早期版本，读者需要保持耐心，不过这些显示 Bug 并不影响计算结果。

步骤 1 打开装配体。单击菜单栏中的【文件】/【打开】，并在模型文件保存路径下依次找到文件夹“第 5 章 \ 赫兹接触”，选择模型文件【赫兹接触】，单击【打开】。

步骤 2 保存模型。单击菜单栏的【保存】，读者自行指定位置保存模型。

步骤 3 新建算例。单击工具栏中的【Simulation】激活 Simulation 工具栏，单击【新算例】，进入新算例设置界面，勾选【使用 2D 简化】复选框，设置算例名称为【平面应变】，如图 5-49 所示，单击【√】确定，进入平面问题设置界面。

步骤 4 设置平面应变。单击图标将【算例类型】设置为【平面应变】，单击图标右侧区域，在图形显示区域选择模型的其中一个半圆侧面，并将【剖面深度】设置为模型实际轴

向长度【100.00mm】，如图 5-50 所示，单击【√】确定，设置完成后的图形显示区域仅显示圆柱体的侧面。

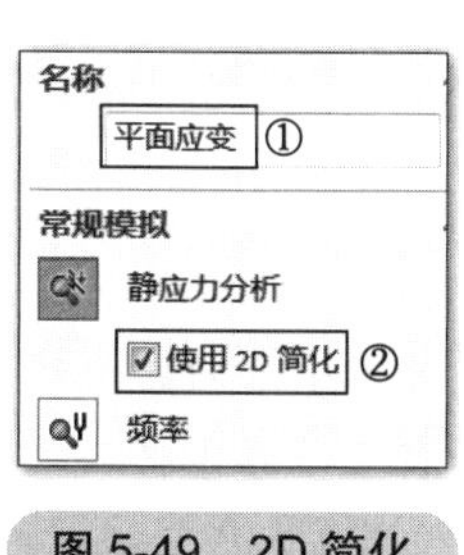

图 5-49　2D 简化

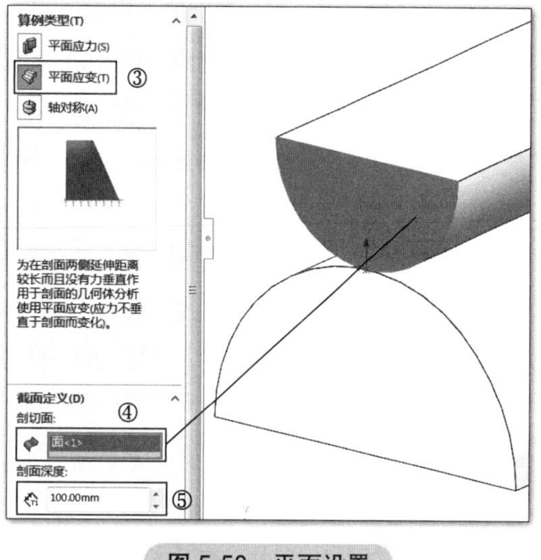

图 5-50　平面设置

步骤 5 删除全局接触。右键单击【全局接触（接合）】，选择【删除】。

步骤 6 设置材料。右键单击算例树中的【赫兹接触】，选择【应用材料到所有】，选择【合金钢】，将【单位】设置为【SI-N/mm^2（MPa）】，依次单击【应用】和【关闭】，关闭材料库设置界面。

步骤 7 设置接触对。右键单击算例树中的【连结】，选择【相触面组】，进入接触设置界面。单击图标右侧的蓝色区域，激活【组 1 的面、边线、顶点】选择区域，在图形显示区域单击选择小圆圆弧，单击图标右侧的粉色区域，激活【组 2 的面、边线】选择区域，在图形显示区域单击选择大圆圆弧，勾选【高级】复选框，选择【节到曲面】，如图 5-51 所示，单击【√】确定。

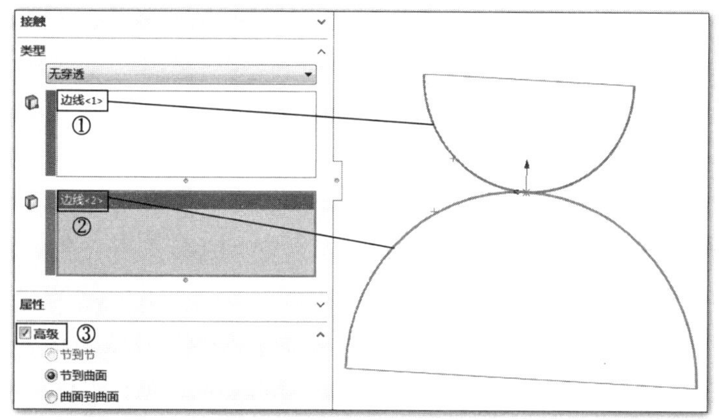

图 5-51　曲线的接触设置

知识卡片

接触高级设置

接触高级设置包含三种设置方式：节到节、节到曲面及曲面到曲面。

节到节设置用于模型初始状态就重合的两个物体，该设置方式计算速度快，但是接触精度有限，且接触的元素必须是面，所以一般情况下节到节的设置方式都不推荐。

多数情况下，节到曲面和曲面到曲面的使用频率较高，两者都不需要模型初始状态下就处于相切或者重合的接触状态。一般而言曲面到曲面接触的精度更高，但是如果接触对中至少有一个是点或者线的几何元素，又或者是在接触区域非常小的状态下，则节到曲面的计算精度更高。

本案例中使用节到曲面设置。

步骤8 设置固定约束。右键单击算例树中的【夹具】，选择【固定几何体】，在图形显示区域选择大圆柱体的底面边线，单击【√】确定。

步骤9 设置强制位移。右键单击算例树中的【夹具】，选择【高级夹具】，在图形显示区域选择小圆柱体的底面边线，单击图标右侧的粉色区域，激活【方向的边线、面】选择区域，在图形显示区域的三维设计树中选择【前视基准面】，并在【平移】区域依次单击图标和，激活平面约束方向，在【沿基准面方向2】处输入强制位移【0.05】mm，并勾选【反向】复选框，如图5-52所示，单击【√】确定。

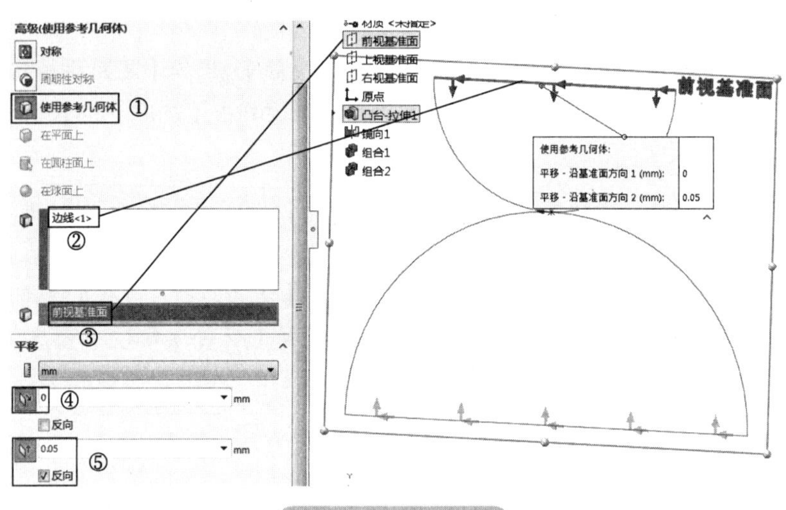

图 5-52　强制位移

步骤10 应用网格控制。右键单击算例树中的【网格】，选择【应用网格控制】，在图形显示区域选择两条圆弧线，单元尺寸设置为【0.05mm】，过渡比率为【1.05】，单击【√】确定。

步骤11 生成网格。右键单击算例树中的【网格】，选择【生成网格】，打开网格设置窗口，勾选【网格参数】复选框，将单元尺寸设置为【2.00mm】，单击【√】确定，最终的网格状态如图5-53所示。

利用主界面顶部菜单栏中的【工具】/【放大选项】功能，可放大查看图5-53所示的网格。

步骤 12 保存设置并求解。单击【保存】保存之前的设置，右键单击算例树中的【平面应变】，单击【运行】，进入求解状态。

步骤 13 显示应力等高线云图。右键单击【结果】中的【应力 1（von Mises 应力）】，选择【设定】，进入设定窗口，将【边缘选项】改为【直线】，单击【√】确定。应力等高线云图如图 5-54 所示，通过查询相关资料可以知道，当前应力等高线云图的分布趋势和理论推测的内部应力分布云图基本相似，应力最大区域出现在表面偏下一点的区域，在部分结构类教材中该区域应力称为次表层应力。

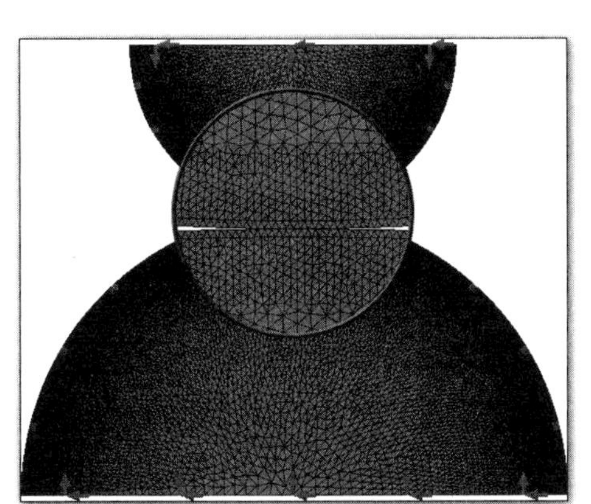

图 5-53　赫兹接触的有限元模型

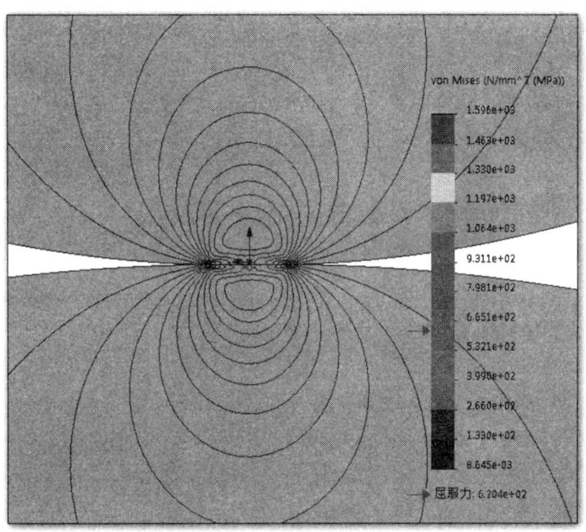

图 5-54　应力等高线云图

步骤 14 接触压力分布设置。右键单击算例树中的【结果】，选择【定义应力图解】，在显示处将类型设置为【CP：接触压力】，单击【高级选项】，激活【显示为向量图解】复选框，单击【√】确定，结果如图 5-55 所示。

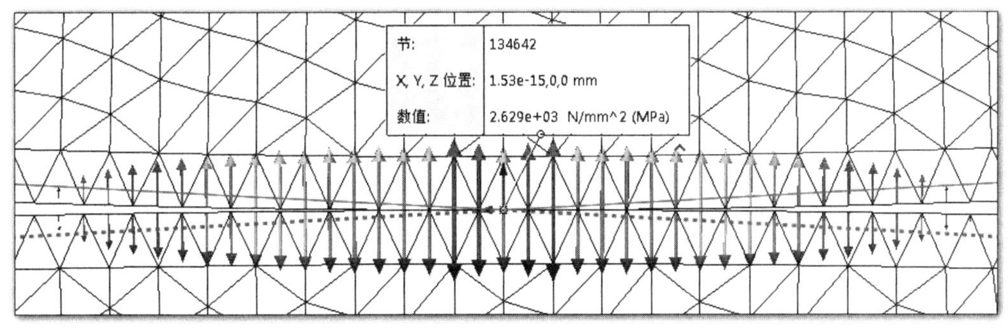

图 5-55　接触压力

5.3.4　结果统计及案例小结

接下来将有限元分析结果和赫兹接触理论的计算结果进行对比。如图 5-55 所示，根据接触压强分布可以统计出，接触区域单元的数量为 18~19 个，每个单元的长度约为 0.05mm，于是接触面半宽 a 的值在 0.45~0.475mm 之间，和赫兹接触理论计算的结果 0.456mm 基本一致；中间区域的最大接触压力虽略有波动，但是基本保持在 2.6×10^3~3×10^3MPa 之间，和理论计算值 2.8×10^3MPa 的结果也比较接近。

通过当前案例知道，赫兹接触的现象要通过有限元分析进行验证计算量非常大，但是赫兹接触在众多场合中都存在，比如齿轮啮合、轴承滚子接触等。

圣维南原理较重要的应用之一就是赫兹接触，轮毂案例的第 4 种余弦载荷分布形式就是类似赫兹接触的压力分布形式，而前三种载荷为近似等效形式，如果工程师并不关心当前接触面区域附近的应力状态，则可通过简化将接触力的分布形式设置为集中载荷或均布载荷。

同时本案例是书中第一个理论计算和有限元分析对比案例，包括接下来的弹簧案例，也是理论计算和有限元分析对比案例，希望通过这些案例对比，使读者能够逐渐理解有限元分析和理论计算结果验证对比的方法。

5.4 弹簧计算及子模型

弹簧是比较典型的机械产品之一，因此接下来将通过有限元分析计算拉伸弹簧的相关数值，并将结果和传统设计公式进行对比。

5.4.1 分析案例：拉伸弹簧

如图 5-56 所示，拉伸弹簧一端固定，一端受力拉伸，簧丝直径 d=1.8mm，弹簧有效圈数 n=13.25 圈，弹簧中径 D=13.8mm，表 5-3 为弹簧材料参数，利用 SOLIDWORKS Simulation 分别考察弹簧承受 3N 和 30N 拉力时的应力及位移情况，并利用弹簧设计公式验证弹簧刚度。

读者请注意，该模型因为需要使用子模型功能，因此弹簧被分割为 3 个部分。

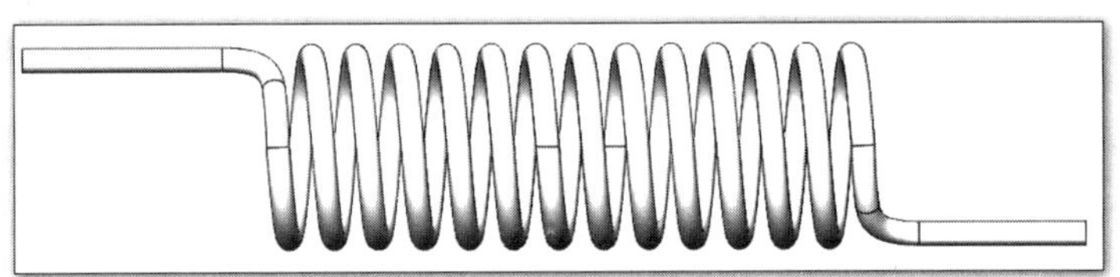

图 5-56 拉伸弹簧

表 5-3 弹簧材料参数

材料名称	弹性模量 /MPa	材料密度 / (kg · m^{-3})	泊松比	屈服强度 /MPa	张力强度 /MPa
65Mn	207000	7800	0.3	430	735

螺旋弹簧拉伸刚度的计算公式为

$$k = Gd^4/8nD^3$$

螺旋弹簧拉伸切向应力的计算公式为

$$\tau = 8KD/\pi d^3$$

式中，k 为弹簧刚度（N/mm）；G 为材料的切变模量（MPa），$G = E/[2(1+\nu)]$，E 为材料的弹性模量，ν 为材料的泊松比；d 为簧丝直径（mm）；n 为弹簧有效圈数；D 为弹簧中径（mm）；K 为曲度系数，其算式为

$$K = \frac{4C-1}{4C-4} + \frac{0.615}{C}$$

式中，C 为旋绕比，$C = D/d$。

将参数带入以上各式求解得到弹簧刚度 k 约为 3N/mm，则根据胡克定律，在 3N 载荷作用下弹簧伸长量约为 1mm，此时的切应力 τ 为 21.5MPa；30N 载荷作用下弹簧伸长量为 10mm，此时的切应力为 215MPa。接下来通过仿真分析验证分析结果和理论计算结果的吻合度。

步骤 1 打开三维模型。单击菜单栏中的【文件】/【打开】，并在模型文件保存路径下依次找到文件夹“第 5 章\拉伸弹簧”，选择模型文件【拉伸弹簧】，单击【打开】。

步骤 2 保存模型。单击工具栏中的【保存】，读者自行指定位置保存模型。

步骤 3 新建算例。单击工具栏中的【Simulation】激活 Simulation 工具栏，单击【新算例】，进入新算例设置界面，选择分析类型【静应力分析】，并设置算例名称为【3N】，单击【√】确定。

步骤 4 新建材料。右键单击算例树中的【拉伸弹簧】，选择【应用材料到所有实体】，右键单击【自定义材料库】，选择【新类别】，生成【新类别】文件夹，右键单击【新类别】文件夹将其命名为【第五章练习材料文件夹】，右键单击【第五章练习材料文件夹】，选择【新材料】，将材料名【默认】修改为【65Mn】，并按照表 5-3 输入材料参数，如图 5-57 所示，依次单击【保存】【应用】【关闭】关闭材料库设置界面。

属性	数值	单位
弹性模量	207000	牛顿/mm^2
中泊松比	0.3	不适用
中抗剪模量		牛顿/mm^2
质量密度	7800	kg/m^3
张力强度	735	牛顿/mm^2
压缩强度		牛顿/mm^2
屈服强度	430	牛顿/mm^2
热膨胀系数		/K

图 5-57　新材料参数

步骤 5 设置全固定约束。右键单击算例树中的【夹具】，选择【固定几何体】，打开夹具设置窗口，在图形显示区域选择弹簧其中一端圆柱面，并单击【√】确定。

步骤 6 使用参考几何体约束。右键单击算例树中的【夹具】，选择【高级夹具】，单击图标激活【在圆柱面上】选择区域，在图形显示区域选择另一端圆柱面，并在平移区域单击图标和，激活环向和径向约束，如图 5-58 所示，单击【√】确定。

千万注意，步骤 5 和步骤 6 需要分别选择弹簧两端的不同端面。

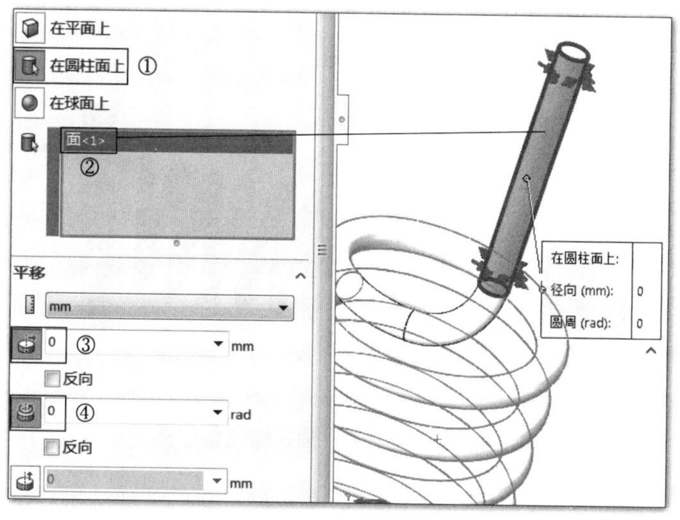

图 5-58　参考几何体约束

步骤7 施加载荷。右键单击算例树中的【外部载荷】，选择【力】，打开载荷设置窗口，在图形显示区域选择步骤6中的圆柱面，将载荷方向设置为【选定的方向】，单击图标右侧的粉色窗口，展开图形显示区域模型设计选择【前视基准面】，并在力设置区域单击第三行图标激活垂直方向，输入载荷大小【3】N，勾选【反向】复选框，设置预览如图5-59所示，单击【√】确定。

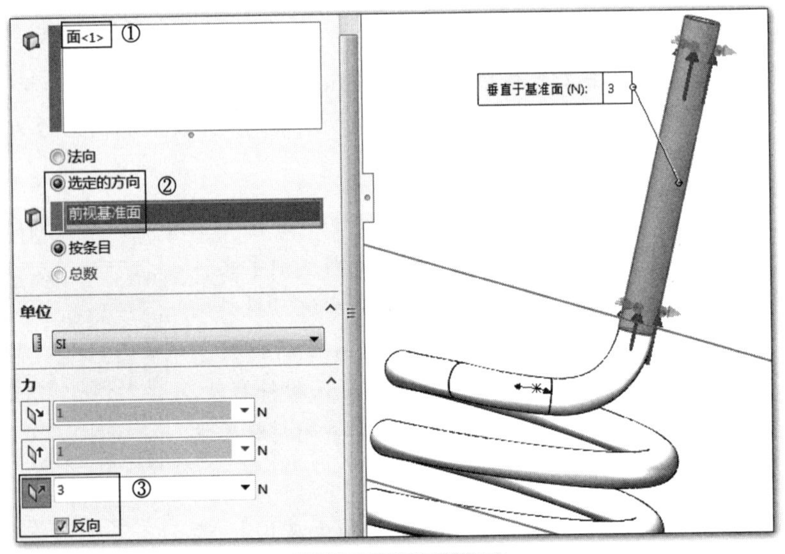

图5-59 载荷设置

步骤8 生成网格。右键单击算例树中的【网格】，选择【生成网格】，打开网格设置窗口，勾选【网格参数】复选框，将单元尺寸设置为【0.40mm】，单击【√】确定。

步骤9 保存设置并求解。单击【保存】保存之前的设置，右键单击算例树中的【3N】，单击【运行】，进入求解状态。

步骤10 查看Z向位移结果。右键单击算例树中的【结果】，选择【定义位移图解】，将结果显示设置为【UZ：Z位移】，单击【√】确定，结果如图5-60所示。

图5-60 3N载荷时弹簧的变形结果

Z向位移为1.02mm，和理论计算值1mm非常接近。在后处理结果对比中，要明确理论计算结果的物理意义，当前通过理论公式计算出的位移值是弹簧的轴向伸长量，也就是当前有限

元分析计算中按照坐标系 Z 向的变形量，因此有限元分析结果也要查看 Z 向变形量，这才能将两组结果完全对上，否则即使数值相等，但物理意义出现严重偏差，结果的对比也不严谨，包括接下来通过计算公式得到的切应力 τ。

步骤 11 查看剪切应力结果。右键单击算例树中的【结果】，选择【定义应力图解】，将结果显示设置为【YZ 基准面上 Z 方向抗剪】（也可选择【XZ 基准面上 Z 方向抗剪】），单击【√】确定，结果如图 5-61 所示。

当前通过弹簧设计公式得到的切应力为 21.5MPa，对比图 5-61 所示的剪切应力值，最大应力值为 22.1MPa，最小应力值为 −21.1MPa，这两个值其实都是当前弹簧的最大剪切应力值，只是方向有所区别，不管是哪个值，都和理论计算值接近。至于为什么选择当前剪切应力值，这和理论计算公式得到的剪切应力值方向有关，理论计算得到的应力结果为沿弹簧轴向的剪切应力值。

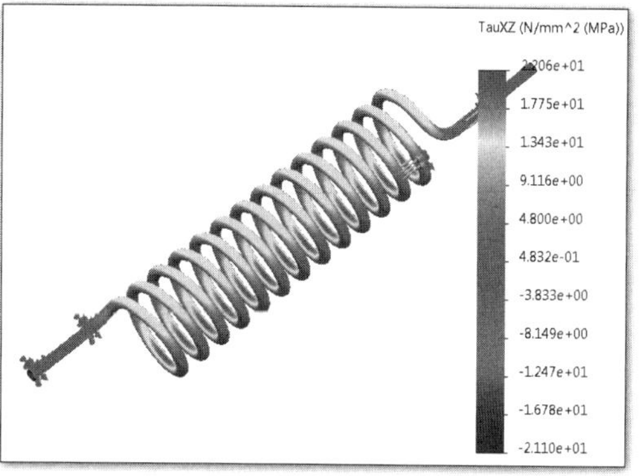

图 5-61　3N 载荷时弹簧的应力强度

接下来重新设定载荷值为 30N，对比 3N 和 30N 载荷在计算上的不同。

步骤 12 复制算例。右键单击标签栏区域中的算例【3N】，选择【复制算例】，将算例名称设置为【30N】，单击【√】确定。

步骤 13 重新编辑载荷。右键单击算例树中的【力 -1】，选择【编辑定义】，将载荷修改为【30】N，单击【√】确定。

步骤 14 求解算例。右键单击算例树中的【30N】，选择【运行】，弹出图 5-62 所示窗口，单击【No】。

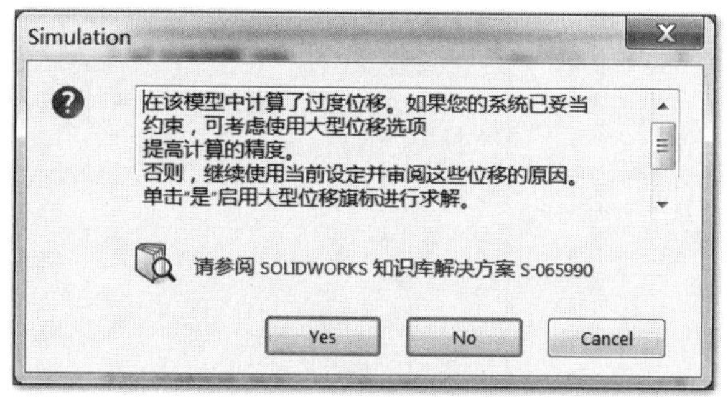

图 5-62　大型位移提示

5.4.2　结构非线性

在有限元理论中经常听到一组名词——线性和非线性，本书虽不深入涉及非线性的知识，但是读者对非线性问题还是需要有所了解和认识的。

线性和非线性的本质区别在于结构刚度是否随着结构的变形而发生改变，所有的现实问题都是非线性状态，线性是其在一定程度上的近似。

在结构有限元分析中存在三种非线性状态：材料非线性、状态非线性和几何非线性。

像橡胶件、塑料件等经常在分析中使用非线性材料本构，但在 SOLIDWORKS Simulation 的静力学模块下无法使用非线性材料本构，如果需要使用非线性，必须使用 SOLIDWORKS Simulation 的非线性模块。图 5-63 所示为 SOLIDWORKS Simulation 非线性模块中的材料本构模型，除线弹性材料外，还包括弹塑性材料、超弹性材料、粘弹性材料等非线性材料。

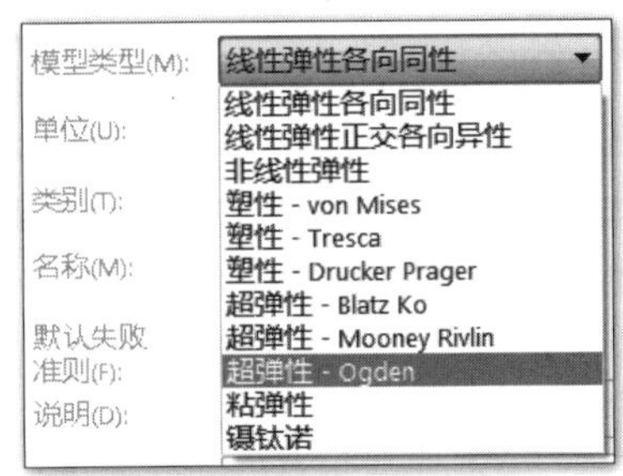

图 5-63 材料本构模型

状态非线性中最重要的一种形式就是接触，但并不是所有的接触形式都是非线性问题，在第 4 章提到的 SOLIDWORKS Simulation 所提供的 5 种接触形式中，结合属于线性接触形式，允许贯穿不存在线性或者非线性的概念，剩下的三种均属于非线性接触形式。

至于图 5-62 所示的提示在之前的第 4 章内容中已经接触过，当装配体分析存在刚体运动问题时可能会产生该提示，这属于模型设置问题，但是该提示还存在另外一种情况，同时也是第三种非线性形式——几何非线性，最常见的问题是大变形和大转动。之前分析的绝大多数问题均为小变形和小转动，在小变形状态中假设结构刚度不随位移发生改变，传统的力学算法多基于小变形假设。但是当载荷不断增加，变形达到一定界限时，小变形假设将不再适用，随着结构变形，刚度变化无法忽略，具体的数学原理本书中不做讨论，因为对于大多数读者来说，只要知道大变形的设置方式以及何时使用大变形设置即可。

步骤 15 设置大型位移。右键单击算例树中的【30N】，如图 5-64 所示，选择【属性】，打开图 5-65 所示选项卡，勾选【大型位移】复选框，单击【确定】。

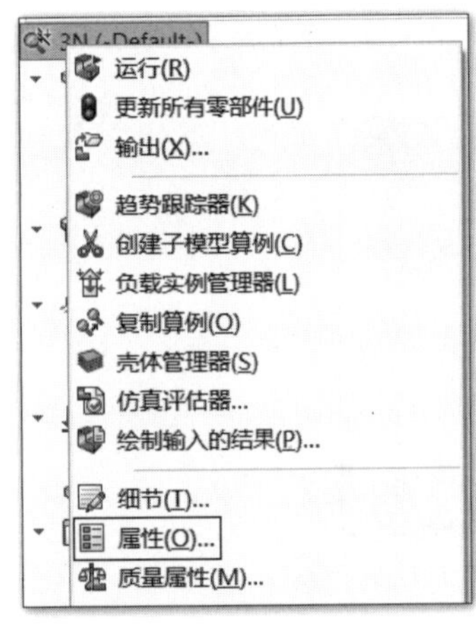

图 5-64 算例属性

图 5-65 选项设置

步骤 16 算例求解。右键单击算例树中的【30N】，选择【运行】。

注意，部分读者如果在第 2 章开始阶段没有对解算器进行调整，默认解算器 FFEPlus 在本次计算中会报错，如图 5-66 所示。单击【否】关闭窗口，并按照步骤 15 操作，重新进入属性界面，找到图 5-67 所示位置，将【解算器】设置为【Direct sparse 解算器】。

图 5-66　求解失败

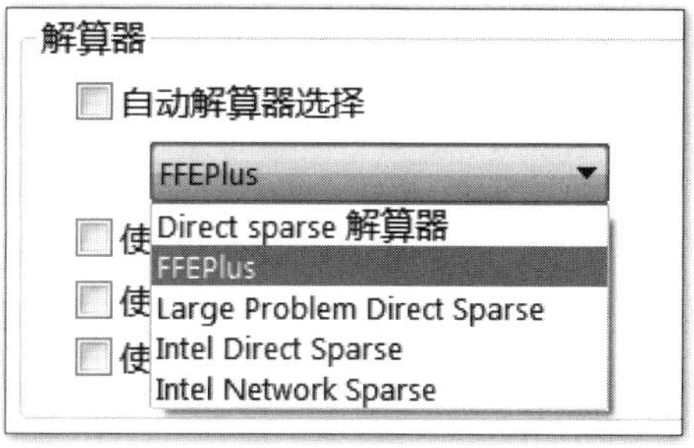

解算器
自动解算器选择
FFEPlus
Direct sparse 解算器
FFEPlus
Large Problem Direct Sparse
Intel Direct Sparse
Intel Network Sparse

图 5-67　解算器设置

步骤 17 查看 Z 向位移结果。双击【位移 2（Z 位移）】，结果如图 5-68 所示。

图 5-68　弹簧 30N 载荷大变形下的 Z 向变形量

步骤 18 查看 Z 向抗剪。双击【应力 2（XZ 抗剪）】，应力结果如图 5-69 所示。

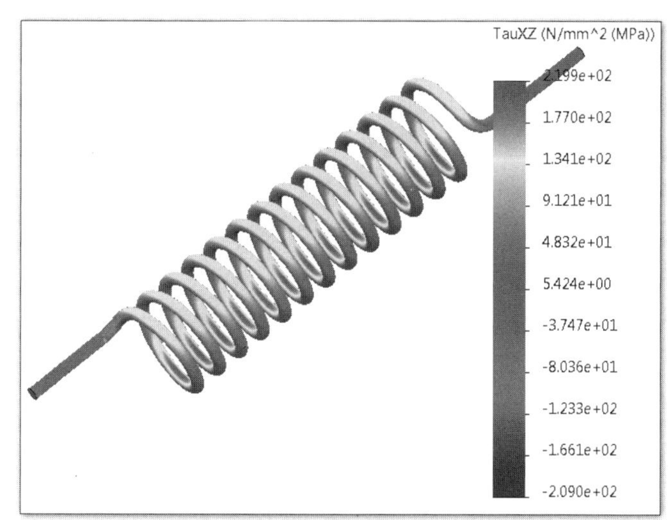

图 5-69　弹簧 30N 载荷大变形下的剪切应力

30N 载荷作用下 Z 向的最大变形量为 10.1mm，和理论计算结果 10mm 差距也比较小。但是请注意，当前两个数值进行对比并不严谨，因为结果对比需要放在同等的条件下进行。胡克定律是基于小变形假设下的定律，同时多数理论计算公式都是基于小变形假设推导，而当前的大变形分析属于非线性，虽然当前案例是否开大变形对结果影响较小，但是从严谨的角度考虑，本次计算不能选择大变形，而应该继续使用小变形假设进行求解。如图 5-70 所示，重新在小变形情况下计算的结果为 10.2mm，和理论计算结果 10mm 差距依旧比较小，所以在当前计算结果下可以得出理论计算结果和仿真结果接近的结论。

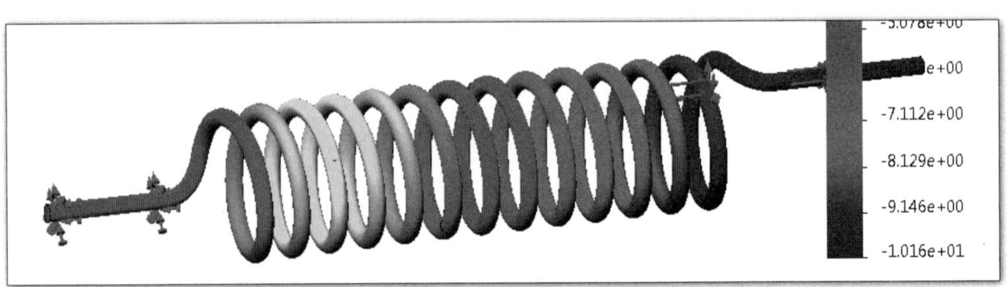

图 5-70　弹簧 30N 载荷小变形下的 Z 向变形量

之后在第 7 章会进一步使用该模型进行疲劳分析计算，将载荷边界条件转化为等效强制位移，通过结果对比可以发现，应力计算结果完全一致。结合第 4 章的内容可知，强制位移边界条件也更易于求解和收敛，因此在实际静力学分析中，优先考虑强制位移边界条件。

不过应注意，当前的网格还未完全达到精度要求，因此还需要进一步加密网格，但是进一步加密网格会导致整体网格数量过于庞大，所以接下来介绍一种新的计算方法——子模型。

5.4.3　子模型

子模型是在全局模型分析结果的基础上研究局部模型的方法。通过初始的全局模型分析计算结构各部分的位移结果，之后通过子模型方法截取局部关注区域模型并细化其网格从而提高分析精度，即采用粗网格模型得到整体位移计算结果，并对局部区域进行单独求解计算得到局部分析结果。

关于当前的弹簧模型读者是否有注意到，按照第 3 章对应力精度的判定，应力强度云图如图 5-61 所示，精度并未完全满足精度判定要求，红色区域都未形成连续状态，更不用讨论是否覆盖两层单元。但是如果在 0.4mm 网格基础上进一步整体加密网格，计算量将会比较庞大，此时通过云图结果判定，弹簧主体部分每一圈的应力分布基本相同，因此可以通过子模型功能截取弹簧的一段，进行独立的计算。

步骤 1 新建算例。单击工具栏中的【Simulation】激活 Simulation 工具栏，单击【新算例】，进入新算例设置界面，在模块选择中选择专用模拟下的【子模型】，算例名称设置为【子模型】，如图 5-71 所示，单击【√】确定。

步骤 2 定义子模型。新算例弹出图 5-72 所示窗口，仔细阅读其中相关信息，并单击【确认】，进入定义子模型设置界面。

通过图 5-72 中的提示，可知子模型模块的应用具有以下三点主要限制条件：

1）原始案例必须包含两个及以上部件。

2）父模型无穿透接触部分无法使用子模型。

3）父模型接头部分无法使用子模型。

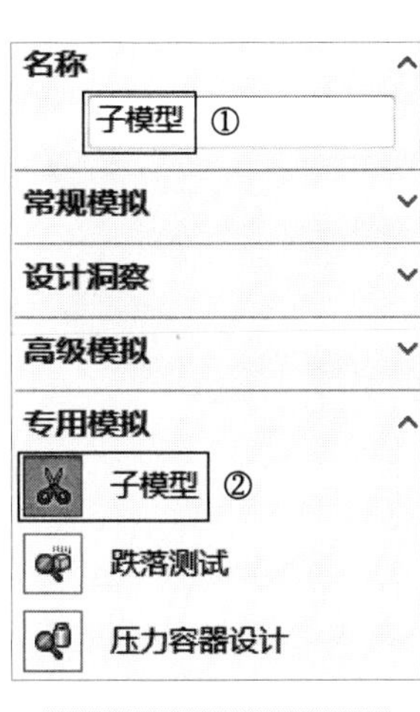

图 5-71　子模型算例

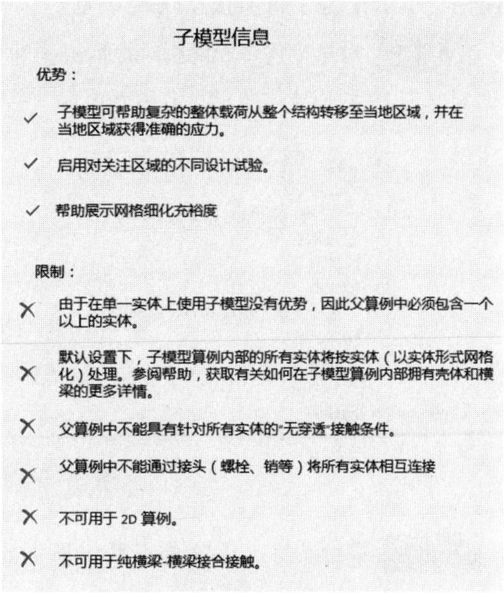

子模型信息

优势：

✓ 子模型可帮助复杂的整体载荷从整个结构转移至当地区域，并在当地区域获得准确的应力。

✓ 启用对关注区域的不同设计试验。

✓ 帮助展示网格细化充裕度

限制：

✕ 由于在单一实体上使用子模型没有优势，因此父算例中必须包含一个以上的实体。

✕ 默认设置下，子模型算例内部的所有实体将按实体（以实体形式网格化）处理。参阅帮助，获取有关如何在子模型算例内部拥有壳体和横梁的更多详情。

✕ 父算例中不能具有针对所有实体的"无穿透"接触条件。

✕ 父算例中不能通过接头（螺栓、销等）将所有实体相互连接

✕ 不可用于 2D 算例。

✕ 不可用于纯横梁-横梁接合接触。

图 5-72　子模型限制信息

步骤 3 选择子模型关联算例【3N】，同时单击【子模型部分】复选框，如图 5-73 所示，单击【√】确定，弹出图 5-74 所示的提示窗口，读者仔细阅读即可，单击【是】。

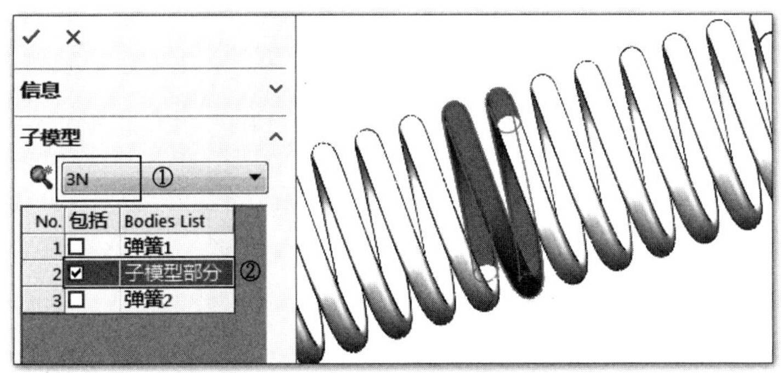

图 5-73　选择参与子模型计算的部分

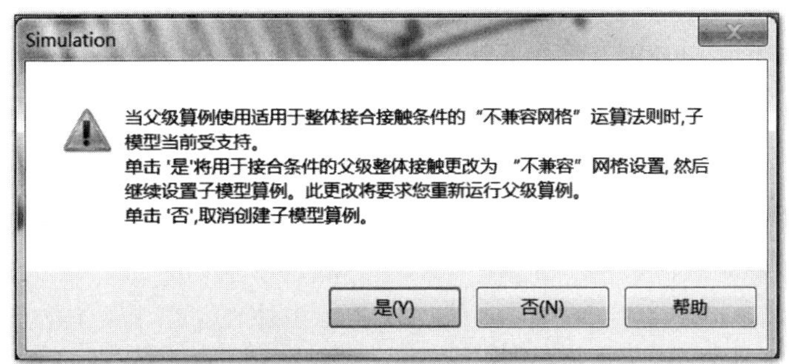

图 5-74　兼容网格提示

图 5-74 所示的警告提示指的是被用于子模型计算的父模型，零部件结合设置必须使用不兼

容网格，单击【是】将父模型切换设置。

步骤4 网格划分。右键单击算例树中的【网格】，选择【生成网格】，勾选【网格参数】复选框，将单元尺寸设置为【0.20mm】，单击【√】确定，网格如图5-75所示。

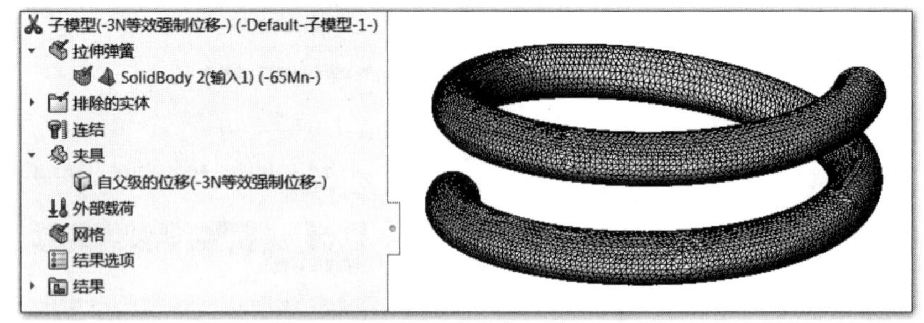

图5-75　弹簧子模型的网格

步骤5 算例求解。右键单击算例树中的【子模型】，单击【运行】，进入求解状态。

步骤6 查看Z向抗剪。双击【结果】中的【应力2（XZ抗剪）】，结果如图5-76所示。

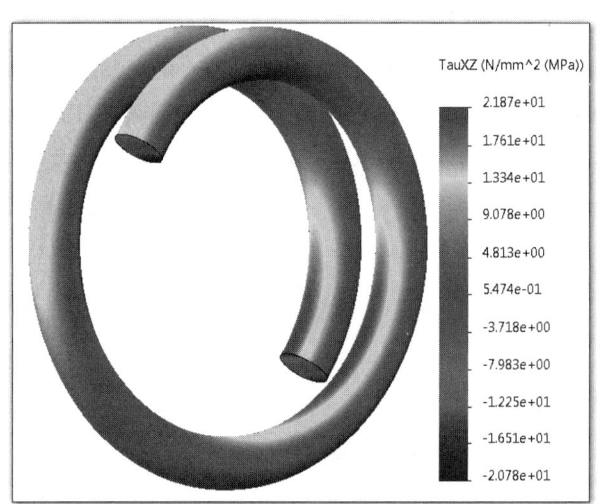

图5-76　子模型下的剪切应力结果

通过图5-76可以明显地看出，当网格达到比较合理的计算精度下，弹簧抗剪应力最大值为21.9MPa，最小值为-20.8MPa，和实际理论计算得到的21.5MPa应力值基本一致。

知识卡片

子模型实现的基础

有限元分析首先计算节点位移结果，其次通过节点位移结果的插值进行应力、应变以及其他结果的计算。通过之前的学习读者已经知道，位移结果对网格的敏感度较低，位移计算结果在网格精度非常一般的情况下就能得到比较准确的结果，以上即是子模型实现的基础。接下来通过弹簧案例进行说明。

在0.4mm网格下计算整体弹簧得到节点位移和应力结果，但是当前的结果只有位移满足精度要求，而应力结果精度一般，于是接下来通过子模型功能将模型对应位置的节点位移值提取出来。图5-75所示的仿真树中【夹具】下

有一个【自父级的位移】，这个位移就是之前整体模型计算得到的节点位移值。在当前的节点位移值下进行 0.2mm 网格划分，因为模型变小，计算量大大降低，但是计算精度却大幅度提升，最终得到图 5-76 所示的符合精度要求的应力分布云图。

所以，子模型功能在大型模型的仿真计算中有非常重要的应用，请读者仔细理解。

5.4.4　不确定因素的处理

在本书第 1 章中提到，项目开始前期工程师需要确定某一条件为本次分析的主要因素、次要因素，主要因素保留，次要因素简化。但是多数情况下一些因素都会被归类为不确定因素，这会在项目开展前期严重困扰工程师对分析模型的处理，因为这部分因素的简化对结果是否产生影响不可预知。接下来对这类问题进行说明。

常见的不确定因素包括零部件简化，特征简化，引力及载荷的简化及等效，约束方式等效等。其实通过第 4 章和第 5 章的学习，已经介绍了如何确认不确定因素的方法，就是建立一组对比模型，将考虑该因素和不考虑该因素的计算结果进行对比，得出误差度。比如在工作台问题上不确定是否需要施加重力方案，于是建立施加重力及不施加重力的方案进行验证；又比如在电机支架底部螺栓固定问题上不确定使用全约束是否合理，于是建立螺栓接头方案和全约束方案进行对比验证等。

如果通过对比两者结果相近，则可认为该因素在本次分析中可以简化；如果两者结果相差超出了经验限定的误差度，则认为该因素在本次分析中不可忽略。部分读者可能会觉得这样做非常麻烦，但是非常遗憾，这是目前最有效的解决方案之一，毕竟工程问题必须严谨。

当然还有一种方法，如果真的不想进行模型计算对比，那就在工程问题中将不确定因素均保留，这样最终可能会使计算模型比较复杂，但是可以保证准确度。

5.5　大转动

之前提到的几何非线性问题除了大变形之外，还有一种情况——大转动。弹簧拉伸导致变形过大是大变形问题，但是像齿轮传动、轴承等问题，本身变形微小但却产生转动，这类问题也是非常典型的大型位移问题，需要激活大变形算法。

考察图 5-77 所示的圆盘模型转动 90° 之后的变形情况，材料为合金钢。图中圆盘上的横线是为方便在后期看出圆盘转动及变形过程而添加的。

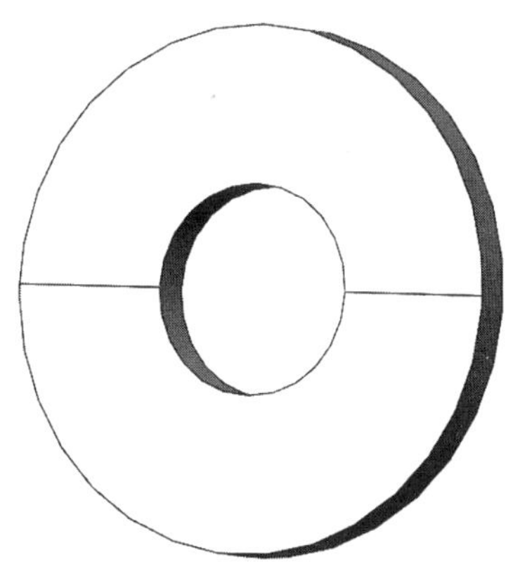

图 5-77　圆盘模型

这个分析看似毫无意义，圆盘在不受力的情况下转动 90° ，静力学也不存在转动快慢的问题，基本不会产生变形，接下来通过实际分析说明这个现象。

步骤 1 打开三维模型。单击菜单栏中的【文件】/【打开】，并在模型文件保存路径下依次找到文件夹“第 5 章\圆盘”，选择模型文件【圆盘】，单击【打开】。

步骤2 保存模型。单击菜单栏中的【保存】，读者自行指定位置保存模型。

步骤3 新建算例。单击工具栏中的【Simulation】激活 Simulation 工具栏，单击【新算例】，进入新算例设置界面，选择分析类型【静应力分析】，并设置算例名称为【圆盘转动】，单击【√】确定。

步骤4 设置材料。右键单击算例树中的【圆盘】，选择【应用 / 编辑材料】，打开材料库设置界面，在界面左侧区域选择材料【合金钢】，在右侧窗口界面将【单位】设置为【SI-N/mm^2（MPa）】，依次单击【应用】和【关闭】，关闭材料库设置界面。

步骤5 施加转动约束。右键单击算例树中的【夹具】，选择【高级夹具】，进入高级夹具设置界面，单击图标激活【在圆柱面上】，在图形显示区域选择圆盘内表面，在平移区域依次激活三个平移方向的图标，并分别输入位移值【0】【1.57】【0】，如图 5-78 所示，单击【√】确定。

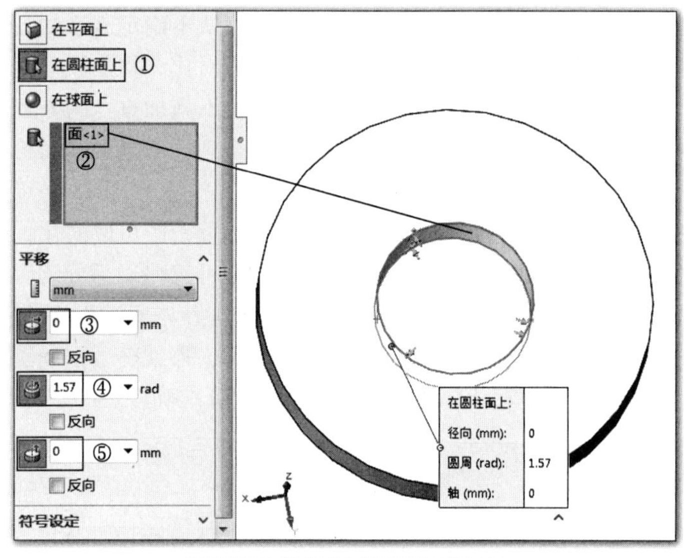

图 5-78　强制旋转边界条件

步骤6 局部网格控制。右键单击算例树中的【网格】，选择【应用网格控制】，在图形显示区域选择两条横线，设置网格大小为【1.00mm】，比例大小为【1.1】，单击【√】确定。

步骤7 生成网格。右键单击算例树中的【网格】，选择【生成网格】，单击【√】确定，模型如图 5-79 所示。

此处局部网格控制的目的仅仅是为了和其他位置的网格有所区分，在读取结果的时候能够看出转动效果。

步骤8 算例求解。右键单击算例树中的【圆盘转动】，单击【运行】，进入求解状态，求解过程中弹出过度位移提示对话框，单击【否】继续求解。

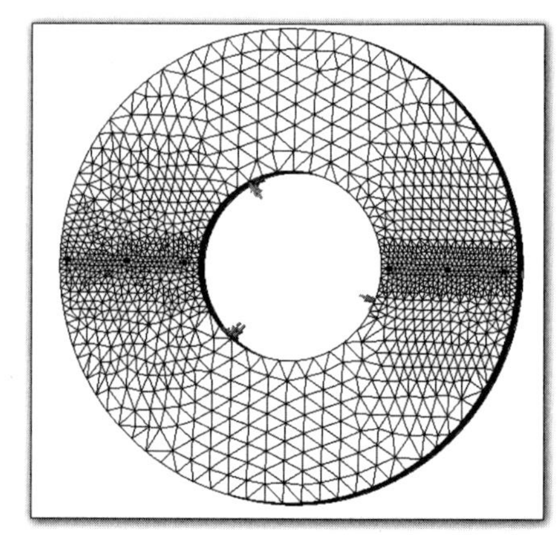

图 5-79　圆盘的有限元模型

步骤 9 结果云图显示设置。双击【结果】中的【位移 1（合位移）】，显示位移图解，右键单击【位移 1（合位移）】，选择【编辑定义】，将【变形比例】设置为【真实比例】。将选项卡切换为【设定】，将【边缘选项】设置为【连续】，将【边界选项】设置为【网格】，勾选【将模型叠加于变形形状上】复选框，将显示效果设置为【半透明（单一颜色）】，并将【透明度】设置为【0.5】，单击【√】确定，结果如图 5-80 所示。

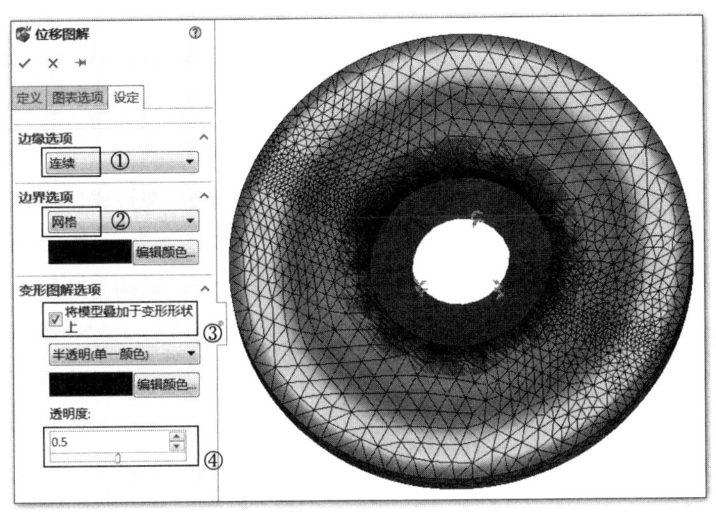

图 5-80　变形叠加结果

步骤 10 设置动态效果显示。右键单击【结果】中的【位移 1（合位移）】，选择【动画】，单击■图标停止播放动画，将【动画帧数】设为【100】，【播放速度】调为【0】，单击▶图标播放动画，如图 5-81 所示，这样就可以看出圆盘转动过程中的整个变形过程。

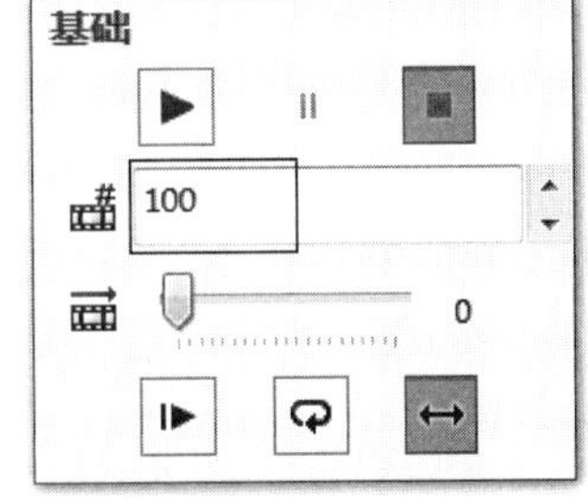

图 5-81　动画播放设置

关于动态效果读者需要注意，这只是一种辅助查看结果的手段，有限元分析的目的是通过仿真云图得出对产品设计有帮助的结论，而不是为了得到这样的动态效果。所以动画播放从来不是有限元分析的目的，本书也仅仅通过这一步操作进行介绍。

但是通过结果云图和动态效果会发现一个奇怪的现象，圆盘转动过程中径向不断扩大，最终扩大到一个难以想象的状态，这就是大转动问题。关于这个问题的深入认识本书不做详细介绍，对于多数学习者来说也不需要明白这背后的原因。读者只需要知道，在静态分析中，这类转动问题必须使用大型位移选项进行求解，读者可自行激活大变形选项重新对该案例进行计算对比，本书不做进一步介绍。

5.6　小结与讨论：解算器及其性能测试

有限元分析软件的核心技术之一是解算器，在 SOLIDWORKS Simulation 2020 版中提供了 4 种解算器，如图 5-82 所示。之前版本的 SOLIDWORKS Simulation 提供过一种网络解算器，使用时会出现图 5-83 所示的提示窗口，必须借用局域网内的其他计算机进行共同计算。该解算器编者也未曾使用过，因此有兴趣的读者可自行尝试。

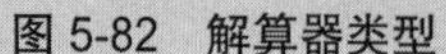
图 5-82 解算器类型

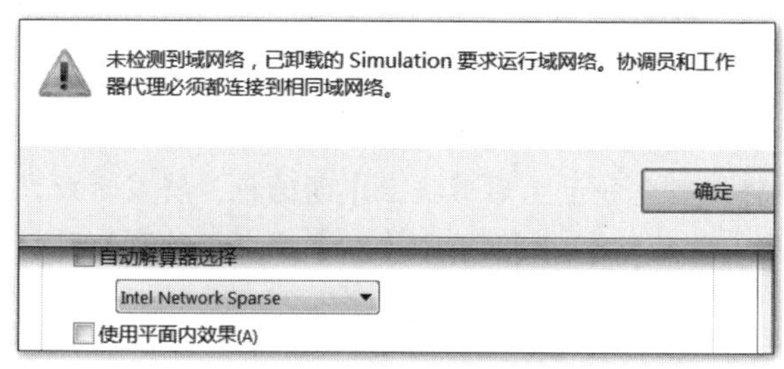

图 5-83 网络解算器

接下来重点介绍以下 4 种解算器，并对解算器进行实际的计算测试。

1）Direct sparse 解算器：稀疏矩阵解算器，目前使用最为广泛也是发展最为成熟的解算器，几乎所有的有限元分析软件都有该解算器。它可以用于大多数计算模型，堪称万能解算器，但是求解方式比较低效，内存利用率一般，所以会导致一些问题，比如速度较慢。

2）FFEPlus：快速有限元算法，基于共轭梯度法（PCG 算法）的求解技术，在处理大型浅性问题时效率更高，但是对非线性问题，如接触、大变形及一些特定问题求解效果一般甚至无法求解。

3）Large Problem Direct Sparse：大型稀疏矩阵解算器，通过利用增强的内存分配算法，可以处理超过计算机物理内存的仿真问题，比 Direct sparse 解算器能够更有效地利用内存资源，同内存下大约可求解的模型节点数量是 Direct sparse 解算器的 3 倍，但是计算速度慢。

4）Intel Direct Sparse：可用于静态、热力、频率、线性动态和非线性算例，通过利用增强的内存分配算法和多核处理功能，Intel Direct Sparse 解算器可提高在核心内求解的仿真问题的求解速度。

利用以下 4 种算例，对解算器性能进行对比。对比时采用 CPU 型号为 i7-10700、内存为 32GB 的台式计算机，每次计算完成之后均对计算机进行重启，分别比较在以下 4 种设置状态下，4 种解算器的计算时长。

1）算例 1：一般零件静力学分析问题，第 3 章的 T 型支架带圆角，整体网格密度为 1mm。

2）算例 2：装配体接触分析，第 4 章的电机支架，网格密度为 3mm。

3）算例 3：超大网格数量问题，第 4 章的电机支架，整体网格密度为 2mm。

4）算例 4：大变形问题，第 5 章的弹簧，强制 10mm 位移，整体网格密度为 0.4mm。

通过表 5-4 的数据对比可以看出，FFEPlus 的求解性能非常优秀，但是考虑到解算器稳定性等多方因素，**本书建议优先考虑 Direct sparse 解算器，当求解内存不足时再根据需要首先考虑 FFEPlus 解算器，若算例在 FFEPlus 解算器下报错，最后选择 Large Problem Direct Sparse 解算器。**

表 5-4 各解算器求解时长统计 （单位：min）

解算器名称	算例 1	算例 2	算例 3	算例 4
Direct sparse 解算器	内存不足	27	内存不足	4
FFEPlus	11	13	37	3
Large Problem Direct Sparse	105	45	297	7
Intel Direct Sparse	内存不足	13	内存不足	3

第 6 章 单元和自由度

【学习目标】

1）自由度
2）壳单元和梁单元
3）远程约束
4）固定约束
5）混合网格划分

扫码看视频

单元类型的选择在早期有限元分析学习中一直是困扰广大学习者的重要问题之一，但是实际上随着硬件性能的提升和有限元分析软件智能化程度的提升，这一问题在当前有限元分析发展过程中逐渐弱化，远没有早期有限元分析学习时的难度，所以关于单元类型的选择问题读者不要过于恐惧。

但是自由度约束问题始终是有限元分析学习的难点和重点，因为约束出错导致的计算结果错误一直是学习者常见的错误之一。

6.1 杆梁、壳及实体单元

根据第 3 章对单元形状的描述，除实体单元外还有两类单元，分别为壳单元和杆梁单元，如图 6-1 所示。本节内容主要帮助读者理解这三种单元的适用范围以及需要注意的问题。

a）实体单元

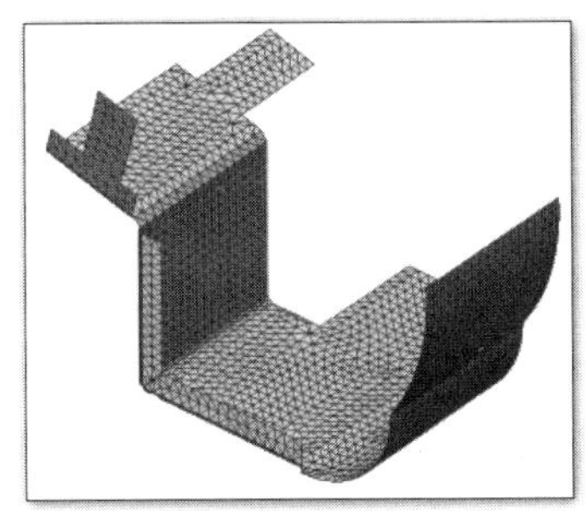
b）壳单元

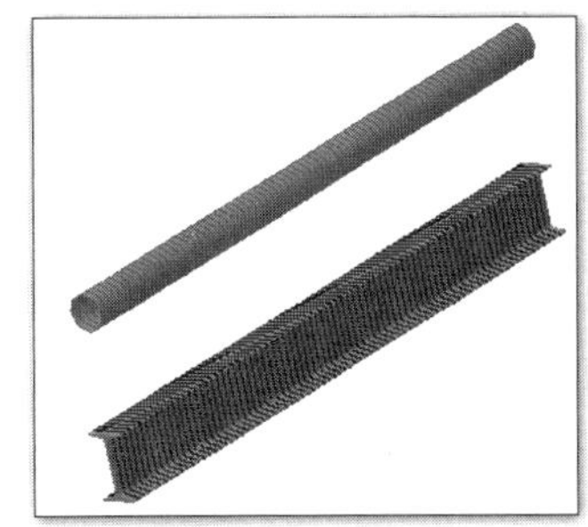
c）杆梁单元

图 6-1 三种单元

6.1.1 分析案例：简支梁

如图 6-2 所示，简支梁全长 2m，截面尺寸为 40mm × 5mm，物体长度为 400mm，与梁等宽，放置在简支梁中间，自重约为 40N，利用 SOLIDWORKS Simulation 考察简支梁的变形情况及应力，简支梁材质为合金钢。

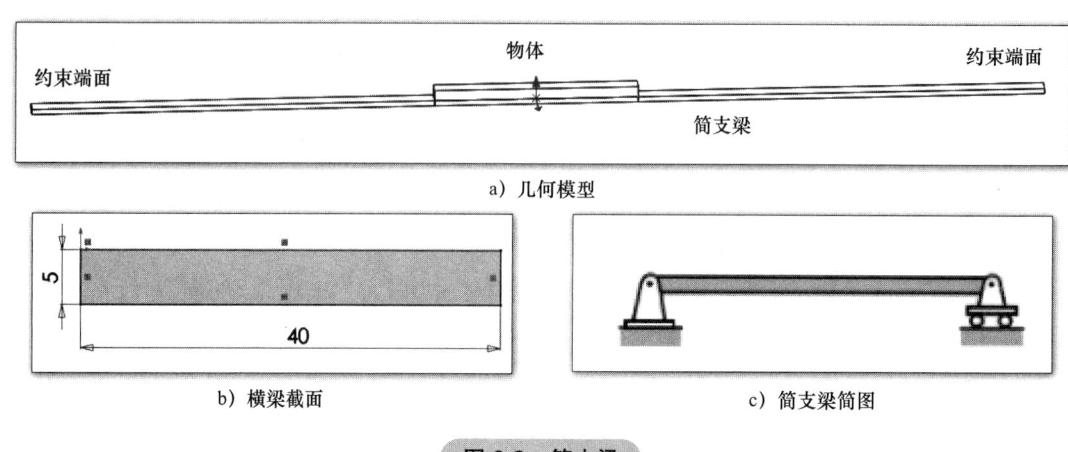

a）几何模型

b）横梁截面

c）简支梁简图

图 6-2　简支梁

本案例的载荷条件和第 5 章工作台的载荷条件基本一致，但是本案例的特殊性在于简支梁的形状。本节将通过这一模型进一步验证四点载荷简化方式的正确性。

步骤 1 打开零件。单击菜单栏中的【文件】/【打开】，在模型文件保存路径下依次找到文件夹“第 6 章 \ 简支梁”，选择模型文件【简支梁】，单击【打开】。

步骤 2 保存模型。单击菜单栏中的【保存】，读者自行指定位置保存模型。

步骤 3 新建算例。单击工具栏中的【Simulation】激活 Simulation 工具栏。单击【新算例】，进入新算例设置界面，选择分析类型【静应力分析】，并设置算例名称为【实体单元】，单击【√】确定。

步骤 4 设置材料。右键单击算例树中的【简支梁】，选择【应用 / 编辑材料】，选择【合金钢】，将【单位】设置为【SI-N/mm^2（MPa）】，依次单击【应用】和【关闭】，关闭材料库设置界面。

步骤 5 将简支梁曲面排除在分析之外。单击【简支梁】前的▾展开算例树，右键单击【SurfaceBody 1（简支梁曲面）】，选择【不包含在分析中】。

步骤 6 设置全约束。右键单击算例树中的【夹具】，选择【固定几何体】，在图形显示区域选择图 6-2a 所示的两个约束端面，单击【√】确定。

部分读者可能会发现，当前固定约束的边界条件是有问题的，请不用着急，随着内容的深入会进行修正。

步骤 7 载荷加载。右键单击算例树中的【载荷】，选择【力】，在图形显示区域选择图 6-3 所示的 4 个顶点。激活【选定的方向】，单击图标右侧的粉色区域，激活【方向的面、边线、基准面】选择区域，在图形显示区域选择图 6-3 所示的中间小平面。单击【力】设置区域第三行图标激活载荷垂直方向，输入载荷【10】N，单击【√】确定。

步骤 8 网格划分。右键单击算例树中的【网格】，选择【生成网格】，勾选【网格参数】复选框，设置网格大小为【3.00mm】，单击【√】确定。

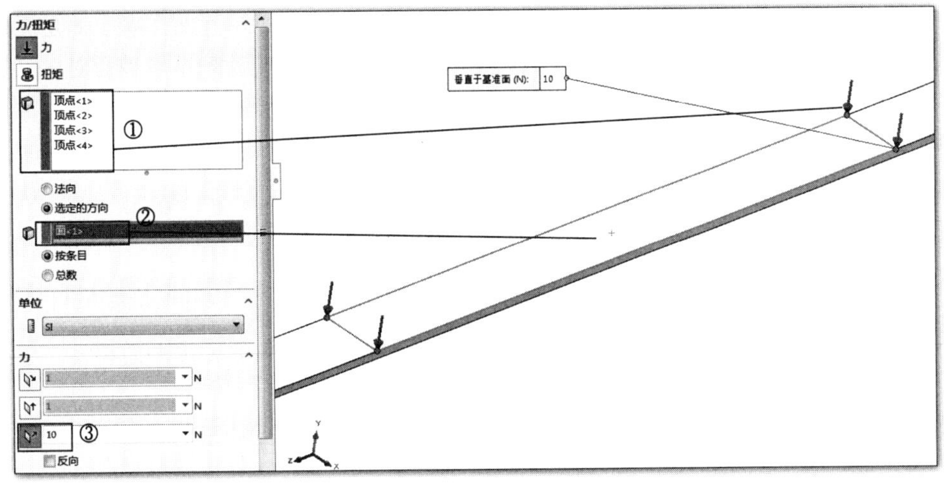

图 6-3　载荷设置

步骤 9 保存设置并求解。单击【保存】保存之前的设置。右键单击算例树中的【实体单元】，单击【运行】，进入求解状态。

步骤 10 探测结构中间部位的 von Mises 应力值。右键单击【结果】下的【应力 1（von-Mises）】，选择【探测】，在图形显示区域选取中间区域的某一点，如图 6-4 所示，应力值约为 38.33MPa。

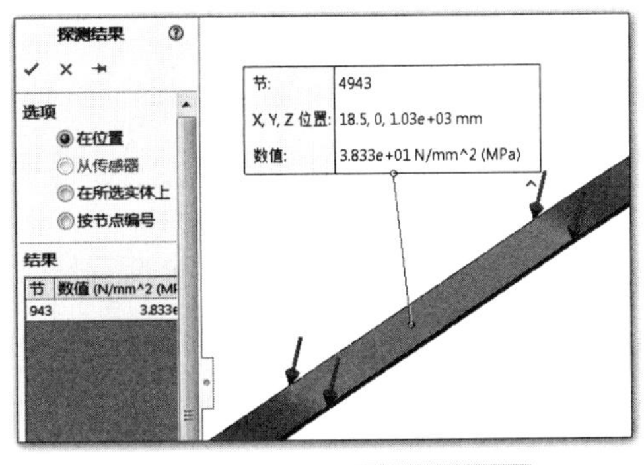

图 6-4　实体单元的应力结果

步骤 11 显示变形结果。双击【结果】下的【位移 1（合位移）】。右键单击【位移 1（合位移）】，选择【编辑定义】，进入位移图解设置窗口，将【显示】类型设置为【UY：Y 位移】，单击【√】确定，结果如图 6-5 所示，Y 向最大变形量为 -17 mm。

图 6-5　Y 向位移

根据之前的单元形状定义来看，当前的简支梁似乎既满足杆梁单元的形状也满足壳单元的形状，因此接下来分别利用这两种单元进行计算，并将三种单元的计算结果进行对比，操作方面壳单元的设置会稍微复杂一些。

6.1.2 壳单元

通过定性的认知可以知道，钣金件以及结构板材件等属于板壳理论的应用范围，但是读者对这类结构件目前只有感性的认知，并没有形成理性的概念。

接下来对壳单元进行定义：**结构在某一方向上的尺度（厚度）远小于其他两个方向，可以使用壳单元进行计算。**壳单元其实是一种由三维模型状态简化得到的二维平面单元。经典薄壳单元理论包含以下三点假定（即 Kirchhoff-Love 假设）：

1）忽略剪应力和剪切变形，且认为板弯曲时沿板厚方向各点的挠度相等。

2）平行于板中面的各层互不挤压。

3）中面内各点都无平行于中面的位移。

以上三点假设本质上是对薄壳结构的简化，但是在一些特殊问题中会造成计算结果的不精确，因此在经典薄壳单元理论基础之上形成了考虑剪应力的厚壳理论（即 Mindlin-Reissner 理论）。一般情况下，薄壳理论可以解决工程应用中的多数问题。本例中梁的厚度介于薄壳和厚壳之间，本书针对薄壳进行计算，读者可自行用厚壳进行结果对比。

在 SOLIDWORKS Simulation 中壳单元提供了一阶三角形壳单元和二阶三角形壳单元两种壳单元，如图 6-6 所示。一般情况下使用二阶三角形壳单元进行计算。

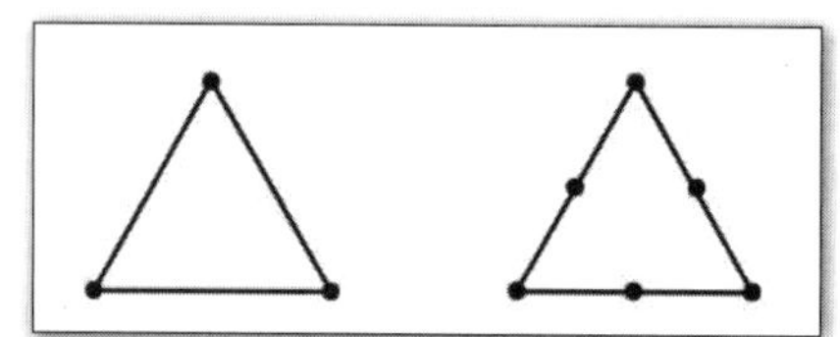

图 6-6 SOLIDWORKS Simulation 中的两种壳单元

接下来通过简支梁案例来介绍壳单元的应用。

步骤 1 新建算例。单击工具栏中的【Simulation】激活 Simulation 工具栏。单击【新算例】，进入新算例设置界面，选择分析类型【静应力分析】，并设置算例名称为【壳单元】，单击【√】确定。

步骤 2 压缩实体梁。展开算例树中的【简支梁】，模型树中包含两个零件，如图 6-7 所示。根据零件之前的图标形状和名称可以看出，SolidBody 代表实体梁，SurfaceBody 代表曲面梁。右键单击实体零件【SolidBody2（简支梁）】，选择【不包含在分析中】。

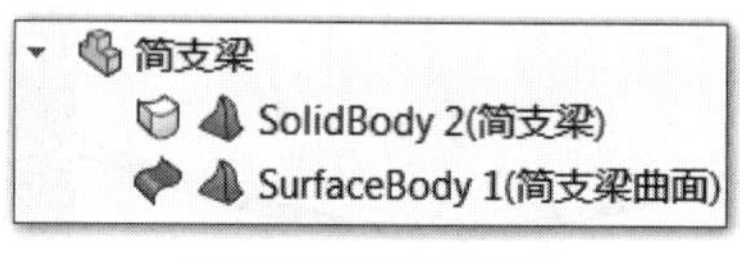

图 6-7 模型树

步骤 3 设置壳单元厚度。右键单击零件【SurfaceBody1（简支梁曲面）】，选择【编辑定

义】，打开壳设置界面，设定壳厚度为【5.00mm】，如图 6-8 所示。【偏移】保持默认设置，如图 6-9 所示，单击【√】确定。

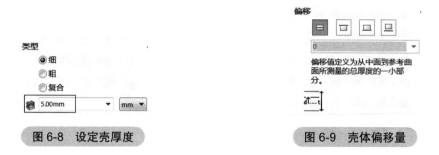

图 6-8　设定壳厚度　　图 6-9　壳体偏移量

知识卡片

壳单元设置基本说明

壳单元主要有三个设置选项——壳体厚度、壳体类型和壳体偏移。壳体厚度比较好理解，就是设置薄板件的厚度。其他两个设置选项说明如下：

1）在 SOLIDWORKS Simulation 中，壳体类型有三种选择——细壳、粗壳和复合壳，细壳、粗壳问题在之前的内容中已经有所说明，即薄壳、厚壳问题。复合壳问题在本书中不再进行详细讲解，有兴趣的读者可根据图 6-10 所示的设置界面通过帮助文件自行了解。

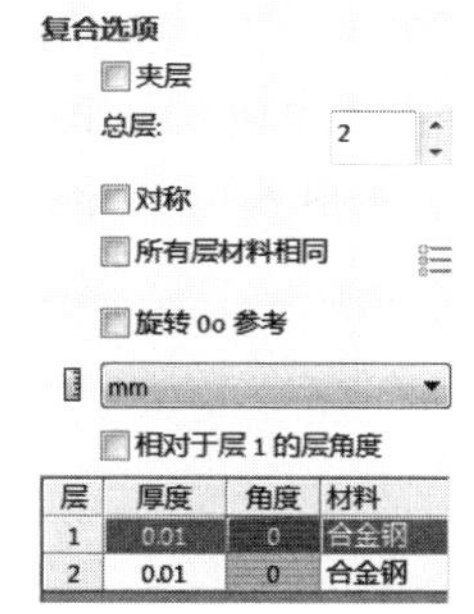

图 6-10　复合壳设置界面

2）壳体偏移选项允许人为控制壳体网格在原始实体模型中的位置。可以在壳体的中间、顶部、底部曲面上或总厚度指定比例的偏移参考曲面上定位网格，在选定曲面上生成壳体网格。如图 6-11 所示，T1 为实体的厚度，T2 为简化的壳曲面相对于实体面的距离，壳体偏移量为 T2/T1。

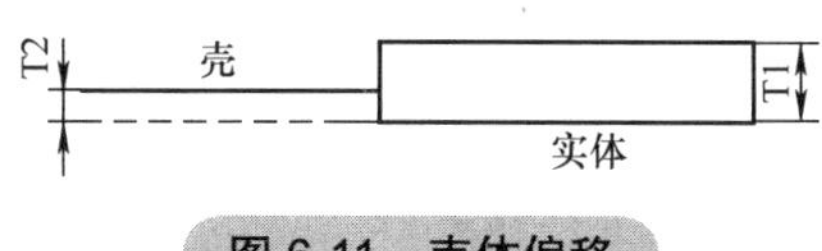

图 6-11　壳体偏移

步骤 4 设置材料。右键单击模型【SurfaceBody 1（简支梁曲面）】，选择【应用/编辑材料】，选择【合金钢】，将【单位】设置为【SI-N/mm^2（MPa）】，依次单击【应用】和【关闭】，关闭材料库设置界面。

步骤5 固定约束。右键单击算例树中的【夹具】，选择【固定几何体】，在图形显示区域选择平面两端的边线，如图6-12所示，单击【√】确定。

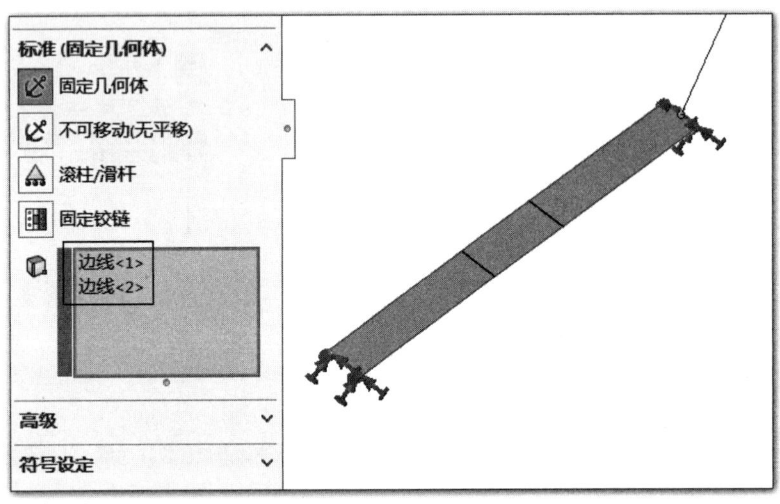

图6-12 固定约束

步骤6 施加载荷。右键单击算例树中的【载荷】，选择【力】，选择图6-13所示的4个顶点。载荷方向设置为【选定的方向】，单击图标右侧的蓝色区域，激活【夹具的面、边线、顶点】选择区域，在图形显示区域选择壳体中间段小平面。单击【力】设置区域第三行图标激活载荷垂直方向，输入载荷【10】N，如图6-13所示，单击【√】确定。

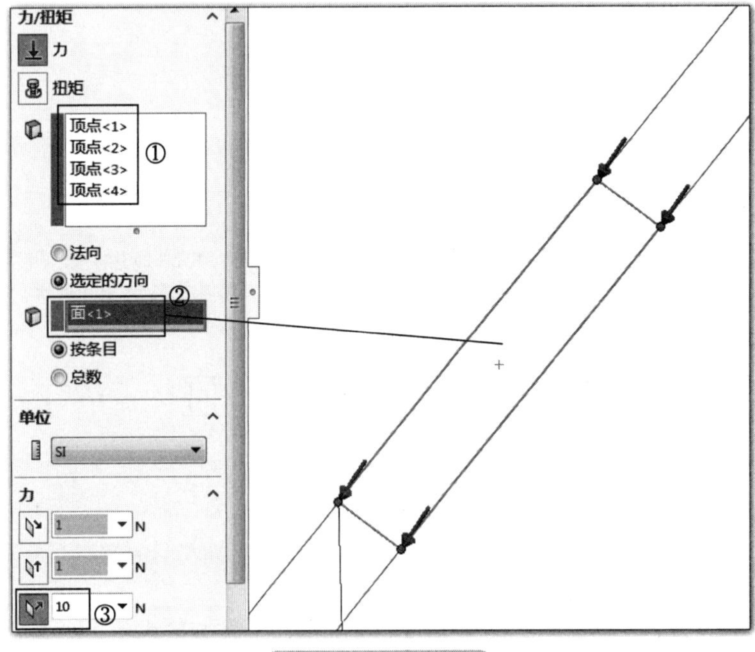

图6-13 施加载荷

步骤 7 网格划分。右键单击算例树中的【网格】，选择【生成网格】，勾选【网格参数】复选框，设置网格大小为【3.00mm】，单击【√】确定。

步骤 8 保存设置并求解。单击【保存】保存之前的设置。右键单击算例树中的【壳单元】，选择【运行】，进入求解状态。

步骤 9 探测结构中间部位的 von Mises 应力值。右键单击【结果】中的【应力 1（von-Mises）】，选择【探测】，在图形显示区域选取中间区域的某一点，如图 6-14 所示，应力值约为 38.32MPa。

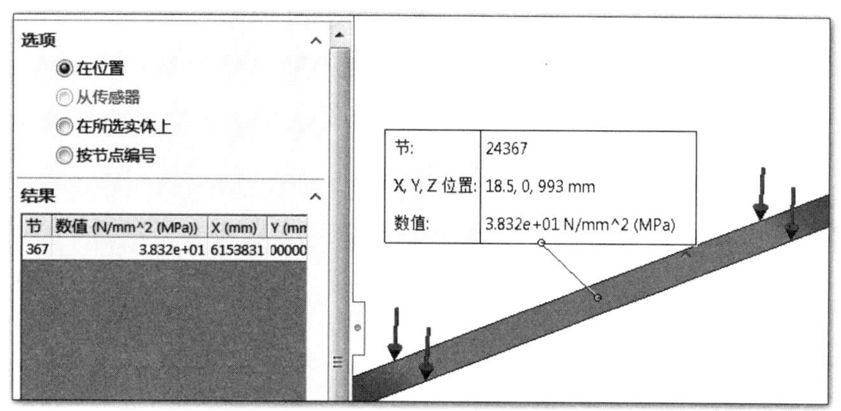

图 6-14　壳单元的应力结果

步骤 10 显示变形结果。双击【结果】下的【位移 1（合位移）】。右键单击【位移 1（合位移）】，选择【编辑定义】，进入位移图解设置窗口，将【显示】类型设置为【UY：Y 位移】，展开【高级选项】，激活【3D 渲染抽壳厚度】，单击【√】确定。

结果如图 6-15 所示，云图显示从二维平面状态变为三维状态，Y 向最大变形量为 −17mm。

图 6-15　壳单元的 Y 向位移

步骤 11 显示壳网格。右键单击算例树中的【网格】，如图 6-16 所示，选择【显示网格】。

观察此时的图形显示区域，壳单元一面为灰色，一面为黄色，这代表壳单元的正反两面。在实际计算中需要注意，必须确保壳体的同一面为同一颜色，否则应力计算结果会发生错误。接下来尝试下错误的计算结果。

步骤 12 反转网格。在图形显示区域单击选择壳单元中间区域面，并在算例树中右键单击【网格】，选择【反转壳体单元】，壳体显示如图 6-17 所示。

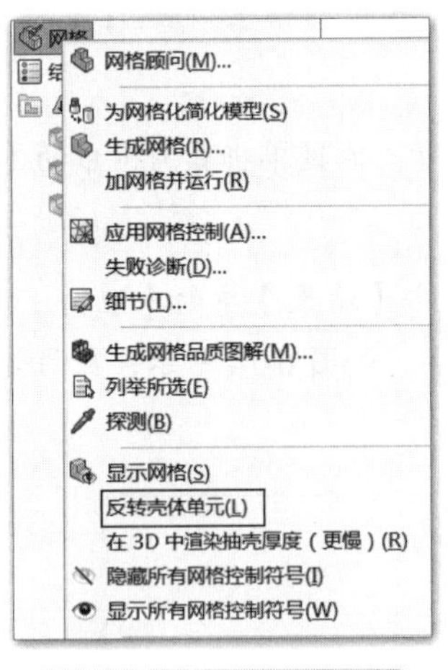

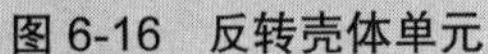
图 6-16　反转壳体单元

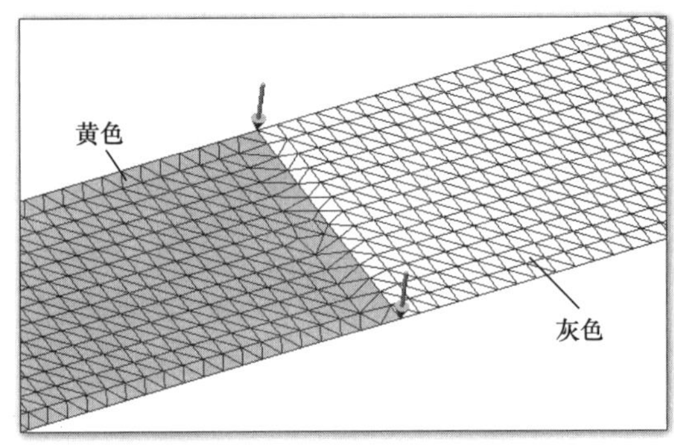

图 6-17　壳体显示

步骤 13 算例求解。右键单击算例树第一行的【壳单元】，选择【运行】，进入求解状态。

求解完成后，应力计算结果如图 6-18 所示，载荷线上的应力值几乎为 0，而距离其不远处的应力值瞬间达到 38MPa，应力云图在该单元交界面处产生不连续的应力状态，当前计算结果是不正确的。

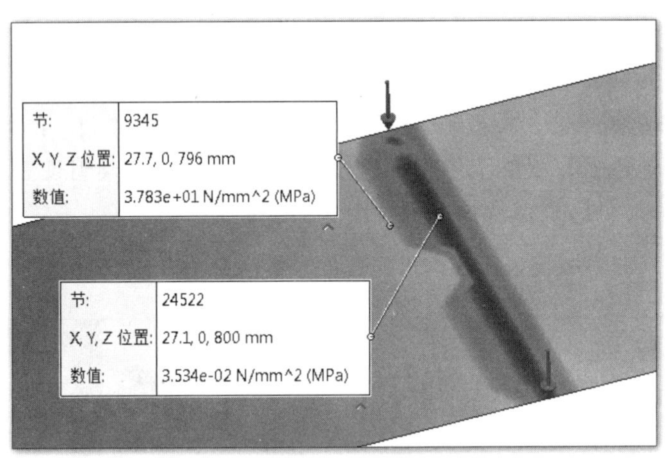

图 6-18　单元交界面的应力

知识卡片

壳单元反转

一般情况下，SOLIDWORKS Simlation 在划分壳单元的时候，会自动对齐壳体表面，以防产生图 6-18 所示的问题。

壳单元存在上下表面之分，经过计算之后，壳单元的上表面应力到下表面应力的分布如图 6-19 所示。如果此时相邻的单元上下表面对应相反，则会出现其中一个单元的上表面对应下表面的情况，相互之间的应力值因为正负号抵消，产生图 6-18 所示的在单元交界面位置应力很小的问题。

在壳单元的分析计算中，必须避免这一问题的出现。

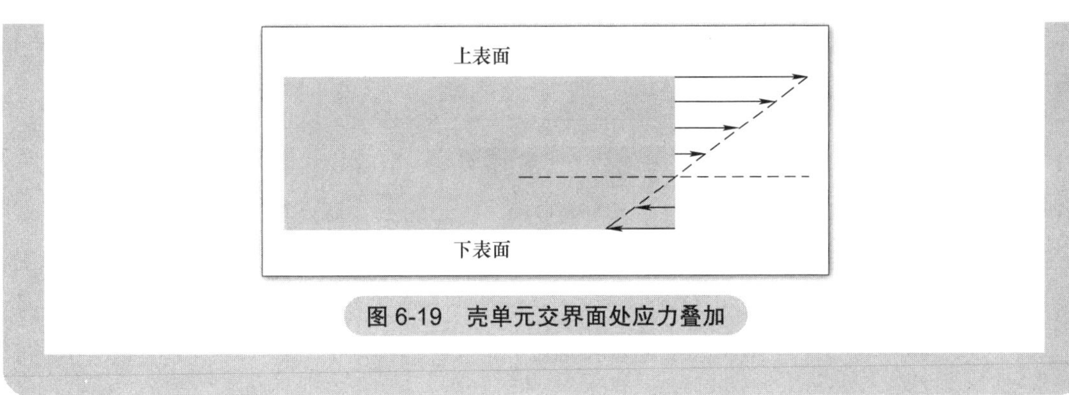

图 6-19　壳单元交界面处应力叠加

6.1.3　杆梁单元

虽然习惯上称为杆梁单元，但是实际上是两种单元——杆单元和梁单元，如图 6-20 所示。

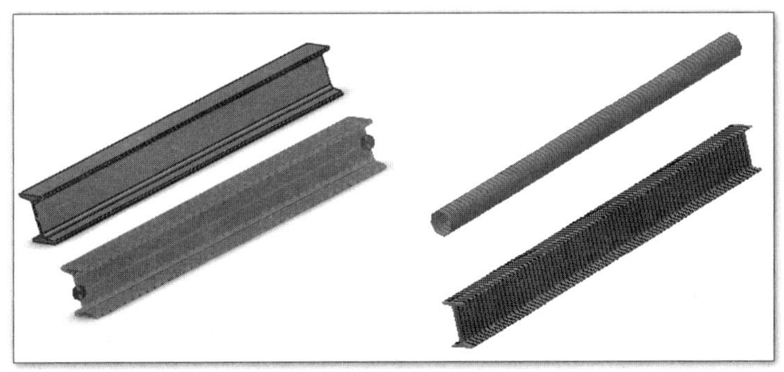

图 6-20　杆梁单元的各种显示方式

在力学上，杆和梁有着严格的区分：杆主要承受轴向载荷，有时也承受少量的剪力和弯矩；梁主要承受横向载荷（剪力和弯矩等），有时也承受少量的轴向载荷。因此，何时使用梁单元、何时使用杆单元，由结构的受力情况进行区分。

通过杆和梁的定义，结合实际结构的受力情况区分杆单元和梁单元对部分读者来说难度较大。为方便区分，可以记住以下两种必然是梁单元的情况：

1）杆件两端的连接状态无法发生转动，比如焊接钢结构。但是能转动的不一定就是杆单元。

2）结构件非端点位置承受非轴向载荷，比如本例中结构件中间位置承受垂直向下的载荷。但是仅承受轴向载荷的不一定就是杆单元。

接下来通过简支梁案例来介绍梁单元的应用。

步骤 1 新建算例。单击工具栏中的【Simulation】激活 Simulation 工具栏。单击【新算例】，进入新算例设置界面，选择分析类型【静应力分析】，并设置算例名称为【梁单元】，单击【√】确定。

步骤 2 压缩曲面实体。单击【梁】前的 ▾ 展开算例树，右键单击【SurfaceBody 1（简支梁曲面）】，选择【不包含在分析中】。

步骤3 将实体定义为横梁。右键单击模型【SolidBody 2（简支梁）】，选择【视为横梁】，如图 6-21 所示。

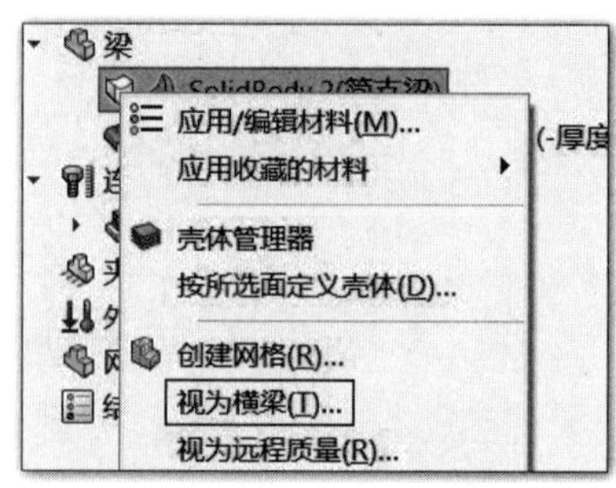

图 6-21　视为横梁

步骤4 设置材料。右键单击模型【SolidBody 2（简支梁）】，选择【应用 / 编辑材料】，选择【合金钢】，将【单位】设置为【SI-N/mm^2（MPa）】，依次单击【应用】和【关闭】，关闭材料库设置界面。

步骤5 设置梁单元。右键单击模型【SolidBody 2（简支梁）】，选择【编辑定义】，将【类型】设置为【横梁】，其他保持默认设置，如图 6-22 所示，单击【√】确定。

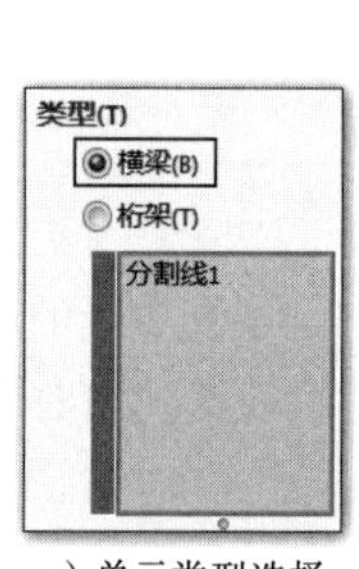

a）单元类型选择

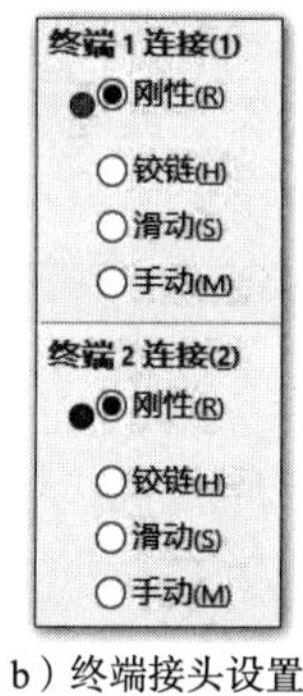

b）终端接头设置

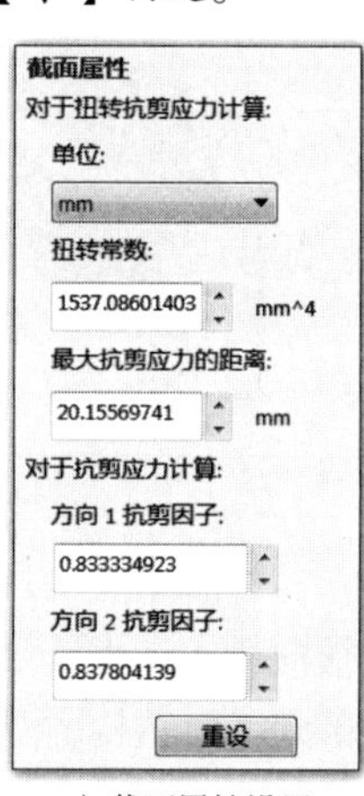

c）截面属性设置

图 6-22　设置梁单元

知识卡片

杆梁单元的设置

杆梁单元的设置主要包含单元类型、横梁单元端点连接设置和横梁单元截面属性设置三个选项，具体说明如下：

1）单元类型。如图 6-22a 所示，根据实际结构的情况选择横梁单元或桁架单元，桁架单元即杆单元。本案例的悬臂梁符合梁单元的特性，因此使用横梁单元。

2）横梁单元端点连接设置。桁架单元不存在端点设置，均为可转动。横梁单元需对端点进行设置，如图 6-22b 所示。端点根据横梁之间的连接关系进行设置，可根据实际情况设置为刚性（焊接）、铰接、滑动或手动等，其实这些设置方式就是后面会涉及的自由度问题。

3）横梁单元截面属性设置。桁架单元不存在截面属性设置，仅依靠截面面积即可计算。至于横梁单元的截面属性，软件会根据截面尺寸自行计算，一般情况下不需要进行调整，如图 6-22c 所示，但是特殊情况下也可通过查表、计算等方式自行定义。

步骤 6 梁单元检查。右键单击算例树中的【结点组】，选择【编辑】，打开图 6-23 所示的接点设置界面，其中包括【所选横梁】【视接榫为间隙】和【结果】三个设置区域。在默认设置状态下单击【计算】，检查完成后单击【√】确定。

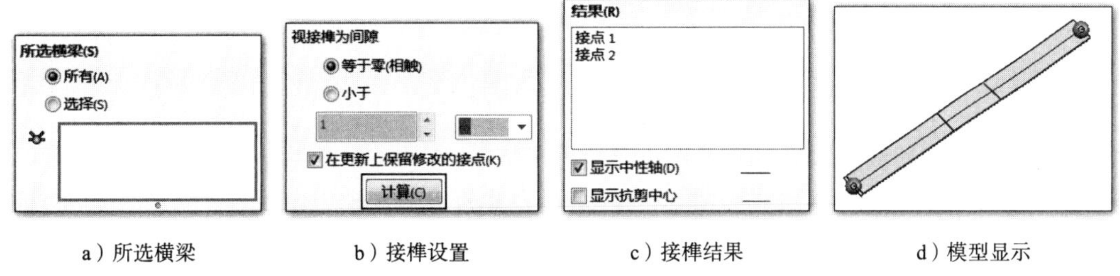

a）所选横梁　　b）接榫设置　　c）接榫结果　　d）模型显示

图 6-23　梁单元检查

知识卡片

杆梁单元的接头说明

如图 6-23c 所示，勾选【显示中性轴】复选框，图 6-23d 中的横梁中间会出现一条“黑线”。整个实体梁结构最终会被转化为这条线，线两端的浅绿色圆点为梁的两端，在 SOLIDWORKS Simulation 中称为接榫。接榫分为粉色和浅绿色两种，软件以浅绿色表示结构件在其自由端的连接点，如图 6-24 所示。除了标注的两个接榫为浅绿色，其余以粉色表示两个或多个结构件相交处的连接点。

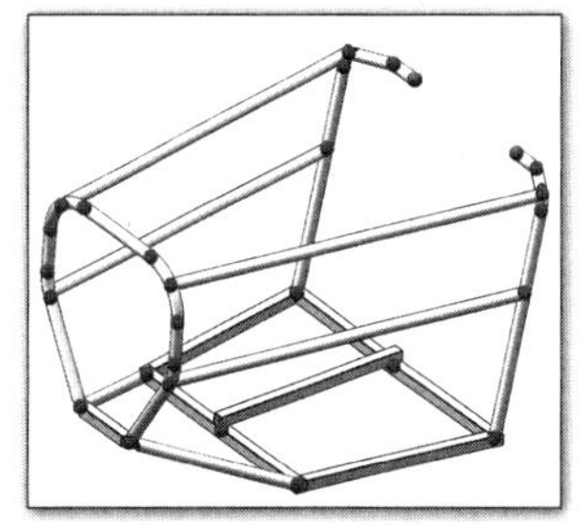

图 6-24　钢结构接榫

步骤 7 固定约束。右键单击算例树中的【夹具】，选择【固定几何体】，在图形显示区域选择图 6-23d 所示的两个浅绿色接榫，单击【√】确定。

步骤 8 施加载荷。右键单击算例树中的【载荷】，选择【力】，选择图 6-25 所示的 4 个顶点，激活【选定的方向】。单击图标右侧的粉色区域，激活【方向的面、边线、基准面】选择区域，在图形显示区域选择图 6-25 所示的小平面。单击【力】设置区域第三行图标激活载荷垂直方向，输入【10】N，单击【√】确定。

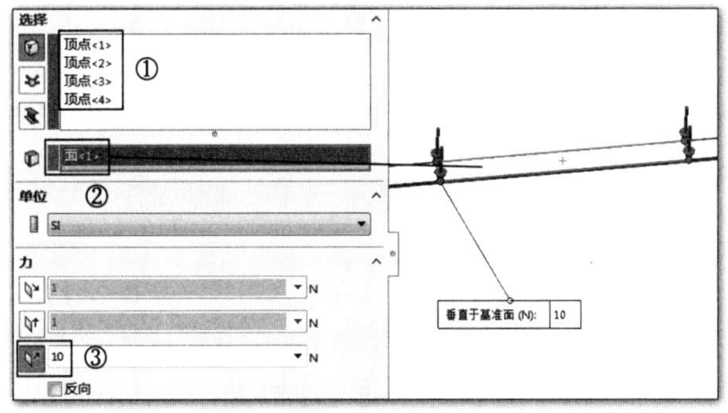

图 6-25　施加载荷

知识卡片

载荷施加元素

图 6-25 中所选择的 4 个顶点存在于实体模型中。在实体和壳单元计算中，这 4 个顶点能够转化为单元节点。但是在梁单元计算中，这 4 个几何点将不再存在。在实际计算中软件会将这 4 个几何点的载荷自动转化到梁单元的网格节点上。

步骤 9 网格划分。右键单击算例树中的【网格】，选择【生成网格】，软件将直接进行网格划分。生成的梁单元网格模型如图 6-26 所示。当前的图形显示为圆柱形状，这只是 SOLIDWORKS 软件的一种默认显示方式，实际模型只是一条线，软件会根据实际三维模型的不同将截面形状赋予到这条线上。

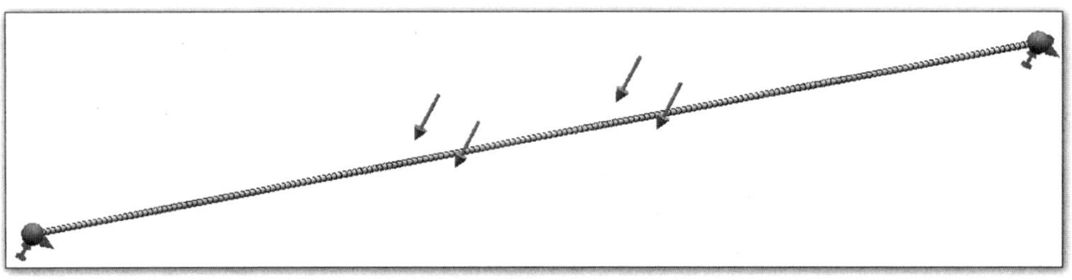

图 6-26 梁单元网格模型

步骤 10 算例求解。右键单击算例树中的【梁单元】，单击【运行】，进入求解状态。

步骤 11 探测结构中间部位的 von Mises 应力值。右键单击【结果】中的【上界轴向和折弯】，选择【探测】，在图形显示区域选取中间区域的某一点，如图 6-27 所示，应力值约为 38.4MPa。

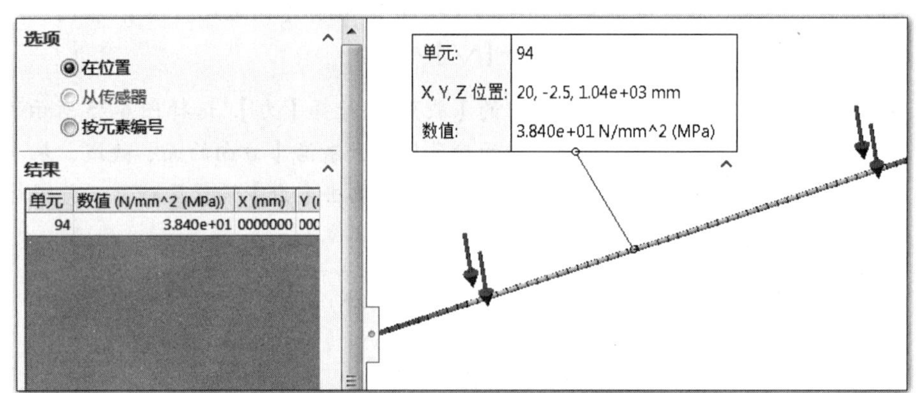

图 6-27 梁单元的应力结果探测

步骤 12 显示变形结果。双击【结果】中的【位移 1（合位移）】。右键单击【位移 1（合位移）】，选择【编辑定义】，进入位移图解设置窗口，将【显示】设置为【UY：Y 位移】，展开【高级选项】，激活【3D 渲染抽壳厚度】，单击【√】确定，结果如图 6-28 所示。

最终云图显示为三维状态，Y 向的最大变形量为 −17.1mm。

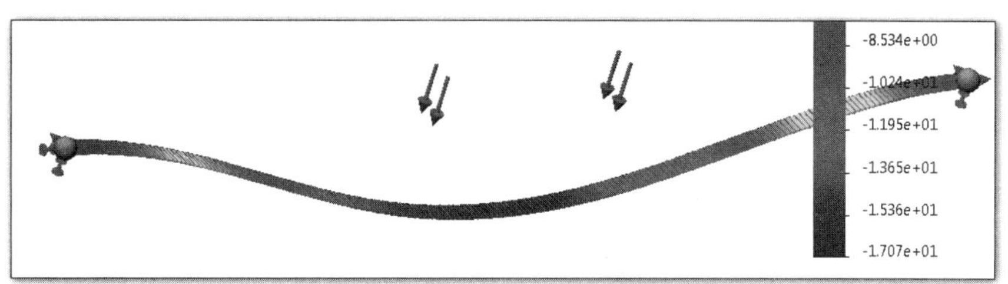

图 6-28　梁单元的 Y 向位移

通过表 6-1 的结果统计可以看出，无论是使用实体、壳或者梁单元，三种单元的计算结果都非常接近。

表 6-1　三种单元计算结果的对比

单元类型	实体	壳	梁
Y 向位移 /mm	−17	−17	−17.1
von Mises 应力 /MPa	38.3	38.3	38.4

以上的数据对比只说明了在同一种边界条件下使用三种单元能得到同样的计算结果，但是并不代表当前的边界条件符合实际简支梁的工况，假如当前的边界条件设置存在错误，则三种单元的计算结果都存在问题。

本例中的简支梁是典型的材料力学计算模型，也是部分读者用来进行有限元分析计算结果和理论计算结果对比的模型。接下来利用材料力学的计算公式来验证该模型的理论计算结果。如图 6-29 所示为简支梁图示。

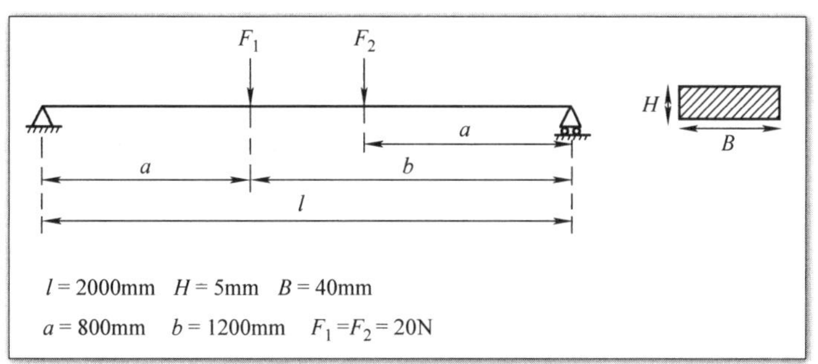

图 6-29　简支梁图示

根据图 6-29 所示的力学模型，简支梁受到集中力作用时的挠度公式如下：

$$\delta=\begin{cases}-\dfrac{Fbx}{6EIl}\left(l^2-x^2-b^2\right) & 0\leqslant x<a\\ -\dfrac{Fb}{6EIl}\left[\dfrac{l}{b}(x-a)^3+\left(l^2-b^2\right)x-x^3\right] & a\leqslant x\leqslant l\end{cases}$$

式中，E 为材料弹性模量，当前仿真分析中 $E = 210000\text{MPa}$。

上式中矩形截面的惯性矩 I 的计算公式为

$$I=\frac{BH^3}{12}$$

将本案例的具体模型尺寸和材料参数带入公式，在 F_1 作用下中部的挠度为

$$\delta_1 = -\frac{Fb}{6EIl}\left[\frac{l}{b}(x-a)^3 + \left(l^2-b^2\right)x - x^3\right] = -\frac{20\times1200}{6\times210000\times\frac{40\times5^3}{12}\times2000}\times$$

$$\left[\frac{2000}{1200}\times(1000-800)^3 + \left(2000^2-1200^2\right)\times1000-1000^3\right]\text{mm} = -35.97\text{mm}$$

在 F_2 作用下中部的挠度为

$$\delta_2 = -\frac{Fbx}{6EIl}\left(l^2-x^2-b^2\right) = -\frac{20\times800\times1000}{6\times210000\times\frac{40\times5^3}{12}\times2000}\times\left(2000^2-1000^2-800^2\right)\text{mm} = -35.97\text{mm}$$

因此，简支梁中部的总挠度为

$$\delta = \delta_1 + \delta_2 = -35.97\text{mm} - 35.97\text{mm} = -71.94\text{mm}$$

利用简支梁的计算公式，**最终求解的结果是 71.94mm**，与有限元分析的计算结果 -17mm 相差甚远，原因何在？是有限元分析的计算结果精度不够？抑或是软件计算的结果存在问题？又或者是其他原因？接下来的内容可能是本书中较难理解的内容，但是其却是有限元分析约束问题的基础，所以请读者务必仔细学习。

6.2 约束和自由度

6.2.1 自由度的概念

自由度是用来描述空间物理场的相关物理量，比如在温度场中自由度代表温度变化，在结构场中自由度代表位移变化，在电场中自由度代表电压变化等。在结构场中，空间中的任意一点存在 6 个自由度，以常用的笛卡儿坐标系为例，存在分别沿 X、Y、Z 轴的 3 个平移（U）和 3 个转动（ROT），如图 6-30 所示。

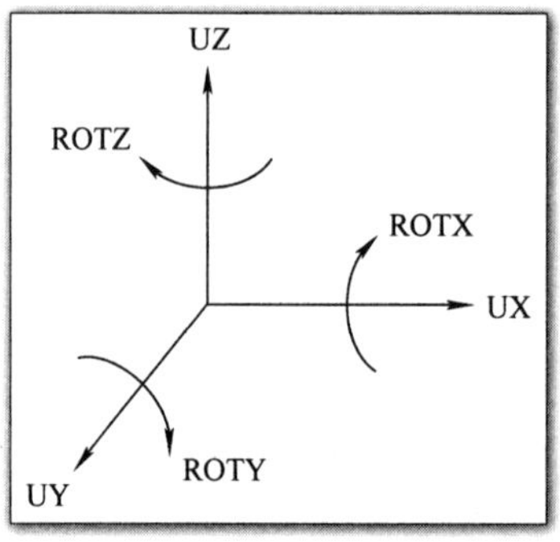

图 6-30 物理空间中任意一点的自由度

当前的描述比较抽象，接下来通过几种运动副和自由度的关系来说明，见表 6-2。

表 6-2 运动副和自由度的关系

运动副	UX	UY	UZ	ROTX	ROTY	ROTZ
球关节	约束	约束	约束	释放	释放	释放
转动副	约束	约束	约束	约束	约束	释放
移动副	约束	约束	释放	约束	约束	约束
圆柱套筒	约束	约束	释放	约束	约束	释放
焊接	约束	约束	约束	约束	约束	约束

在实际分析计算中，如果对结构自由度的设置出现错误，计算结果就会出现问题，因此准确设置自由度非常重要。

在物理空间中的任意一点存在 6 个自由度，转换到有限元分析的三种结构单元中后，壳单元和杆梁单元中的每个节点确实具有 6 个自由度，但是实体单元只有 3 个平移自由度，没有 3 个转动自由度，至于其中的原因读者不用深究，记住即可。

在 SOLIDWORKS Simulaion 中，分别用箭头图标表示平移约束，用圆盘图标表示转动约束。全约束图标如图 6-31a 所示，图 6-31b 和图 6-31c 所示分别为单一方向的转动约束及平移约束图标。如果在约束中显示该方向的箭头或者圆盘图标，代表该方向上的平移或者旋转自由度被约束。

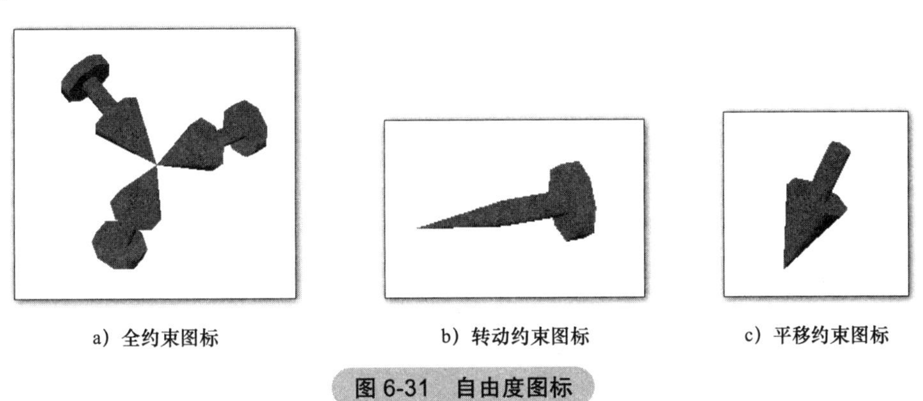

a）全约束图标　　b）转动约束图标　　c）平移约束图标

图 6-31 自由度图标

有了以上的基本认知，接下来仔细分析简支梁 A、B 两点（见图 6-32）的约束状态。

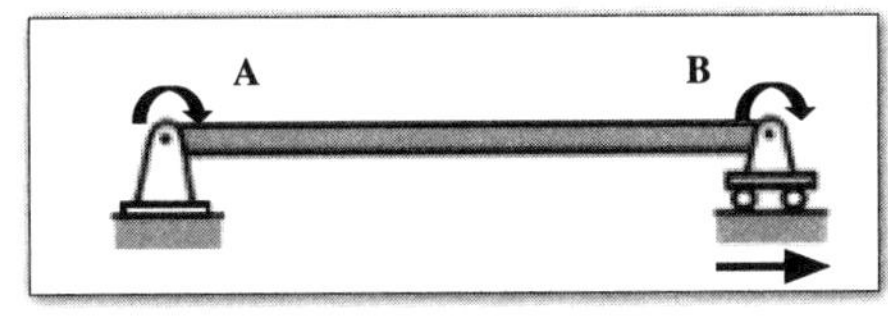

图 6-32 简支梁示意图

图 6-32 是简支梁在材料力学中的模型示意图。在平面状态下，A 点仅存在一个平面内的转动自由度，而 B 点除平面的转动之外还存在一个沿简支梁轴线方向上的平移，所以 A 点在水平和竖直方向约束，B 点在竖直方向约束，这才是简支梁的准确约束方式。而在之前的软件操作练习中，将 A、B 两端的所有自由度都进行了全约束，和真实情况产生较大偏差，这就是在有限元分析中的过约束问题。而过约束所导致的计算结果是什么，可能在此之前部分读者没有概

念，但是通过当前的案例可以感受到，理论计算结果和仿真结果两者的变形相差甚多，所以该案例最主要的目的就是要让读者感受到过约束所产生的严重问题。那么，此案例该如何设置约束？

6.2.2 壳单元及杆梁单元的约束形式

该案例的实体单元分析较为复杂，下面先对壳单元和杆梁单元进行练习计算。

步骤 1 复制算例。右键单击标签栏区域中的算例【壳单元】，选择【复制算例】，设置算例名称为【壳单元准确约束】。

步骤 2 保存模型。单击菜单栏中的【保存】，自行指定位置保存模型。

步骤 3 设置 A 点自由度。右键单击【固定 -1】，选择【删除】。然后右键单击算例树中的【夹具】，选择【高级夹具】，在图形显示区域选择图 6-33 所示的边线，该边线对应图 6-32 中的 A 点。单击图标右侧的粉色区域，激活【方向的面、边线、基准面】选择区域，在图形显示区域选择任意壳平面。按照图 6-34 所示依次激活【平移】和【旋转】的 5 个自由度并进行约束，单击【√】确定。

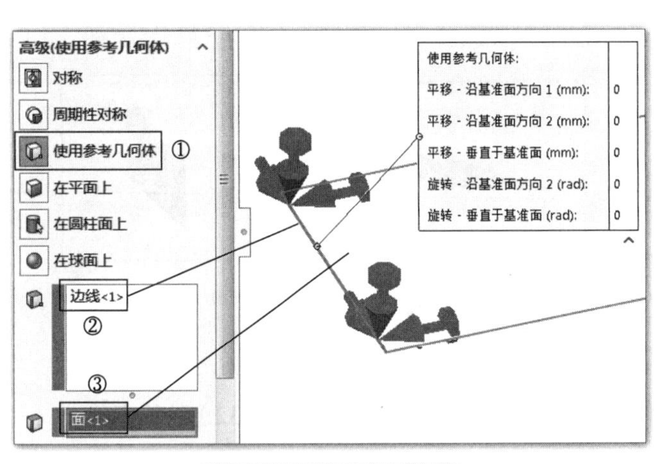

图 6-33 A 点约束设置

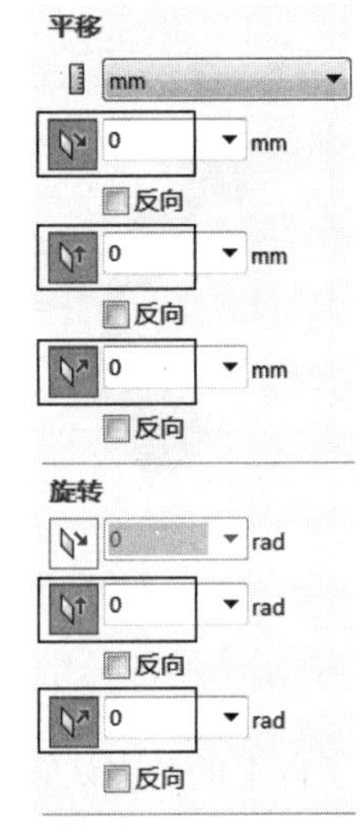

图 6-34 自由度激活

图 6-34 所示的是任意几何元素的空间中的 6 个自由度，根据图 6-33 中基准面选择的不同，6 个自由度所对应的方向会发生改变，所以读者首先必须判断出哪些自由度不被约束，然后再逐一激活自由度。注意观察图 6-33 中的约束图标，其中释放了一个绕当前所选边线转动的转动自由度，符合简支梁 A 点的约束形式。

步骤 4 设置 B 点自由度。右键单击算例树中的【夹具】，选择【高级夹具】，在图形显示区域选择图 6-35 所示 B 点对应的边线（与步骤 3 中不同的另一端边线）。单击图标右侧的粉色区域，激活【方向的面、边线、基准面】选择区域，在图形显示区域选择任意壳平面。按照图 6-36 所示依次激活【平移】和【旋转】的 4 个自由度并进行约束，单击【√】确定。

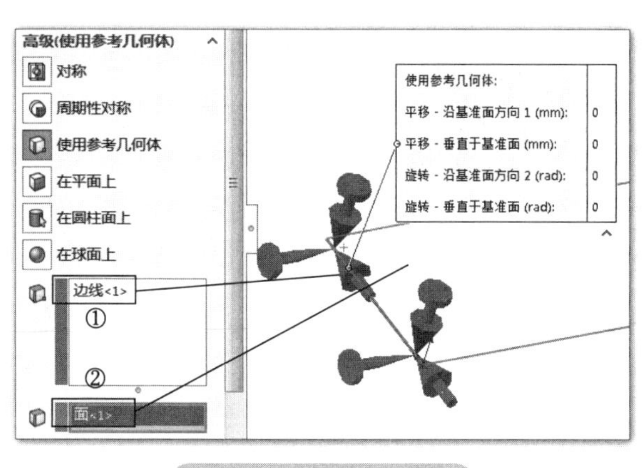

图 6-35　B 点约束设置

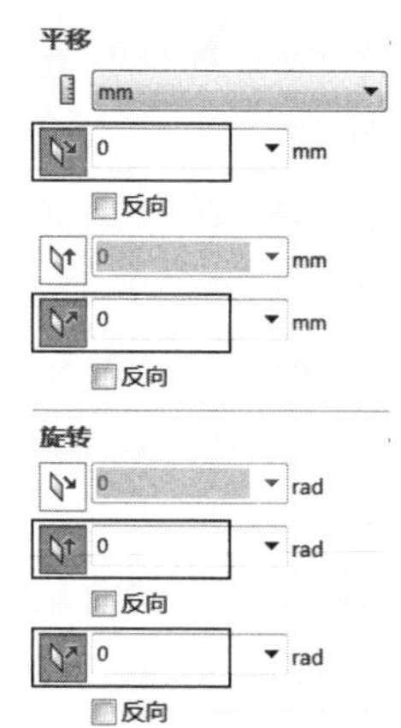

图 6-36　自由度激活

注意观察图 6-35 中的约束图标，其中释放了一个绕边线转动的转动自由度以及沿梁长度方向的箭头，符合简支梁 B 点的约束形式。

步骤 5（读者如果不理解本步骤可暂时不操作，不影响计算结果）约束多余的空间自由度，转化为平面问题。右键单击算例树中的【夹具】，选择【高级夹具】，在图形显示区域选择所有平面。单击图标右侧的粉色区域，激活【方向的面、边线、基准面】选择区域，在图形显示区域选择任意壳平面，如图 6-37 所示。按照图 6-38 所示依次激活【平移】和【旋转】的 3 个自由度并进行约束，单击【√】确定。

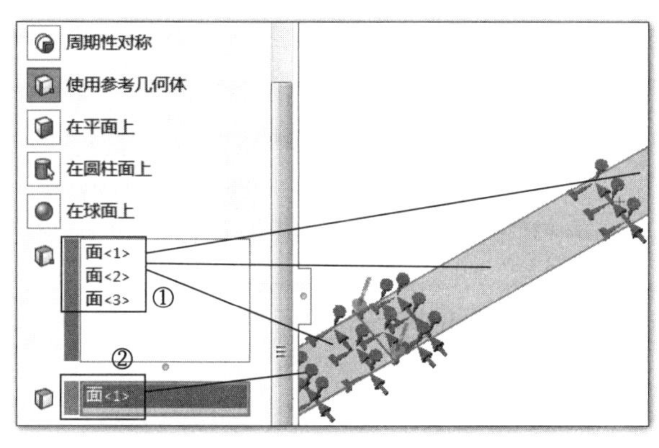

图 6-37　将空间模型转化为平面模型

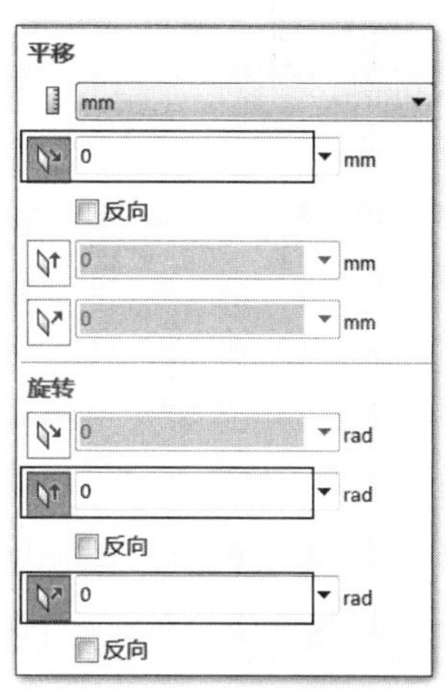

图 6-38　自由度激活

要理解步骤 5 的操作，读者首先需要理解一个问题：在理论计算中，简支梁是作为平面问题进行计算的，平面中一点的自由度如图 6-39 所示，有两个平移自由度和一个转动自由度，而当前的有限元分析模型是作为空间问题进行计算的。为能够将理论计算和有限元分析计算两者在对比上达到完全的统一，需要将有限元分析的节点自由度从 6 个变成 3 个。步骤 5 的目的就是将模型中所有节点的自由度从三维状态调整为二维平面状态。

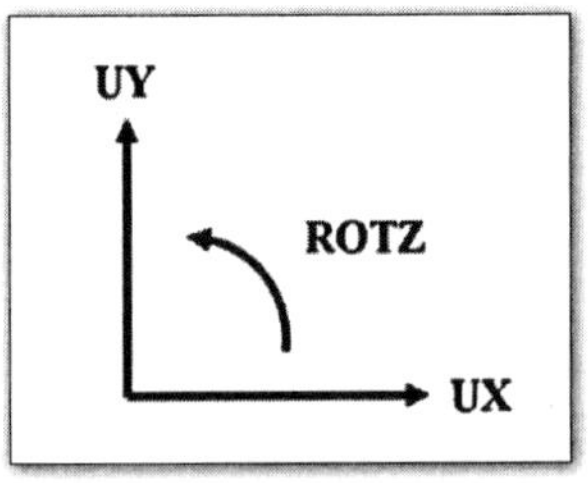

UY
ROTZ
UX

图 6-39　平面中一点的自由度

步骤 6 保存设置并求解。单击【保存】保存之前的设置。右键单击算例树中的【壳单元准确约束】，单击【运行】，进入求解状态。求解过程中弹出过度位移提示，如图 6-40 所示，单击【否】继续求解。

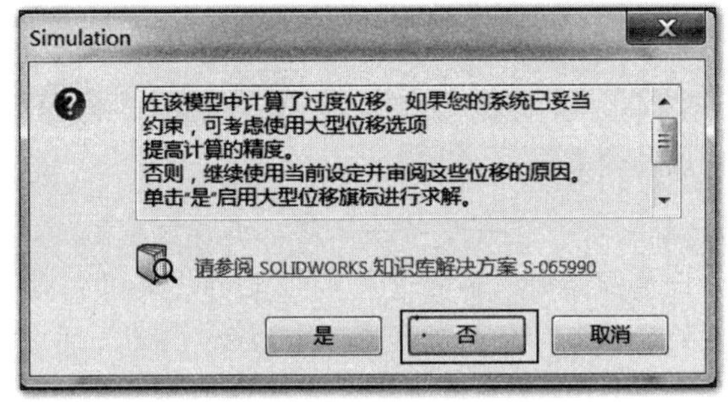

图 6-40　过度位移提示

步骤 7 显示位移结果。双击【位移 1（Y 位移）】，结果如图 6-41 所示，最大位移量为 −71.9mm。

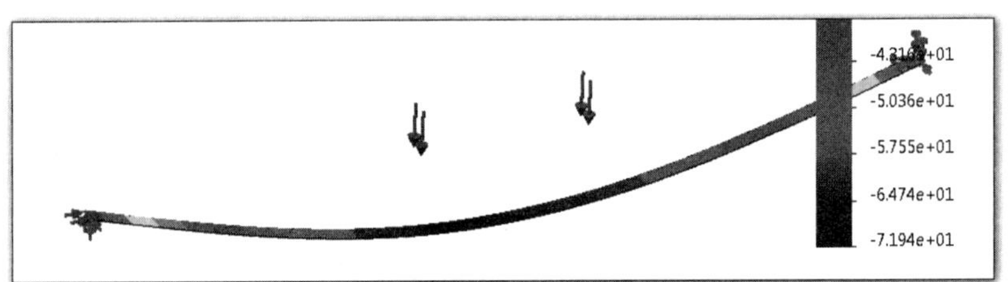

图 6-41　壳单元合理约束下的 Y 向位移

接下来可以利用类似的方式设置梁单元。

步骤 1 复制算例。右键单击标签栏区域中的算例【梁单元】，选择【复制算例】，设置算例名称为【梁单元准确约束】。

步骤 2 设置 A 点自由度。右键单击【固定 -1】，选择【删除】。右键单击算例树中的【夹具】，选择【固定几何体】，激活【使用参考几何体】，在图形显示区域选择其中一端的接榫。单击图标右侧的粉色区域，激活【方向的面、边线、基准面】选择区域，在图形显示区域选择图 6-42 所示平面。按照图 6-43 所示依次激活【平移】和【旋转】的 5 个自由度并进行约束，单击【√】确定。

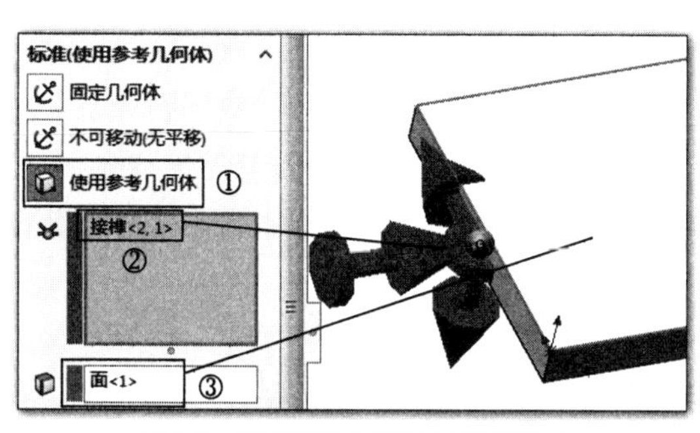

图 6-42　A 点接榫的约束设置

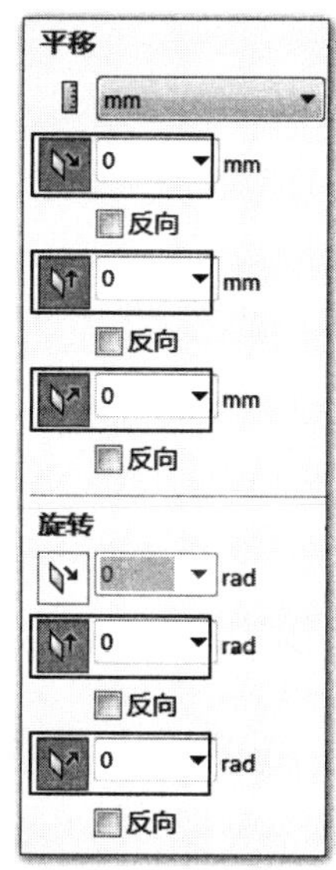

图 6-43　自由度激活

步骤 3 设置 B 点自由度。右键单击算例树中的【夹具】，选择【固定几何体】，激活【使用参考几何体】，在图形显示区域选择与步骤 2 中不同的另一端接榫。单击图标右侧的粉色区域，激活【方向的面、边线、基准面】选择区域，在图形显示区域选择图 6-44 所示平面。按照图 6-45 所示依次激活【平移】和【旋转】的 4 个自由度并进行约束，单击【√】确定。

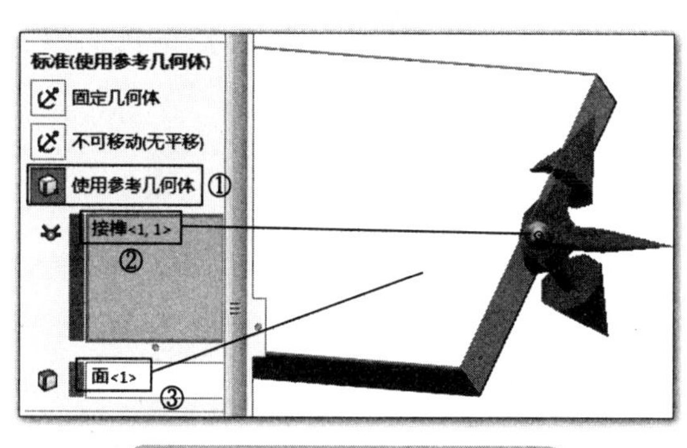

图 6-44　B 点接榫的约束设置

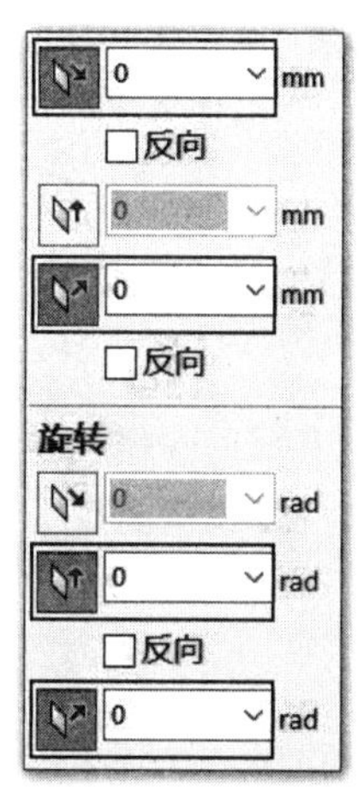

图 6-45　自由度激活

步骤 4 算例求解。右键单击算例树中的【梁单元准确约束】，单击【运行】，进入求解状态。求解过程中弹出过度位移提示，单击【否】继续求解。

步骤 5 显示位移结果。双击【位移 1（Y 位移）】，结果如图 6-46 所示，最大位移量为 −71.9mm。

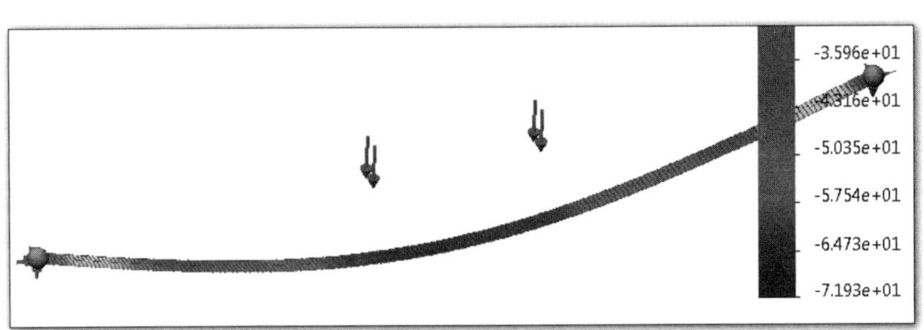

图 6-46　梁单元合理约束下的 Y 向位移

壳单元和梁单元的计算结果均为 −71.9mm，和材料力学的理论计算结果基本一致，这不仅证明了当前有限元分析模型建立的准确性，也证明了有限元分析结果和理论计算结果的一致性。

6.2.3　简支梁的实体单元约束形式

通过之前的学习可知，当前模型的两端点共需要释放两个转动自由度和一个平移自由度，而壳单元和梁单元都具备转动自由度，因此在约束中可以轻易地选择或者释放节点的转动自由度。但是实体单元只有三个平移自由度，对于简支梁这种需要释放转动自由度的约束形式该如何实现？**这就需要用到远端位移功能，为实体单元模型创造转动自由度。**

步骤 1 复制算例。右键单击标签栏区域中的算例【实体单元】，选择【复制算例】，将算例名称设置为【实体单元准确约束】。

步骤 2 设置 A 点自由度。单击【连结】前的▾展开【约束】下的相关设置，右键单击【固定 -1】，选择【删除】。右键单击算例树中的【外部载荷】，选择【远程载荷 / 质量】，进入远程载荷 / 质量设置界面。单击图标右侧的蓝色区域，激活【力矩的面】选择区域，在图形显示区域选择图 6-47 所示的梁端面。在【位置】区域依次输入坐标【20，−2.5，0】。勾选【旋转零部件】复选框，按照图 6-48 所示激活三个平移零部件和两个旋转零部件的自由度，并单击对应的图标和激活平移和旋转约束。【连接类型】设置为【刚性】，如图 6-49 所示，单击【√】确定。

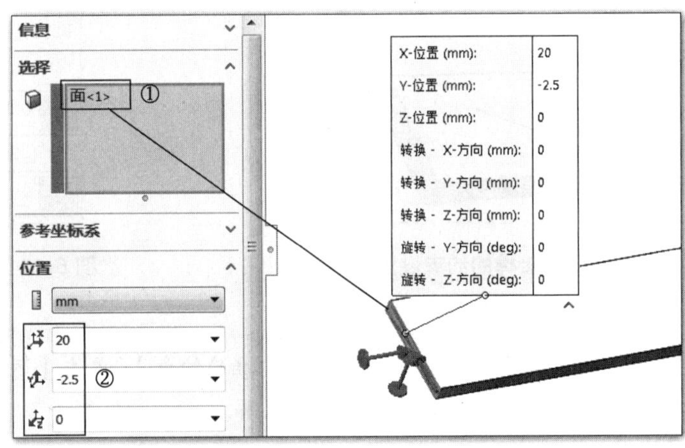

图 6-47　A 端的远程载荷 / 质量设置界面

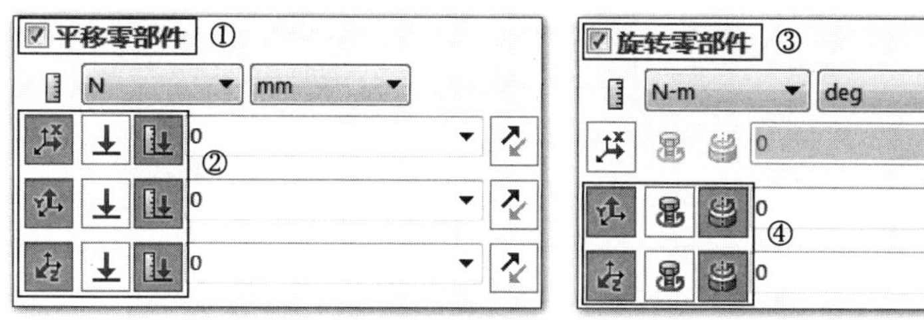

图 6-48　A 端的自由度约束

图 6-49　连接类型

知识卡片

远程位移

远程位移的本意是在指定位置创建一个点，将所选面和该点建立刚性连接，以该点的平移和旋转作为参考，平面上各点依据该点的位移和转动量进行转化，如图 6-50 所示。

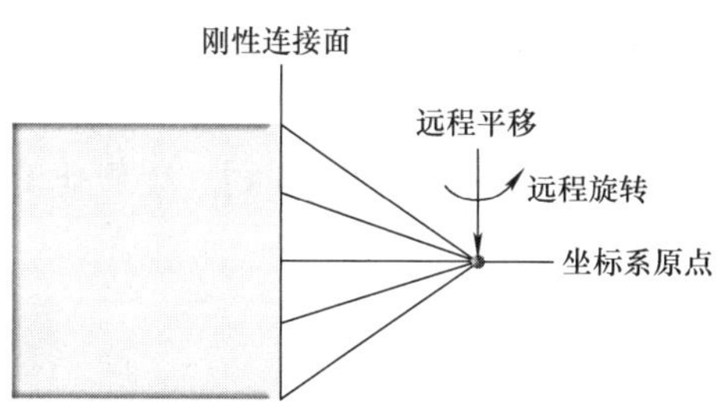

图 6-50　远程位移原理图

图 6-48 中，不论是平移零部件还是旋转零部件，都存在三列图标，图标的含义如下：

第一列图标代表方向，第二列图标和代表加载在对应的自由度上的载荷或者扭矩，第三列图标和代表施加的位移和转动角度。第二列和第三列只能激活其中一列。

本例中因为设置相关约束所以激活第三列，而第 4 章电机支架的分析中因为施加远程载荷所以激活第二列。

步骤 3 远程位移施加。右键单击算例树中的【外部载荷】，选择【远程载荷 / 质量】，进入远程载荷 / 质量设置界面。单击图标右侧的蓝色区域，激活【力矩的面】选择区域，在图形显示区域选择与步骤 2 中不同的端面。在【位置】区域输入【25，−2.5，2000】，如图 6-51 所示。勾选【旋转零部件】复选框，按照图 6-52 所示激活两个平移零部件和两个旋转零部件的自由度，并单击对应的图标和激活平移和旋转约束。【连接类型】设置为【刚性】，单击【√】确定。

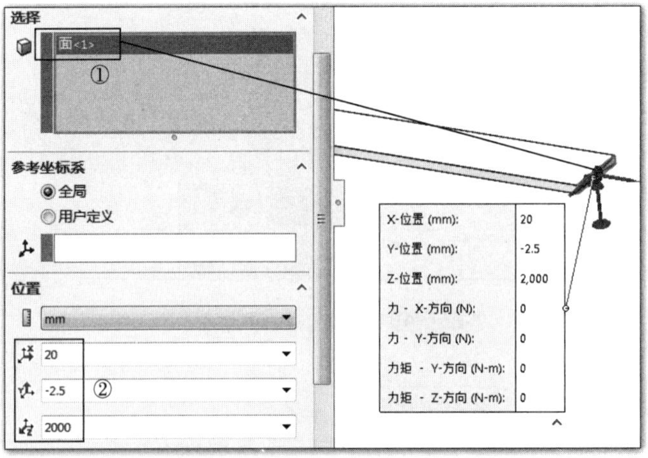

图 6-51　B 端的远程载荷 / 质量设置界面

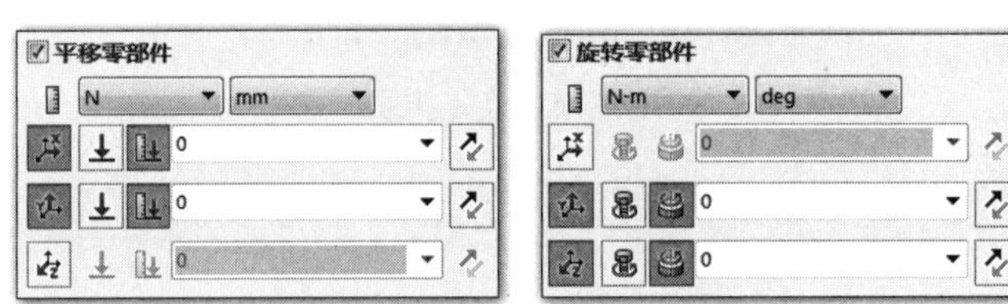

图 6-52　B 端的自由度约束

步骤 4 算例求解。右键单击算例树中的【实体单元准确约束】，单击【运行】，进入求解状态。求解过程中弹出过度位移提示，单击【否】继续求解。

步骤 5 显示位移结果。双击【位移 1（Y 位移）】，结果如图 6-53 所示，最大位移量为 –71.9mm。

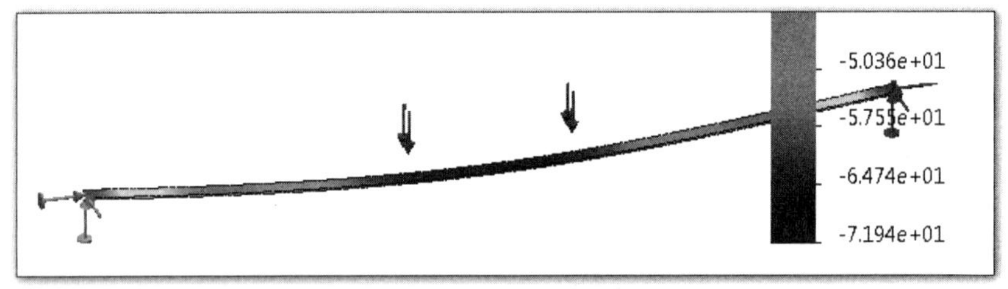

图 6-53　实体单元的 Y 向位移

至此，关于简支梁的边界条件设置以及三种单元的计算结果对比完成，三种单元在准确的边界条件下计算得到的位移量均为 –71.9mm，和材料力学理论计算公式推导的结果完全一致。通过本案例，读者需要仔细理解结构自由度的相关问题，接下来结合第 5 章工作台均布载荷的计算方式，利用材料力学公式，进一步了解远程位移的使用问题。

6.3　远程位移的应用

对于第 5 章的工作台约束问题，在刚开始学习第 5 章的过程中，读者还没有对自由度进行相应的学习，对于底面的约束形式只采用了全约束，并未对该问题进行深入研究。如果现在重

新简化工作台模型，可以用到的手段就比较多，包括：

1）对工作台模型使用四分之一对称，减小计算量。

2）工作台腿部的接触使用虚拟壁或者本章提到的远程位移。

接下来按照以上思路对第 5 章的工作台模型进行重新设置。

步骤 1 打开模型。找到第 5 章工作台模型的保存位置，打开模型。

步骤 2 打包。单击界面顶部菜单栏中的【工具】/【Pack and Go】，弹出图 6-54 所示窗口，单击【浏览】，在合适的位置新建文件夹【工作台四分之一】，并单击【保存】。

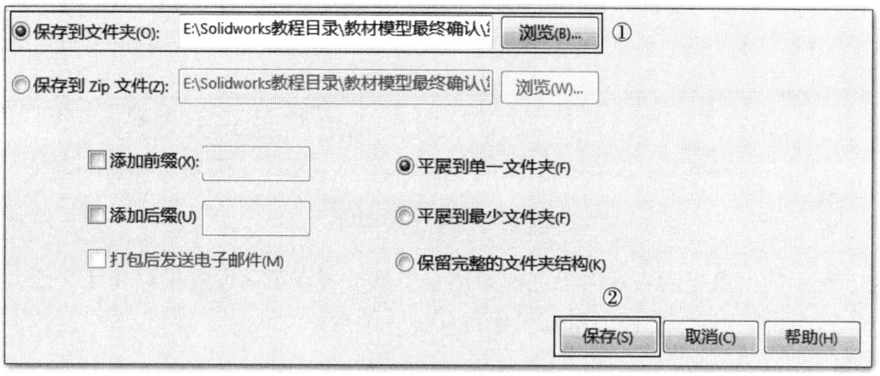

保存到文件夹(O): E:\Solidworks教程目录\教材模型最终确认\ 浏览(B)... ①
保存到 Zip 文件(Z): E:\Solidworks教程目录\教材模型最终确认\ 浏览(W)...
添加前缀(X):
添加后缀(U)
打包后发送电子邮件(M)
平展到单一文件夹(F)
平展到最少文件夹(F)
保留完整的文件夹结构(K)
②
保存(S) 取消(C) 帮助(H)

图 6-54　打包

知识卡片

Pack and Go 功能概述

将本次开启文件的所有关联文件（零件、装配体、工程图、参考、设计表、设计活页夹内容、贴图、外观及布景以及 SOLIDWORKS Simulation 结果）收集到一个文件夹或者 zip（压缩）文件中。

Pack and Go 功能非常重要。模型文件信息繁多，且可能分布在不同的文件夹中，只有通过 Pack and Go 功能才能将所有的文件收集到一起，方便整体移动或者传输，否则容易出现文件缺失。

步骤 3 制作四分之一模型。利用拉伸切除功能将模型调整为图 6-55 所示的四分之一状态。

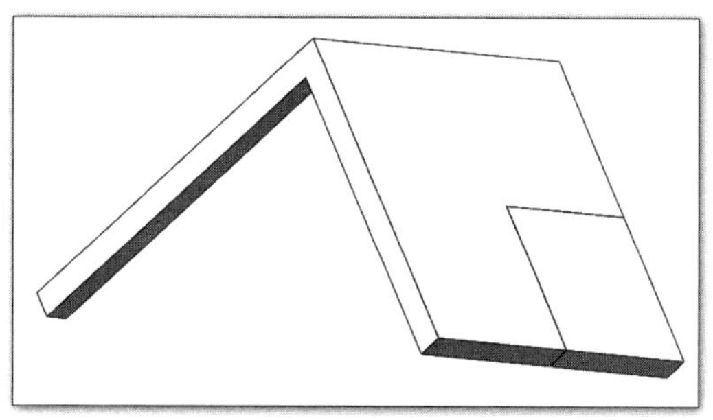

图 6-55　制作四分之一模型

步骤 4 复制算例。右键单击标签栏区域中的算例【合理简化】，选择【复制算例】，将算例名称设置为【远程位移】，单击【√】确定。

步骤5 删除固定约束。右键单击【固定-1】，选择【删除】。

步骤6 编辑载荷。右键单击【力-1】，选择【编辑定义】，弹出图6-56所示提示，单击【确定】。将载荷值【437】N改为【109.25】N，单击【√】确定。

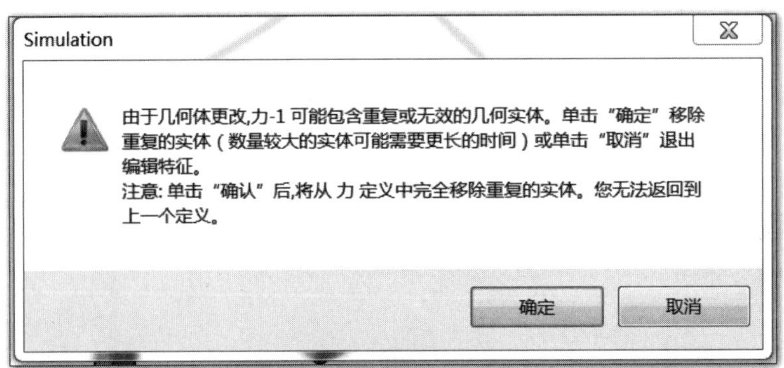

图6-56 信息提示

图6-56所示的信息提示表示由于之前采用全模型，所以载荷设置里存在4个点，但是因为当前算例的模型调整为四分之一，所以只保留其中一个点。

步骤7 施加对称约束。右键单击算例树中的【夹具】，选择【高级夹具】。单击图标激活【对称】约束，在图形显示区域选择所有因为工作台被切为四分之一而产生的平面，这些面即为模型的对称面，如图6-57所示，单击【√】确定。

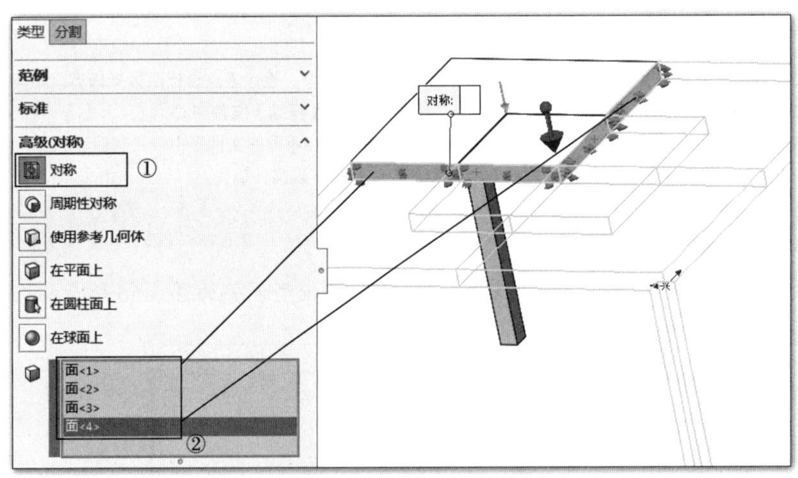

图6-57 施加对称约束

步骤8 创建点。单击标签栏区域中的【模型】，进入三维建模状态。选择【特征】/【参考几何体】/【点】，单击图标激活【面中心】，选择工作台底部端面，如图6-58所示，单击【√】确定，建立【点1】。

步骤9 创建新坐标系。选择【特征】/【参考几何体】/【坐标系】，在图形显示区域单击【点1】，单击【√】确定，建立【坐标系1】，如图6-59所示。

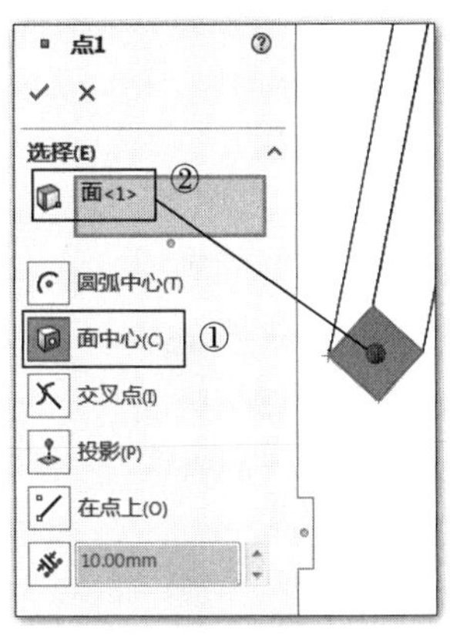

图 6-58　创建点

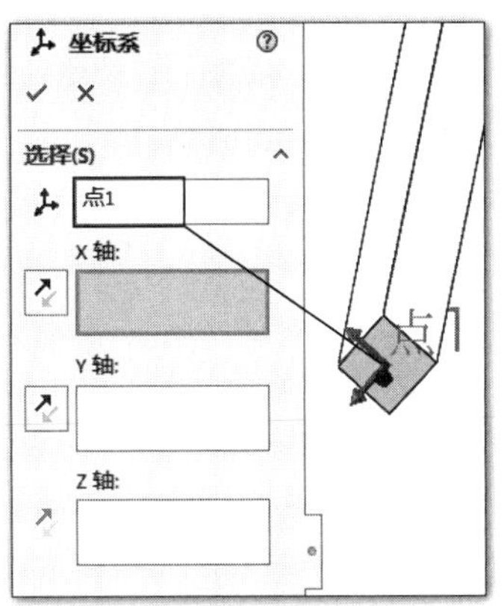

图 6-59　创建新坐标系

步骤 10 创建远程位移。右键单击算例树中的【外部载荷】，选择【远程载荷 / 质量】，进入远程载荷 / 质量设置界面。在图形显示区域选择工作台底部端面，并将【参考坐标系】设置为【用户定义】，在图形显示区域选择新建立的【坐标系 1】。按照图 6-60 所示激活三个平移方向的位移，并单击图标激活平移，【连接类型】切换为【刚性】，单击【√】确定。

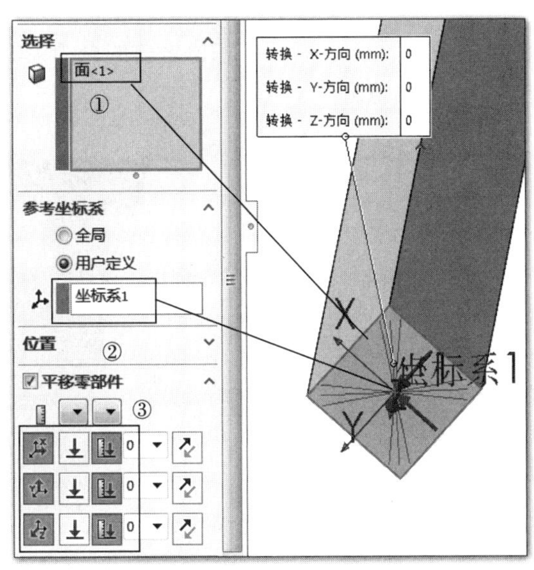

图 6-60　创建远程位移

步骤 11 保存设置并求解。单击【保存】保存之前的设置。右键单击算例树中的【远程位移】，单击【运行】，进入求解状态。

步骤 12 位移云图显示。右键单击【位移 1（合位移）】，选择【编辑定义】，展开【高级选项】，激活【显示对称结果】，将变形比例调整为【用户定义】，并将比例值设置为【5000】。

步骤 13 切换到【设定】选项卡，勾选【将模型叠加于变形形状上】复选框，并将【透明度】调整为【0.6】，如图 6-61 所示，单击【√】确定。

双击【位移 1（合位移）】，最终的结果显示如图 6-62 所示。

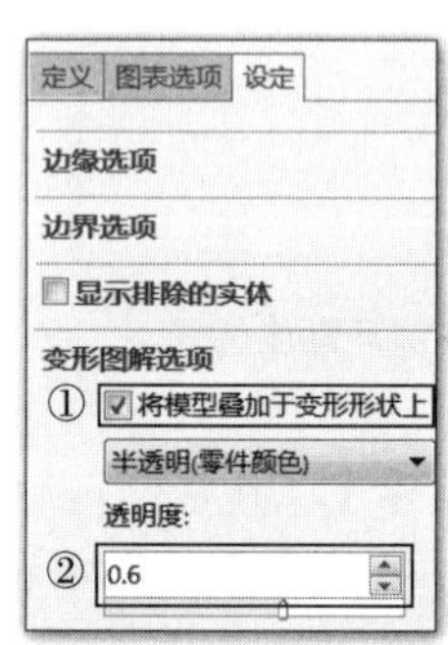

图 6-61　变形图解设置

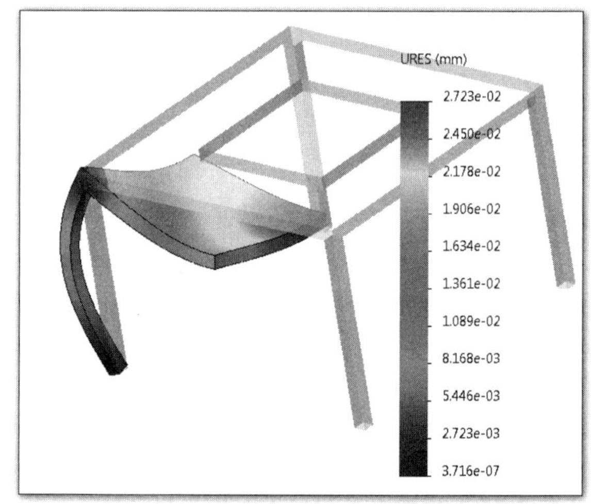

图 6-62　远程位移下的整体计算结果变形

最终的工作台腿部变形趋势如图 6-63 所示，相比之前的全约束的分析结果（见图 6-64），远程位移约束的变形状态更符合真实情况。

图 6-63　远程位移下的腿部变形趋势

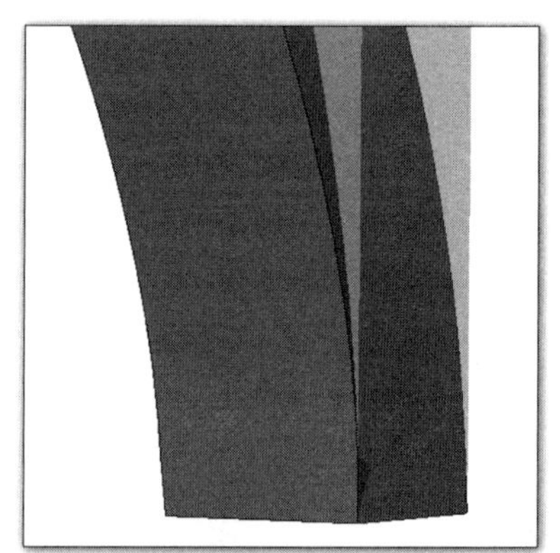

图 6-64　全约束下的腿部变形趋势

接下来关注两种约束下的整体位移结果。当前远程位移约束下的变形量为 0.027mm，略大于全约束下的 0.026mm。虽然差距较小，但是趋势上全约束下的变形量更小。这是因为全约束会导致整个结构的刚度增加，这种现象在之前的简支梁模型计算结果中更为明显。

读者还可尝试使用虚拟壁功能进行此模型的计算，本书将不做介绍。

通过第 5 章和第 6 章的案例可知，对于部分典型案例，SOLIDWORKS Simulation 的仿真计算结果和理论计算结果基本一致。其实，不只是 SOLIDWORKS Simulation，其他有限元分析软件

在这些问题上也能够达到和理论计算结果较高的吻合度。所以，工程师能否设置准确的边界条件以及划分出合适的网格精度是保证计算精度的关键因素之一，其中位移计算精度主要依靠边界条件的设置，应力计算精度在位移计算精度准确的基础上进一步通过网格细化进行控制。

6.4　混合单元分析问题

在现实情况中存在大量既有型材件又有钣金件的结构，导致在实际分析中不可能使用单一的单元类型进行分析，必须同时运用实体、壳和杆梁等混合单元，三种单元之间的连接关系是这类模型分析中的难点。

6.4.1　分析案例：控制柜

如图 6-65 所示，控制柜零件材质均为 AISI1020，结构件之间均为焊接连接，每层支架承受 10000N 均布载荷，顶部横梁每根承受 5000N 均布载荷，焊接框架底部的 4 个接榫设置为不可平移约束，在考虑结构自重的情况下分析整体结构的应力和变形情况。

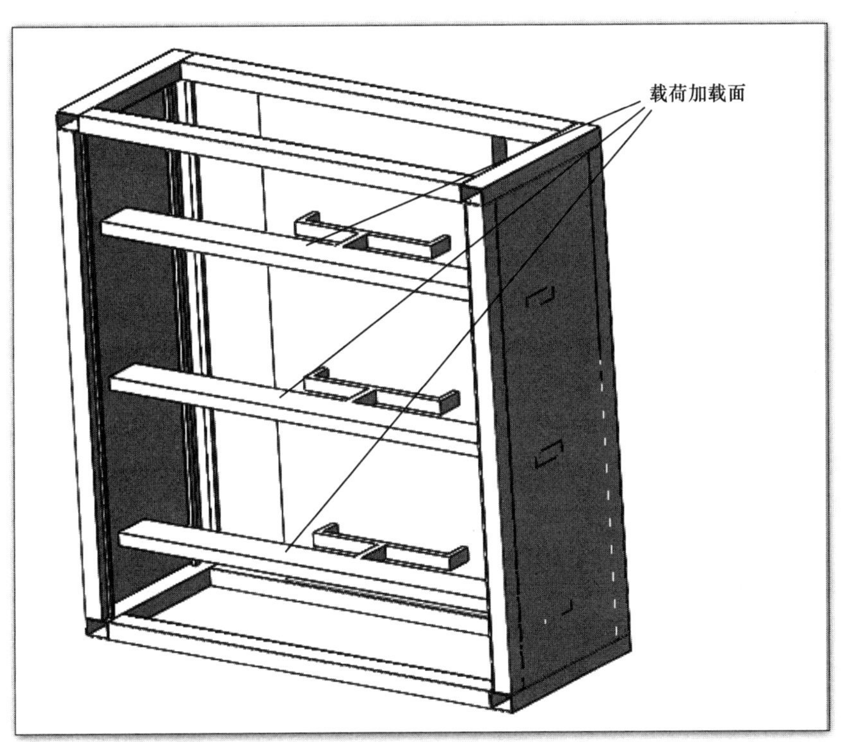

图 6-65　控制柜

步骤 1 打开三维模型。单击菜单栏中的【文件】/【打开】，在模型文件保存路径下依次找到文件夹“第 6 章 \ 控制柜”，选择模型文件【控制柜】，单击【打开】。

步骤 2 保存模型。单击菜单栏中的【保存】，自行指定位置保存模型。

步骤 3 新建算例。单击工具栏中的【Simulation】激活 Simulation 工具栏。单击【新算例】，进入新算例设置界面，选择分析类型【静应力分析】，并设置算例名称为【全局结合】，单击【√】确定。

步骤 4 设置横梁。展开算例树中的【控制柜】，按住<Ctrl>键依次选择 4 根立柱、4 根底部焊接横梁和 4 根顶部焊接横梁，共 12 根焊接件，如图 6-66 所示，单击右键，选择【将所选实体视为横梁】。

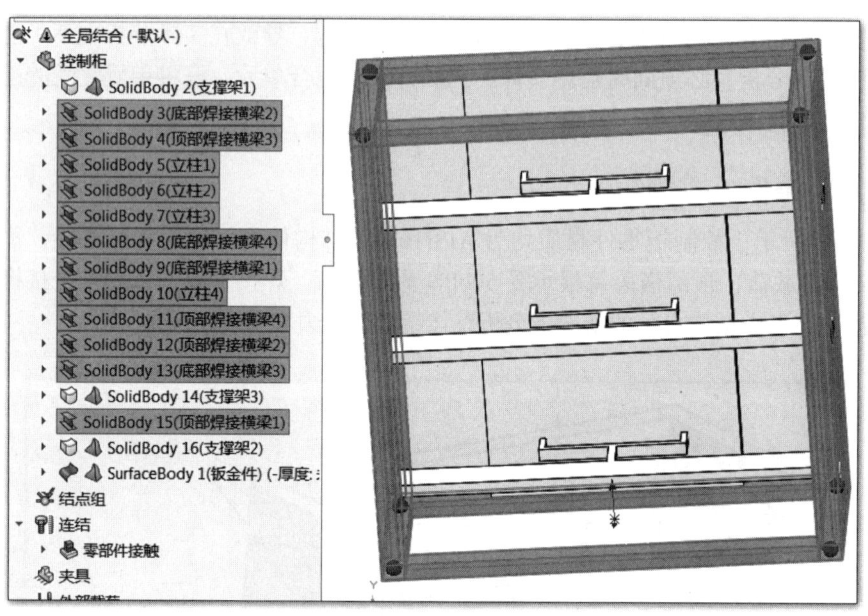

图 6-66　设置横梁

不同版本的软件可能在模型命名顺序上会有所不同，注意要将控制柜框架的 12 根型材件设置为横梁。

步骤 5 设置材料。右键单击算例树中的【控制柜】，选择【应用材料到所有实体】，选择【AISI1020】，将【单位】设置为【SI-N/mm^2（MPa）】，依次单击【应用】和【关闭】，关闭材料库设置界面。

步骤 6 设置壳单元。右键单击模型树中的【SurfaceBody 1（钣金件）】，选择【编辑定义】，设置壳单元【厚度】为【2.00mm】，【偏移】设置为【下曲面】，如图 6-67 所示，单击【√】确定。

a）壳单元厚度设置　　b）偏移比例设置

图 6-67　设置壳单元

步骤 7 施加约束。右键单击算例树中的【夹具】，选择【固定几何体】。激活【不可移动（无平移）】。单击图标，将元素选择类型设置为【铰接】，并单击蓝色区域，在图形显示区域选择 4 个粉色接榫。单击图标展开【符号设定】，将【比例大小】设置为【300】，如图 6-68 所示，单击【√】确定。

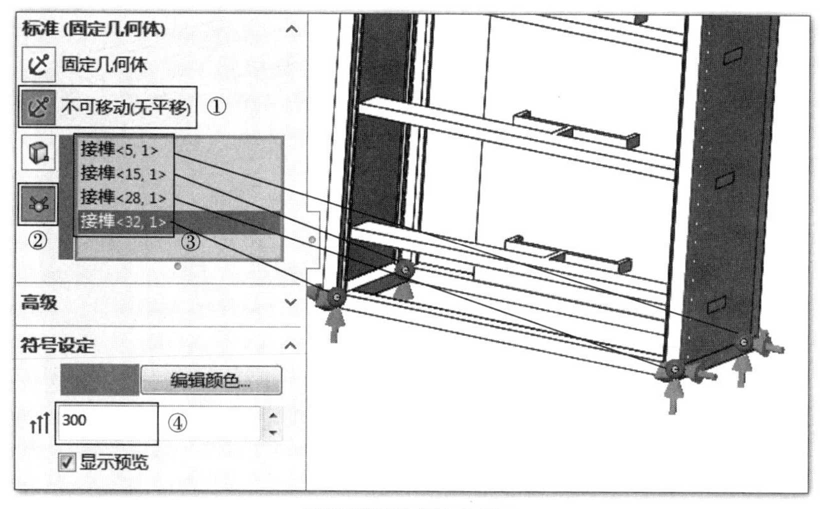

图 6-68　施加约束

步骤 8 施加顶部横梁载荷。右键单击算例树中的【外部载荷】，选择【力】，单击蓝色区域前的图标，将元素选择类型设置为【横梁】，在图形显示区域选择顶部的 4 根横梁。选择【选定的方向】，单击图标右侧的粉色区域，激活【方向的面、边线、基准面】选择区域，在图形显示区域选择任意一个和底面平行的平面。单击【力】设置区域第三行图标激活载荷垂直方向，输入载荷值【5000】N，如图 6-69 所示，单击【√】确定。

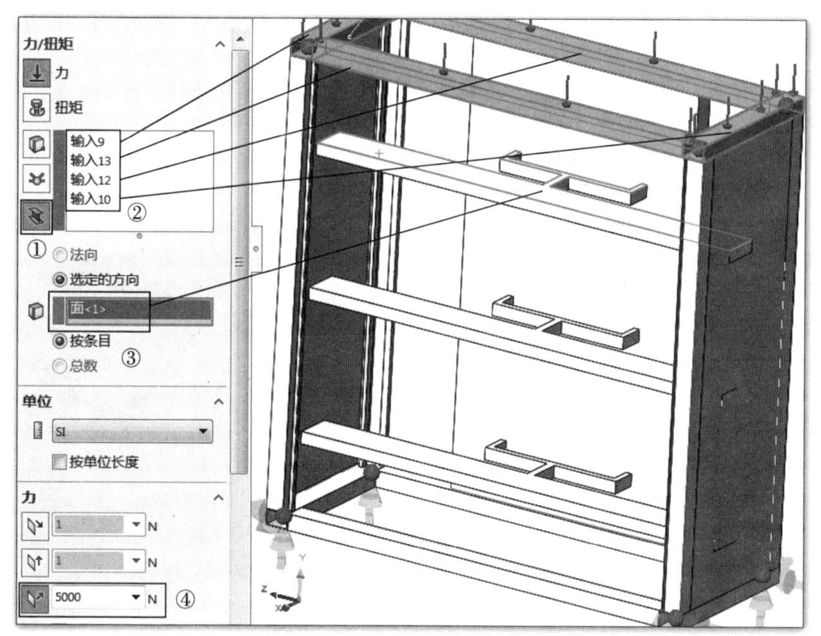

图 6-69　施加顶部横梁载荷

步骤 9 施加支撑架载荷。右键单击算例树中的【外部载荷】，选择【力】，在图形显示区域选择 3 个支撑架的上表面，输入载荷值【10000】N，如图 6-70 所示，单击【√】确定。

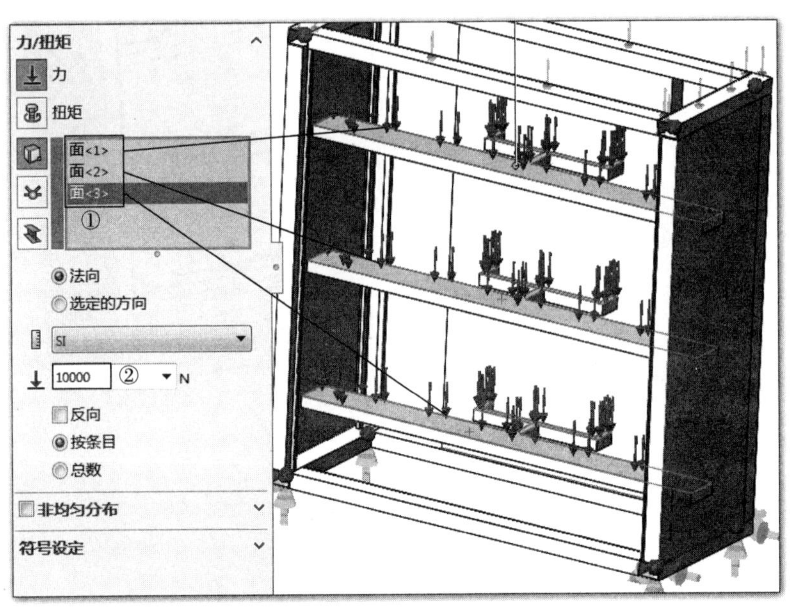

图 6-70　施加支撑架载荷

步骤 10 施加引力。右键单击算例树中的【外部载荷】，选择【引力】。展开图形显示区域的三维设计树并选择【上视基准面】，勾选【反向】复选框，如图 6-71 所示，确认引力方向沿全局坐标系的 Y 负方向，单击【√】确定。

步骤 11 生成网格。右键单击算例树中的【网格】，选择【生成网格】，勾选【网格参数】复选框，设置网格大小为【30.00mm】，单击【√】确定。再次右键单击算例树中的【网格】，选择【在 3D 中渲染横梁和抽壳】，最终的网格 3D 渲染效果如图 6-72 所示。

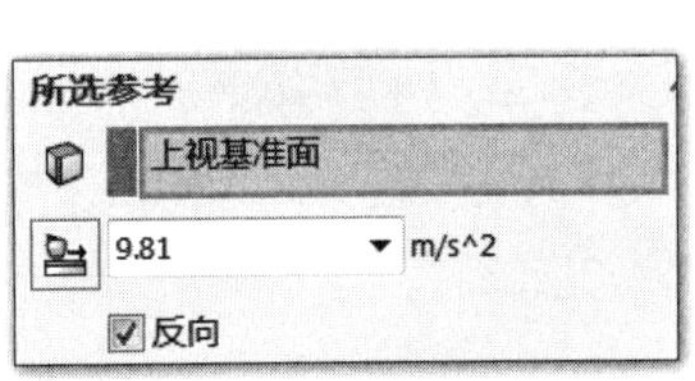

图 6-71　施加引力

图 6-72　网格 3D 渲染效果

当前钣金件采用壳单元，支撑架采用实体单元，其余部件均采用梁单元。

步骤 12 算例求解。右键单击算例树中的【全局结合】，选择【运行】，进入求解状态。

步骤 13 显示位移图解。双击【位移 1（合位移）】，合位移云图如图 6-73 所示。

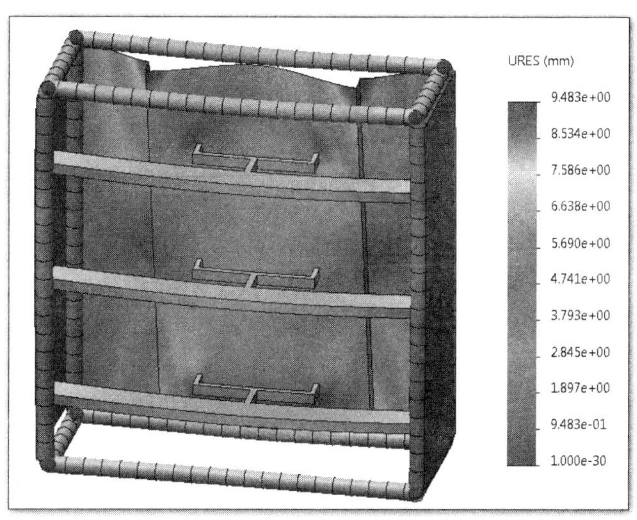

图 6-73　合位移云图

模型顺利求解完成，但是当前计算结果其实存在问题。从图 6-73 可以看出，控制柜背面钣金件和上下横梁脱离。为了更明显地看出变形效果，下面将变形效果进一步放大。

步骤 14 放大变形效果。右键单击【位移 1（合位移）】，选择【编辑定义】，将变形形状设置为【用户定义】，输入变形比例【100】，单击【√】确定。

放大的云图如图 6-74 所示。

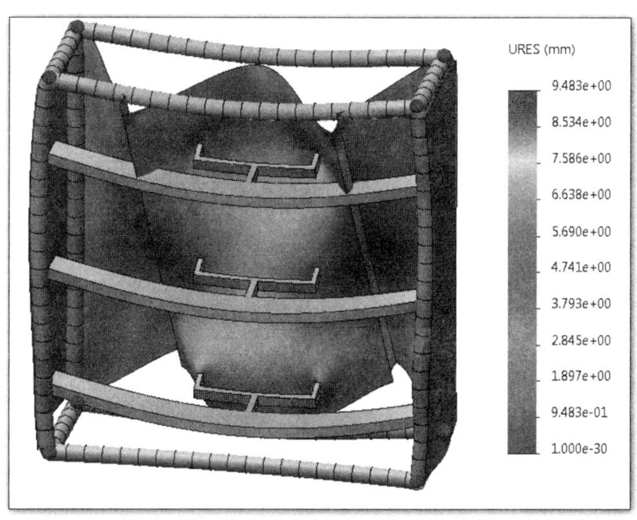

图 6-74　放大变形效果

从图 6-74 中的变形可以看出，壳单元和横梁单元贴合的位置都出现了间隙，说明这些位置并没有实现焊接，这样的计算结果肯定存在问题。本案例如果使用早期软件版本，可能出现整块钣金件都无法和横梁连接的情况。

当前模型均为焊接连接关系，因此可以使用全局结合。全局结合虽然可以定义全部零件都结合，但是在以下 3 种情况下软件可能无法自动搜索到焊接区域（注意，只是可能）：

1）结合的部件属于不同类型的单元，比如本案例中的梁单元和壳单元。

2）初始结合面为点或者线。

3）结合面之间存在间隙。

所以在以上 3 种情况下，**即使设置全局结合或者零部件接触，模型可能也不会识别，需要手动设置零部件之间的接触关系，并且只能使用相触面组进行设置。**

步骤 15 设置型材和壳体结合。右键单击算例树中的【连结】，选择【相触面组】，进入接触设置界面，将【类型】设置为【接合】。单击蓝色区域前的图标，将元素选择类型设置为【横梁】，并在图形显示区域选择图 6-75 所示的【顶部焊接横梁 4】。单击图标右侧的粉色区域，激活【方向的面、边线、基准面】选择区域，按照图 6-76 所示选择对应于当前所选型材的箱体背面钣金件的 5 条边线，单击【√】确定。

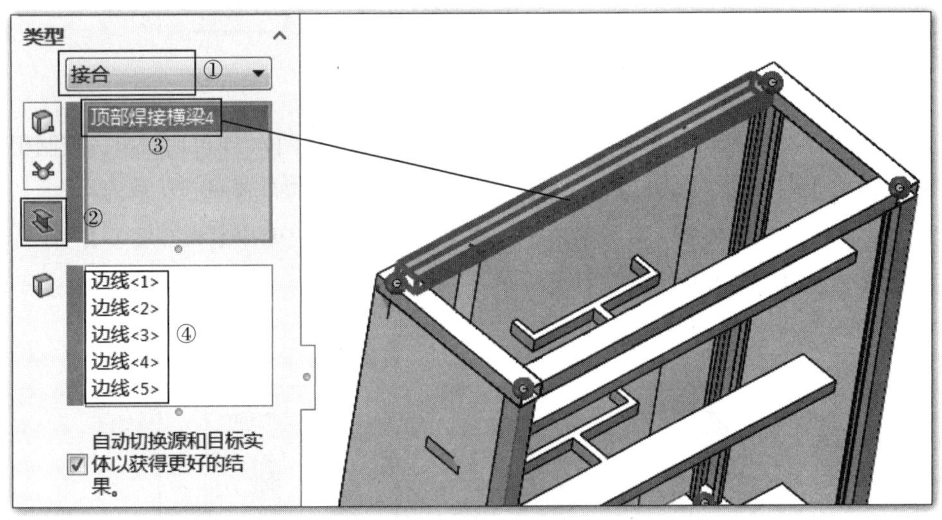

图 6-75 型材和壳体结合设置

图 6-76 壳体边线选择

步骤 16 重复步骤 15，将模型顶部其余 2 根横梁以及底部 3 根横梁依次和所对应的壳体边线设置结合。注意，每根型材要单独设置接触，并且和钣金件边线要一一对应。

6.4.2　三向重力检查法

接下来介绍一种检查结合接触对是否遗漏的方法——三向重力检查法。由于结构局部位置变形可能较小，肉眼难以看出一些位置是否结合，于是需要通过加载载荷的方式检查各个位置是否存在间隙。但是直接加载各种载荷的方式都过于烦琐，同时也可能产生遗漏，因此可以直接在模型中施加不同方向的重力。不过请读者注意，为保证该方法能够成功，需要将结构本身的其他载荷先进行压缩。

步骤 17 压缩当前设置的所有载荷。按住 <Ctrl> 键并依次选择【外部载荷】下的所有载荷，单击右键，选择【压缩】。

步骤 18 施加三向重力。右键单击算例树中的【外部载荷】，选择【引力】。单击⌄图标展开【高级】，在当前的两个输入框中输入标准重力加速度【9.81】m/s^2，如图 6-77 所示，单击【√】确定。

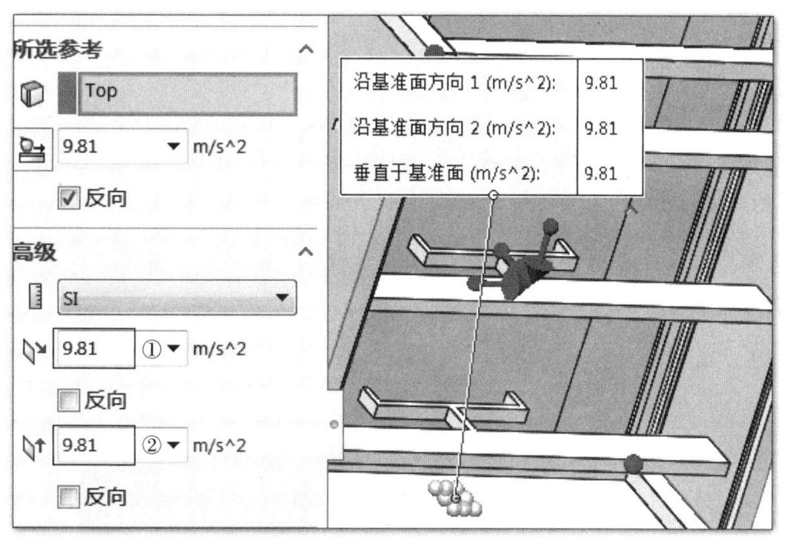

图 6-77　施加三向重力

> **注意**：当前输入三向重力的目的是检查模型是否已完成接触设置，在确认模型已完成接触设置后仍旧需要调整回正常的重力设置。

步骤 19 算例求解。右键单击算例树中的【重力检查法】，选择【运行】，进入求解状态。

步骤 20 显示位移图解。双击【结果】中的【位移 1（合位移）】，结果如图 6-78 所示。通过对比图 6-74 可以看出，壳单元和横梁单元之间不再出现变形所导致的间隙，说明已经将结合设置完成。

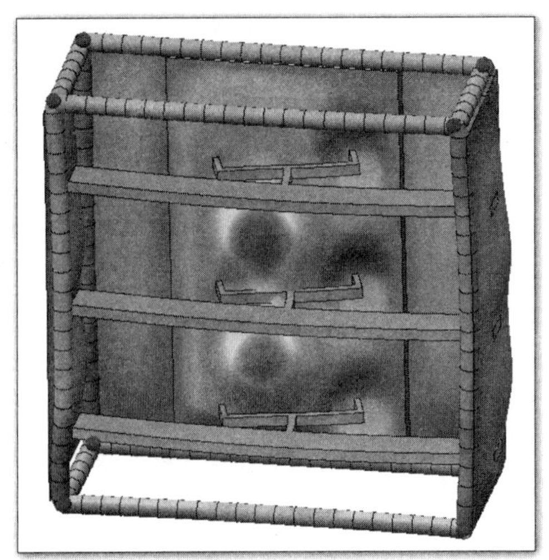

图 6-78　三向重力变形结果放大后的效果

以上步骤只是为了检查结合是否设置成功，并不是真实的载荷边界条件，接下来需要设置成原来的边界条件。

步骤 21 解除压缩载荷。按住 <Ctrl> 键并依次选择【外部载荷】下的所有载荷，单击右键，选择【解除压缩】。

步骤 22 修改重力。右键单击【载荷】下的【引力 1】，选择【编辑定义】，将【高级】下的重力均设置为【0】，如图 6-79 所示，单击【√】确定。

步骤 23 保存设置并求解。单击【保存】保存之前的设置。右键单击算例树中的【重力检查法】，单击【运行】，进入求解状态。

步骤 24 显示变形结果。双击【位移 1（合位移）】，合位移结果如图 6-80 所示。

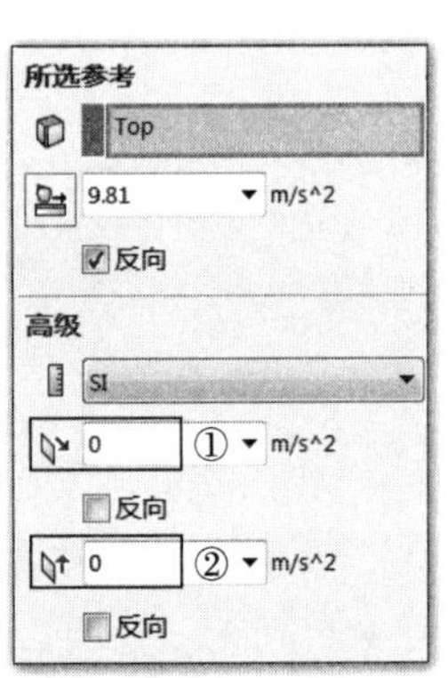

图 6-79　修改重力

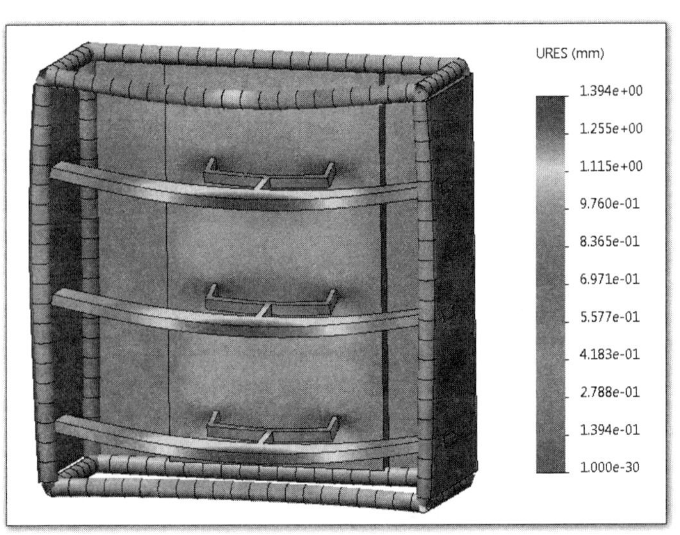

图 6-80　合位移结果

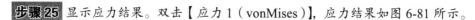

步骤 25 显示应力结果。双击【应力 1（vonMises）】，应力结果如图 6-81 所示。

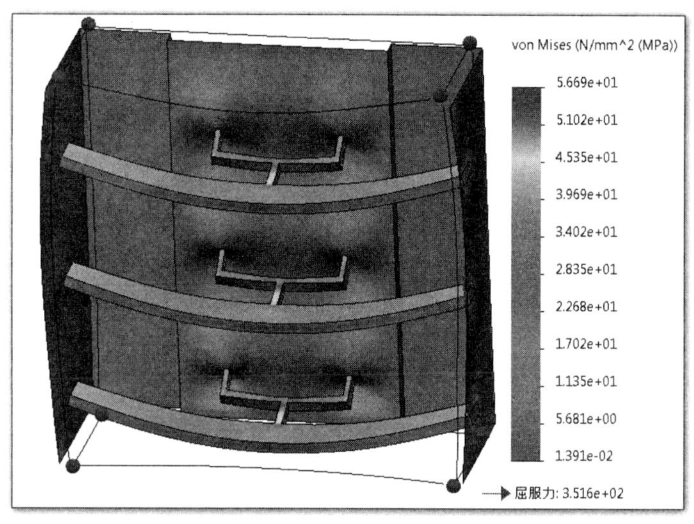

图 6-81　实体及壳单元的应力结果

混合单元的应力结果显示略有不同。实体单元和壳单元的应力结果可以同时显示，但是横梁单元必须单独显示结果。

步骤 26 显示横梁单元的应力结果。右键单击【应力 1（vonMises）】，选择【编辑定义】，将【显示】设置为【横梁】，并将应力结果设置为【轴向和折弯】，如图 6-82 所示，单击【√】确定，横梁单元的应力结果如图 6-83 所示。

注意：本节中的云图都采用了适当的变形放大效果。

显示
实体与壳体
横梁 ①
渲染横梁轮廓(更慢)
N/mm^2 (MPa)
轴向和折弯 ②

图 6-82　横梁应力设置

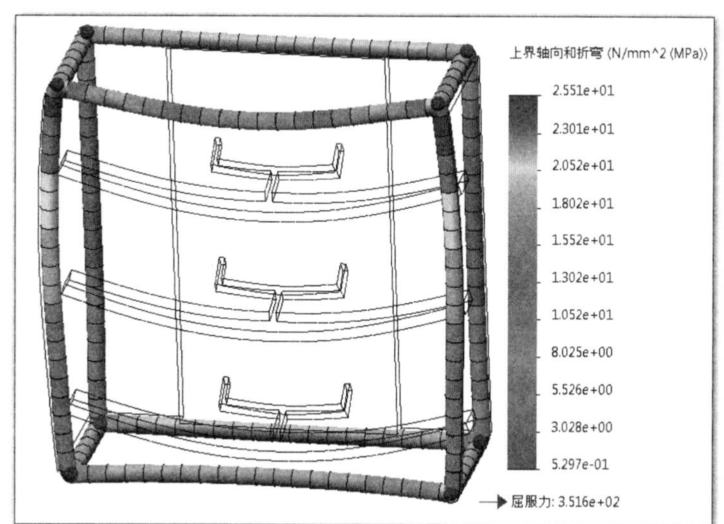

图 6-83　横梁单元的应力结果

6.4.3 壳单元和梁单元应力结果的说明

壳单元应力的类型和实体单元完全一致，如图 6-84 所示，但是壳单元应力在壳体面选择上存在上部、靠下、膜片和折弯 4 种类型，如图 6-85 所示，所选择的类型不同，得到的应力结果也不同。

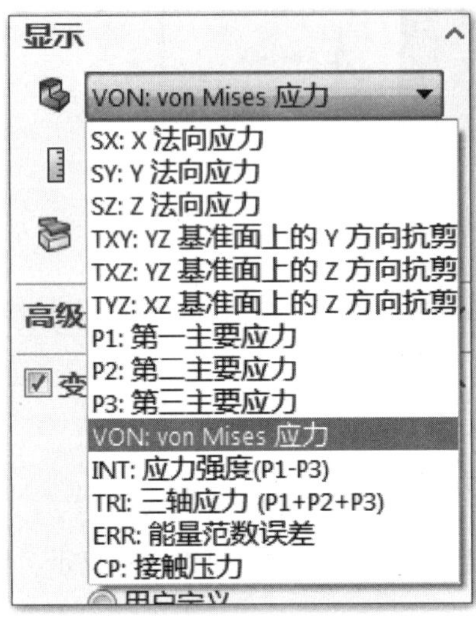

图 6-84　壳单元应力的类型

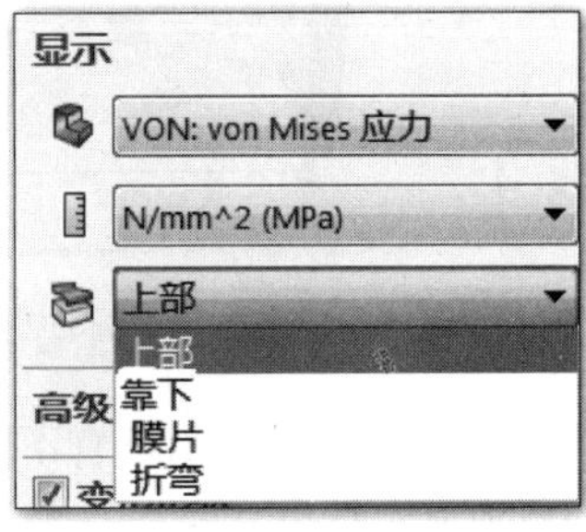

图 6-85　壳体面选择类型

关于上部和靠下比较容易理解，即壳单元将薄实体设置为平面，薄实体存在上下两个面，其应力自然不同，因此通过选择上下面，显示不同面的应力结果。

关于膜片和折弯此处只做简单介绍，有兴趣的读者可以自行查阅相关资料。

在压力容器校核中有一种方法称为应力线性化，应力线性化基于板壳理论将应力分解为 3 个部分，分别是薄膜应力、弯曲应力和峰值应力。该方法目前主要在压力容器行业中应用，因此对于多数读者来说即使使用壳单元也并不需要查看这两组应力的结果。

梁单元应力的类型如图 6-86 所示，最常用的是轴应力、上界轴向和折弯应力两种。上界轴向和折弯应力基本等效于实体单元和壳单元的 von Mises 等效应力，因此用法上和 von Mises 等效应力完全一致。梁单元应力的说明见表 6-3。

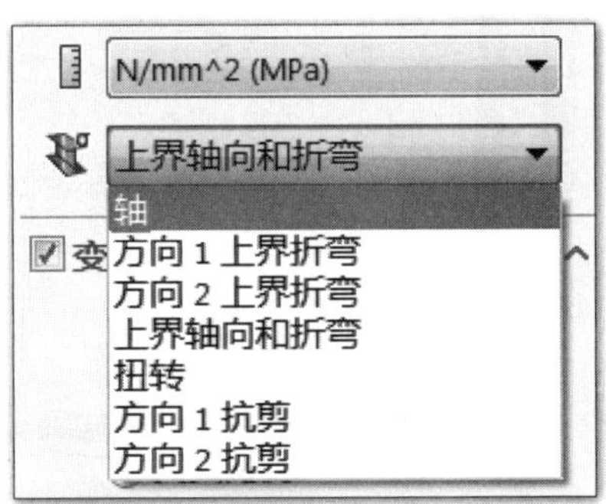

图 6-86　梁单元应力的类型

表 6-3　梁单元应力的说明

应力类型	说明
轴应力	沿轴线方向的应力
方向 1 上界折弯应力	沿当前梁单元方向 1 的折弯应力
方向 2 上界折弯应力	沿当前梁单元方向 2 的折弯应力
上界轴向和折弯应力	横断面最大应力，为以上 3 个应力的组合应力
扭转应力	扭矩所产生的抗剪应力
方向 1 抗剪应力	沿当前梁单元方向 1 的抗剪应力
方向 2 抗剪应力	沿当前梁单元方向 2 的抗剪应力

6.5　小结与讨论：有限元分析结果的验证

有限元分析结果的验证一直是工程人员讨论的重点内容之一。关于有限元分析的验证方法通常来说我们会想到 3 种：利用不同软件之间的结果对比验证，和理论 / 经验计算结果之间的验证，以及和实验结果之间的验证。

利用不同软件之间的结果对比验证是很多学习者和工程人员会最先想到的方法，但是很遗憾，该方法并不能验证有限元分析模型的准确性，最多只能证明软件计算程序不存在问题，这在本章 6.1 节的例子中已经说明，所以利用这种方法验证计算结果并没有必要。

理论 / 经验计算和实验是当前验证有限元分析结果的两种有效手段。关于这两种方法的结果验证，需要注意以下内容：

1）理论 / 经验计算成本低，效率高，且不需要真实样机；而实验验证成本高，周期长，并且需要真实样机。

2）实验结果一般都是向量，并且是某一指定位置的值；而理论 / 经验计算结果可能性较多，可能是向量、标量，也可能是区域平均值，这些值在有限元分析结果的读取上完全不同。

3）算法上要完全对应。理论 / 经验计算一般都满足线性假设；而实验是基于真实的物理环境，所以有可能会出现屈服、大变形等非线性问题，因此在有限元分析结果的对比上，可能同样一个产品的验证因为对标方案的不同需要使用不同的算法模块。

4）关于重力这一特殊边界条件，一般情况下实验检测无法检测到重力所产生的变形；而理论 / 经验计算会根据重力在结构中的影响比重选择考虑或者不考虑。

以上 4 点是关于有限元分析结果验证需要注意的一些基本问题，实际中数学模型的验证可能远比现在说到的问题更为复杂，如装配间隙、加工缺陷等问题，这些可能需要进一步根据自己的产品并结合实际情况解决克服。

最后需要强调一点，当前很多工程人员存在一个严重的误区：理论 / 经验计算和实验作为传统的产品设计验证手段，具有很多局限性，于是当这两种方法无法解决问题时，很多工程人员会想用有限元分析是否能解决。这个想法是不正确的，无论是理论 / 经验计算、实验还是有限元分析，都是工程人员解决问题强有力的工具，我们不能将工具孤立，而是应该考虑**当前的问题仅仅依靠理论 / 经验计算和实验无法解决，如果把有限元分析这门技术加进来，将这 3 种手段结合是否能够解决问题。**当然，刚刚接触有限元分析的工程人员想理解这句话会比较困难，但是没关系，记住这句话，等使用有限元分析工具到一定阶段，自然而然就能理解这句话的意思了。

第7章 金属疲劳强度分析

扫码看视频

【学习目标】

1）金属疲劳理论

2）疲劳分析的相关概念

3）零件和装配体的疲劳分析

之前的章节主要研究结构在一次静态载荷作用下是否发生屈服的问题，这属于静强度失效理论范畴。在实际服役过程中，经常会出现结构在反复工作状态中发生失效的问题，比如长期运转的齿轮齿根断裂，轴的断裂，以及起重设备在长期工作过程中焊接区域断裂等，这种在反复加载卸载过程中的失效问题称为疲劳失效。疲劳失效是目前机械工程设计关注的重点问题之一，根据过往设备失效大数据的统计，有非常高比例的设备失效问题来源于疲劳失效。

为了解产品的疲劳失效极限，现实中可通过疲劳实验测试疲劳性能，但是疲劳实验存在周期长、成本高等问题，因此当前设计研发人员期望利用有限元疲劳分析模块进行疲劳预测。

由于不同类型材料的疲劳失效机理不同，部分材料的疲劳机理尚处在研究状态，因此本章内容结合 SOLIDWORKS Simulation 的疲劳分析模块，仅关注机械产品最常见的金属材料疲劳失效问题。读者可以通过本章内容的学习，深入理解疲劳仿真在企业应用中的问题和难点。

7.1 金属疲劳失效理论

7.1.1 金属疲劳发展简史

随着工业革命的兴起，设备及零件的服役次数大幅度提升，由此出现了一系列奇怪的现象，比如车轴在应力状态较低的情况下出现断裂，飞机窗角出现裂纹并逐渐变宽，齿轮长期服役之后发生齿根断裂等，这一系列现象引发广大工程人员的注意并展开研究。之后人们发现，产生这类现象的原因是材料或者构件在多次变化载荷作用下，虽然每次载荷作用的应力值始终没有超过材料的强度极限，甚至远低于屈服强度的情况下结构仍旧会发生破坏。这种在交变载荷重复作用下导致材料或结构发生破坏的现象，就是疲劳破坏。

疲劳破坏和静力破坏有着本质的区别。表 7-1 列出了关于金属疲劳失效研究的重要事件和成果年表。

表 7-1 金属疲劳失效研究历史

年份	研究者	事件或成果
1829	Albert	首次以文献形式记载了失效是由对称载荷引起的
1837	Rankine	提出疲劳晶体化理论
1839	Poncelet	首次使用“疲劳”这个名词

（续）

年份	研究者	事件或成果
1849	Stephenson	提出与火车轴的疲劳失效关联的产品可靠性
1871	Wohler	总结多年轴失效研究成果，发展旋转弯曲实验和 S-N 图，并定义持久极限
1886	Bauschinger	发现包辛格效应
1903	Ewing, Humfrey	发现疲劳破坏现象由晶体滑移产生
1930	Goodman, Soderbeg	古德曼疲劳极限线图的提出
1945	Miner	迈因纳线性累积损伤法则
1951	Weibull	威布尔分布的提出
1968	M.Matsuishi, T.Endo	雨流计数法的提出

7.1.2　金属疲劳的基本知识

金属材料是机械行业中应用最为普遍的材料类型之一，也是疲劳领域研究相对较为成熟的一类材料，因此本书主要从金属疲劳现象讲解疲劳分析问题。

疲劳破坏的本质是微观裂纹在连续重复载荷作用下不断扩展，直到裂纹达到临界尺寸时出现的突发性断裂破坏现象。疲劳破坏分为裂纹萌生、裂纹扩展、断裂失效三个阶段，疲劳断口示意图如图 7-1 所示。区域 1 为裂纹萌生区域，一般该区域非常小；区域 2 为裂纹扩展区域，裂纹呈现阶梯状；区域 3 为断裂失效区域，该区域的裂纹不光滑，表示材料在该部分发生突发性断裂失效。

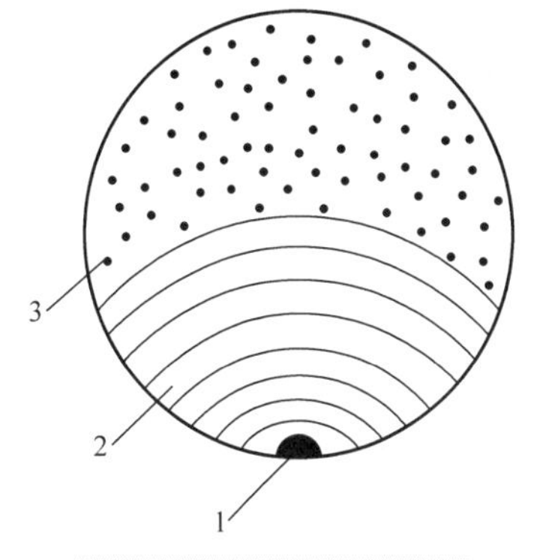

图 7-1　疲劳断口示意图

从宏观角度讲，当加载的应力水平达到材料断裂应力时，材料就会瞬间发生断裂失效，这就是静强度破坏；当应力水平处于较高的状态，通常接近材料的极限强度，此时塑性应变成为材料疲劳失效的主要因素；当应力水平较低时，材料处于弹性阶段，此时弹性阶段的应力对疲劳失效起主要作用。在低水平应力作用下，材料的疲劳寿命往往较高，而在塑性应变的作用下，材料的疲劳寿命就会比较低。一般情况下，寿命高于 10^4 的疲劳问题称为高周疲劳，寿命低于 10^4 的疲劳问题称为低周疲劳（有些教材将分界点定为 10^5）。

根据产生疲劳失效的主要因素之间的差异，目前主要有三种疲劳算法。

高周疲劳对应的设计方法为应力寿命法，低周疲劳对应的设计方法为应变寿命法。但是这两种方法并不研究疲劳破坏所产生的断裂现象，仅通过材料疲劳属性并基于传统的疲劳累积损伤理论算法预测产品的疲劳寿命，大大降低疲劳计算的成本和难度。除以上两种方法之外，还有一种基于断裂力学的分析方法，该方法从断裂原理上描述疲劳的失效机理，通过模拟裂纹萌生预测产品的疲劳失效。但是该方法无论从时间成本、实验成本以及计算成本都远远高于应力 / 应变寿命法，而且基于断裂力学的疲劳理论仍旧处于发展阶段，在工程中实际应用存在一定的难度。

目前多数零件的设计寿命需要满足高周疲劳的要求，同时高周疲劳所对应的应力寿命法是最早形成也是最为成熟的疲劳设计方法，它以材料或零件的 S-N（应力寿命）曲线为基础，对照试件或结构疲劳危险部位的应力集中系数和名义应力，结合疲劳损伤累积法则，校核疲劳强度或计算疲劳寿命。

SOLIDWORKS Simulation 中采用应力寿命法对结构的疲劳问题进行分析计算。

7.1.3 SOLIDWORKS Simulation 疲劳模块

疲劳模块是在相应的结构分析模块之后的二级分析模块，以应力结果作为疲劳模块的数据基础，静力学、动力学等模块都可将应力结果导入疲劳模块。图 7-2 展示了疲劳数据的基本传递过程。在本书中主要涉及静力学分析，因此疲劳分析也以静力学分析的结果作为输入。

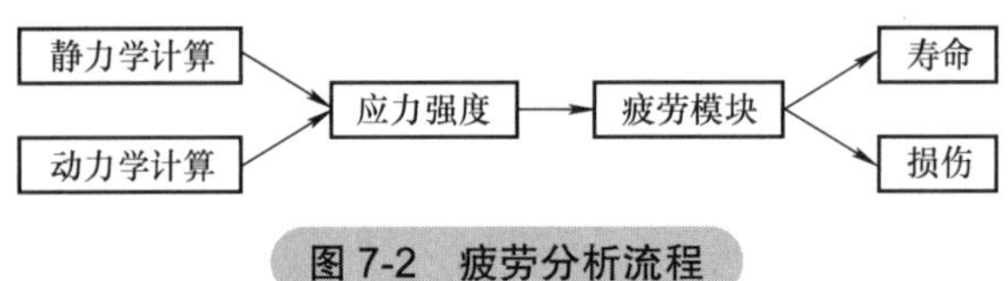

图 7-2 疲劳分析流程

疲劳模块用于预测结构的服役寿命，但是计算仅能得到零件的安全系数、损伤率和寿命这三个结果。部分读者可能更关注疲劳分析能否查看应力作用到达一定次数之后的结构变形情况或者一些结构因为疲劳失效所导致的断裂现象，非常遗憾，基于当前有限元分析的疲劳模块无法实现，这里不仅仅指 SOLIDWORKS Simulation，而是大多数主流有限元分析软件的疲劳模块都无法实现。

SOLIDWORKS Simulation 疲劳模块下的 4 个子模块如图 7-3 所示，从左至右依次为：

图 7-3 疲劳事件分类

1）已定义周期的恒定高低幅度事件，用于对周期性载荷疲劳事件进行分析。

2）可变高低幅度历史数据，用于对非周期性载荷疲劳事件进行分析。

3）正弦式载荷的谐波疲劳，用于对动力学谐波问题疲劳事件进行分析。

4）随机振动疲劳，用于对动力学随机载荷疲劳事件进行分析。

本书仅对前两类疲劳事件进行讲解说明，后两类疲劳事件为振动疲劳问题，在本书中没有涉及。

7.2 周期性疲劳事件

在 SOLIDWORKS Simulation 中，周期性疲劳事件被称为已定义周期的恒定高低幅度事件。在结构正常工作过程中，其变动应力多为周期性变化应力，图 7-4 所示为各种周期应力的波形。正弦波为最常见的周期性变化波形，其他的还有三角波、矩形波等。这类随时间周期性变化的应力统称为交变应力，也称为循环应力。

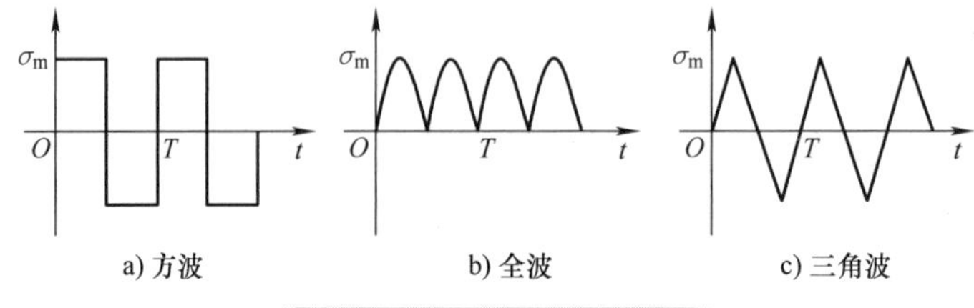

图 7-4 各周期应力的波形

在第 5 章中分析了拉伸弹簧在强制位移作用下的应力情况，本章将进一步利用该模型对疲劳问题进行讲解。

7.2.1　分析案例：弹簧周期性疲劳事件

如图 7-5 所示，拉伸弹簧一端固定，另一端承受一定量的轴向强制位移，利用 SOLIDWORKS Simulation 分别考察拉伸弹簧在以下 4 种工况下的寿命及结构损伤情况：

1）拉伸 1mm 的条件下弹簧的寿命值。

2）拉伸 10mm 的条件下弹簧的寿命值。

3）拉伸 20mm 的条件下弹簧的寿命值。

4）反复拉伸弹簧 10mm 3000 次和 20mm 1000 次，考察弹簧的疲劳损伤值。

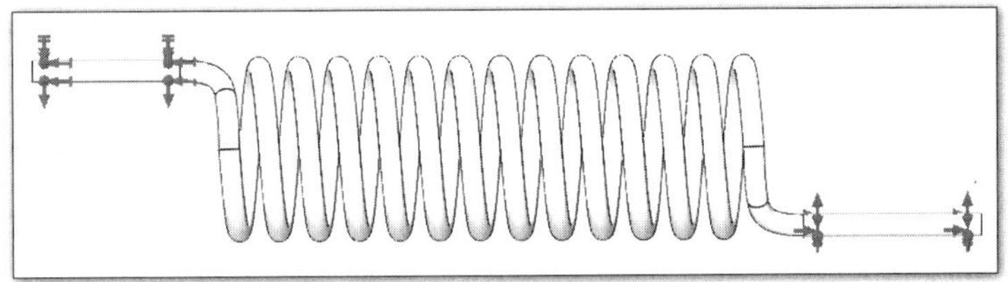

图 7-5　拉伸弹簧

步骤 1 在自行保存的路径下打开第 5 章拉伸弹簧的模型文件。

步骤 2 复制算例。右键单击标签栏区域中的算例【3N】，选择【复制算例】，设置算例名称为【强制位移 10mm】，单击【√】确定。

步骤 3 激活算例。这里需要注意，因为之前的算例使用过子模型，子模型功能会抑制常规的分析算例，必须重新激活。如图 7-6 所示，右键单击算例树任意位置，选择【激活 SW 配置】。

步骤 4 压缩载荷。单击【载荷】前的▾图标展开算例树，右键单击算例树中的【力 1（按条目 3N）】，选择【压缩】。

步骤 5 修改强制位移边界条件。单击【约束】前的▾图标展开算例树，右键单击【在圆柱面上 -1】，选择【编辑定义】，在平移设置区域单击图标激活载荷垂直方向，并输入位移值【10】，如图 7-7 所示，单击【√】确定。

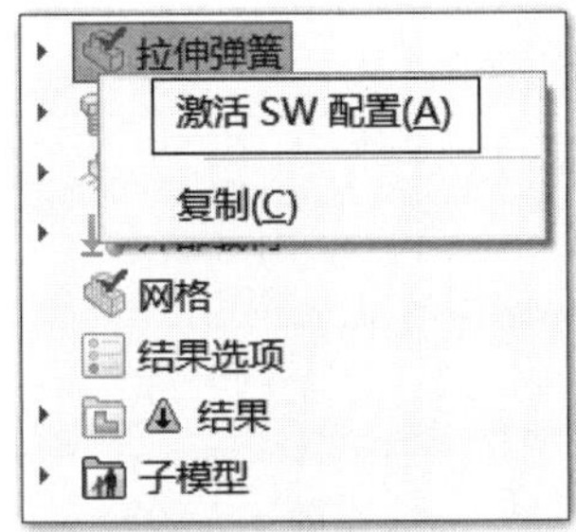

图 7-6　激活配置

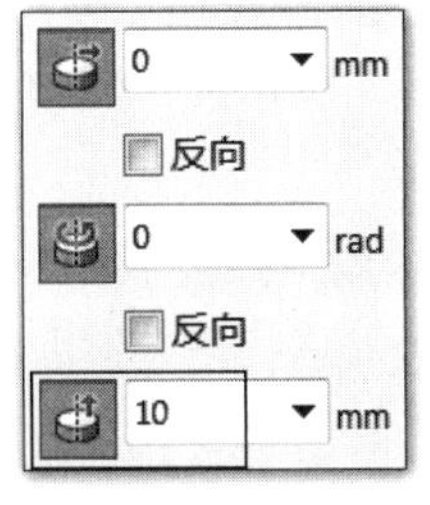

图 7-7　轴向位移

步骤 6 算例求解。右键单击算例树中的【强制位移 10mm】，单击【运行】，弹出大型位移提示窗口，单击【否】继续计算。

步骤 7 新建结果。右键单击算例树中的【结果】，选择【定义应力图解】，将【显示】区域设置为【第一主要应力（P1）】，单击【√】确定，生成应力结果【应力 3（第一主要）】。

步骤 8 重复步骤 7，选择【应力强度（P1-P3）】，生成应力结果【应力 4（强度）】。

步骤 9 探测 von Mises 应力结果。双击【应力 1（vonMises）】激活应力结果，右键单击【应力 1（vonMises）】，选择【探测】，进入探测结果设置界面，在图形显示区域选择弹簧内侧一点，如图 7-8 所示，该点编号为 224432，应力值为 366.2MPa。

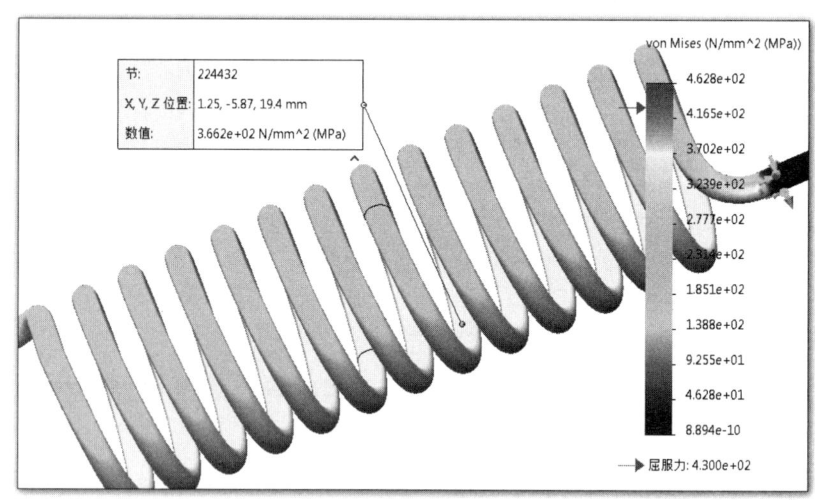

图 7-8　10mm 强制位移下的 von Mises 应力云图

注意： 读者在选取节点时无须按照书上的编号，因为网格划分的不同以及部分软件版本的不同可能导致编号不一样，只需选择弹簧内侧应力值在 370MPa 左右的其中一个节点即可，并记住当前选择的节点编号。

步骤 10 探测步骤 9 中同一节点的应力强度结果。双击【应力 4（强度）】激活应力结果，右键单击【应力 4（强度）】，选择【探测】，进入探测结果设置界面，在选项区域选择【按节点编号】，并输入【224432】（读者需输入步骤 9 中探测的同一个节点编号），单击图标探测结果，如图 7-9 所示，得到应力值为 422.1MPa。

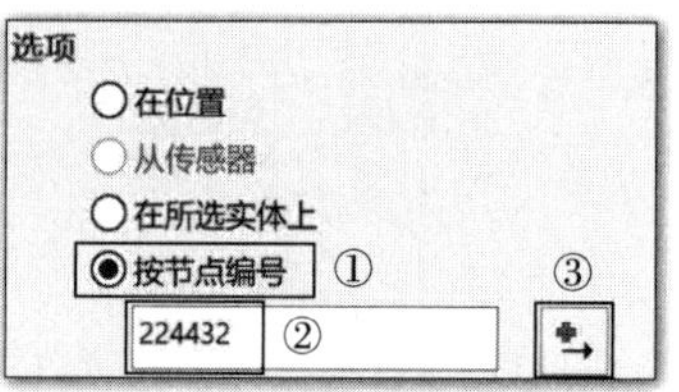

图 7-9　节点编号输入

早期版本的用户并没【按节点编号】这一功能，只能尝试通过在位置上反复进行屏幕拾取的方式找到同一个编号点。

步骤 11 重复步骤 10，激活应力结果【应力 3（第一主要）】，探测节点 224432 得到 P1 的应力值为 236.8MPa。

步骤 12 复制算例。右键单击标签栏区域中的算例【强制位移 10mm】，分别建立算例【强制位移 1mm】和【强制位移 20mm】，将弹簧轴向位移分别设置为【1】mm 和【20】mm，并求解。

步骤 13 单击【保存】保存模型。

步骤 14 计算完成后按照步骤 9 ~ 步骤 11 将表 7-2 所需应力结果进行统计，之后的疲劳分析将会用到这些数据。

表 7-2　节点 224432 各工况下的应力值

工况	von Mises 应力 /MPa	P1-P3/MPa	P1/MPa
1mm	36.6	42.2	23.7
10mm	366.2	422.1	236.8
20mm	732.3	844.2	473.6

步骤 15 新建疲劳分析算例。单击工具栏中的【新算例】，进入算例设置窗口，单击图标激活疲劳模块，单击图标选择【疲劳】分析的第一个模块【已定义周期的高定恒定幅度事件】，如图 7-3 所示，设置项目名【单一事件疲劳 10mm】，单击【√】确定。

步骤 16 添加疲劳事件。疲劳算例树非常简洁，如图 7-10 所示，右键单击算例树中的【负载（恒定振幅）】，选择【添加事件】，进入负载设置界面。

步骤 17 疲劳事件设定。单击第一行窗口，输入载荷【循环次数】为【10000】，【负载类型】设置为【基于零（LR=0）】，并设定关联算例【强制位移 10mm】，如图 7-11 所示，单击【√】确定。

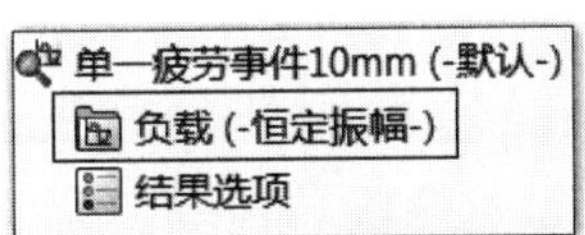

图 7-10　疲劳算例

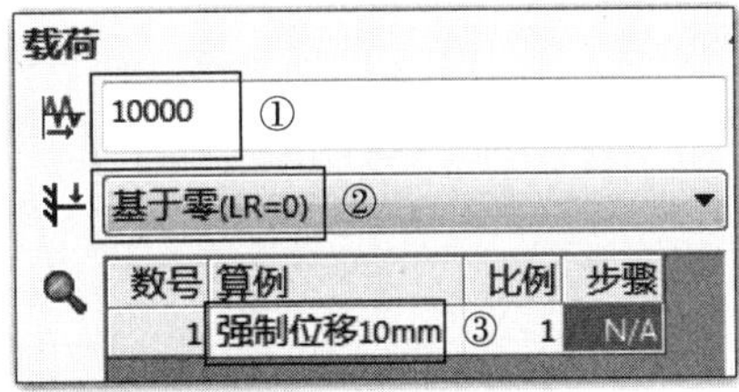

图 7-11　负载设置

知识卡片

恒定振幅疲劳事件

恒定振幅的交变应力如图 7-12 所示，图中 4 个参数的基本概念对于之后的疲劳分析理解具有重要意义。

1）最大 / 最小应力：加载过程中的最大 / 最小应力，图 7-12 中分别用 σ_{max} 和 σ_{min} 表示。

2）应力幅：应力循环中的最大应力和最小应力之差的 1/2，图 7-12 中用 σ_a 表示。

3）平均应力：应力循环中的最大应力和最小应力之和的 1/2，图 7-12 中用 σ_m 表示。

4）应力比率：最小应力和最大应力之间的比值，用 R 表示。

注意，以上的应力值根据实际情况带正负号。

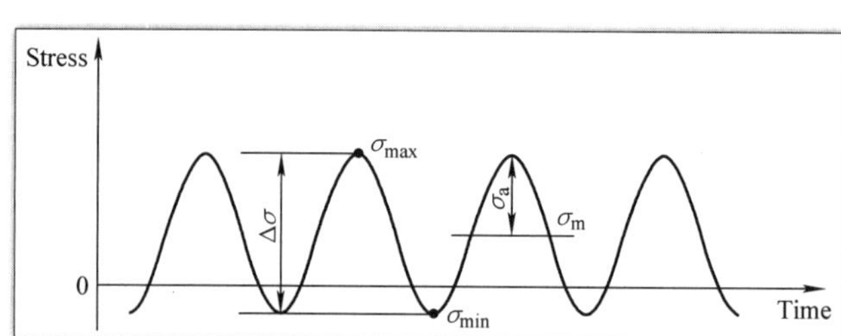

图 7-12　恒定振幅的交变应力

4 个基本概念之间的相互关系如下所示：

$$\sigma_m = (\sigma_{max} + \sigma_{min})/2$$
$$\sigma_a = (\sigma_{max} - \sigma_{min})/2$$
$$\Delta\sigma = 2\sigma_a$$
$$R = \sigma_{min}/\sigma_{max}$$

假设在某一循环载荷作用下，结构的最大应力 σ_{max} 为 120MPa，最小应力 σ_{min} 为 −30MPa，则在该载荷情况下得到的相关数值为

$$应力幅\ \sigma_a = [120-(-30)]/2\text{MPa} = 75\text{MPa}$$
$$平均应力\ \sigma_m = [120+(-30)]/2\text{MPa} = 45\text{MPa}$$
$$应力比率\ R = (-30)/120 = -0.25$$

应力比率可在如图 7-13 中进行设置，SOLIDWORKS Simulation 中提供了 4 种不同的设置方案，关于第 4 种“查找周期峰值”的方案有兴趣的读者自行了解，本书不做说明。

完全反转 (LR=-1)
完全反转 (LR=-1)
基于零(LR=0)
加载比率
查找周期峰值

图 7-13　应力比率设置

1）完全反转 (LR=−1) 如图 7-14a 所示。应力分量从最大值变化至反向最大值，这种应力称为对称应力。

2）基于零 (LR = 0) 如图 7-14b 所示。应力分量从最大值变化至 0，即载荷加载卸载加载的反复变化过程，这种应力称为脉动应力。

3）加载比率如图 7-14c 所示。应力分量按比例从最大值 σ_{max} 变为由 $R\sigma_{max}$ 定义的最小值，负比率表示反转载荷方向。

本案例中的拉伸弹簧加载比率类型设置为【基于零】。

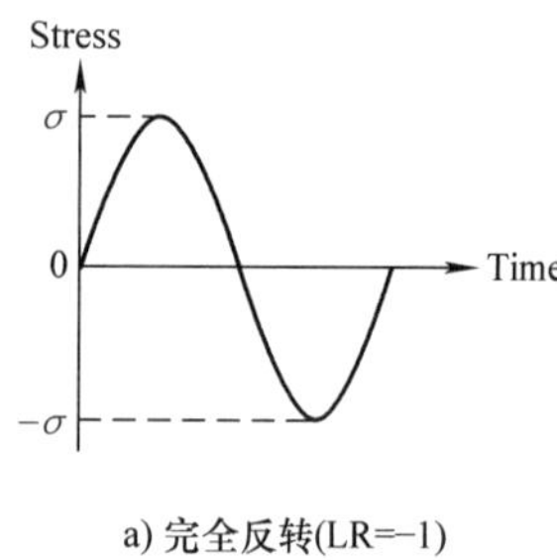

a) 完全反转(LR=−1)

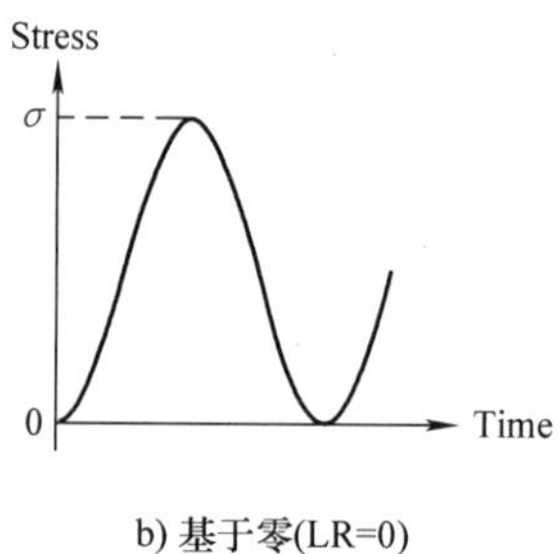

b) 基于零(LR=0)

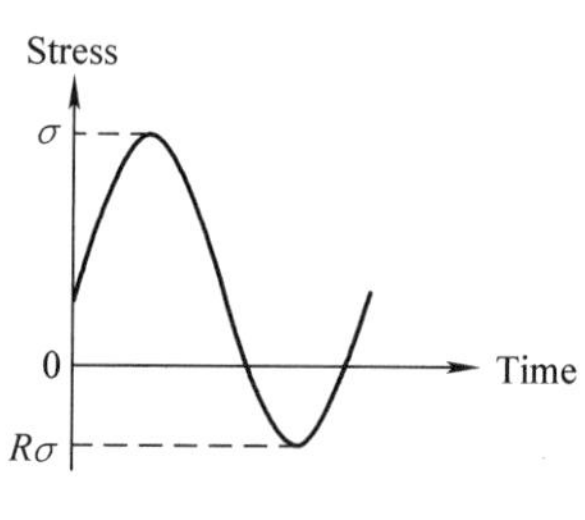

c) 加载比率

图 7-14　应力比率类型

步骤 18 设置材料。当事件定义完成后，算例树新增【拉伸弹簧】一行，如图 7-15 所示，右键单击算例树中的【拉伸弹簧】，选择【将疲劳数据应用到所有实体】。

单一疲劳事件10mm (-Default-)
拉伸弹簧
负载 (-恒定振幅-)
事件-1
结果选项

图 7-15　疲劳算例树

步骤 19 设置材料相关属性。【插值】设置为【线性】，激活【从材料弹性模量派生】，并选择【基于 ASME 炭钢曲线】，将【单位】设置为【N/mm^2（MPA）】，如图 7-16 所示，依次单击【应用】和【关闭】，关闭材料库设置界面。

注意：在疲劳分析中单位设置非常重要，一定要时刻注意。

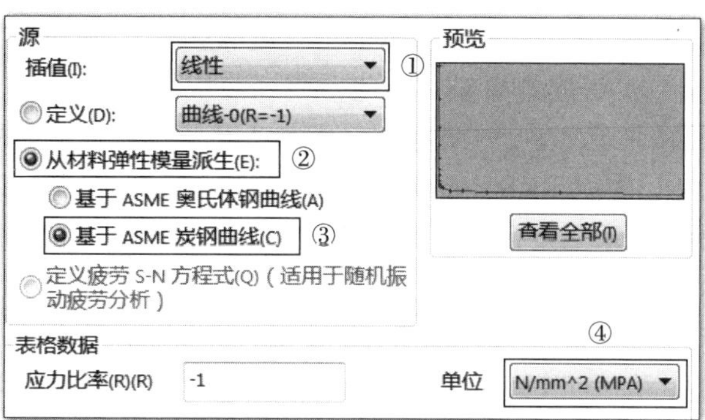

图 7-16　材料编辑界面

7.2.2　S-N 曲线

应力寿命法评价的重要参数指标为应力 - 寿命（S-N）曲线。S-N 曲线由德国人 Wohler 最先提出并使用，所以又被称为 Wohler 曲线。

任何一种金属材料或工程构件承受一定载荷的循环作用，最终会导致结构疲劳失效。如果载荷波动范围越大，应力幅值就越大，失效所用的循环次数就越少。通过大量的不同应力幅下获取的不同失效次数，并将所获取的数据进行归纳统计，最终绘制出一条应力幅和寿命的关系曲线，这条曲线就是 S-N 曲线。

图 7-17 所示为结构钢的 S-N 曲线（半对数曲线形式）。

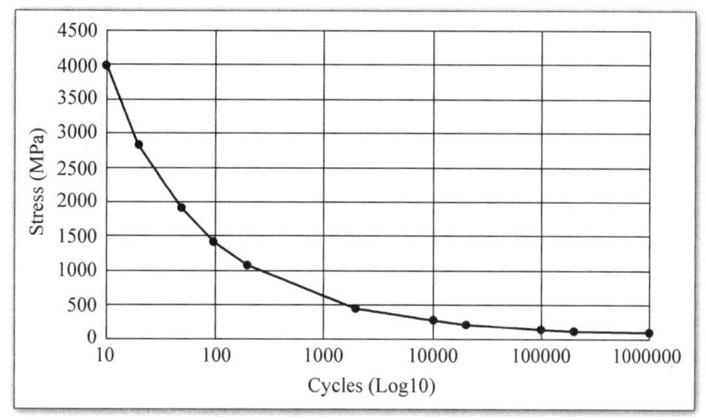

图 7-17　结构钢的 S-N 曲线

S-N 曲线中的“S”虽然习惯上称为应力，但是千万要注意，这里的“S”对应的是 4 个重要概念之一的应力幅，即一个周期内应力最大值和最小值之差的 1/2。疲劳理论的观点认为，应力幅是导致结构疲劳破坏的主要因素之一，而不是单纯的某一次工况载荷下的应力最大值，所

以千万要注意，图 7-17 中任意一点的纵坐标值指的是应力幅值。另一重要概念平均应力会在之后的内容中涉及，这两个参数是结构疲劳寿命判定的重要指标。

SOLIDWORKS 材料库中有少数材料包含 S-N 曲线。这些材料在材料库清单中是通过附加到其名称末尾的后缀 (SN) 来进行标识的，如图 7-18 所示。同时，通过 SOLIDWORKS 的在线材料库（图 2-22）也可以获取一些材料的 S-N 曲线。

延性铁
延性铁 (SN)
灰铸铁
灰铸铁 (SN)
可锻铸铁

图 7-18　包含 S-N 曲线的材料

不同于一般的材料参数，S-N 曲线的获取需要大量的重复性试验，过程非常复杂，实验成本高昂。因此，在当前工程界，除通过实验获取 S-N 曲线之外，工程人员、科研人员尝试通过算法拟合的方式推导出材料近似的 S-N 曲线。在 SOLIDWORKS Simulation 中就提供了一种基于 ASME 压力容器规范，参考材料的弹性模量和材料极限强度自动派生 S-N 曲线的近似拟合算法，通过该算法工程人员能够获取材料的 S-N 曲线，如图 7-16 所示。

根据 ASME 压力容器规范的描述，规范提供了两种 S-N 曲线派生方式：一种是基于美标 3 系列钢等同类低强度钢，在 SOLIDWORKS Simulation 中对应的是奥氏体钢曲线算法；另一种是基于美标 4 系列钢及碳钢等同类高强度钢，在 SOLIDWORKS Simulation 中对应的是碳钢曲线算法。当前案例中弹簧材料为高强度钢，对应碳钢曲线算法。

除此之外，例如英国的《钢结构的疲劳设计与评估指南》《国际焊接协会标准》《FKM 分析强度评估指南》等均对材料疲劳拟合提供了相应的算法。图 7-19 所示为《FKM 分析强度评估指南》中关于疲劳的评估流程。

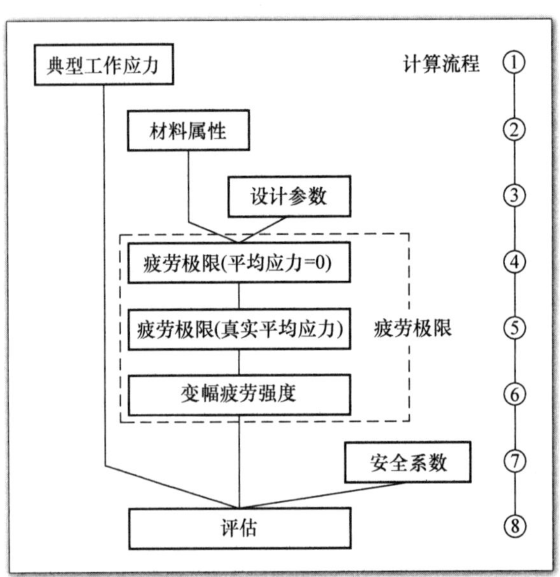

图 7-19 《FKM 分析强度评估指南》中关于疲劳的评估流程

知识卡片

本构模型

本构模型又称为材料的力学本构方程，是描述材料力学特性的数学表达式。读者在学习初期对有限元分析中本构模型的理解并不深刻，因为在本章之前所涉及的本构模型只是固体材料中最简单的线弹性本构模型。接下来将对

本构模型做简单的介绍，更详细的内容读者可以通过互联网及相关资料自行学习。

实际上材料的力学特性包括非线性、黏弹塑性、疲劳特性、失效特性等一系列特性，不同的特性所涉及的材料参数和实验方法完全不同，很多时候有限元分析能否仿真相关的结构特性，其中的一个重要因素就是能否通过实验获得对应的材料属性。

步骤 20 属性设置。右键单击算例树中的【单一事件疲劳 10mm】，单击【属性】，打开图 7-20 所示界面，当前设置均保持默认，单击【确定】。

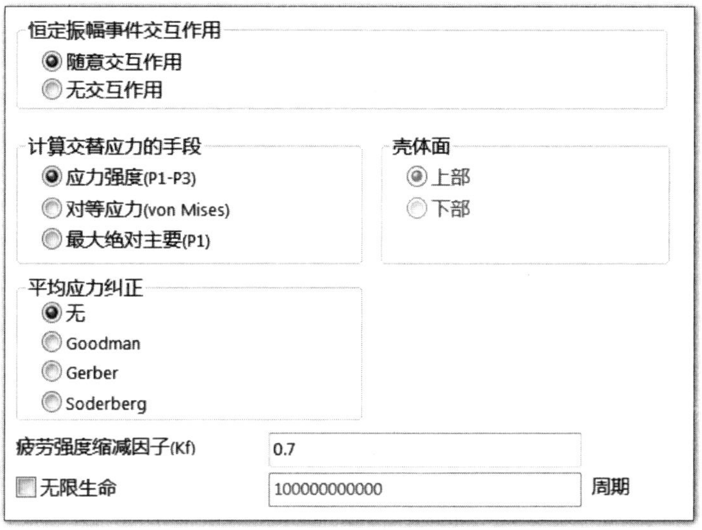

恒定振幅事件交互作用
◉ 随意交互作用
○ 无交互作用

计算交替应力的手段
◉ 应力强度(P1-P3)
○ 对等应力(von Mises)
○ 最大绝对主要(P1)

壳体面
◉ 上部
○ 下部

平均应力纠正
◉ 无
○ Goodman
○ Gerber
○ Soderberg

疲劳强度缩减因子(Kf)　0.7

☐ 无限生命　1000000000000　周期

图 7-20　属性设置

知识卡片

计算交替应力的手段

图 7-20 中“计算交替应力的手段”下的选项用于设定计算 S-N 曲线的应力类型。当前输入的 S-N 曲线中“S”为应力幅，但是并没有指定具体的应力类型，因此需要选择相应的应力类型，SOLIDWORKS Simulation 提供了图 7-20 所示的三种疲劳应力类型作为疲劳计算的依据：

1）应力强度（P1-P3），默认设置。

2）对等应力（von Mises）。

3）第一主要应力（P1）。

在当前的三种应力选择中，主要以应力强度（P1-P3）和对等应力（von Mises）为主。第一主要应力（P1）仅反映材料的拉伸状态，无法反映材料压缩状态时的应力，导致第一主要应力的应力幅值往往小于实际工作状态的应力幅值，用它计算得到的寿命值会大于产品的实际寿命值。因此，在实际工程中使用第一主要应力并不保险，而使用其余两种应力进行计算相对更为合理。

步骤 21 保存设置并求解疲劳算例。单击菜单栏的【保存】保存之前的设置，右键单击算例树中的【单一事件疲劳 10mm】，单击【运行】，进入求解状态。

步骤 22 查看计算结果。计算完成后在【结果】处会出现【损坏】和【生命】两个结果，如图 7-21 和图 7-22 所示。

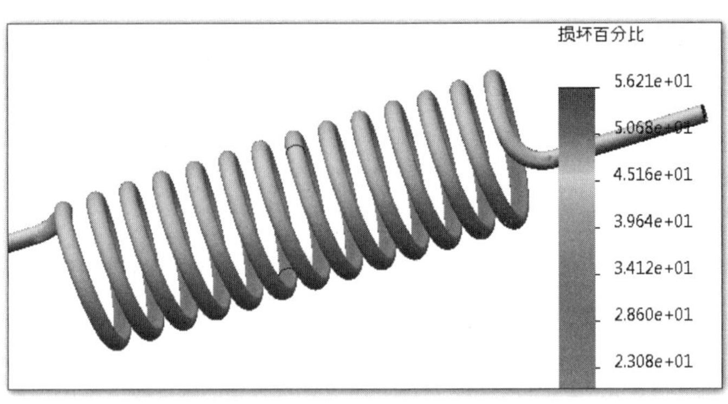

图 7-21　应力强度的弹簧损坏百分比云图

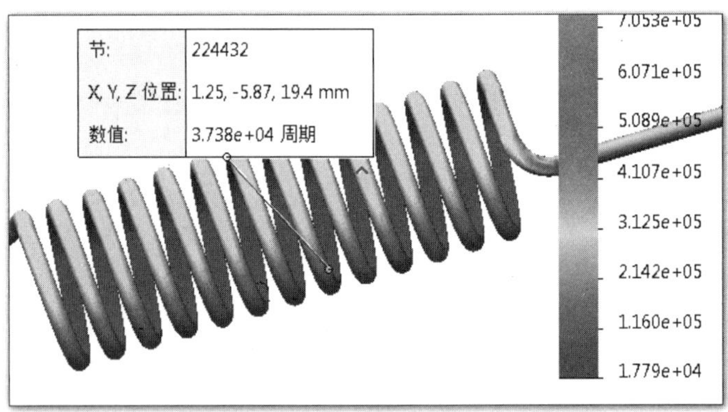

图 7-22　应力强度的弹簧生命周期云图

7.2.3　疲劳结果说明

疲劳结果的图解类型如图 7-23 所示，有生命、损坏、载荷因子和双轴性指示符 4 种，读者主要了解生命和损坏的意义即可。

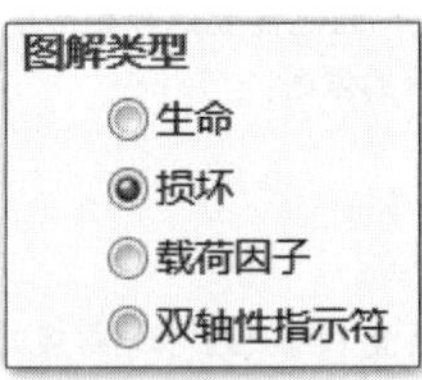

图 7-23　疲劳结果的图解类型

生命代表弹簧各个位置在当前载荷作用下的寿命，整个结构寿命最小的位置代表结构最容易失效的位置，如图 7-22 所示。当前弹簧计算得到的最小生命值为 17790 次，代表弹簧在当前工况下运作 17790 次，局部位置就会开始疲劳失效，一旦结构某些位置失效开始发生，结构就会存在风险。

损坏代表弹簧各个位置的累计损伤因子。损坏是一个百分比概念，当模型中某位置的损坏大于 100 时，代表结构的该位置发生了疲劳失效。损坏和生命的关系为

损坏百分比 = 已使用次数 / 最小生命值

如本例中已使用次数是在步骤 17 中输入的循环次数 10000 次，结构最薄弱位置的生命值为 17790 次，则损坏百分比的计算值为 10000/17790=56.21%，恰好等于图 7-21 所示的损坏最大值 56.21%，因此损坏结果的物理意义即是如此。

步骤 23 探测指定节点的生命值。双击【结果 2（生命）】，右键单击【结果 2（生命）】并选择【探测】，在选项区域选择【按节点编号】，并输入【224432】（读者需输入步骤 9 中探测的同一个节点编号），单击【探测结果】，得到的生命值为 37380 次，如图 7-22 所示。

步骤 24 切换属性设置。右键单击算例树中的【单一事件疲劳 10mm】，单击【属性】，将【计算交替应力的手段】设置为【对等应力（von Mises）】，单击【确定】。

步骤 25 求解疲劳算例。右键单击【单一事件疲劳 10mm】，单击【运行】。

步骤 26 探测指定节点的生命值。双击【结果 2（生命）】，右键单击【结果 2（生命）】并选择【探测】，在选项区域选择【按节点编号】，并输入【224432】（读者需输入步骤 9 中探测的同一个节点编号），单击探测结果，得到的生命值为 66790 次，如图 7-24 所示。

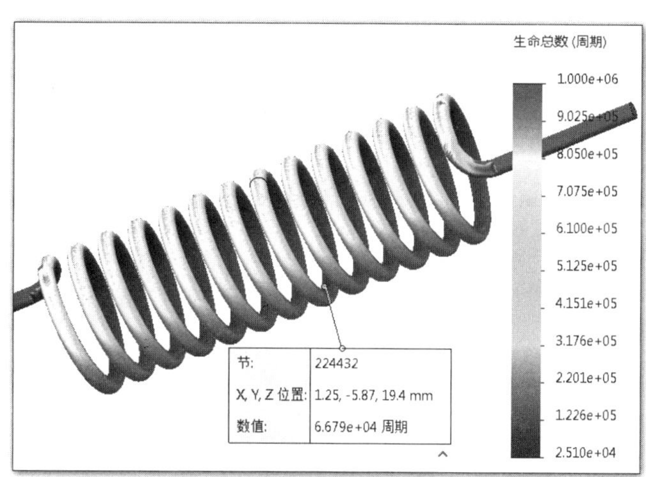

图 7-24　von Mises 应力指定节点的生命周期值

步骤 27 重复步骤 24～步骤 26，将【计算交替应力的手段】设置为【最大绝对主要（P1）】，计算结果如图 7-25 所示，得到节点 224432 位置的生命值为 1000000 次。

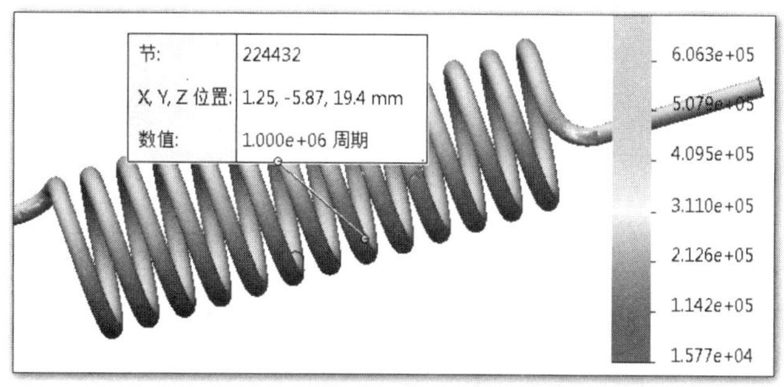

图 7-25　P1 应力指定节点的生命周期值

知识卡片

有限疲劳寿命和无限疲劳寿命

常规疲劳的设计公式由苏联科学家通过S-N曲线推出，一般金属的S-N曲线如图7-26所示。随着疲劳曲线越往后，曲线越趋于水平，所对应的应力值基本为一恒定值，以此应力水平作为产品疲劳寿命设计标准的称为无限疲劳寿命，而依据曲线倾斜部分所对应的应力作为产品疲劳寿命设计标准的称为有限疲劳寿命。在部分行业中，默认将材料屈服强度的三分之一应力值定义为材料无限疲劳寿命区域的起始点。

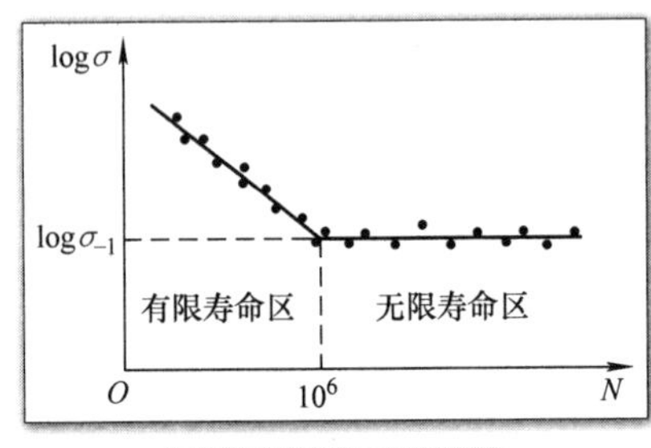

图7-26 S-N曲线

在SOLIDWORKS Simulation中，无限疲劳寿命默认设定为1000000次，因此图7-25中节点224432处的结果数值已经没有具体意义，仅仅代表的就是无限疲劳寿命结果。

步骤28 单击标签栏区域中的算例【强制位移1mm】，激活算例，双击【结果】下的【应力2（强度）】，结果如图7-27所示。

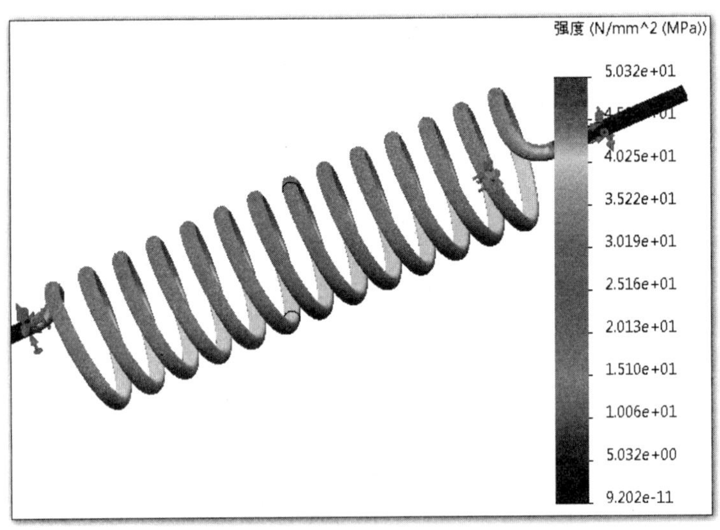

图7-27 1mm强制位移的应力强度

步骤29 复制疲劳算例。右键单击标签栏区域中的算例【单一事件疲劳10mm】，选择【复制算例】，将算例名称设置为【单一事件疲劳1mm】，单击【√】确定。

步骤30 修改事件。右键单击【事件-1】，选择【编辑定义】，将算例名称设置为【强制位移1mm】，单击【√】确定。

步骤 31 调整材料属性。右键单击算例树中的【拉伸弹簧】，选择【将疲劳数据应用到所有实体】，【插值】设置为【线性】，激活【从材料弹性模量派生】，并选择【基于 ASME 炭钢曲线】，将【单位】设置为【N/mm^2（MPA）】，如图 7-16 所示，依次单击【应用】和【关闭】，关闭材料库设置界面。

步骤 32 属性设置。右键单击算例树中的【单一事件疲劳 1mm】，单击【属性】，将【计算交替应力的手段】设置为【应力强度（P1-P3）】，单击【确定】。

步骤 33 算例求解。右键单击算例树中的【强制位移 1mm】，选择【运行】，弹出图 7-28 所示的错误提示。

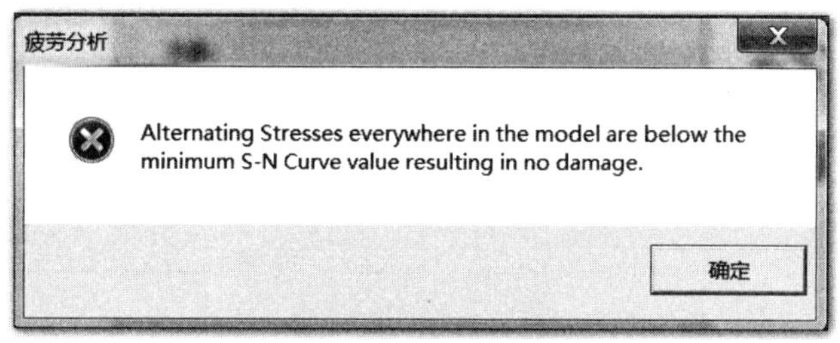

图 7-28　错误提示

图 7-28 所示是在疲劳分析中出现频率较高的错误，但是该错误提示在当前版本为英文。当前错误提示表示，结构任何位置的应力值都低于 S-N 曲线的最小应力值，也就是说当前工况下计算出的最大应力值太小，导致结构中所有位置的应力值都小于 S-N 曲线的最小应力值，系统无法进行计算。

当前材料的 S-N 曲线如图 7-29 所示，最小应力幅值为 125.5MPa，软件无法通过 S-N 曲线对应应力值小于 125.5MPa 的寿命值。而弹簧当前最大应力值如图 7-27 所示，仅为 50.3MPa，应力幅计算值则只有 25.2MPa，弹簧上所有节点的应力幅均小于 125.5MPa，导致出现图 7-28 所示的错误提示。SOLIDWORKS Simulation 会将应力幅小于 125.5MPa 的所有位置的寿命值默认对应为 1000000 次。

步骤 34 调整比例系数。右键单击【事件 -1】，选择【编辑定义】，将【比例】设置为【10】，如图 7-30 所示，并重新进行求解，得到结果后发现，和【单一疲劳事件 10mm】的计算结果完全一致。所以由此可知，比例系数的作用就是将静力学分析里的边界条件放大到指定的比例。

13	100000	169.13278
14	200000	152.726141
15	500000	137.80083
16	1000000	125.485477

图 7-29　当前材料的 S-N 曲线

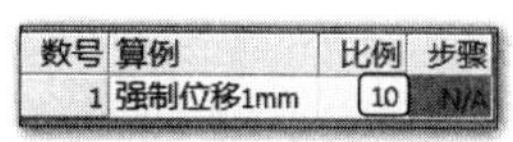

数号 算例 比例 步骤
1 强制位移1mm 10 N/A

图 7-30　载荷比例设置

接下来讲解 SOLIDWORKS Simulation 疲劳模块如何计算材料寿命。通过基础结构算例得到的各点应力值均为图 7-12 中的最大应力值，在已知最大应力值的情况下，通过不同负载类型的设定，结合图 7-12 所示的各应力值计算关系，得到不同应力类型下的最小应力值、应力幅和平均应力，见表 7-3。

表 7-3　10mm 强制位移各负载类型下节点 224432 的信息

工况编号	负载类型	应力类型及大小 /MPa	最大应力 /MPa	最小应力 /MPa	应力幅 /MPa	平均应力 /MPa	软件寿命值
1	基于 0	von Mises, 366.2	366.2	0	183.1	183.1	66790
2	基于 −1		366.2	−366.2	366.2	0	4048
3	基于 0.2		366.2	73.2	146.5	219.7	?
4	基于 0	P1−P3, 422.1	422.1	0	211.1	211.1	37380
5	基于 −1		422.1	−422.1	422.1	0	2264
6	基于 0.2		422.1	84.4	168.9	253.3	101800
7	基于 0	P1, 236.8	236.8	0	118.4	118.4	1000000
8	基于 −1		236.8	−236.8	236.8	0	21810
9	基于 0.2		236.8	47.4	94.7	142.1	1000000

表 7-3 中各列数值的来源依次如下：

1）负载类型按图 7-11 在软件中定义。

2）应力类型及大小为通过静力学算例【强制位移 10mm】计算后，节点 224432 处的三种应力类型及其应力值。

3）最大应力值、最小应力值、应力幅及平均应力是在计算静力学算例【强制位移 10mm】中节点 224432 所对应的应力值的基础上，将数值带入图 7-12 所示的关系中依次计算得到的。

4）软件寿命值是通过之前表格中对应的负载类型、对应的应力类型及对应的算例【强制位移 10mm】进行疲劳计算求得的。

接下来通过表 7-3 统计的应力幅值和寿命值对比材料的 S-N 曲线，会发现一个有意思的问题。

7.2.4　疲劳分析的“悖论”

1000	546.18257
2000	430.3693
5000	336.31535
10000	293.13278
20000	239.81743
50000	190.13278
100000	169.13278
200000	152.72614
500000	137.80083
1000000	125.48548

图 7-31　当前材料的 S-N 曲线

图 7-31 所示为当前材料的 S-N 曲线的部分数据点，接下来选择表 7-3 中工况编号为 2、负载类型为基于 −1、应力类型为 von Mises 的算例，当前应力幅为 366.2MPa，将该点放入图 7-31 的数据点中，可以知道该点介于点（5000，336.3）和点（2000，430.4）之间。因为数据点之间保持线性关系，于是当前就成为在点（5000，336.3）和点（2000，430.4）所形成的直线上求点（x_1，366.2）的 x_1，即应力幅为 366.2MPa 所对应的材料寿命值。对于这个问题可以轻易求出 $x_1 = 4047$，排除计算产生的误差，与表 7-3 中统计的有限元分析计算结果 4048 基本一致。

于是大家会发现一个有意思的问题，按照上面的流程仅仅通过静力学计算得到的应力幅，工程师就可以直接通过 S-N 曲线查出当前的疲劳寿命值，完全不再需要利用有限元分析的疲劳

模块进行计算。比如当前读者并未通过疲劳模块计算工况 3 的疲劳寿命结果，按照表 7-3，其应力幅为 146.5MPa，介于图 7-31 中的点（500000，137.8）和点（200000，152.7）之间，通过线性插值计算，对应的疲劳寿命值为 x_2=325184。之后利用有限元分析计算得到，该点寿命值为 325800，云图如图 7-32 所示。排除计算产生的误差，两者的计算结果基本一致。

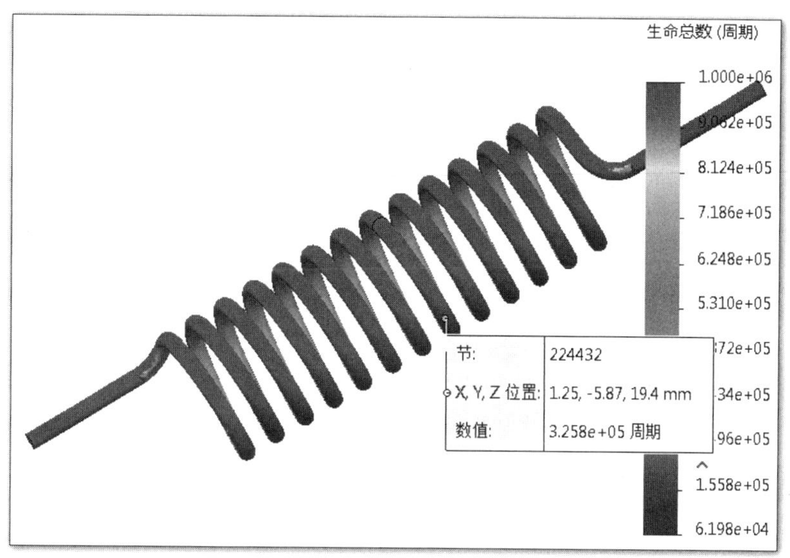

图 7-32　工况 3 的疲劳寿命值

通过以上的说明，可以得出一个悖论：**如果拥有材料的 S-N 曲线，只需通过静力学计算的应力结果对标 S-N 曲线即可得到结构的寿命值，不需要再使用疲劳分析模块来解决疲劳分析问题，而如果缺失 S-N 曲线就无法利用疲劳分析模块解决问题。**

所以，基于等幅载荷的疲劳分析需求，并不需要利用疲劳分析模块来解决问题，只需得到 S-N 曲线并通过静应力计算结果插值即可得到结构寿命，而图 7-33 所示的变幅载荷下的疲劳问题才是真正需要利用疲劳分析模块解决的问题。

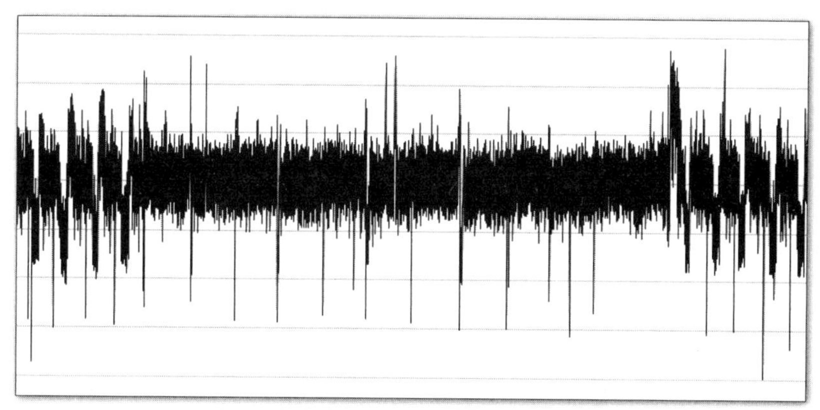

图 7-33　SAE Suspension 载荷曲线

不过在讲解变幅载荷疲劳问题之前，先讲解等幅载荷多工况组合问题，确保读者理解疲劳损伤累加的相关问题。

7.2.5 周期载荷组合工况

之前的分析都使用单一周期载荷工况，但是实际情况中有部分产品的疲劳测试要求在一定组合的周期载荷工况下进行，比如本案例要求的第 4 种工况就由两种周期组成——反复拉伸弹簧 10mm 3000 次和 20mm 1000 次，接下来完成该工况的分析。

步骤 35 复制疲劳算例。右键单击标签栏区域中的算例【单一疲劳事件 10mm】，选择【复制算例】，将算例名称设置为【组合工况疲劳事件】。

步骤 36 调整工况次数。右键单击算例树的【事件 1】，选择【编辑定义】，将【载荷循环次数】修改为【3000】，【负载类型】设置为【基于零（LR=0）】，单击【√】确定。

步骤 37 添加事件。右键单击算例树的【添加事件】，将【载荷循环次数】设置为【1000】，负载类型设置为【基于零（LR=0）】，并制定关联算例【强制位移 20mm】，单击【√】确定。

步骤 38 属性设置。右键单击算例树中的【组合工况疲劳事件】，单击【属性】，将【计算交替应力的手段】设置为【应力强度（P1-P3）】，单击【确定】。

步骤 39 保存设置并求解。单击【保存】保存之前的设置，右键单击算例树中的【组合工况疲劳事件】，单击【运行】，进入求解状态。

步骤 40 探测指定节点的损伤值。右键单击【结果 1（损坏）】并选择【探测】，在选项区域选择【按节点编号】，并输入【224432】（读者需输入步骤 9 中探测的同一个节点编号），单击【探测结果】，得到损坏百分比为 52.19%，如图 7-34 所示。

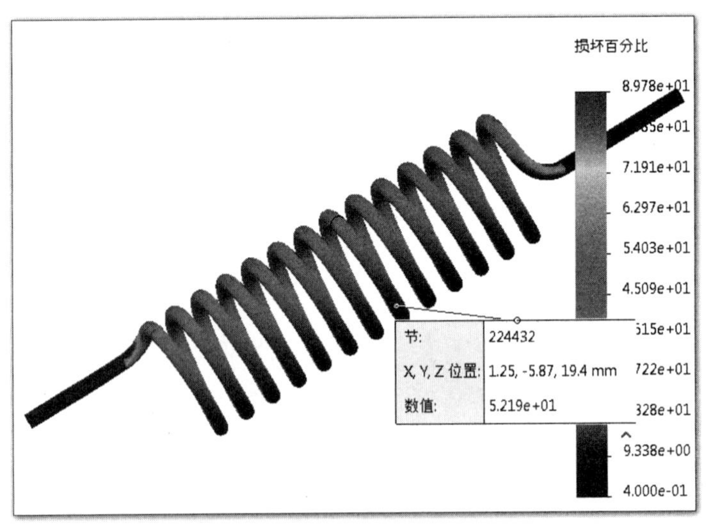

图 7-34 组合工况下的损坏百分比

在多工况载荷作用下生命图解无法显示，弹出图 7-35 所示的警告提示，这非常好理解，因为针对不同的工况载荷的生命值不同。比如在当前算例中，10mm 的拉伸状态下寿命值为 37380，20mm 的拉伸状态下寿命值为 2264，计算机无法分别显示寿命值。接下来说明组合工况的疲劳损伤计算方式。

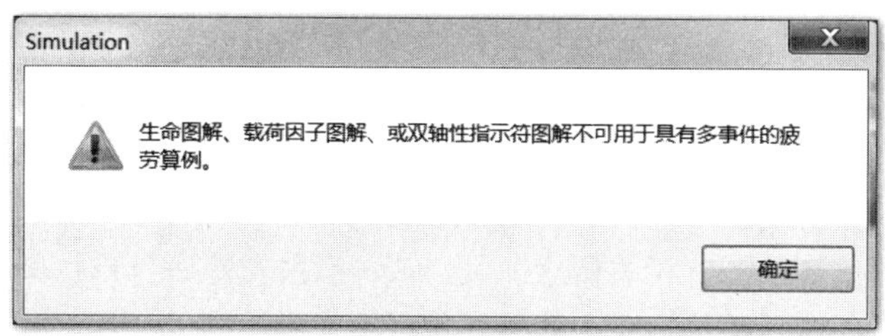

图 7-35　警告提示

知识卡片

疲劳损伤累积理论

当材料承受一定的载荷作用时，每次作用材料都会有一定量的损伤，将损伤的量进行累计，当损伤累积到临界值时零件就会发生破坏，这就是疲劳损伤累积理论。1945 年，迈因纳提出了一种损伤累积法则，法则认为载荷所造成的损伤可以每次单独计算并线性相加，因此该法则又叫 Miner 准则或者线性损伤累积法则。

线性损伤累积法则是目前应用最为广泛的疲劳损伤累积法则，其具体表述形式为：在不同载荷作用下的材料疲劳总寿命分别为 N_1、N_2、N_3 等，在对应的寿命下实际经历的应力循环次数分别为 n_1、n_2、n_3 等，由此得出材料各自的损伤因子为 n_1/N_1、n_2/N_2、n_3/N_3 等，总损伤因子 S 为所有损伤因子的叠加，当损坏因子 S 大于 1 时材料就会发生疲劳失效。其数学表达式如下：

$$S= n_1/ N_1+ n_2/ N_2+ n_3/ N_3+\cdots < 1$$

利用上式对当前算例进行统计得到表 7-4。

表 7-4　疲劳损伤累加百分比

工况	(P1-P3)应力幅 /MPa	材料寿命极限 / 次	实际工作循环寿命 / 次	损伤百分比
10mm	422.1	37380	3000	8%
20mm	844.2	2264	1000	44.2%
				损伤累加值为 52.2%

通过表 7-4 的计算结果得到损伤累加值为 52.2%，和仿真计算结果的 52.2% 完全一致，说明 SOLIDWORKS Simulation 中对多工况载荷的叠加也是基于 Miner 准则进行的。所以这和之前提到的“悖论”一样，只要能够得到 S-N 曲线和结构的静态分析结果，则可以不通过疲劳模块，仅仅通过手工计算即可得到多工况等幅载荷的疲劳寿命结果。

通过以上例子的学习让读者了解有限元分析疲劳计算的相关机理，可以帮助读者少走学习上的弯路，接下来将进一步说明非周期载荷的疲劳问题。

7.3　非周期载荷疲劳

7.3.1　雨流计数法

之前的内容都是围绕周期性载荷问题展开的，周期性载荷只需要得到相应的应力值和材料 S-N 曲线，并依据损伤累积法则，即可算出相应的疲劳寿命值。但是在现实情况下，大量的疲劳问题属于图 7-33 所示的非周期变幅载荷问题，这类问题并没有办法像之前的问题一样通过手工计算进行处理，只能借助疲劳分析模块进行计算。

20世纪50年代，英国的两位工程师M.Matsuishi和T.Endo首次提出一种计数法，该计数法的主要功能是把不规则的实测载荷历程按照一定规则简化为若干载荷块，供疲劳寿命估算和编制疲劳试验载荷谱使用，这种计数法称为雨流计数法。

关于雨流计数法读者只需有相关概念即可，该功能由软件后台自行整理完成，不需要人为干预。若读者希望对雨流计数法有进一步的了解，可参看本章7.5节。雨流计数法目前在工程界的疲劳寿命计算中具有广泛应用。

7.3.2 分析案例：弹簧非周期变幅载荷疲劳

弹簧拉伸的基础位移值为0.02mm，之后在基础变形量情况下读取SOLIDWORKS Simulation自带载荷谱【SAE Suspension】计算弹簧寿命。

弹簧拉伸0.02mm的静态分析，读者自行完成，本书将不再说明。将静态算例命名为【002mm】，接下来建立疲劳算例。

步骤1 新建疲劳分析算例。单击工具栏中的【新算例】，设置算例名称为【变幅载荷疲劳】，并单击图标选择疲劳模块下的第二个子模块【可变高低幅度历史数据】，单击【√】确定。

步骤2 添加事件。右键单击算例树中的【负载】，选择【添加事件】，打开载荷设置界面，如图7-36所示。关联静力学算例【002mm】，并单击【获取曲线】，打开载荷历史曲线编辑界面，如图7-37所示。

步骤3 添加载荷曲线。单击图7-37中右侧的【获取曲线】，弹出图7-38所示界面，单击界面顶部的曲线库下拉菜单，选择第三个文件夹，并在左侧【载荷历史曲线】区域找到并选择第二条载荷历史曲线【SAE Suspension】，如图7-38所示，单击【确定】。

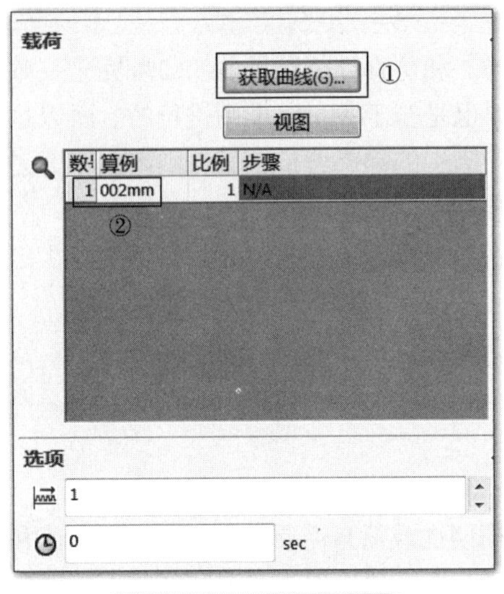

图7-36 载荷设置界面

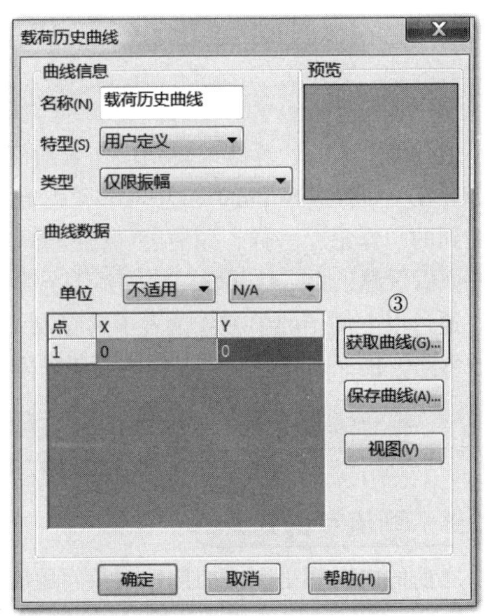

图7-37 载荷历史曲线编辑界面

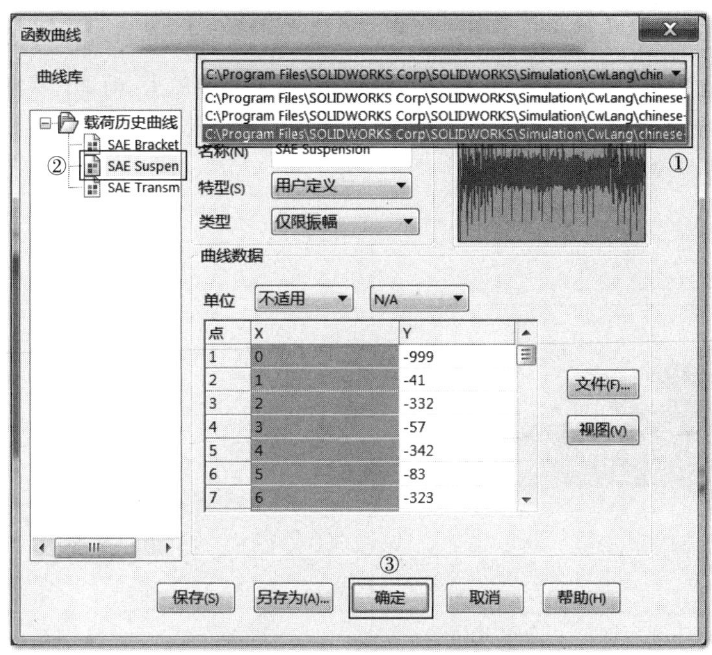

图 7-38　载荷历史曲线获取

SOLIDWORKS Simulation 曲线库中包含 SAE（美国汽车工程师协会）中的范例载荷历史曲线。在实际项目中，这类载荷谱一般都有实验标准规范流程，仿真计算过程输入载荷历史曲线即可。

在曲线设置上需要注意一点，图 7-38 中表格 Y 列的各个数据代表比例系数，将当前静态算例【002mm】的边界条件进行放大或缩小，比如当前基础事件强制位移量为 0.02mm，则第一个点的比例系数为 -999，实际强制位移为 -19.98mm。

步骤 4 其余设置均保持默认，单击【√】确定。

步骤 5 材料设置。右键单击算例树中的【拉伸弹簧】，选择【将疲劳数据应用到所有实体】，选择【从材料弹性模量派生】，【插值】设置为【线性】，并选择【基于 ASME 炭钢曲线】，将【单位】设置为【N/mm^2（MPA）】，依次单击【应用】和【关闭】，关闭材料库设置界面。

步骤 6 设置雨流计数箱。右键单击算例树中的【变幅载荷疲劳】，选择【属性】，打开图 7-39 所示的属性设置界面，将【雨流记数箱数】设置为【20】，其余设置保持默认，单击【确定】。

SOLIDWORKS Simulation 的雨流计数箱功能可以设置的数为 8~200，数值越大精度越高，一般设置在 20~50 之间即可。

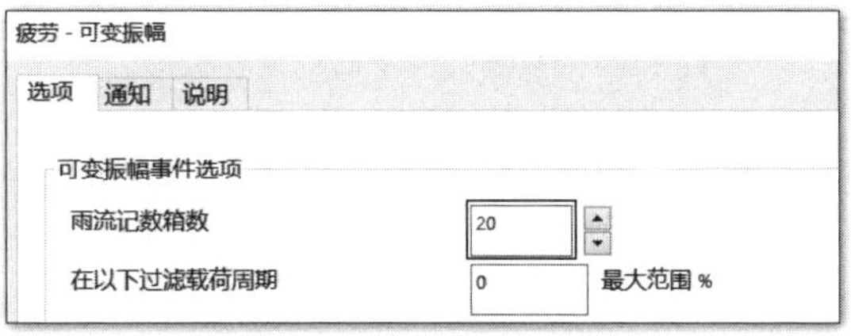

疲劳 - 可变振幅

选项　通知　说明

可变振幅事件选项

雨流记数箱数　20

在以下过滤载荷周期　0　最大范围 %

图 7-39　属性设置界面

步骤 7 算例求解。右键单击算例树中的【变幅载荷疲劳】，单击【运行】，进入求解状态。

步骤 8 右键单击【事件 -1】，选择【图解化 2D 雨流矩阵图】，雨流计数箱的 2D 统计结果如图 7-40 所示，读者也可尝试选择 3D 统计结果，如图 7-41 所示。

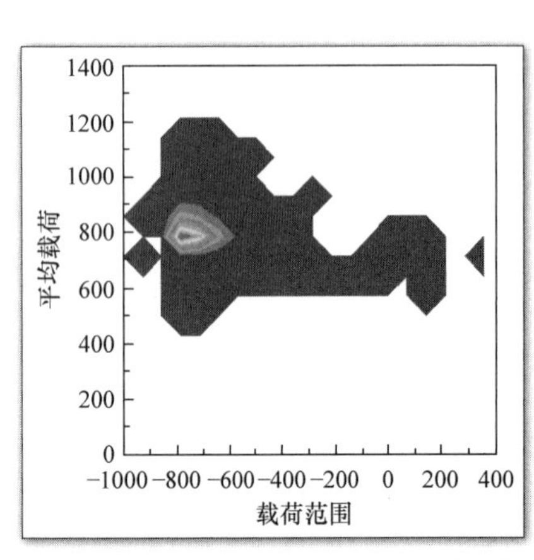

图 7-40　雨流计数箱的 2D 统计结果

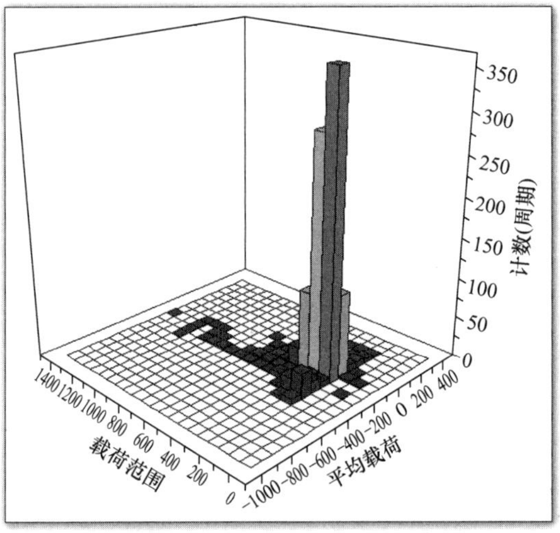

图 7-41　雨流计数箱的 3D 统计结果

雨流计数箱使图 7-38 所示的曲线变得更规则，并利用平均应力和应力幅两个参数进行重新整理统计。关于雨流计数箱的具体统计方法，读者可参考本章 7.5 节。

步骤 9 显示生命结果。双击【结果 2（生命）】，结果显示如图 7-42 所示。

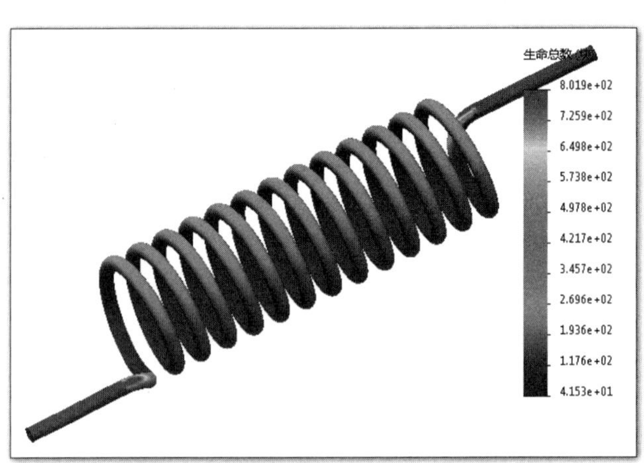

图 7-42　复制数为 1 时的生命云图

下面对当前计算结果所表示的含义进行说明。当前计算结果的单位为块，单位块的定义如下：

如图 7-36 所示，事件 1 选项窗口包含变幅载荷输入及选项里的复制数，当前设置的复制数为 1，复制数即该基础载荷的重复次数，基础载荷为图 7-38 所示的载荷曲线图，此时图 7-42

中计算结果的 1 块即代表基础载荷的复制数。比如当前复制数为 1，则图 7-40 中的生命总数最小值 41.53 块表示在基础载荷作用下反复工作 41 次之后弹簧开始失效；如果将图 7-36 里的复制数由 1 设置为 100，则计算结果如图 7-43 所示，其中最小生命值为 0.4153 块，因此时 1 块代表基础载荷重复 100 次，则 0.4153 块表示在基础载荷作用 41 次后弹簧开始失效，所以两个设置方案本质上一致。

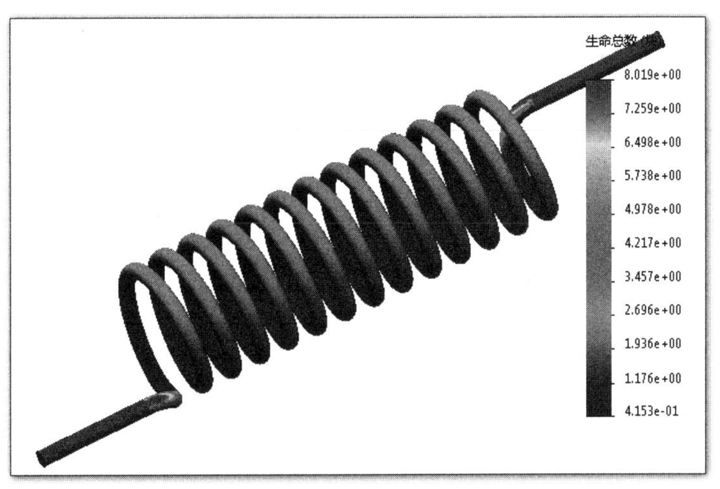

图 7-43 复制数为 100 时的生命云图

7.3.3 平均应力修正对计算结果的影响

按照之前的定义，疲劳计算结果与材料的 S-N 曲线以及应力幅相关，于是图 7-44 中的三种交变应力的应力幅均为 σ，在材料完全相同的情况下疲劳模块的计算结果完全一致。

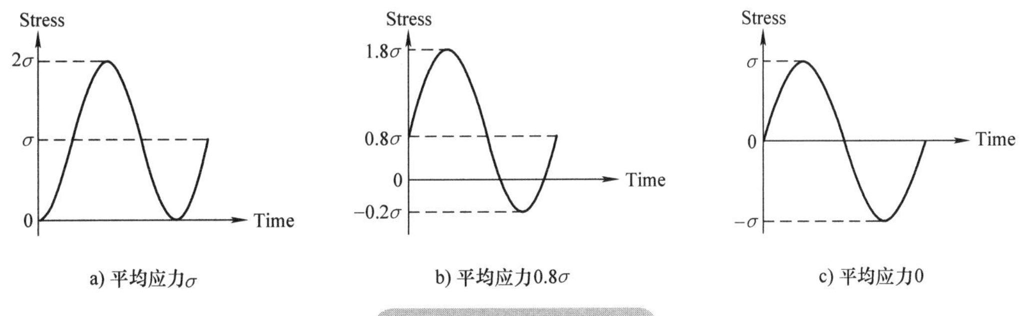

图 7-44 三种交变应力

但是通过经验可以知道，实际上同一种结构在这三种交变应力下的疲劳寿命完全不同，图 7-44a 所示工况的寿命肯定最短，其次为图 7-44b 所示工况，图 7-44c 所示工况的寿命最长。因此，为能够区分这三种工况，需要进一步引入平均应力修正算法，用以评价在应力幅一致的情况下，平均应力的大小对疲劳寿命的影响——平均应力越大，寿命越短。

平均应力修正是目前学术界还在努力研究的一个问题，当前比较认同的三种修正方法有 Goodman 方法、Gerber 方法和 Soderberg 方法，设置区域如图 7-20 所示。关于这三种方法的具体计算原理，工程师并不需要了解，只需掌握不同方法所适用的材料即可。

图 7-45 ~ 图 7-47 所示为在当前【变幅疲劳载荷】算例下分别设置三种平均应力修正方法进行计算的结果，Soderberg 方法产生报错，其余两种方法都计算出了结果。读者可以自行操作完成并进行结果比较。

图 7-45　Goodman 方法

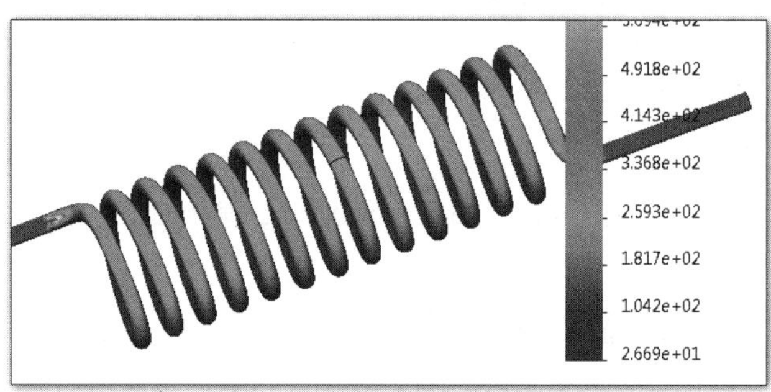

图 7-46　Gerber 方法

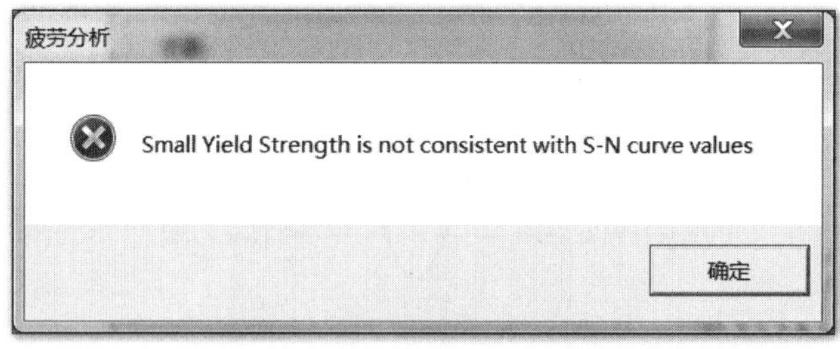

图 7-47　Soderberg 方法

当前结果中，Goodman 方法的寿命值为 11.49 块，Gerber 方法的寿命值为 26.69 块，Soderberg 方法计算出错，求解完成的两个结果和原始未做平均应力修正的 43.13 块计算结果有非常大的差距。由此可见，不管用哪一种平均应力修正方法，计算结果都比较保守。

这三种方法从目前的经验应用上来说，分别适用于如下材料：

1）Goodman 方法通常适用于脆性材料。

2）Gerber 方法通常适合于塑性材料。

3）Soderberg 方法通常是最保守的方法，一般情况下不使用。

关于 Soderberg 方法因为使用情况较少，报错原因本书不做介绍，读者只需知道存在这一

种报错问题，主要原因是 Soderberg 方法会和材料的屈服应力建立关系。

7.4　装配体疲劳分析

装配体疲劳分析和零件疲劳分析在操作流程上基本一致，疲劳分析基于应力结果，因此只要在装配体静力分析里应力结果获取准确，无论多复杂的装配体，疲劳分析只是针对多个零件分别计算疲劳寿命。

7.4.1　分析案例：三点弯实验

从之前的学习可以知道，其实疲劳分析的数据基础来源于之前计算的静态分析算例，根据不同的应力结果值得到相应的疲劳结果。因此，装配体的分析其实也是基于之前算好的应力结果，和接触的复杂程度无关。计算第 4 章三点弯中的弯曲梁能否在当前载荷作用下反复承受 1000 次加载，S-N 曲线使用碳钢曲线，平均应力修正使用 Gerber 方法，疲劳强度缩减因子取 0.7。

步骤 1 打开模型。读者自行打开第 4 章【三点弯实验】计算模型的保存路径。

步骤 2 建立疲劳算例。单击工具栏的【新算例】，进入算例设置窗口，单击图标激活疲劳模块，选择疲劳分析的第一个模块【已定义周期的高定恒定幅度事件】，设置算例名称为【三点弯疲劳】，并单击【√】确定。

步骤 3 添加事件。右键单击算例树中的【负载（恒定振幅）】，选择【添加事件】，选择事件【合理边界条件】，负载类型设置为【基于零】，保持其余设置不变，单击【√】确定。

步骤 4 设置材料 S-N 曲线。右键单击算例树中的【零件】，选择【将疲劳数据应用到所有实体】，选择【从材料弹性模量派生】，【插值】设置为【线性】，并选择【基于 ASME 炭钢曲线】，将【单位】设置为【N/mm^2（MPA）】，依次单击【应用】和【关闭】，关闭材料库设置界面。

当前仅查看梁的疲劳寿命，因此其余模型材料设置的对错不影响计算结果。

步骤 5 属性设置。右键单击算例树中的【三点弯疲劳】，选择【属性】，将【计算交替应力的手段】设置为【对等应力（von Mises）】，将【平均应力纠正】设置为【Gerber】，并将【疲劳强度缩减因子】设置为【0.7】，如图 7-48 所示，单击【确定】。

图 7-48　属性设置

知识卡片

恒定振幅事件交互作用

设定恒定高低幅度疲劳事件间的交互作用时：无交互作用选项假定事件按顺序一个接一个地发生，没有任何交互作用；随意交互作用选项会考虑将不同事件产生的峰值应力相混合来，求出交替应力的可能性。只有在定义一个以上的疲劳事件时，此选项才有意义。

对于 ASME 锅炉和压力容器，建议采用“随意交互作用”选项，这比“无交互作用”选项更保守（预测更大的破坏）。对于参考多个研究的疲劳事件的研究，即使选择“无交互作用”选项，程序也会根据“随意交互作用”选项计算峰值应力。

本书建议读者在没有特殊要求的情况下采用默认设置【随意交互作用】。

知识卡片

疲劳强度缩减因子

疲劳强度缩减因子是指材料或者结构在整个产品生产周期中因为各方面因素造成材料的力学性能下降，导致疲劳性能下降的系数。

影响材料疲劳性能的因素很多，包括：

1）材料加工过程中的影响。

2）结构形状的影响。

3）工艺处理过程中的影响。

4）表面处理和粗糙度的影响。

5）装配过程的影响。

6）载荷加载速率的影响。

7）其他环境（如温度、湿度等）的影响。

以上因素对疲劳强度都具有一定的影响，而经过大量研究发现这些影响因素并不能作为次要因素忽略。但是要对每个因素都进行研究统计是不现实的，于是将这些因素归纳一个综合影响因子，即疲劳强度缩减因子。该因子是个经验值，根据企业处在不同的发展阶段、工艺方法以及生产水平的不同可能完全不同，目前获取该参数的方法只能通过查找相应的手册或者论文资料，或者企业进行一些实验检测。

假设当前结构的疲劳强度缩减因子为 0.7。

步骤 6 算例求解。右键单击算例树中的【三点弯疲劳】，单击【运行】，进入求解状态。

因为疲劳分析结果仅仅基于各点之前计算的应力结果，与接触的复杂程度无关，所以当前求解很快完成。

步骤 7 显示生命周期。双击【结果 2（生命）】，结果显示如图 7-49 所示，最小生命周期为 3407 次。

图 7-49　弯曲梁的生命周期云图

通过结果云图可以看出，当前结构的理论疲劳寿命为 3407 次，大于 1000 次，因此当前结构可以承受 1000 次的寿命测试。

7.4.2　疲劳仿真的企业现实问题

本章通过有限元分析的疲劳模块，从疲劳基础概念的角度对疲劳问题进行讲解，包括疲劳计算的基本原理。通过学习多数读者肯定也已经感受到，在实际应用问题中，如果要研究疲劳问题会比书中所涉及的内容更复杂，尤其是涉及部分疲劳时参数的获取难度极大，通过之前的分析知道，当前主要影响疲劳计算结果的因素包括：

1）S-N 曲线。

2）疲劳强度缩减因子。

3）平均应力修正方法。

以上三个因素中，前两个因素由企业自身提供，第三个因素基于材料参数的特性和疲劳理论的发展。目前多数企业对于前两个参数的获取存在较大的难度，因此导致企业即使掌握有限元分析技术，也无法准确计算产品的疲劳寿命。

类似疲劳数据缺失的问题其实在有限元分析中大量存在，尤其是直接获取准确参数的可能性小（比如疲劳强度缩减因子、断裂因子、阻尼系数等）或者成本较高（比如 S-N 曲线、蠕变系数、冲击系数等）时，而有限元分析的基础源于数据输入的准确性，因此如何通过一些方法和手段处理这类问题，也是仿真工程师重要的工作职责之一。

同时考虑到实际疲劳实验的高度离散性，过度追求疲劳分析的精度可能并不存在太多的实际意义，更重要的是基于产品的趋势性分析以及疲劳数据的统计学意义。

7.5　小结与讨论：雨流计数法和雨流计数箱的工作原理

雨流计数法是 20 世纪 50 年代由两位英国工程师提出来的技术方法。雨流计数法在当前主要应用于工程界，特别是在疲劳寿命计算中运用广泛。雨流计数法的主要功能是把实测载荷历程简化为若干个载荷循环，供疲劳寿命估算和编制疲劳试验载荷谱使用。它以双参数法为基础，考虑应力幅和平均应力两个变量，这符合疲劳载荷本身固有的特性。

接下来通过一条简单的无规则载荷曲线介绍雨流计数法的工作原理。

图 7-50 所示为一条原始载荷曲线，各点标注了对应的英文字母及应力值，接下来结合该原始载荷曲线对雨流计数法的规则进行说明。

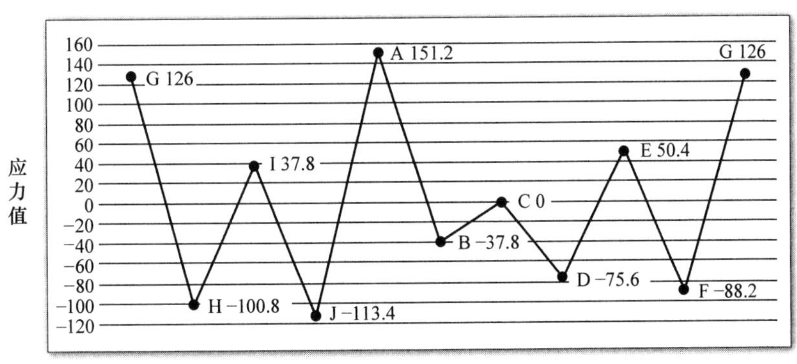

图 7-50　原始载荷曲线

步骤1 将图 7-50 中最高位置的应力值位置标注为 A 点，并依次往右标注，到达最后一个点之后，回到载荷曲线的第一个点，最后一个点和第一个点标注为同一字母。

步骤2 重新调整载荷谱顺序，将 G 点到 A 点的载荷谱段挪到载荷谱的后半段，并且将载荷谱顺时针旋转 90°，调整之后的曲线如图 7-51 所示，A 点到 J 点共 10 个点。

接下来就是雨流计数法最关键的步骤，也是雨流计数法名称的来源。假设雨滴从 A 点往下流，并逐步抽取载荷对材料的损伤，具体操作如下：

步骤3 在图 7-51 中，雨流从 A 点开始流动，到达 B 点之后下落，落到线段 CD 之间的点标记为 B′，此时 BCB′ 形成一个三角形，该三角形称为损伤三角形，将损伤三角形抽取出来并单独统计，同时载荷谱变为图 7-52 所示。

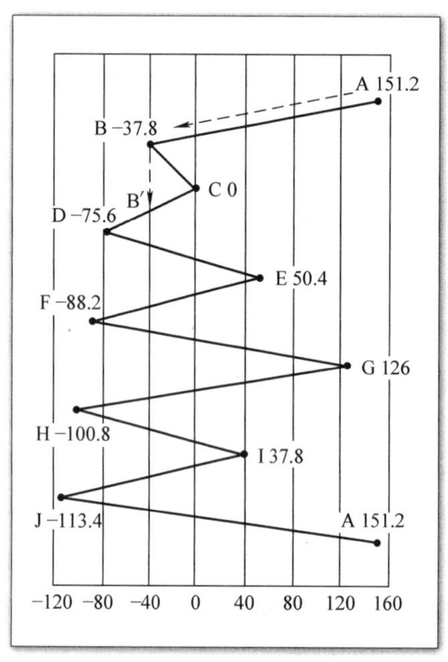

图 7-51　步骤 2 的载荷谱

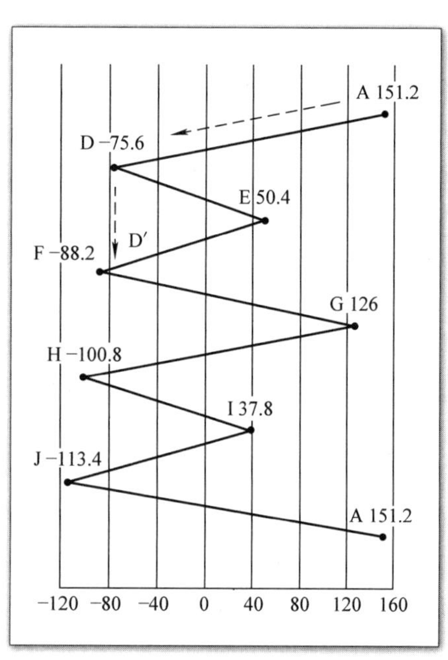

图 7-52　步骤 3 的载荷谱

步骤4 仔细观察提取出的 BCB′，三角形所处在的应力幅为 −37.8 ~ 0MPa，因此将三角形按照应力幅放置于图 7-53 中。

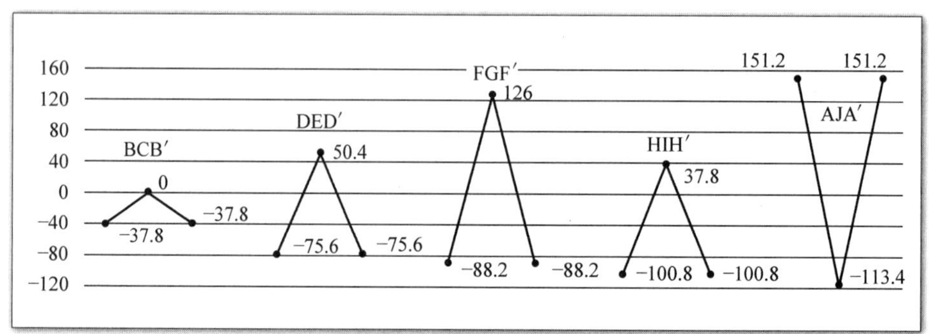

图 7-53　损伤三角形

步骤 5 在图 7-52 中，再次将雨流从 A 点开始流动，到达 D 点之后水流从 D 点垂直落下至线段 EF 上的 D′点，并和 E 点围成损伤三角形 DED′，将损伤三角形 DED′提取出来放入图 7-53 中。

重复以上操作，直至提取出所有的损伤三角形，最终如图 7-53 所示，并将每个三角形按照表 7-5 的格式进行统计。

表 7-5　损伤三角形统计　（单位：MPa）

	BCB′	DED′	FGF′	HIH′	AJA′
最大应力	0	50.4	126	37.8	151.2
最小应力	−37.8	−75.6	−88.2	−100.8	−113.4
平均应力	−18.9	−12.6	18.9	31.5	18.9
应力幅	37.8	126	214.2	138.6	264.6

以上是雨流计数法的第一阶段工作，但接下来的问题是，以上 5 个代表损伤的三角形如何进行整合并加入到损伤计算中，这就是雨流计数箱的功能了。

雨流计数箱是用于存放损伤三角形的箱体，其基于一定的规则进行存放。雨流计数箱有应力幅值和平均应力两个坐标轴。通过表 7-5 可知，平均应力的最大值为 31.5MPa，最小值为 −18.9MPa，应力幅的最大值为 264.6MPa，最小值为 37.8MPa，雨流计数箱根据箱格数对刻度进行平均分配，并放置在图 7-54a 和 7-54b 所示的两种雨流计数箱内。箱格数不同放置的位置不同，箱格数越多精度越高，同时每个箱格根据材料的 S-N 曲线有指定的寿命值。每个三角形代表在该寿命下损伤一次，可利用线性损伤法则最终统计出结构的损伤值。

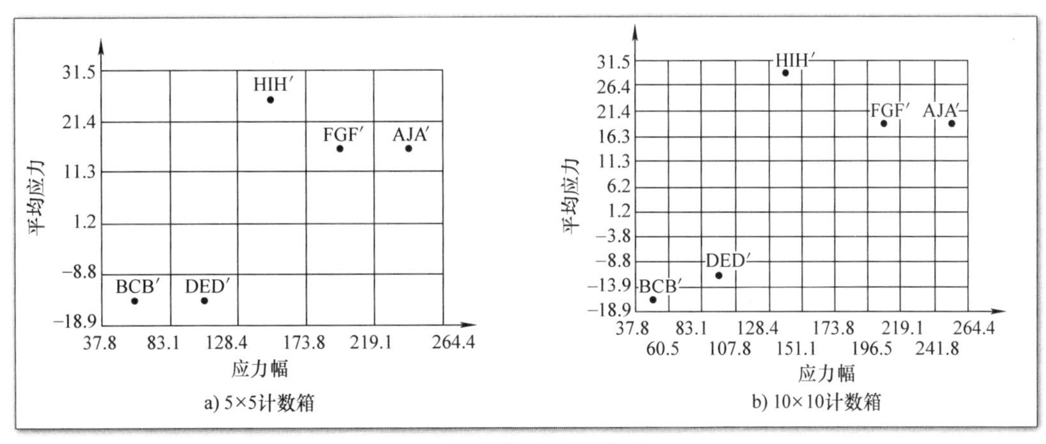

图 7-54　雨流计数箱

当前的载荷谱比较简单，但是图 7-33 所示的载荷谱在雨流计数箱中就会出现大量的数据点，雨流计数箱统计如图 7-41 所示。

以上是关于雨流计数法和雨流计数箱的介绍。通过这一方法，无论多复杂的载荷曲线都可以转化成若干个损伤三角形并且放入雨流计数箱内。读者对于这一方法有所了解即可，实际情况下软件会对复杂载荷自行处理，不需要人为干预。

第8章 优化设计

【学习目标】

1）优化的基本概念及参数化建模

2）设计算例

3）拓扑算例

4）设计仿真一体化

在产品设计阶段，设计工程师经常会被方案选型或者如何设计出更好的方案所困扰。在传统设计中，设计工程师并没有太好的方法，只能通过经验及产品试错寻找出相对较好的设计方案，所付出的代价可能是产生高昂的试错成本以及时间周期。但是通过有限元分析的优化设计功能，工程师可以快速找出更好的设计方案。

8.1 优化设计介绍

优化设计是从多种设计方案中寻求最优方案的设计方法，根据设计所追求的性能目标，建立目标函数，在满足给定的各种约束的条件下，寻求最优的设计方案。

图 8-1 所示为有限元分析设计优化流程。

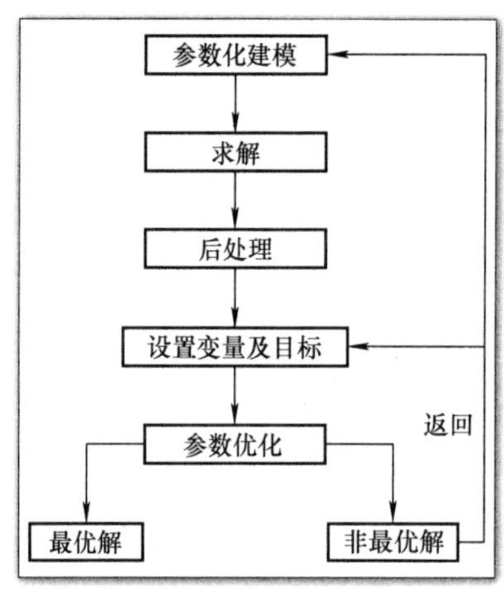

图 8-1 有限元分析设计优化流程

在机械产品的设计中，优化的目的主要包括：

1）确保 / 提升产品性能。

2）减轻产品重量。

3）降低研发成本。

4）降低产品的材料及生产制造成本。

一直以来部分读者存在一种不太恰当的认知，将减重等同于降本，这种认知存在一定的问题。首先设备减重的目的不一定是降本，有时候恰恰因为减重反而提升设备的生产制造成本，比如在汽车航空领域，为减轻结构重量，将实心轴加工成空心轴，加工成本将大幅增加；在产品设计中局部位置可能可以使用更薄的钣金件或者更小规格的螺栓，但是为符合企业标准化管理并降低企业采购、库管等综合成本，可能会选用更加厚重的钣金件或者大规格的螺栓等。

因此在实际的产品设计中，减重和降本可能是两件事情，甚至可能是背道而驰的两件事情。如果从降低成本的角度考虑，在整个产品生命周期管理中有多种方法，比如：

1）改进工艺流程，提高生产效率。

2）优化供应链，降低采购成本。

3）提高产品部件的标准化程度。

以上都是非常有效的降本方式，如果再结合企业管理方法，降本的手段就更多。而**有限元分析在目前的产品降本这件事上相对于生产和管理方面帮助非常有限，尤其是在短期内节省成本方面效果并不显著。**

因此，工程师必须正确认识有限元分析在研发生产过程中的价值和作用，有限元分析主要的作用是确保 / 提升产品性能以及减轻产品重量，同时可以降低研发端的成本。但是基于国内多数企业的情况，研发成本其实占据总企业运作成本的比例并不高，因此在成本下降方面的价值体现并不是非常明显。

优化功能是目前有限元分析软件中非常重要的组成部分，有限元分析软件中主要的优化手段有两种——尺寸优化和拓扑优化，在 SOLIDWORKS Simulation 中分别称为设计算例和拓扑算例，如图 8-2 所示。接下来将分别介绍这两个模块。

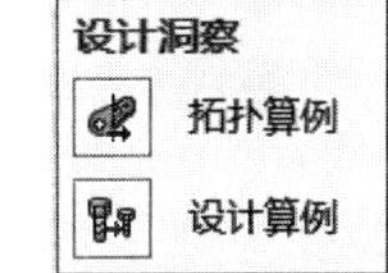

图 8-2 优化算例

8.2 尺寸优化

尺寸优化是在基本确定的产品结构下通过改变模型的尺寸、材料参数等，逐步达到设计预期的方法，这也是大多数工程人员所理解的优化方法。但是事实上多数工程人员并不知道软件如何实现这一流程，导致一些工程人员误以为只需要进行一些基本的模型设置计算机就能进行自动计算，并因此担忧设计工程师在未来会被仿真优化功能所淘汰。实际上大家大可不必担心，要实现尺寸优化，必须有一个复杂的大前提——参数化建模。

参数化建模是使用全局尺寸和数学函数关系定义尺寸，生成零件和装配体中两个或更多尺寸之间的数学关系，并通过全局尺寸的调整实现整体模型变化的建模方法。在之前的部分章节中，读者导入的三维练习模型为 X-T 格式或者经过中间格式转换过的模型，导入的模型并没有办法通过调整模型尺寸进行模型变动，比如第 2 章中的踏板模型，以及第 4 章中的电机支架，模型特征如图 8-3 所示。这些模型如果通过计算发现结构应力过大或者刚度过小，在当前的中间格式状态下无法通过尺寸驱动实现模型调整。

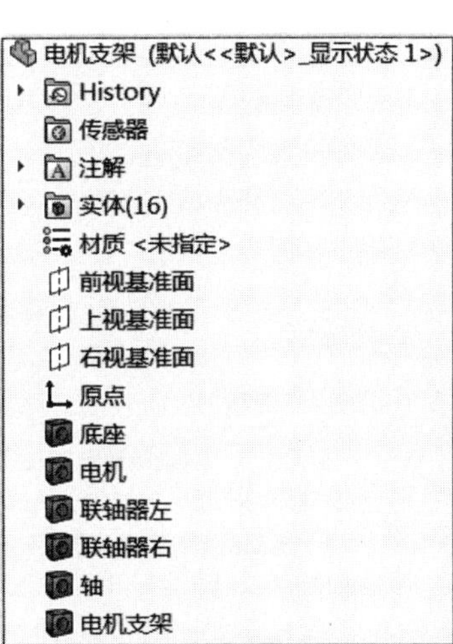

图 8-3 无特征的模型

由此可见，要实现尺寸优化，必须基于软件强大的参数化建模能力。

尺寸优化是目前发展比较成熟的一种优化方式，主要是针对形状基本确定的设计方案，通过控制模型的尺寸和局部特征的状态，寻找出符合优化设计要求的最优尺寸组合。SOLIDWORKS Simulation 在这个功能上具有得天独厚的优势：尺寸优化必须基于强大的参数化建模功能，而 SOLIDWORKS Simulation 和 SOLIDWORKS 三维建模的无缝集成，可以直接读取 SOLIDWORKS 建立的完整参数化模型。

8.2.1 SOLIDWORKS 的参数化建模

SOLIDWORKS 是一款具备强大参数化建模功能的三维设计软件，并且 SOLIDWORKS 的参数化功能有多种实现方式，接下来主要介绍通过使用方程式功能利用全局变量和数学函数定义尺寸，并生成零件和装配体中尺寸之间的数学关系。

参数化模型的建立过程读者可通过相关教材学习，本书不做介绍，仅通过已经建好的参数化模型对 SOLIDWORKS 的参数化功能进行一些说明。

步骤 1 打开模型绞龙。单击菜单栏中的【文件】/【打开】，将窗口右下角【文件类型】设置为【所有文件】，并在模型文件保存路径下依次找到文件夹“第 8 章\绞龙”，选择模型文件【绞龙】，单击【打开】。

步骤 2 保存模型。单击菜单栏的【保存】，读者自行指定位置保存模型。

步骤 3 查看模型方程式。单击菜单栏中的【工具】/【方程式】，打开图 8-4 所示界面，在该界面下进行参数化尺寸的关联。

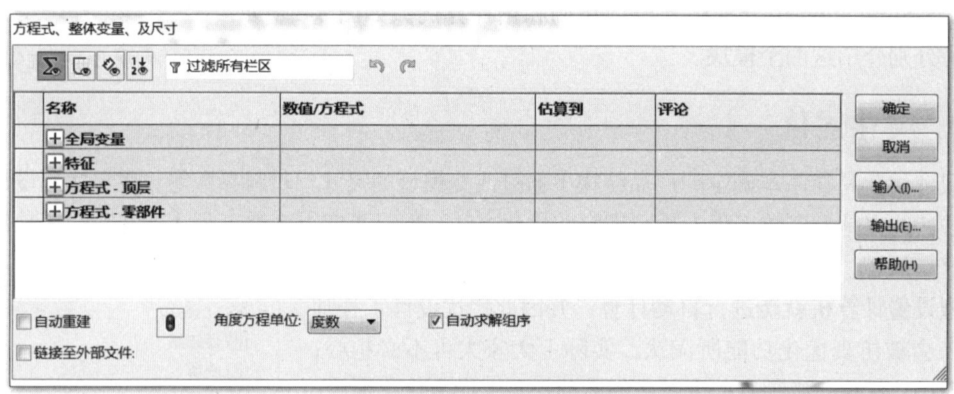

图 8-4 方程式界面

知识卡片

方程式功能

使用变量和数学函数定义尺寸，并生成零件和装配体中两个或更多尺寸之间的数学关系，可使用的运算符、函数和常数读者可查看 SOLIDWORKS 帮助文件及相关资料。常用的变量包括全局变量、特征及方程式等。

1）全局变量：定义主要设计尺寸和基本设计变量。本模型中绞龙的主要设计尺寸如图 8-5 所示，其余尺寸的变动均和这些尺寸有关。

2）特征：控制零件或装配体特征的压缩和解压缩。关于这一功能有兴趣的读者可以自行尝试，本书中不做说明。

名称	数值/方程式	估算到	评论
⊟全局变量			
"a"	= 108	108	无缝钢管直径
"b"	= 8	8	无缝钢管厚度
"c"	= 180	180	叶片宽度
"d"	= 40	40	叶片个数
"e"	= 120	120	轴尾间距
"f"	= 240	240	叶片节距
"g"	= 108	108	尾轴直径（尽量和无缝钢管直径保持一致）
"h"	= 4	4	叶片厚度

图 8-5　全局变量

3）方程式：利用全局变量定义零部件尺寸之间的函数关系。为方便管理，方程式分为顶层和零部件两类，关于这两者的区别有兴趣的读者可以自行学习了解，本案例中只涉及零部件方程式，不涉及顶层方程式。零部件方程式如图 8-6 所示。

名称	数值/方程式	估算到	评论
⊞全局变量			
⊞特征			
⊞方程式 - 顶层			
⊟方程式 - 零部件			
"D1@草图1@绞龙叶片<1>.Part"	= "a"	108mm	钢管直径
"D1@草图6@绞下顶针<1>.Part"	= "a" * 1.6	172.8mm	轴尾法兰螺栓分布直径
"D5@草图4@绞龙叶片<1>.Part"	= "a" * 2	216mm	轴尾法兰直径
"D3@草图3@绞龙叶片<1>.Part"	= "a" / 2	54mm	叶片内径
"D4@草图4@绞龙叶片<1>.Part"	= "a" / 5	21.6mm	轴尾法兰厚度
"D2@草图6@绞下顶针<1>.Part"	= "a" / 6	18mm	轴尾法兰螺栓直径
"D5@拉伸-薄壁1@绞龙叶片<1>.Part"	= "b"	8mm	钢管壁厚
"D1@草图3@绞龙叶片<1>.Part"	= "c"	180mm	叶片宽度
"D5@螺旋线/涡状线1@绞龙叶片<1>.Part"	= "d"	40	叶片个数
"D1@草图4@绞龙叶片<1>.Part"	= "D1@草图1@绞下顶针<1>.Part"	216mm	轴头法兰直径
"D8@草图1@绞龙轴头<1>.Part"	= "D1@草图4@绞龙叶片<1>.Part"	216mm	轴头法兰直径
"D3@草图1@绞龙顶套<1>.Part"	= "D1@草图5@绞下顶针<1>.Part" + 40	148mm	顶套主体直径
"D10@草图1@绞龙轴头<1>.Part"	= "D2@草图4@绞龙叶片<1>.Part"	21.6mm	轴头法兰厚度
"D1@草图1@绞龙顶套<1>.Part"	= "D3@草图1@绞龙顶套<1>.Part" + 50	198mm	顶套帽直径
"D1@凸台-拉伸1@绞下顶针<1>.Part"	= "D4@草图4@绞龙叶片<1>.Part"	21.6mm	轴尾法兰厚度
"D2@草图4@绞龙叶片<1>.Part"	= "D4@草图4@绞龙叶片<1>.Part"	21.6mm	轴头法兰厚度
"D1@草图1@绞下顶针<1>.Part"	= "D5@草图4@绞龙叶片<1>.Part"	216mm	轴尾法兰盘直径
"D1@拉伸-薄壁1@绞龙叶片<1>.Part"	= "e" + "f" * "d" + 40	9760mm	无缝钢管总长
"D1@草图5@绞下顶针<1>.Part"	= "g"	108mm	尾轴直径
"D2@草图3@绞龙叶片<1>.Part"	= "h"	4mm	叶片厚度

图 8-6　零部件方程式

8.2.2　分析案例：绞龙

如图 8-7 所示，绞龙匀速转动，输送一定质量的粉末状物体。为方便设置，绞龙所有零件的材质均为 1023 碳钢板，绞龙叶片承受 250Pa 压力，左侧端面固定约束，右侧端面轴承连接，输入扭矩为 2000N · m。各零部件的名称如图 8-8 所示。当前模型的尺寸如图 8-5 所示，考察在全局变量初始设计方案下叶片的轴向变形、主轴的重力方向变形，以及整体结构的 von Mises 应力值。

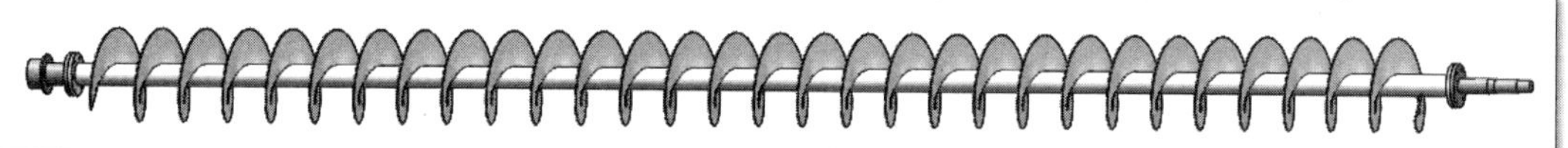

图 8-7　绞龙的三维模型

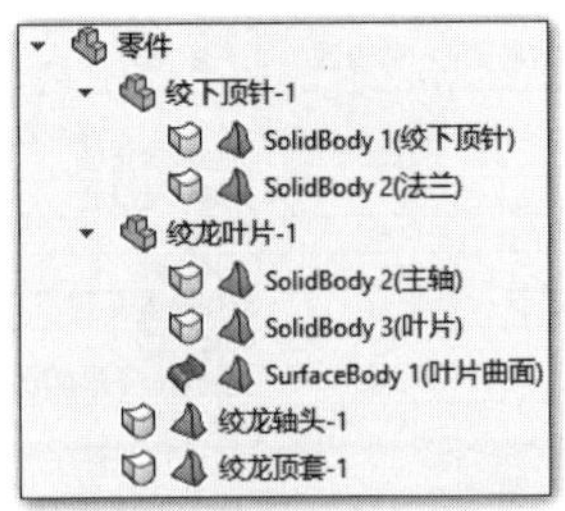

图 8-8　各零部件的名称

步骤 4 新建算例。单击工具栏中的【Simulation】激活 Simulation 工具栏，单击【新算例】，进入新算例设置界面，选择分析类型【静应力分析】，并设置项目名称为【绞龙】，单击【√】确定。

步骤 5 设置材料。右键单击算例树中的【零件】，选择【应用材料到所有】，打开材料库设置界面，在左侧区域选择材料【1023 碳钢板（SS）】，并在右侧窗口界面将【单位】设置为【SI-N/mm^2（MPa）】，依次单击【应用】和【关闭】，关闭材料库设置界面。

步骤 6 将叶片设置为壳单元。依次单击【零件】【绞龙叶片 1】前图标▼展开模型树，如图 8-9 所示，右键单击【SolidBody3】，选择【不包含在分析中】，叶片显示如图 8-10 所示。

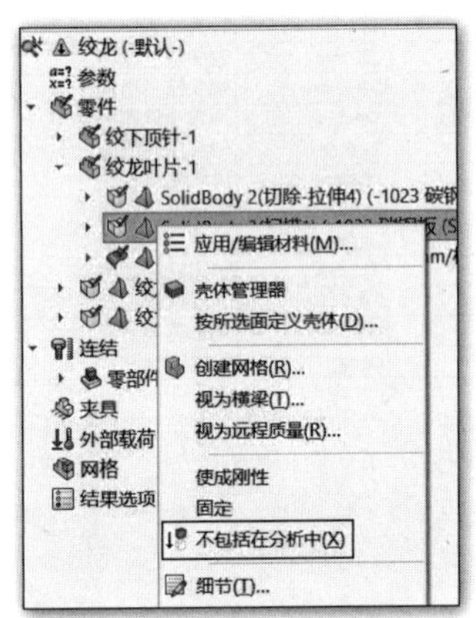

图 8-9　不包含在分析中

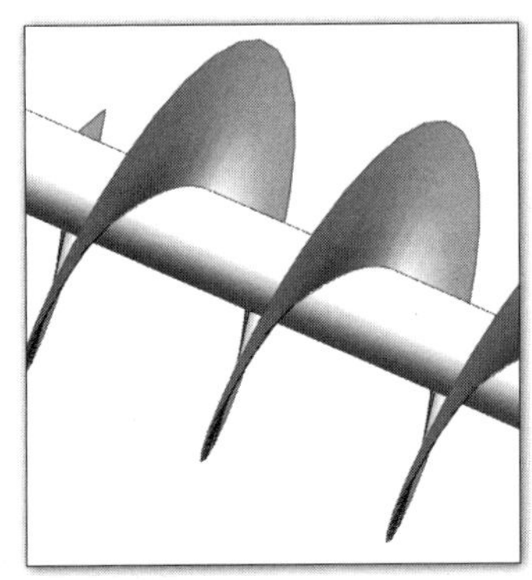

图 8-10　叶片显示

步骤 7 设置叶片厚度。右键单击【SurfaceBody1】，如图 8-11，选择【编辑定义】，输入壳体厚度【5.00】mm，如图 8-12 所示，单击【√】确定。

步骤 8 删除全局接触。右键单击【零部件接触】，选择【删除】。

步骤 9 设置左侧顶针处螺栓接头。右键单击算例树中的【连结】，选择【螺栓接头】，进入螺栓接头设置窗口，单击第一行图标右侧的蓝色区域，在右侧图形显示区域单击选择图 8-13 中标注的圆孔边线①（代表螺栓起始位置），然后单击第二行图标右侧的紫色窗格，在图形显示区域单击选择图 8-13 中标注的圆孔边线②（代表螺栓终止位置），并将连接类型改为【分布】，其余设置保持默认，单击【√】确定。

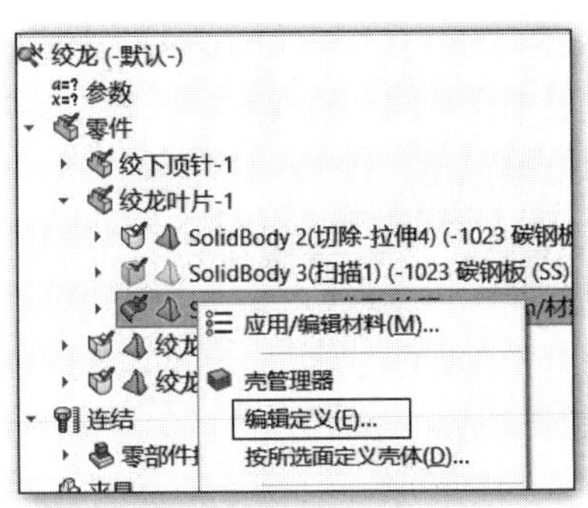

图 8-11 壳体编辑定义

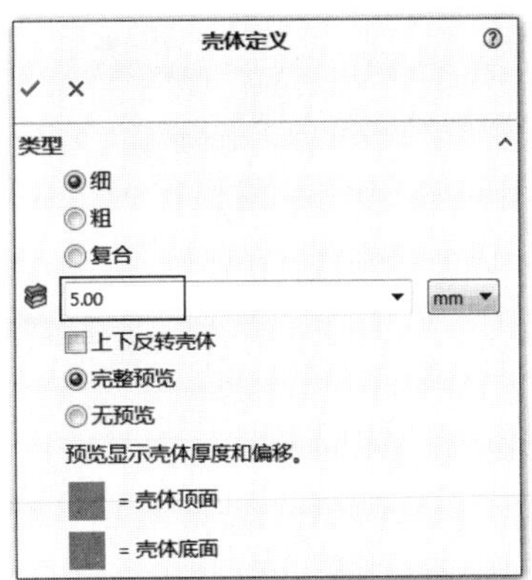

图 8-12 厚度定义

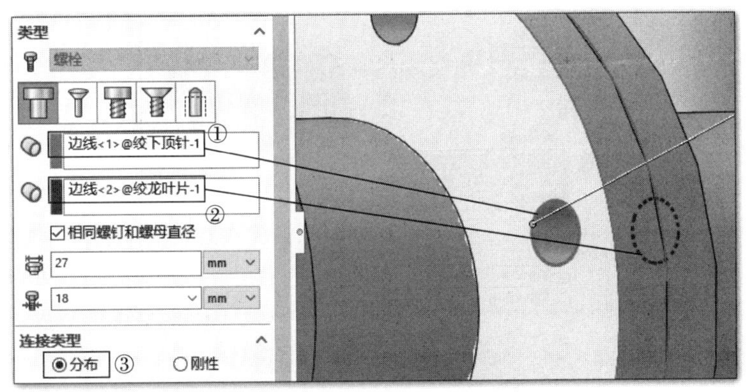

图 8-13 螺栓接头设置

步骤 10 重复步骤 9，用同样的方式设置顶针一侧其余的 5 组法兰螺栓接头以及轴头一侧的 6 组法兰螺栓接头。

步骤 11 设置螺栓相触面组。右键单击算例树中的【连结】，选择【相触面组】，激活【自动查找相触面组】，在图形显示区域选择法兰、主轴以及轴头，选择完成后单击【查找相触面组】，结果区域出现【相触面组 1】和【相触面组 2】共两组接触对，按住 <Shift> 键选择两对相触面组，单击图标生成相触面组，并单击【×】退出设置窗口。

步骤 12 设置绞龙叶片和轴接触。右键单击算例树中的【连结】，选择【相触面组】，进入接触设置界面，将【类型】设置为【接合】，单击图标右侧区域激活蓝色区域，在图形显示区域选择叶片内侧边线，单击图标右侧区域激活粉色窗口，在图形显示区域选择轴外表面，如图 8-14 所示，单击【√】确定。

注意：不同维度的元素结合，使用零部件接触设置模型无法自动识别，比如点和线、点和面以及线和面的结合接触设置，因此必须使用相触面组手工定义。这一内容在第 6 章控制柜案例部分有详细说明。

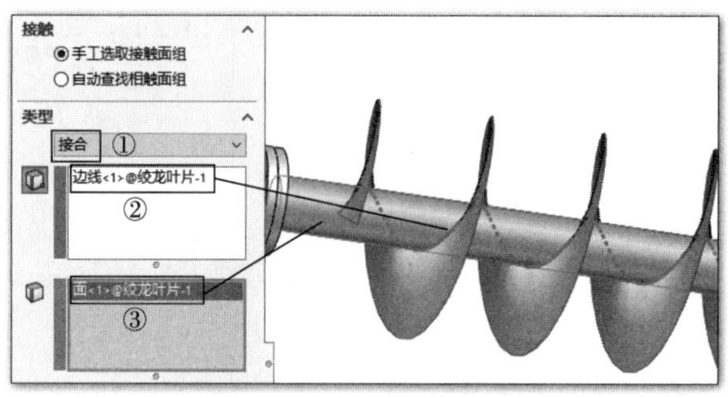

图 8-14 线面结合设置

步骤 13 零部件结合。右键单击算例树中的【连结】，选择【零部件接触】，在图形显示区域选择法兰、顶针和顶套，其余设置保持默认，如图 8-15 所示，单击【√】确定。

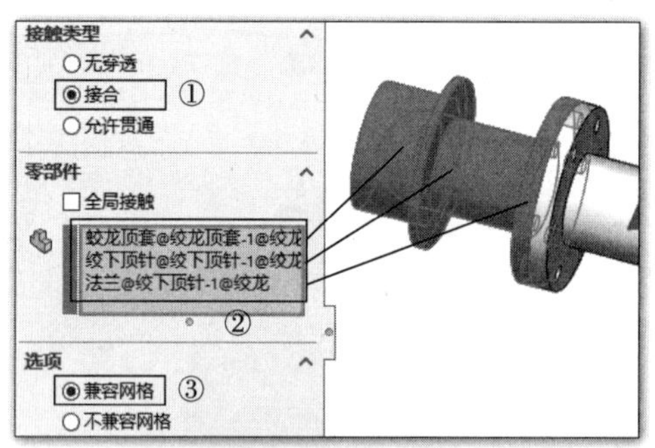

图 8-15 零部件结合

步骤 14 固定约束。右键单击算例树中的【夹具】，选择【固定几何体】，选择顶套外表面，如图 8-16 所示，单击【√】确定。

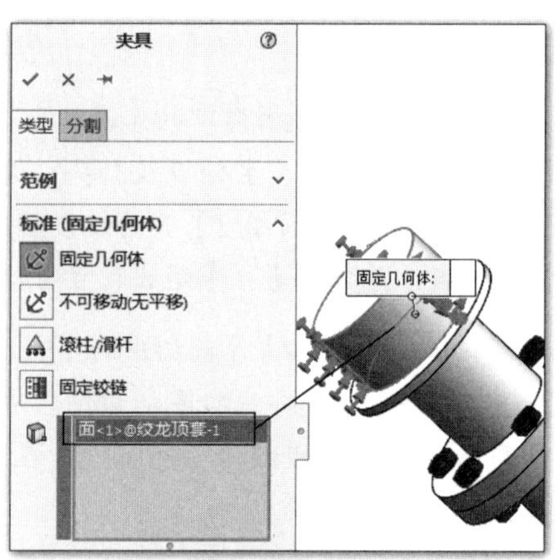

图 8-16 固定约束

步骤 15 设置轴承夹具。右键单击算例树中的【夹具】，选择【轴承夹具】，在图形显示区域选择轴头面，其余设置保持默认，如图 8-17 所示，单击【√】确定。

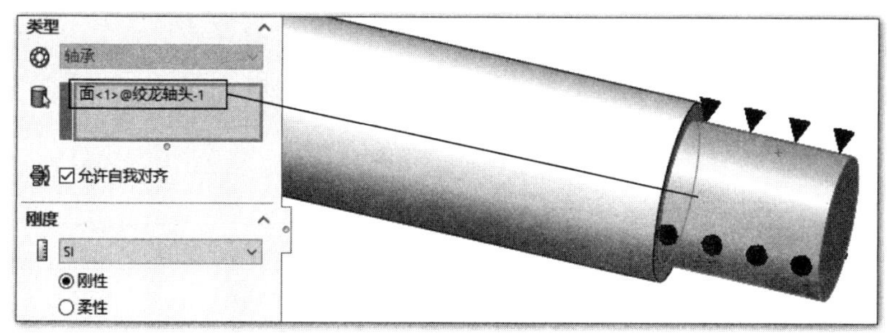

图 8-17　轴承夹具设置

步骤 16 设置压强。右键单击算例树中的【外部载荷】，选择【压力】，在图形显示区域选择叶片，单击图标激活粉色窗口，在图形显示区域展开模型树单击【右视基准面】，设置压强单位为【N/m^2】，并输入压强值【250】N/m^2，如图 8-18 所示，单击【√】确定。

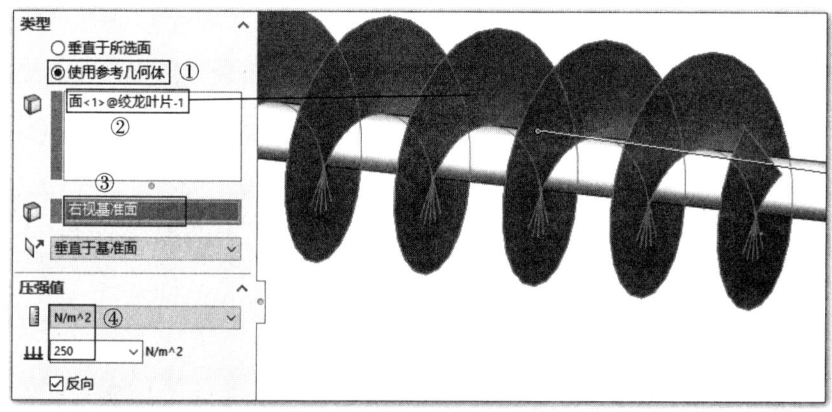

图 8-18　压强设置

步骤 17 设置扭矩。右键单击算例树中的【外部载荷】，选择【扭矩】，在图形显示区域选择轴头圆柱面，单击图标激活粉色窗口，在图形显示区域展开模型树，单击任一同心圆柱面，并设置扭矩为【2000】N·m，如图 8-19 所示，单击【√】确定。

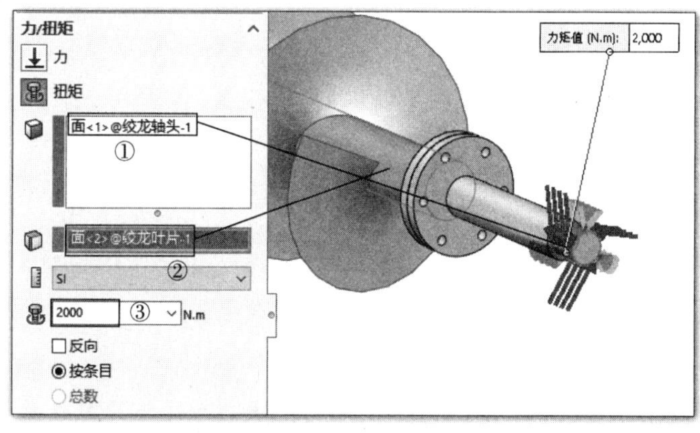

图 8-19　扭矩设置

步骤 18 设置引力。右键单击算例树中的【外部载荷】，选择【引力】，并在图形显示区域展开模型树，选择【前视基准面】，勾选【反向】复选框，如图 8-20 所示，单击【√】确定。

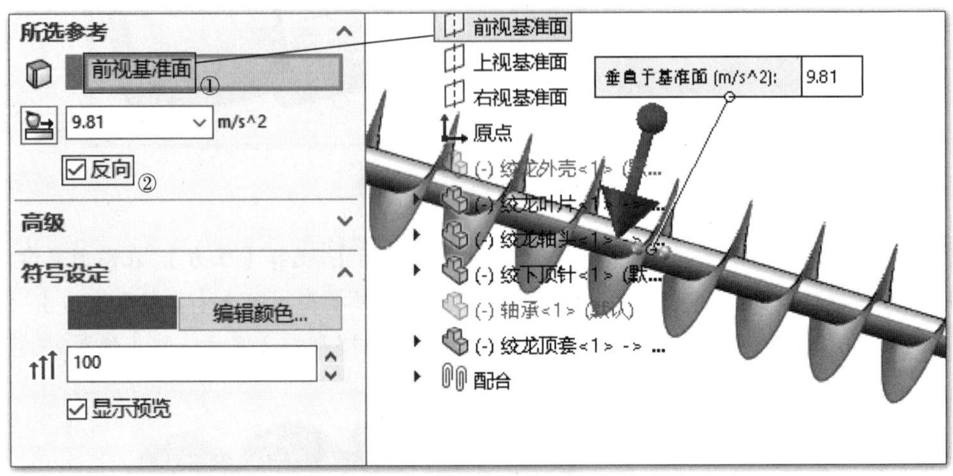

图 8-20 引力设置

步骤 19 网格控制。右键单击算例树中的【网格】，选择【应用网格控制】，在图形显示区域选择主轴外表面，设置单元大小为【10.00mm】，过渡比率为【1.1】，单击【√】确定。

步骤 20 生成网格。右键单击算例树中的【网格】，选择【生成网格】，勾选【网格参数】复选框，将单元尺寸设置为【20.00mm】，单击【√】确定。

步骤 21 算例求解。右键单击算例树中的【绞龙】，选择【运行】，弹出图 8-21 所示的提示窗口，单击【是】进入算例求解状态，当前算例的计算时间为 3~10min。

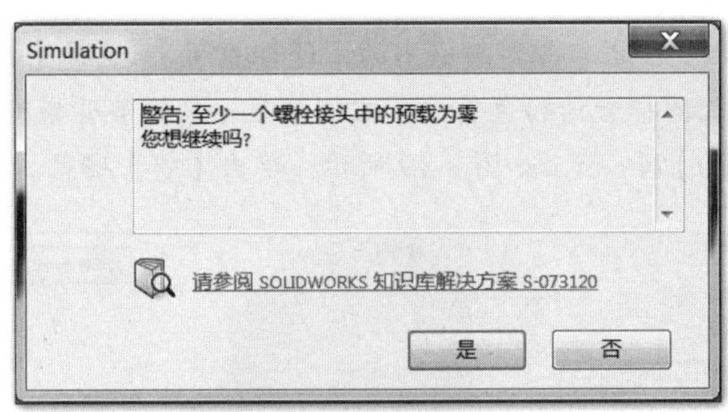

图 8-21 预紧力提示

步骤 22 读取主轴应力结果。右键单击【结果】下的【应力 1（vonMises）】，选择【编辑定义】，展开【高级选项】，勾选【仅显示选定实体上的图解】复选框，并激活左侧的图标，在图形显示区域选择主轴，如图 8-22 所示。

步骤 23 切换至【图表选项】，分别勾选【显示最大注解】和【只在所示零件上显示最小/最大范围】复选框，如图 8-23 所示。

步骤 24 切换至【设定】，勾选【显示排除的实体】复选框，如图 8-24 所示，单击【√】确定。

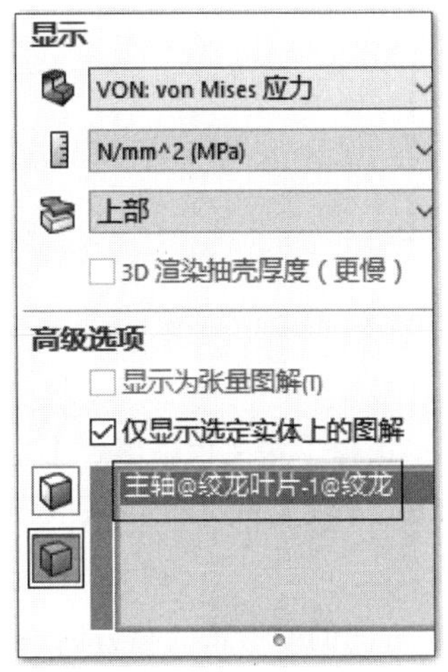

图 8-22　编辑定义

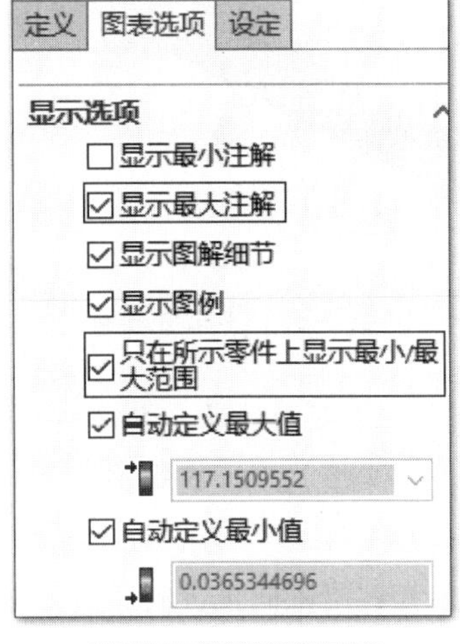

图 8-23　图表选项

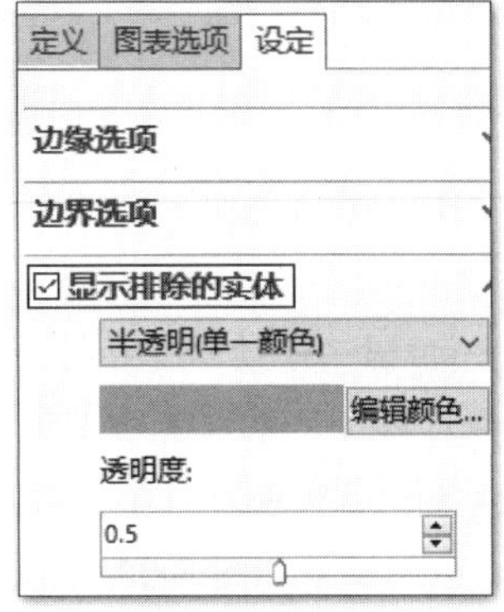

图 8-24　设定

最终的应力云图如图 8-25 所示，最大应力值在 117.3MPa 左右，网格精度略有不足，读者可自行加密再进行计算。当前优化使用该网格精度虽然计算存在误差，但是在同等网格精度下结果符合相关趋势。

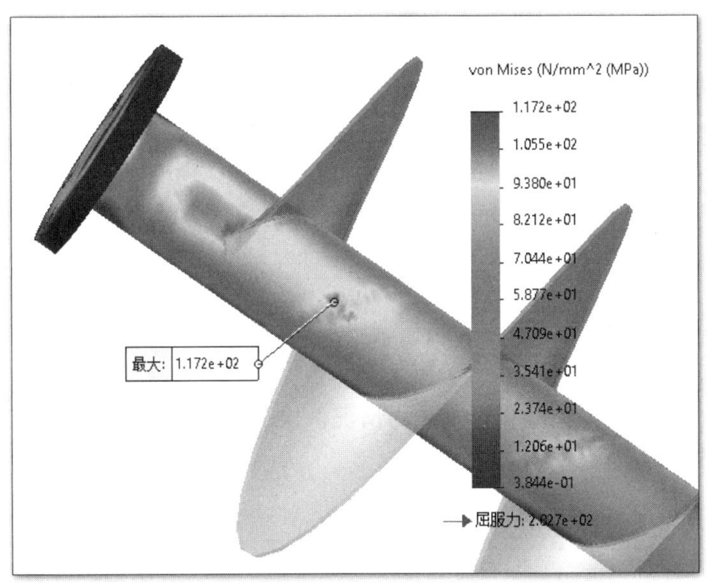

图 8-25　主轴的 von Mises 应力云图

步骤 25 读取主轴变形结果。依照步骤 22～步骤 24，将【结果】下的【位移 1（合位移）】改为【UZ：Z 位移】。因为当前结果为矢量，存在正负方向，应在【图表选项】中勾选【显示最小注解】复选框。如图 8-26 所示，主轴的最小位移值为 −46.4mm，实际为最大变形位置。

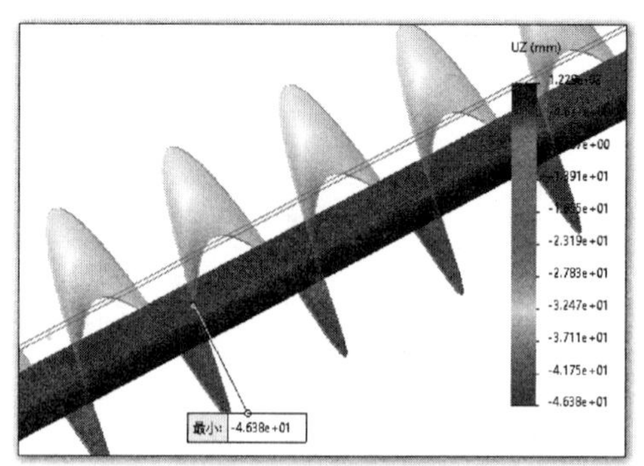

图 8-26 主轴变形量

步骤 26 读取叶片的 X 向（轴向）变形结果。右键单击结果，选择【定义位移图解】，在位移区域将结果设置为【位移 2（X 位移）】，并依照步骤 22 ~ 步骤 24 设置叶片的结果显示，单击【√】确定。

云图结果如图 8-27 所示，叶片存在沿轴向正方向和负方向两个方向的变形量，负方向最小变形量为 −4.12mm，正方向最大变形量为 3.52mm。

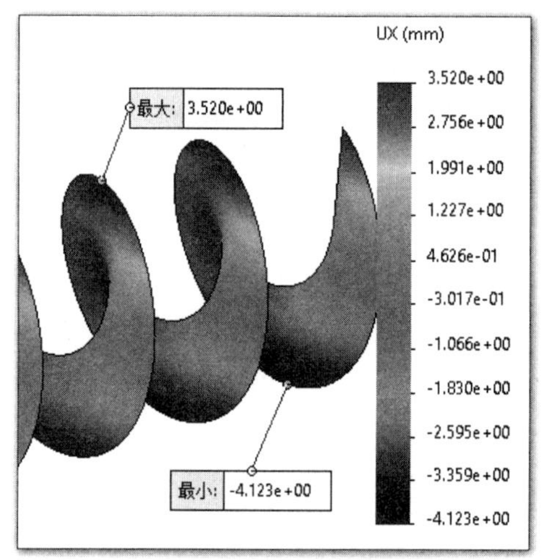

图 8-27 叶片轴向变形量

以上是在当前尺寸下结构的变形及应力情况，接下来需要通过设计规范要求进行优化分析，对结构进行设计改进。

8.2.3 分析案例：绞龙优化

根据产品设计标准，通过调整图 8-5 中的三个全局变量——无缝钢管直径 a、无缝钢管壁厚 b 和叶片厚度 h，确保该绞龙最终满足以下三点要求：

1）主轴的挠度小于 40mm。

2）叶片的轴向变形量必须小于 4mm。

3）在当前网格密度下，结构整体应力值小于 100MPa。

并在满足以上三点要求的设计方案中选取整体结构质量最小的设计方案。

步骤 27 新建设计算例。右键单击标签栏区域中的【绞龙】，如图 8-28 所示，选择【生成新设计算例】，系统生成【设计算例 1】，进入设计算例设置界面，如图 8-29 所示。

步骤 28 右键单击标签栏区域中的【设计算例 1】，选择【重新命名】，如图 8-28 所示，将算例名设置为【遍历】。

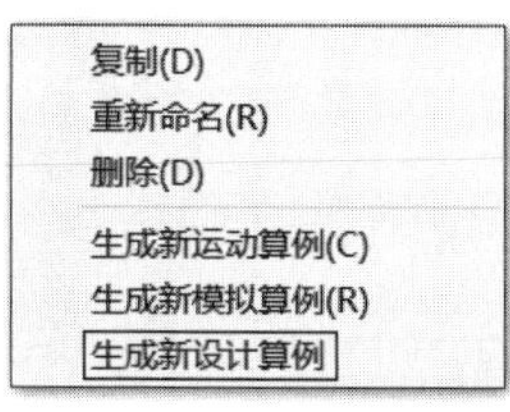

图 8-28　生成新设计算例

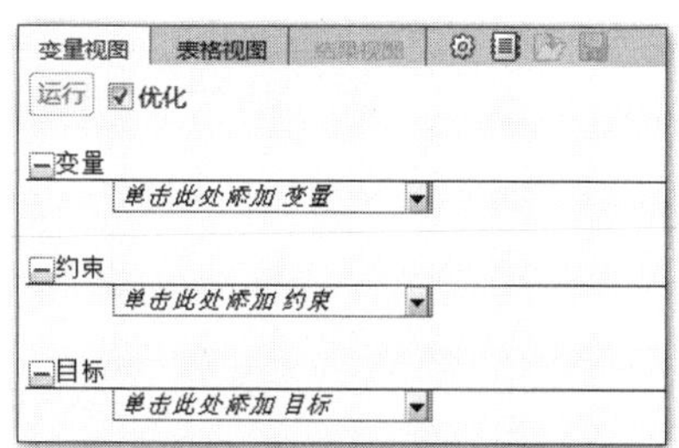

图 8-29　设计算例设置界面

知识卡片

设计算例参数设置

SOLIDWORKS Simulation 的尺寸优化设计界面如图 8-29 所示，包括变量（DV）、约束（SV）和目标（Obj）三种。变量包括模型尺寸、材料参数以及外部边界条件等的数据变化量；约束包括应力值、变形量、固有频率等计算结果的限定范围；目标则是在符合约束要求的情况下，通过参数变化使所关心的量达到最大或者最小，比如安全系数、材料成本等。

部分读者无法区分约束和目标，这里将两者之间的区别进行介绍。

约束一般是一组不等式，使用小于、大于或者介于等进行描述，而目标一般使用最大 / 最小进行描述。比如安全系数必须大于 1.2，这种情况下安全系数就是约束，但是如果说安全系数必须达到最大，这时候安全系数就是目标，两者不要混淆。

所以在本例中变量为无缝钢管直径 a、无缝钢管壁厚 b 和叶片厚度 h，约束为轴的垂直方向变形量、叶片的轴向变形量和主梁最大应力值，而优化目标为质量最小。

步骤 29 设置变量。单击【变量】下方的【单击此处添加变量】，选择【添加参数】，进入参数设置窗口，如图 8-30 所示。

图 8-30　参数设置窗口

步骤 30 设置变量尺寸。单击表格第一行名称位置，输入【无缝钢管直径】，【类别】选择【模型尺寸】，在图形显示区域双击螺旋状叶片，显示模型尺寸，单击尺寸【Σ180】，弹出图 8-31 所示窗口，单击【确定】。

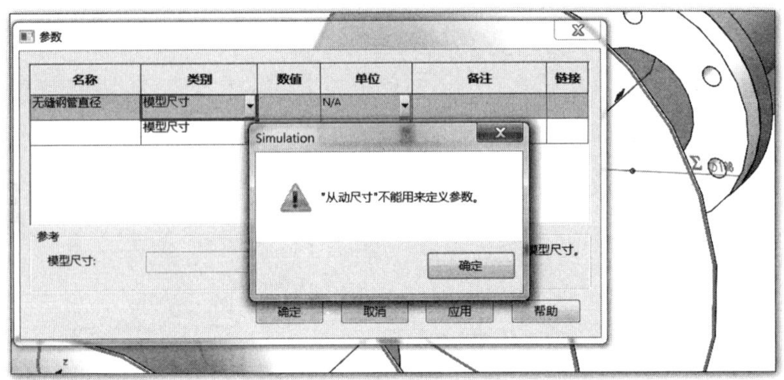

图 8-31　变量设置警告

知识卡片

参数类别说明

如图 8-30 所示，在参数类别下拉菜单中可以看到以下 5 种参数：

1）模型尺寸：三维模型中的大多数参数，包括尺寸、特征数、角度、装配尺寸等。

2）整体变量：在添加方程式对话框中定义的全局变量。

3）仿真：包括仿真算例属性、网格、载荷、夹具、壳体、接触等的参数设置。

4）材料：包括单一实体或多实体零件的材料。

5）运动：包括运动算例属性、马达、弹簧和阻尼、接触等的参数设置。

图 8-31 所示的提示是变量设置的一种特殊情况。当三维模型中尺寸通过方程式关系建立时，该尺寸已经成为从动尺寸，从动尺寸不能作为优化设计的变量，必须将当前方程式关系中的全局变量作为变量。

步骤 31 将【类别】设置为【整体变量】，并在窗口底部【整体变量】处单击下拉菜单，选择【a=108】，此时参数表格最后一列【链接】处显示【*】，代表尺寸关联完成，如图 8-32 所示。

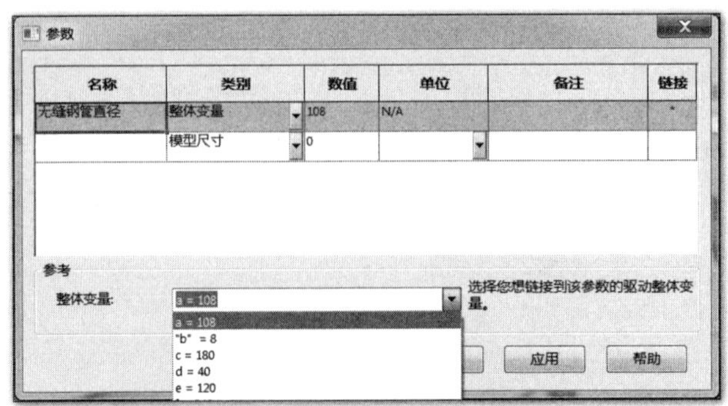

图 8-32　整体变量设置

步骤 32 继续添加整体变量。单击表格第二行名称位置，输入【无缝钢管壁厚】，【类别】选择【整体变量】，在窗口底部【整体变量】处单击下拉菜单，选择【b=8】。

步骤 33 继续添加整体变量。单击表格第三行名称位置，输入【叶片厚度】,【类别】选择【整体变量】，在窗口底部【整体变量】处单击下拉菜单，选择【h=4】，最终设置完成后如图 8-33 所示，单击【确定】退出参数设置窗口。

名称	类别	数值	单位	备注	链接
无缝钢管直径	整体变量	108	N/A		*
无缝钢管壁厚	整体变量	8	N/A		*
叶片厚度	整体变量	4	N/A		*
	模型尺寸	0	N/A		

图 8-33　参数设置列表

步骤 34 添加设计变量。重新回到图 8-29 所示界面，单击【单击此处添加变量】，依次选择【无缝钢管直径】【无缝钢管壁厚】和【叶片厚度】，变量导入后如图 8-34 所示。

⊟变量

变量	算法	最小	最大	步长
无缝钢管直径	带步长范围	最小：54.000000	最大：162.000000	步长：54.000000
无缝钢管壁厚	带步长范围	最小：4.000000	最大：12.000000	步长：4.000000
叶片厚度	带步长范围	最小：2.000000	最大：6.000000	步长：2.000000
单击此处添加 变量				

图 8-34　变量导入

变量设置区域包含三部分内容：变量名称、变量算法以及变量算法的参数设置。尺寸优化中提供了以下三种变量算法：

1）带步长范围。确定最大值和最小值，并定义步长，尺寸按照等差数列排布。

2）离散值。自行定义多个尺寸变量，并使用逗号分离。**注意，这里的数字及符号均要采用英文输入法。**

3）范围。该算法是真正意义上的尺寸优化功能，将在之后的“响应面法”中进行详细说明。

了解产品设计的工程人员知道，为降低成本模型中的管件可以考虑直接采购无缝钢管。当前分析结果并不满足设计规范的要求，因此结构整体需要往提升强度和刚度的方向考虑。表 8-1 所列为符合当前产品设计尺寸的标准无缝钢管的尺寸。

表 8-1　标准无缝钢管的尺寸

无缝钢管外径 /mm	无缝钢管壁厚 /mm
108	8、10、14、18
114	
121	

同时，叶片厚度分别为 4mm、5mm 和 6mm，按照前文变量算法的定义，叶片厚度是一组等差数列，可以使用“带步长范围”算法，而无缝钢管直径和无缝钢管壁厚是一组离散值。

步骤 35 调整参数类别。【无缝钢管直径】设置为【离散值】，并在数据输入窗口输入【108，114，121】;【无缝钢管壁厚】设置为【离散值】，并在数据输入窗口输入【8，10，14，

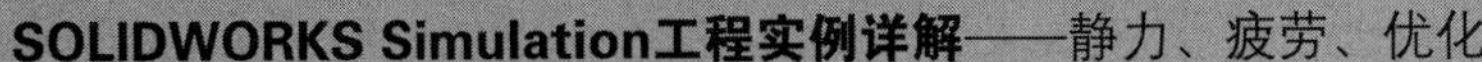

18】。再次提醒，以上数据输入请切换至英文输入法下进行。【叶片厚度】设置为【带步长范围】，并将最小值设置为4，最大值设置为6，步长设置为1。

最终变量设置完成后如图8-35所示。

⊟变量		
无缝钢管直径	离散值	108.000000,114.000000,121.000000
无缝钢管壁厚	离散值	8.000000,10.000000,14.000000,18.000000
叶片厚度	带步长范围	最小: 4.000000　最大: 6.000000　步长: 1.000000
单击此处添加 变量		

图8-35　变量设置

接下来进行约束设置。

步骤36 添加垂直方向位移传感器。单击图8-29中的【单击此处添加约束】，选择【添加传感器】，进入传感器设置界面，在传感器设置类型下拉菜单中选择【Simulation数据】，【数据量】结果类型设置为【位移】，并将位移类型设置为【UZ：Z位移】，在【属性】栏将单位设置为【mm】，考虑到结果云图数值的正负号，将【模型最大值】改为【模型最小值】，最终设置结果如图8-36a所示，单击【√】确定。

步骤37 重复步骤36的操作，添加X向位移传感器，将位移类型设置为【UX：X位移】，最终设置结果如图8-36b所示，单击【√】确定。

步骤38 重复步骤36的操作，添加X向位移传感器，将位移类型设置为【UX：X位移】，将【模型最大值】改为【模型最小值】，最终设置结果如图8-36c所示，单击【√】确定。

步骤39 重复步骤36的操作，添加von Mises应力传感器，将【数据量】结果类型设置为【应力】，并将应力类型设置为【VON：von Mises应力】，在【属性】栏将单位设置为【N/mm^2（MPa）】，最终设置结果如图8-36d所示，单击【√】确定。

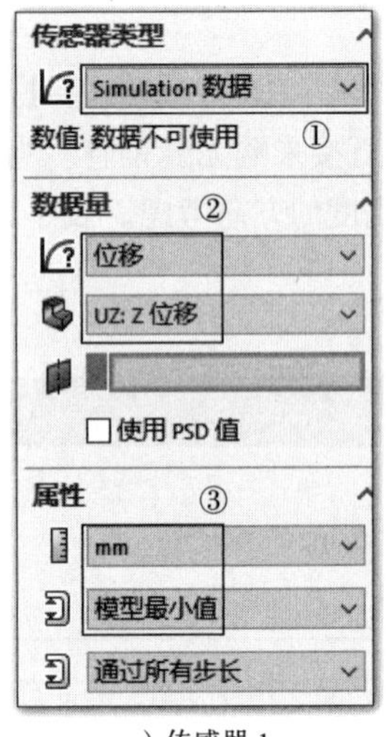

a）传感器1

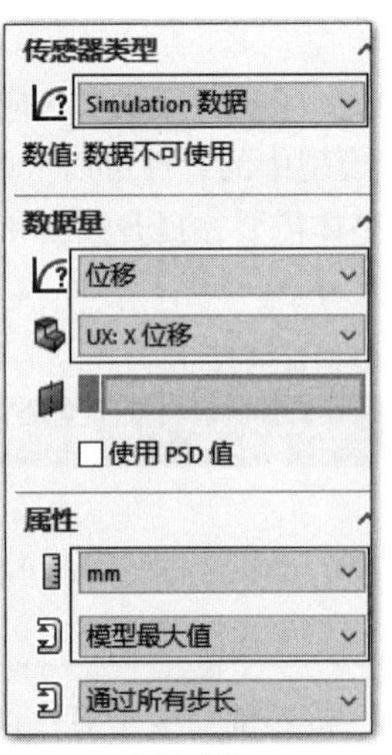

b）传感器2

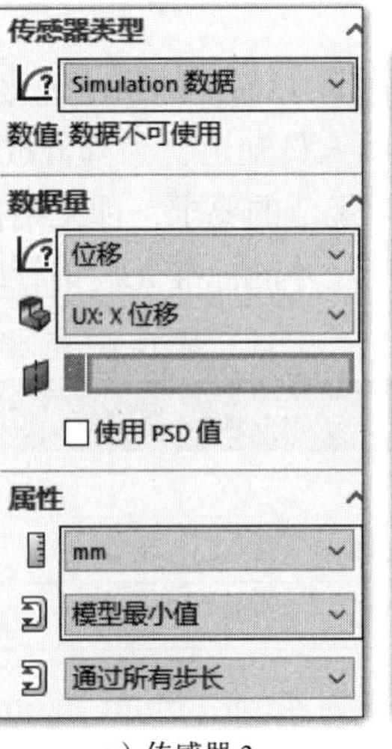

c）传感器3

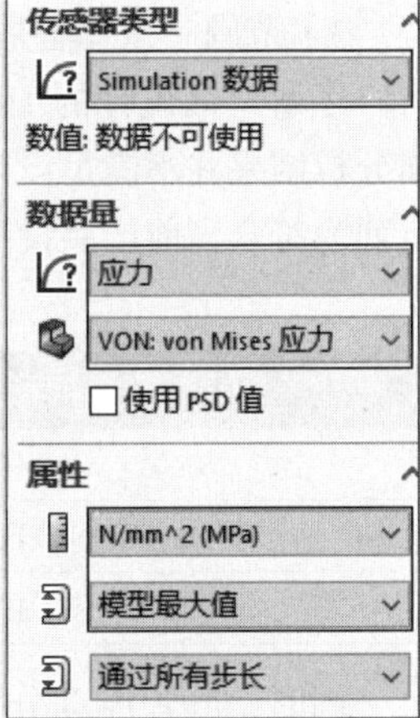

d）传感器4

图8-36　传感器设置

知识卡片

传感器设置

设置传感器用以探测零件和装配体的所选属性，并在数值超出指定阈值时发出警告。传感器可监控的数据类型非常多，模型尺寸及其基本信息、Simulation 仿真数据、Motion 仿真数据、干涉信息等均可作为监控数据。

尺寸优化中约束和目标必须使用传感器功能进行设置。按照设计要求，当前的约束条件以及对应的结果见表 8-2，请读者注意位移的方向以及正负号。

1）轴挠度小于 40mm。依据当前坐标系及重力方向，轴挠度对应的方向为 Z 负方向，如图 8-26 所示，当前最小位移量为 -46.4mm，因此要实现轴挠度小于 40mm，必须确保 Z 负方向的变形量大于 -40mm。

2）叶片轴向变形量小于 4mm。依据当前坐标系及受力状态，叶片的部分位置沿轴正方向变形，部分位置沿轴负方向变形，因此要实现轴向变形量小于 4mm，必须确保叶片变形量沿正方向变形的值小于 4mm，沿负方向变形的值大于 -4mm。

表 8-2 当前的约束条件及对应的结果

约束类型	设计规范	约束设置	当前计算值
轴挠度	< 40mm	> -40mm	-46.4mm
叶片轴向变形量	< 4mm	介于 ±4mm 之间	X 正方向：3.52mm
			X 负方向：-4.12mm
von Mises 应力	< 100MPa	< 100MPa	117 MPa

步骤 40 如图 8-29 所示，在约束处单击【单击此处添加约束】，在下拉菜单中选择【位移 1】，将限制条件设置为【大于】，将最小值改为【-40mm】。

步骤 41 单击【单击此处添加约束】，在下拉菜单中选择【位移 2】，将限制条件设置为【小于】，将最大值改为【4mm】。

步骤 42 单击【单击此处添加约束】，在下拉菜单中选择【位移 3】，将限制条件设置为【大于】，将最小值改为【-4mm】。

步骤 43 单击【单击此处添加约束】，在下拉菜单中选择【应力 1】，将限制条件设置为【小于】，将最大值改为【100 牛顿 /mm^2】。

最终设置完成的约束如图 8-37 所示。

约束

位移1	大于	最小:	-40mm	绞龙
位移2	小于	最大:	4mm	绞龙
位移3	大于	最小:	-4mm	绞龙
应力1	小于	最大:	100 牛顿/mm	绞龙
单击此处添加 约束				

图 8-37 约束设置

步骤 44 添加质量目标。单击【单击此处添加目标】，选择【添加传感器】，进入传感器设置界面，如图 8-38 所示，单击【√】确定。

步骤 45 算例求解。单击表格左上角的【运行】，进入求解状态，如图 8-39 所示，计算总时间约为 120min。

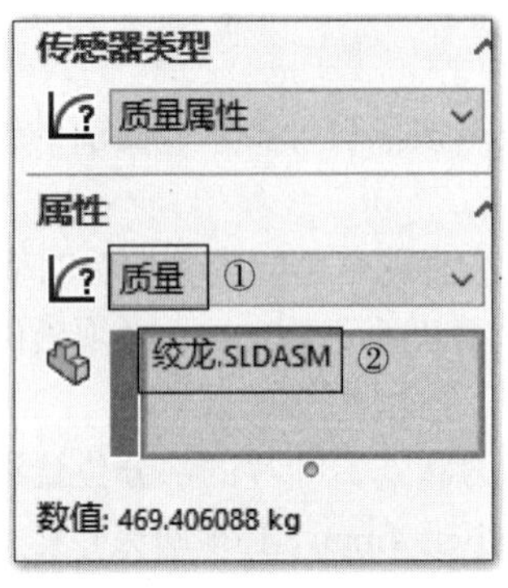

图 8-38　添加质量传感器

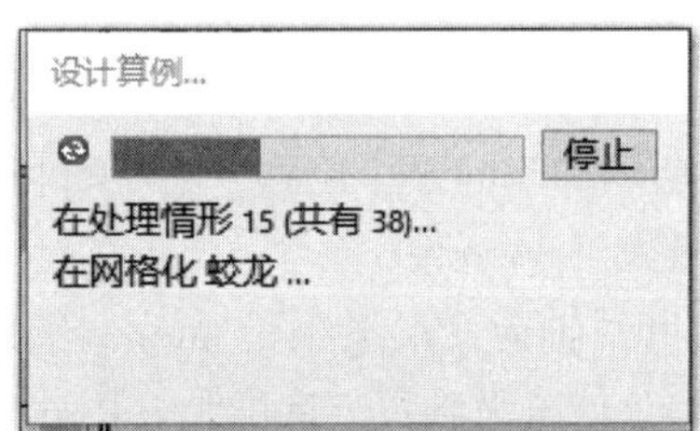

图 8-39　优化算例求解界面

优化完成后弹出图 8-40 所示界面，总计活动情形共 36 种，每一列代表某一设计方案下计算得到的相关信息，并分别显示红色、灰色或者绿色进行区分。红色代表当前算例方案存在不符合设计约束的结果，系统会将不符合约束的条件用更深的红色显示。灰色代表算例方案符合设计约束。绿色代表在所有符合设计约束的方案中满足目标要求的计算结果，即当前设计的最优解，图 8-40 中为优化（3）。通过对比可以看出，优化（3）是所有满足约束条件的方案中质量最小的方案。

		当前	初始	优化 (3)	情形 1	情形 2	情形 3	情形 4	情形 5	情形 6
无缝钢管直径		108.000000	108.000000	121.000000	108.000000	114.000000	121.000000	108.000000	114.000000	121.000000
叶片厚度		4.000000	4.000000	4.000000	4.000000	4.000000	4.000000	5.000000	5.000000	5.000000
无缝钢管壁厚		8.000000	8.000000	8.000000	8.000000	8.000000	8.000000	8.000000	8.000000	8.000000
位移1	> -0.04m	-0.04925m	-0.04925m	-0.03788m	-0.04925m	-0.04331m	-0.03788m	-0.04924m	-0.04332m	-0.03787m
位移2	< 0.004m	0.00352m	0.00352m	0.002772m	0.00352m	0.003127m	0.002772m	0.003525m	0.003133m	0.002774m
位移3	> -4mm	-4.12325mm	-4.12325mm	-3.2227mm	-4.12325mm	-3.65898mm	-3.2227mm	-4.11867mm	-3.65414mm	-3.22016mm
应力1	< 100 牛顿/mm^2	117.15 牛顿/mm^2	117.15 牛顿/mm^2	92.869 牛顿/mm^2	117.15 牛顿/mm^	98.922 牛顿/mm^	92.869 牛顿/mm^	122.84 牛顿/mm^	98.91 牛顿/mm^2	89.351 牛顿/mm^
质量1	最小化	469.40609 kg	469.40609 kg	515.29071 kg	469.40609 kg	490.28439 kg	515.29071 kg	522.17433 kg	543.89756 kg	570.17502 kg

图 8-40　方案优化列表

当然还存在一种可能性，如果当前的 36 种方案均不满足当前的约束要求，则计算结果会弹出图 8-41 所示的提示。

图 8-41　优化失败提示

通过以上方法，工程师可以快速找出36种甚至更多组合设计方案中的最优解，比传统的手工计算方式并进行人为判定的方法更为快捷。不知读者是否有注意到，当前这种算法存在两个问题：

1）当前算例组合仅仅只有36种排列组合形式，计算时间就超过2h，如果当前的排列组合形式超过100种甚至更多，计算量就会非常大。

2）当前只针对在设置阶段已经定义的尺寸才有意义，如果当前的设计方案不存在标准化问题，可以设计成任意尺寸，当前的方法就无法完成优化工作。

所以目前所使用的方法严格意义上来说并不算是优化，**只能说是一种基于尺寸排列组合的遍历过程，将所有尺寸或者变量排列组合产生的设计方案依次计算，并找出最优方案。这种方法适用于产品设计尺寸标准化程度较高的产品，**但是真正意义上的优化算法是接下来要说的响应曲面设计法（Response Surface Methodology，RSM）。

8.2.4 响应曲面设计法

随着优化算法的发展，有限元分析进一步结合实验设计方法（DOE），真正做到了对结构的设计优化。

响应曲面设计法是利用合理的实验设计方法并通过实验得到一定数据，采用多元二次回归方程来拟合因素与响应值之间的函数关系，通过对回归方程的分析来寻求最优参数，解决多变量问题的一种统计方法。常用的响应曲面设计法有中心组合设计法（CCD）和Box-Benhnken设计法（BBD）两种。

关于这两种方法的区别本书不做介绍，对于多数工程师来说仅需要了解，在SOLIDWORKS Simulation中，优化算法采用Box-Benhnken设计法，其相对于中心组合设计法的优势在于可以利用更少的组合变量寻找出参数组合的最优解，简单来说就是计算速度快。

响应曲面设计法可根据设计变量范围、状态变量范围以及目标函数自行获取符合要求的设计变量，将变量中的【带步长范围】设置为【范围】即可采用响应曲面设计法。

步骤46 复制算例。右键单击标签栏区域中的算例【遍历】，选择【复制算例】，生成【设计算例1】，右键单击【设计算例1】，选择【重新命名】，将算例名称设置为【优化】。

步骤47 调整变量尺寸优化算法。将当前三个变量的算法均改为【范围】。调整无缝钢管直径，最小值调整为108mm，最大值调整为121mm。调整无缝钢管壁厚，最小值调整为8mm，最大值调整为18mm。设置调整后如图8-42所示。

⊟变量

变量	类型	最小	最大
无缝钢管直径	范围	最小: 108.000000	最大: 121.000000
无缝钢管壁厚	范围	最小: 8.000000	最大: 18.000000
叶片厚度	范围	最小: 4.000000	最大: 6.000000
单击此处添加 变量			

图8-42 变量算法设置

步骤48 算例求解。单击【运行】，进入求解状态，最终计算结果如图8-43所示。

		当前	初始	优化	跌代 1	跌代 2	跌代 3	跌代 4
无缝钢管直径		118.361904	108.000000	118.361904	121.000000	121.000000	108.000000	108.000000
叶片厚度		4.002083	4.000000	4.002083	6.000000	4.000000	6.000000	4.000000
无缝钢管壁厚		8.023918	8.000000	8.023918	13.000000	13.000000	13.000000	13.000000
位移1	> -0.04m	-0.03986m	-0.04928m	-0.03986m	-0.03348m	-0.03349m	-0.04345m	-0.04346m
位移2	< 0.004m	0.002872m	0.003493m	0.002872m	0.002449m	0.002445m	0.003111m	0.003104m
位移3	> -4mm	-3.41226mm	-4.14796mm	-3.41226mm	-2.84613mm	-2.85047mm	-3.63168mm	-3.63807mm
应力1	< 100 牛顿/mm^2	89.86 牛顿/mm^2	114.54 牛顿/mm^2	89.86 牛顿/mm^2	99.063 牛顿/mm^2	99.065 牛顿/mm^2	136.32 牛顿/mm^2	136.34 牛顿/mm^2
质量1	最小化	506.20067 kg	469.40609 kg	506.20067 kg	745.85794 kg	635.88546 kg	679.86053 kg	574.32352 kg

图 8-43　响应曲面设计法优化结果

利用响应曲面设计法，仅通过 15 次计算即可得到最优解，并且对比之前遍历的最优解——图 8-40 中的优化（3），之前优化得到的最优解质量为 515.3kg，而当前得到的最优解中质量为 506.2kg，明显当前优化的结果更好。

但是当前优化得出的尺寸结果并不适合加工，需要人为根据企业的设计规范以及加工精度进行尺寸修正。按照当前的计算结果，打开图 8-5 所示的界面，将相关尺寸调整为 118.4mm、8mm 和 4mm，作为最终的设计尺寸。

以上就是关于尺寸优化的相关内容。不过读者需要清楚，无论是哪个计算结果，只是当前算法能够得到的最优解，并不是全局的最优解，任何时候都有可能存在比当前更优的解存在。优化计算也不是只能进行一次，为了提高优化的精度，可以通过响应曲面设计法和遍历法的组合应用方式不断缩小范围获取更优解。

8.3　拓扑优化

通过之前的例子可以看出，尺寸优化必须基于已经确定的形状，对产品设计的标准化程度要求较高，但是在一些产品的初期设计阶段，产品并未定型或者可以有较大程度的形状改变设计，此时难以使用尺寸优化对产品进行优化。

拓扑优化是目前最常见的结构优化类型之一，被广泛用于设计的初始阶段，以预测结构的给定初始设计空间内的优化材料分布，并考虑功能规格和制造约束。与传统的优化不同，拓扑优化无需设计变量，是一种根据给定的负载情况、约束条件和性能指标，在给定的区域内对材料分布进行优化的数学方法。图 8-44 所示就是在拓扑优化功能下完成的方案设计。

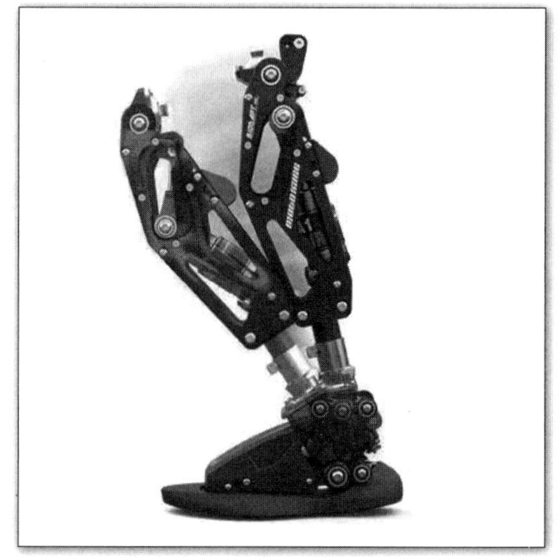

图 8-44　拓扑优化案例

拓扑优化是 SOLIDWORKS Simulation 2017 版之后增加的新功能，采用目前主流的固体各向同性材料惩罚模型（SIMP）拓扑算法，该模型假设材料密度在单元内为常数并以此为设计变量，材料特性用单元密度的指数函数来模拟。

8.3.1 分析案例：带孔板拓扑优化

如图 8-45 所示，带孔板左侧孔用于螺栓固定连接，右侧孔承受 20000N 拉伸载荷，这些位置是基本的设计安装特征，不能发生变动，并且要保证壁厚大于 2mm，其余位置材料可随意去除，孔板材料为合金钢，要求最终设计的结构满足：

1）von Mises 应力值小于 160MPa。

2）最大变形量小于 0.02mm。

3）质量在当前形状下减少 70%。

优化目标定为最佳强度质量比，通过拓扑优化确定符合要求的带孔板形状。

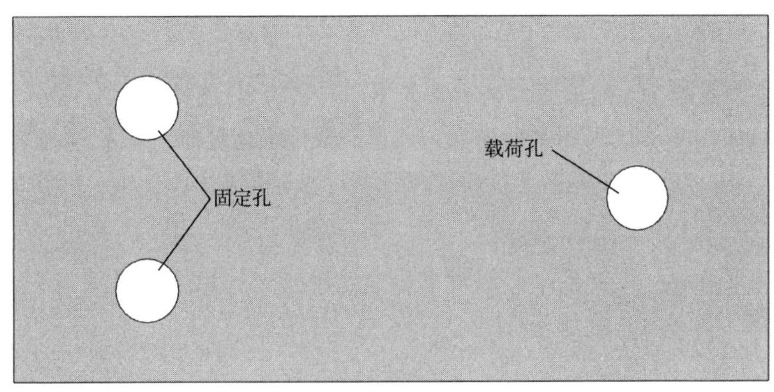

图 8-45 带孔板

拓扑优化的初始模型需要注意以下几点：

1）符合要求的基本尺寸模型。

2）模型具备基本的安装、连接及设计特征。

3）SOLIDWORKS Simulation 中拓扑优化必须针对零件模型，不能针对多实体和装配体。

8.3.2 案例操作

步骤 1 打开三维模型。单击菜单栏中的【文件】/【打开】，将窗口右下角【文件类型】设置为【所有文件】，并在模型文件保存路径下依次找到文件夹“第 8 章\拓扑用孔板”，选择【拓扑用孔板】，单击【打开】。

当前模型以 X-T 格式存在，没有特征和尺寸关系，如果要进行尺寸优化是不允许的，但是拓扑优化没有这一限制。

步骤 2 新建算例。单击工具栏中的【Simulation】激活 Simulation 工具栏，单击【新算例】，进入新算例设置界面，选择分析类型【静应力分析】，并设置算例名称为【拓扑优化】，单击【√】确定。拓扑优化算例树如图 8-46 所示。

步骤 3 设置材料。右键单击算例树中的【零件 1】，选择【应用/编辑材料】，选择【合金钢】，将【单位】设置为【SI-N/mm^2（MPa）】，依次单击【应用】和【关闭】，关闭材料库设置界面。

步骤 4 设置固定约束。右键单击算例树中的【夹具】，选择【固定几何体】，进入夹具设置界面，在图形显示区域选择图 8-45 所示的两个固定孔内表面，并单击【√】确定。

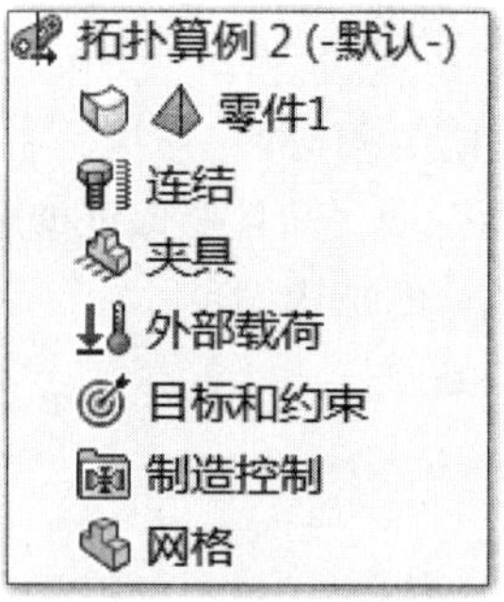

图 8-46　拓扑优化算例树

步骤 5 添加载荷。右键单击算例树中的【外部载荷】，选择【力】，进入载荷设置界面，在图形显示区域选择图 8-45 所示的载荷孔内表面。激活【选定的方向】，在图形显示区域选择【右视基准面】，单击力设置区域第三行的图标激活载荷垂直方向，输入载荷大小【2000】N，单击【√】确定。

步骤 6 设置目标。右键单击算例树中的【目标和约束】，选择【最佳强度重量比】，如图 8-47 所示，进入目标和约束设置界面。

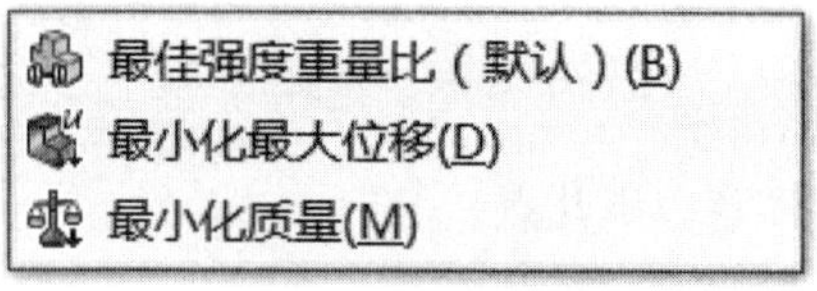

图 8-47　目标和约束

知识卡片

目标和约束

这里的目标和约束的作用和尺寸优化中类似，只是具体的形式略有不同。在拓扑优化中，目标有以下三种：

1）最佳强度重量比：优化算法会根据给定质量生成具有最大刚度的零部件形状。该优化目标为默认优化目标。

2）最小化最大位移：将结构中某一顶点的位移作为目标。

3）最小化质量：利用约束实现质量最小，和之前的绞龙尺寸优化一致。

一般情况下，采用默认的最佳强度重量比即可。

约束包括以下 4 种：

1）质量约束：指定零件在优化期间将减少的目标质量。

2）位移约束：为选定的位移零部件指定上限。

3）频率约束：添加模式形状数，以在优化过程中强制实施频率约束。本书不涉及频率问题，因此关于频率约束的问题也不做介绍。

4）应力 / 安全系数约束。应力约束将指定应力值作为优化结果所能达到的最大允许 von Mises 应力；安全系数约束将安全系数作为优化结果所能达到的最小安全系数值，默认失败准则为最大 von Mises 应力。

步骤 7 设置质量约束。将百分比从默认的【30】设置为【70】，如图 8-48a 所示，表示移除当前材料总质量的 70%。

步骤 8 设置位移约束。勾选【位移约束（默认）】复选框，选择【指定值】，将位移约束值【0】改为【0.02】，如图 8-48b 所示。

步骤 9 设置应力 / 安全系数约束。勾选【应力 / 安全系数约束】复选框，选择【指定值】，并将指定值由【0】改为【160】，如图 8-48c 所示。

a）质量约束　　b）位移约束　　c）应力 / 安全系数约束

图 8-48　优化约束

步骤 10 设置保留的区域。右键单击算例树中的【制造控制】，选择【添加保留的区域】，选择三个孔内表面，勾选【保留的区域深度】复选框，将【保留的区域深度】设置为【2】mm，如图 8-49 所示。

该设置确保优化完成后的孔周围材料厚度保证 2mm 以上。

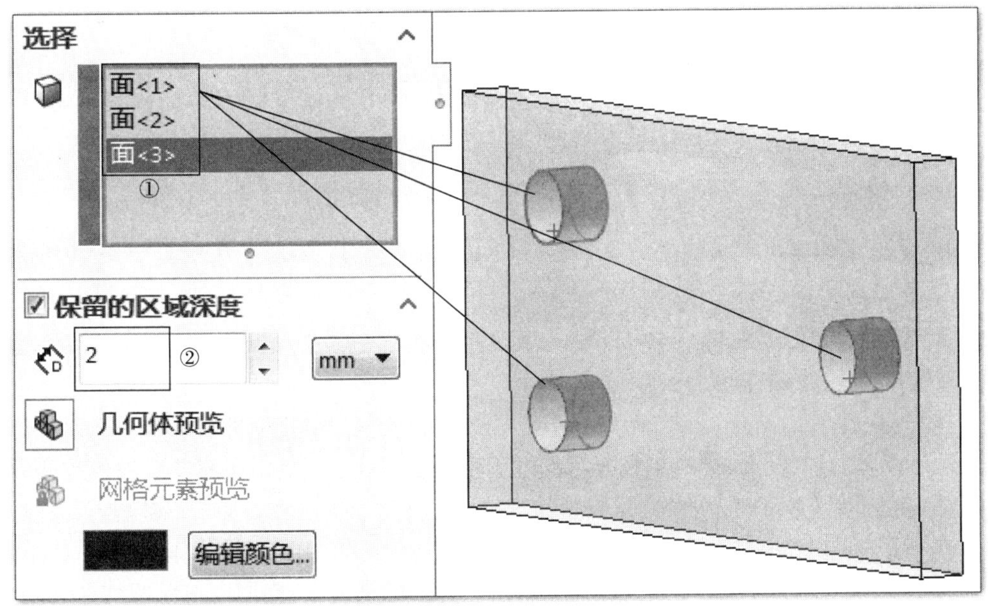

图 8-49　保留的区域设置

步骤 11 设置对称区域。右键单击算例树中的【制造控制】，选择【添加保留的区域】，激活【指定对称基准面】，进入对称控制设置界面，单击【类型】下拉菜单选择【四分对称】，激活两个对称基准面选择框，在图形显示区域分别单击【上视基准面】和【前视基准面】，如图 8-50 所示，单击【√】确定。

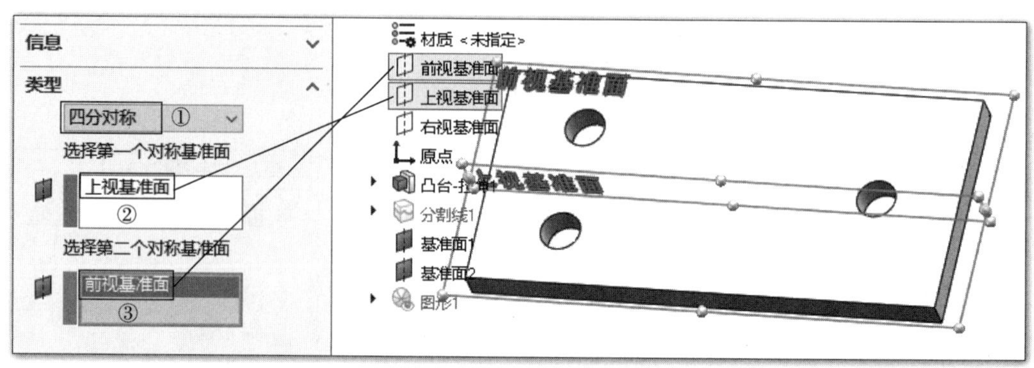

图 8-50　对称控制设置界面

知识卡片

制造控制类型

优化流程将创建可满足优化目标和用户定义的任何几何约束的材料布局，但是不能使用标准制造技术进行设计，如铸造和锻造，因此需要利用制造控制的相关设定进行模型标定。

1）保留区域控制：部分区域可能需要用于装配、连接等，必须进行设置以确保这类区域不会在拓扑优化过程中被修改。

2）脱模控制：以确保优化设计可制造，且能从模具中提取。

3）对称控制：根据设计需要最终设计的产品关于特定基准面对称。

4）厚度控制：产品遵循指定的构件厚度约束，防止过薄或者过厚。

步骤 12 生成网格。右键单击算例树中的【网格】，选择【生成网格】，打开网格设置界面，勾选【网格参数】复选框，将单元尺寸设置为【1.50mm】，单击【√】确定。

步骤 13 算例求解。右键单击算例树中的【拓扑优化】，选择【运行】，进入算例求解状态。

计算完成之后，结果如图 8-51 所示，云图条顶端的颜色为必须保留区域，底端颜色为确定移除区域。

拓扑优化过程中，程序以初始零部件开始，通过迭代流程确定新的材料分布，以生成更轻但符合设计要求的形状。在材料重新分布的过程中，各区域位置的材料密度会发生改变，具有较小相对质量密度（小于 0.3）的元素被视作“软体”元素，这些元素基本不影响零部件的整体刚度，被判定为可以移除。具有较大相对质量密度（大于 0.7）的元素被视作“固体”元素，这些元素对零部件的整体刚度影响较大（作为对承载能力的衡量），它们完整保留到最终设计中。而 0.3 ~ 0.7 之间的区域根据实际情况和设计裕量进行材料保留或者剔除。

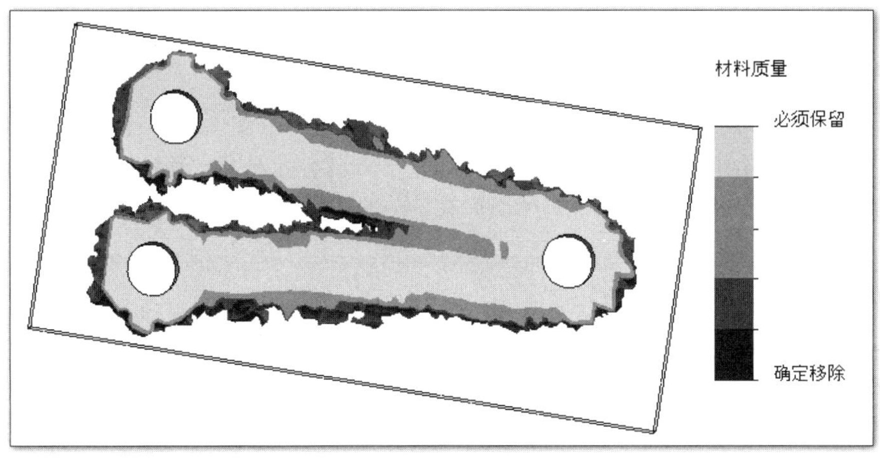

图 8-51　拓扑结果

步骤 14 材料保留设置。右键单击【结果】下的【材料质量 1（材料质量）】，选择【编辑定义】，进入材料质量设置界面，如图 8-52 所示。当前显示的结果为原始模型质量的 32%，如图 8-51 所示。将材料质量控制滑块移动到最右端【轻】，质量减少至原始模型的 24%，结果显示如图 8-53 所示，保留的材料明显少于图 8-51 所示的结果。所以，等值滑块的作用是通过控制相对质量密度的下限值调整优化结果。单击【默认】，重新调整为 32% 的质量结果，单击【√】确定。

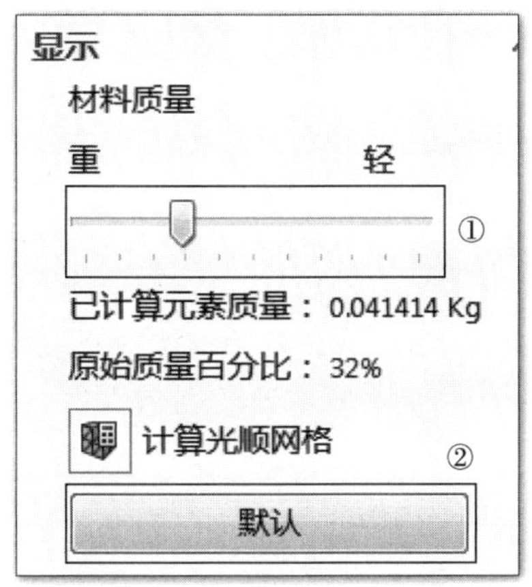

图 8-52　材料质量设置界面

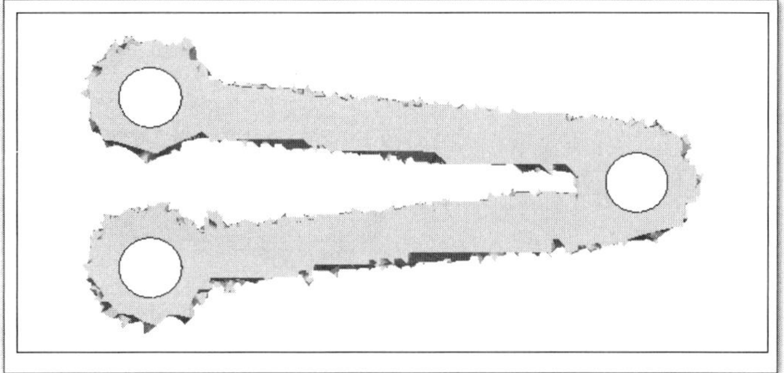

图 8-53　最轻的拓扑优化结果

知识卡片

材料质量控制

调整图 8-52 所示的材料质量控制滑块，系统将根据各单元的相对质量密度值调整材料质量图解中包含的元素。等值滑块在默认位置时，将移除相对质量密度值小于 0.3 的元素；将滑块移至“重”的位置，将包含所有元素；将滑块移至“轻”的位置，将只包含相对质量密度为 1.0（表示不能移除）的“固体”元素。

步骤 15 模型光滑处理。如图 8-52 所示，在默认 32% 的质量百分比下单击【计算光顺网格】，模型显示如图 8-54 所示，单击【√】确定。

步骤 16 导出光顺网格。右键单击【结果】下的【材料质量 1】，选择【导出光顺网格】，展开【高级导出】，选择【实体】，如图 8-55 所示，单击【√】确定。最终模型如图 8-56 所示。同时，在模型配置下增加一个拓扑算例的新配置，如图 8-57 所示。

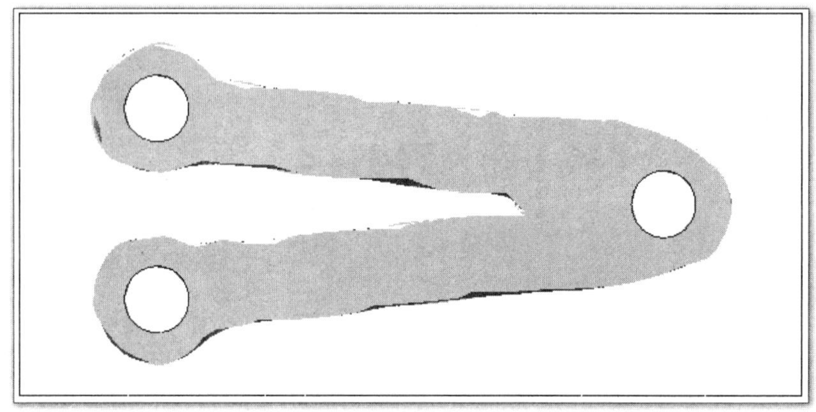

图 8-54　模型光滑处理

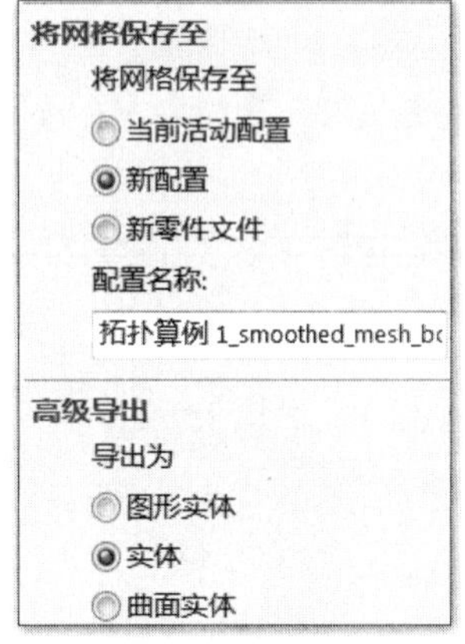

图 8-55　拓扑模型导出设置

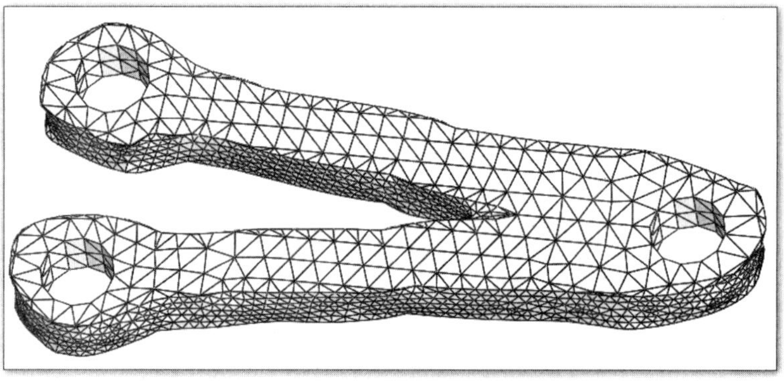

图 8-56　修正完成后的拓扑优化模型

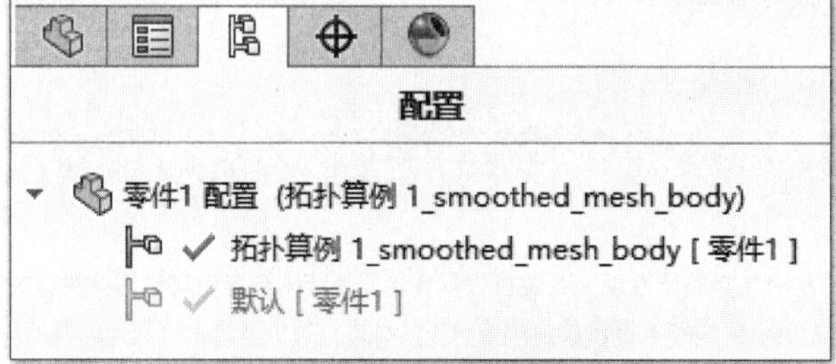

图 8-57　拓扑算例新配置

有了图 8-56 所示的拓扑模型，设计人员在此基础上对结构进行重新的建模修正，即可得到满足需求的设计方案。

接下来通过原始结构计算对比确认拓扑优化和一般强度分析的关系。依据零件的边界条件进行计算，计算过程读者自行完成，最终计算结果如图 8-58 所示。

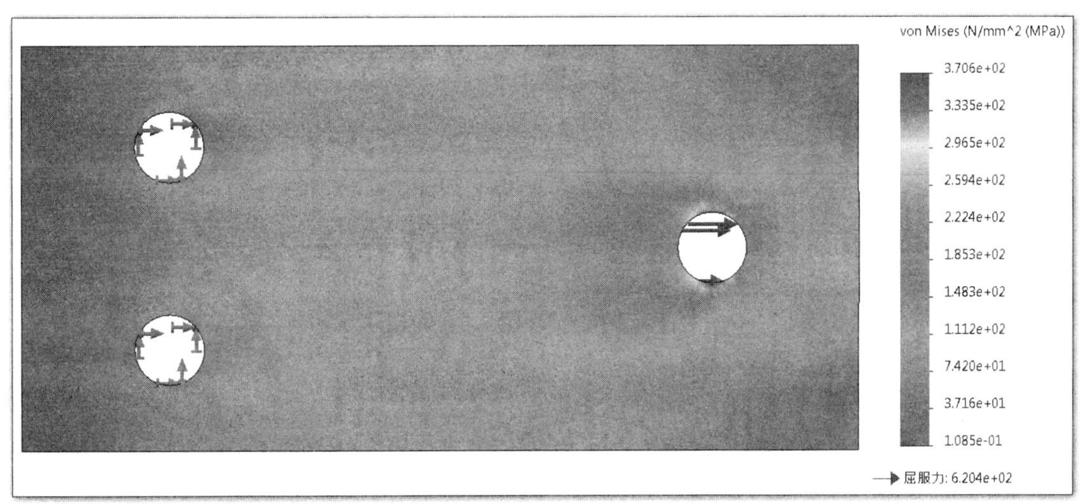

图 8-58 带孔板的 von Mises 应力分布

通过图 8-58 所示的云图和拓扑算例的结果对比，读者可以意识到，在设计初期，**并不一定需要马上使用拓扑优化，仅通过应力的分布状态即可初步判断结构材料哪些位置应力较大，哪些位置应力较小，应力小的区域即可把材料剔除。**当前从图 8-58 中可以看出，在平板四侧直角位置以及固定孔之间的位置并没有应力，这一结果和拓扑优化的结果基本吻合，所以很多时候工程师也可以直接通过应力分布来初步修正模型，之后再进行细致的拓扑优化。

8.4 小结与讨论：设计仿真一体化

在过去的传统仿真流程中，因为数据格式的不兼容，设计和仿真之间的数据无法直接进行交换，导致仿真项目完成之后，设计工程师需要通过仿真工程师的文字信息调整模型，调整完成之后仿真工程师又需要再次进行前处理和网格划分等工作，流程重复且烦琐，效率低下且同时存在大量的沟通成本。这一问题严重阻碍有限元分析在企业中的发展。

正是在这种情况下，工程界提出了设计仿真一体化的概念。何为设计仿真一体化？顾名思义，就是将设计和仿真融合为一体，它的作用就是要让三维模型在设计阶段和仿真阶段无缝对接，尽量避免以上问题。设计仿真一体化的实现必须基于以下两个条件：

1）设计和仿真数据无缝对接。

2）设计工程师掌握仿真工具。

目前有限元分析软件向着智能化、简易化的方向发展，软件使用门槛降低，旨在帮助普通的设计工程师使用仿真软件进行设计验证和优化，并且让结构设计和仿真分析在同一软件平台环境下进行，避免软件数据转换带来的各种不便，提升工程师效率，缩短由仿真导致的设计更改周期。而 SOLIDWORKS Simulation 无疑是在这一块做得比较好的软件之一，尤其是基于 SOLIDWORKS 得天独厚的参数化建模功能，让仿真工具更好地融入产品设计当中。

随着社会的发展，对大多数结构和设计工程师来说，有限元分析会逐渐成为一门辅助技能帮助工程师设计、改进产品，除个别高端企业、高校及研究所外，多数企业中有限元分析工程师的职能会逐步融合到结构和设计工程师中，毕竟仿真的目的是为了更好地设计产品，无论使用传统的经验设计方法或者有限元分析计算方法又或者将两者进行结合，只有为设计提供方案，仿真的价值才能最终体现。